高等学校土木工程专业“十三五”规划教材
全国高校土木工程专业应用型本科规划推荐教材

工程结构抗震与防灾

李广慧　魏晓刚　主　编
刘晨宇　刘　森　副主编

中国建筑工业出版社

图书在版编目（CIP）数据

工程结构抗震与防灾/李广慧，魏晓刚主编. —北京：中国建筑工业出版社，2018.10
高等学校土木工程专业“十三五”规划教材　全国高校土木工程专业应用型本科规划推荐教材
ISBN 978-7-112-22499-9

Ⅰ. ①工…　Ⅱ. ①李… ②魏…　Ⅲ. ①工程结构-抗震设计-高等学校-教材②工程结构-防护结构-结构设计-高等学校-教材　Ⅳ. ①TU352.04

中国版本图书馆CIP数据核字（2018）第175933号

本书按照我国现行土木工程类专业本科教学大纲要求，结合《建筑抗震设计规范》GB 50011—2010（2016年版）等有关国家现行规范和规程编写。

本书着重介绍了建筑结构抗震基本知识，场地、地基与基础，建筑结构抗震计算，结构抗震概念设计，砌体结构抗震设计，多高层钢筋混凝土结构抗震设计，钢结构抗震设计，隔震与消能减震设计，建筑结构风灾及抗风设计和建筑结构抗火设计十章内容，本书内容以工程结构抗震设计为主，同时介绍了建筑结构抗风和抗火等设计原则和方法。

本书可作为土木工程专业本科生教材或教学参考书，也可供研究生和相关技术人员参考使用。

*　*　*

责任编辑：辛海丽
责任校对：李美娜

高等学校土木工程专业“十三五”规划教材
全国高校土木工程专业应用型本科规划推荐教材
工程结构抗震与防灾
李广慧　魏晓刚　主　编
刘晨宇　刘　森　副主编
*
中国建筑工业出版社出版、发行（北京海淀三里河路9号）
各地新华书店、建筑书店经销
霸州市顺浩图文科技发展有限公司制版
北京建筑工业印刷厂印刷
*
开本：787×1092毫米　1/16　印张：18¾　字数：452千字
2018年11月第一版　2018年11月第一次印刷
定价：**46.00**元
ISBN 978-7-112-22499-9
（32573）

前　言

本书是在《建筑结构抗震设计》基础上，适应土木工程类专业本科教学要求，结合《建筑抗震设计规范》GB 50011—2010（2016 年版）等有关国家现行规范和规程而编写的针对性突出的教材。主要特点有：

（1）按照新的建筑抗震设计规范 GB 50011—2010（2016 年版）等国家现行规范和规程编写。

（2）系统介绍了建筑结构抗震的基本知识，场地、地基与基础，建筑结构抗震计算方法、结构抗震概念设计原则及各类结构抗震设计。内容具有针对性。

（3）在原有《建筑结构抗震设计》基础上，增加了建筑结构抗风设计和建筑结构抗火设计等内容，拓展为《工程结构抗震与防灾》，加深学生对地震灾害、风灾和火灾的了解，使学生掌握建筑结构抗震、抗风和抗火设计与防灾的原则和方法。

（4）强调建筑结构抗震的概念设计，建筑结构抗震概念设计贯穿始终，将该内容单列一章进行讲解。

本书由郑州航空工业管理学院、郑州大学、中原工学院、河南工程学院和商丘学院五所学校共同编写，郑州航空工业管理学院李广慧教授、魏晓刚博士担任主编，郑州大学刘晨宇教授、郑州航空工业管理学院刘淼担任副主编。全书共 10 章，第 1 章、第 7 章由郑州航空工业管理学院李广慧撰写，第 5 章、第 6 章、第 10 章由郑州航空工业管理学院魏晓刚撰写，第 3 章由郑州航空工业管理学院刘淼撰写，第 8 章由郑州大学刘晨宇撰写，第 2 章由商丘学院白春撰写，第 4 章由中原工学院杜亚志撰写，第 9 章由河南工程学院李军文撰写；最后全书由郑州航空工业管理学院魏晓刚统稿。

在本书编写过程中，学习和参考了大量兄弟院校和科研院所出版的教材和论著，在此谨向编著者致以诚挚的谢意！

限于时间和作者水平，本书的编写难免有疏漏和错误之处，热切希望广大读者批评指正。

目　　录

第 1 章　建筑结构抗震基本知识

学习的目的和要求：

掌握建筑震害的危害性，建筑结构抗震设计的重要性以及本课程所研究的内容及其发展方向。

学习内容：

1. 建筑结构抗震的内容；
2. 建筑结构抗震设计方法步骤；
3. 建筑结构的抗震措施。

重点与难点：

重点：本课程研究方法；本课程主要包括的内容、特点。
难点：建筑结构抗震设计方法步骤。

1.1　地震基本知识

地震（earthquake）是地球内部能量突然释放、危及人类生命财产的突发式自然灾害。全世界每年约发生地震 500 万次，平均每天多达 13700 次，其中 7 级以上灾害性的地震全球平均每年 18～19 次，5～6 级地震每年数以百次，仅中国平均每年发生的 5 级以上的地震就有 20～30 次，5 级以下的地震则数以千计。人类时刻在与地震相伴，受到震灾的威胁。因此，为了与地震灾害作斗争，人类自古以来一直对地震和建筑抗震进行着研究和探索，对地震的认识也随着人类文明的进步而深入，防震减灾的技术和方法也不断完善和成熟。

1.1.1　地球的构造

地球是一个近似椭圆的球体，平均半径约 6400km。由外到内可分为 3 层：最表面的一层是很薄的地壳，平均厚度约为 30km；中间很厚的一层是地幔，厚度约为 2900km；最里面的为地核，其半径约为 3500km，如图 1-1 所示。

地壳由各种不均匀岩层构成。除地面的沉积层外，陆地下面的地壳通常由上部的花岗岩和下部的玄武岩构成；海洋下面的地壳一般只有玄武岩层。地壳各处薄厚不一，厚度为 5～40km。世界上绝大部分地震都发生在这一薄薄的地壳内。

地幔主要由质地坚硬的橄榄岩组成。由于地球内部放射性物质不断释放热量，地球内部的温度也随深度的增加而升高。从地下 20km 到地下 700km，其温度由大约 600℃上升到 2000℃。在这一范围内的地幔中存在着一个厚度几百千米的软流层。由于温度分布不

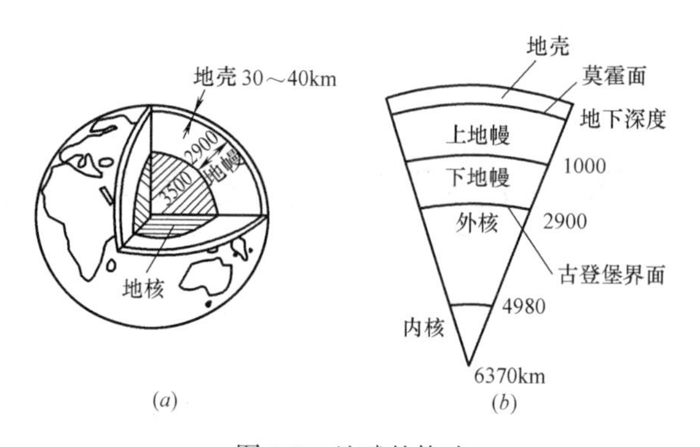

图 1-1　地球的构造

（a）地球断面；（b）分层结构

均匀，就发生了地幔内部物质的对流。另外，地球内部的压力也是不均衡的，在地幔上部约为 900MPa，地幔中间则达 370000MPa。地幔内部物质就是在这样的热状态下和不均衡压力作用下缓慢地运动着，这可能是地壳运动的根源。到目前为止，所观测到的最深的地震发生在地下 700km 左右处，可见地震仅发生在地球的地壳和地幔上部。

地核是地球的核心部分，可分为外核（厚 2100km）和内核，其主要构成物质是镍和铁。据推测，外核可能处于液态，而内核可能处于固态。

1.1.2　地震的类型与成因

1.1.2.1　地震的类型

地震的类型划分方式有很多种，可按地震的成因、震源深度和地震烈度等方式划分。

根据地震成因，地震类型可分为三类：构造地震，火山地震和塌陷地震。

按照震源深度，地震可分为以下三类：

（1）浅源地震：震源深度小于 70km。

（2）中源地震：震源深度在 70～300km 范围内。

（3）深源地震：震源深度大于 300km，但到目前为止，所观测到的地震震源深度最深为 720km，这可能与岩石圈板块的最深俯冲深度有关。

按照正常人在安静状态下的感觉程度，地震可分为以下两类：

（1）无感地震：正常人在安静状态下感觉不到，只能用地震仪器测量出来。其震级一般小于 3 级。其中震级小于 1 级的称为超微震；震级在 1～3 级的称为微震。

（2）有感地震：正常人在安静状态下能够感觉到，其震级大于 3 级。其中震级在 3～5 级的称为小震，一般不会造成破坏；震级在 5～7 级的称为中震，可以造成不同程度的破坏；震级大于 7 级的称为大地震，常造成严重的破坏。

下面从地震成因对三类地震分别介绍：

（1）构造地震

构造地震是由地球构造运动所引起的地震。地球内部在不停地运动着，在它的运动过程中，始终存在巨大的能量，而组成地壳的岩层在巨大的能量作用下，也不停地连续变动，不断地发生褶皱、断裂和错动（图 1-2），这种地壳构造状态的变动，使岩层处于复杂的地应力作用之下。地壳运动使地壳某些部位的地应力不断加强，当弹性应力的积聚超过岩石的强度极限时，岩层就会发生突然断裂和猛烈错动，从而引起振动。振动以波的形式传到地面，形成地震。由于岩层的破裂往往不是沿一个平面发展，而是形成由一系列裂缝组成的破碎地带，沿整个破碎地带的岩层不可能同时达到平衡，因此，在一次强烈地震（即主震）之后，岩层的变形还有不断的零星调整，从而形成一系列余震。

此类地震约占地震总数的90%，其特点是震源较浅，活动频繁，延续时间长，影响范围广，给人类带来的损失最严重。世界上许多破坏性的大地震都属于此类，例如1971年唐山大地震，在几十秒内，将一座用了近百年时间才建设起来的工业城市几乎夷为平地。构造地震按其地震序列可分为孤立型地震（前震、余震少而弱，地震能量几乎全部通过主震释放出来）；主震型地震（前震很少或无，但余震很多，90%以上的地震能量是通过主震释放出来的）；震群型地震（没有突出的主震，地震能量通过若干次震级相近的地震分批释放出来）。

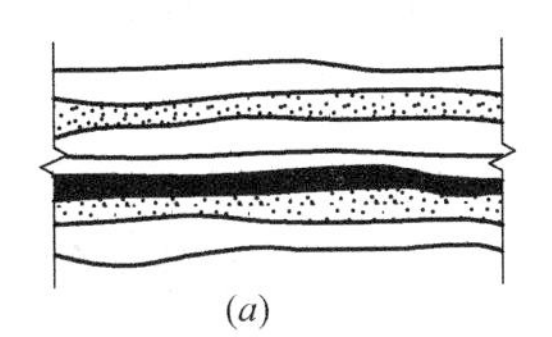
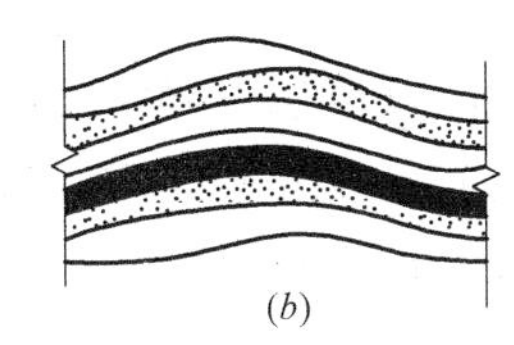
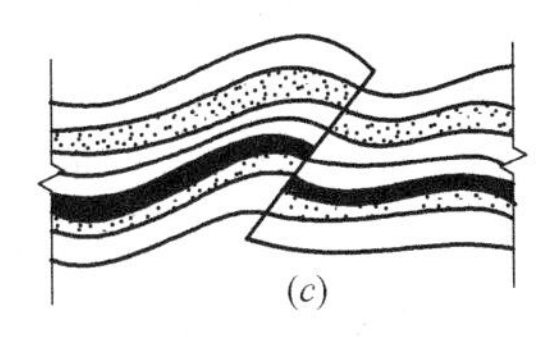

图 1-2 构造地震的形成示意图

(*a*) 岩层原始状态；(*b*) 受力后发生变形；(*c*) 岩层断裂产生振动

（2）火山地震

火山地震是由于火山爆发、岩浆猛烈冲击地面时引起的地面振动而形成的地震。地球内部温度很高，往深处每增加100m，温度上升2～50℃，在地下100km深处的地温已达到1200～1300℃。高温下岩石呈熔融状态的岩浆，在强大压力作用下，岩浆向上喷出，在其冲力作用下激起地面的振动，产生火山地震。例如，1914年日本樱岛火山喷发产生的地震相当于6.7级。火山地震约占发生地震的7%。火山地震可分为A型火山地震（发生在火山附近，震源深度为1～10km，其发生与火山喷发活动没有直接或明确的关系，但与地下岩浆或气体状态变化所产生的地应力分布的变化有关）；B型火山地震（集中发生在活火山口附近的狭长范围内，震源深度浅于1km，影响范围很小）；潜火山地震（在地下岩浆冲至接近地面，但未喷出地表的情况下产生的地震）。

（3）塌陷地震

塌陷地震是指天然的岩洞、溶洞以及矿区的采空区支撑不住上覆岩层，发生塌陷而形成的地震。此类地震的发生既有天然因素的一面，又有人为因素的一面。此类地震约占产生地震的3%左右。在国内外曾经发现过矿山塌陷地震震级最大可达到5级，在我国已发生过近4级的矿山塌落地震。如1972年在山西大同煤矿发生的采空区大面积顶板塌落，引起最大震级为3.4级的地震。

1.1.2.2 地震的成因

由于地壳运动，推挤地壳岩层使其薄弱部位发生断裂错动而引起的地震叫作构造地震。由于火山爆发而引起的地震叫作火山地震；由于地表或地下岩层突然大规模陷落和崩塌而造成的地震叫作塌陷地震；火山地震和塌陷地震的影响范围和破坏程度相对较小，而构造地震的分布范围广、破坏作用大，因而对构造地震应予以重点关注。就构造地震的成因，仅介绍断层说和板块构造说。

（1）断层说

构造地震是由于地球内部在不断运动的过程中，始终存在着巨大的能量，造成地壳岩层连续变动，不断地发生变形，产生地应力。当地应力产生的应变超过某处岩层的极限应变时，岩层就会发生突然断裂和错动。而承受应变的岩层在其自身的弹性应力作用下发生回弹，迅速弹回到新的平衡位置。这样，岩层中原先构造变动过程中积累起来的应变能在回弹过程中释放，并以弹性波的形式传至地面，从而引起振动，形成地震。构造地震与地质构造密切相关，这种地震往往发生在地应力比较集中、构造比较脆弱的地段，即原有断层的端点或转折处、不同断层的交汇处。

（2）板块构造说

板块构造学说认为，地球表面的岩石层不是一块整体，而是由六大板块和若干小板块组成，这六大板块即欧亚板块、美洲板块、非洲板块、太平洋板块、澳洲板块和南极板块。由于地幔的对流，这些板块在地幔软流层上异常缓慢而又持久地相互运动着。由于它们的边界是相互制约的，因而板块之间处于张拉、挤压和剪切状态，从而产生了地应力。当应力产生的变形过大时致使其边缘附近岩石层脆性破裂而产生地震。地球上的主要地震带就位于这些大板块的交界地区。

“5·12汶川地震”发生在我国青藏高原的东南边缘、川西龙门山的中心，位于汶川—茂汶大断裂带上。印度洋板块向北运动，挤压欧亚板块、造成青藏高原隆升。高原在隆升的同时，也在向东运动，挤压四川盆地。四川盆地是一个相对稳定的地块，虽然龙门山主体看上去构造活动性不强，但是可能是处在应力的蓄积过程中，蓄积到了一定程度，地壳就会破裂，从而发生地震。

1.1.3 地震的分布

据统计，地球上平均每年发生震级为8级以上、震中烈度11度以上的毁灭性地震2次；震级为7级以上、震中烈度在9度以上的灾害性大地震不到20次；震级在2.5级以上的有感地震在15万次以上。

在宏观地震资料调查和地震台观测数据研究的基础上，可以得到世界范围内的两主要地震带：环太平洋地震带和欧亚地震带。

1.1.3.1 全球地震带

世界上有两条主要的地震带（earthquake belt）：环太平洋地震带与欧亚地震带。

（1）环太平洋地震带基本上是太平洋沿岸大陆海岸线的连线，从南美洲的西海岸向北，到北美洲的西海岸的北端，再向西穿过阿留申群岛，到俄罗斯的堪察加半岛折向千岛群岛，沿日本列岛，地震带在此分为两支，一支沿琉球群岛南下，经过我国台湾省，到菲律宾、印度尼西亚；另一支转向马里亚纳群岛至新几内亚，两支汇合后，经所罗门到汤加，突然转向新西兰。全世界75%左右的地震发生于这一地震地带。

（2）欧亚地震带是东西走向的地震带，西端从大西洋上的亚速尔岛起，向东途经意大利、希腊、土耳其、伊朗、印度，再进入我国西部与西南地区，向南经过缅甸与印度尼西亚，最后与环太平洋地震带的新几内亚相接。这一地震带是全球中深源地震（deep-focus earthquake）的多发地区，全世界22%左右的地震发生于这一地震地带。

另外在大西洋、印度洋等大洋的中部也有呈条状分布的地震带。

1.1.3.2 我国的地震带

我国是一个多地震国家，近四千年的地震文献记载表明，除浙江、江西两省外，我国绝大部分地区都发生过震级较大的破坏性地震。我国地处世界上两条大地震带之间，不少地区地震相当活跃，我国台湾省就处于环太平洋地震带，近年来大震不断，而且发震频率相当高。我国境内断裂带发育，除西藏、台湾位于世界的两大地震带以外，强烈地震主要分布在以下两个地震带上：

（1）南北地震带：这条地震带的北端位于宁夏贺兰山，经过六盘山，经四川中西部直到云南，全长2000多千米。该地震带构造相当复杂，全国许多强震就发生在这条地震带上，例如1976年松潘7.2级地震。这条地震带的宽度比较大，少则几十千米，最宽处达到几百千米。

（2）东西地震带：东西走向的地震带有两条，北面的一条从宁夏贺兰山向东延伸，沿陕北、晋北以及河北北部的狼山、阴山、燕山山脉，一直到辽宁的千山山脉。另一条东西方向的地震带横贯整个国土，西起帕米尔高原，沿昆仑山东进，顺沿秦岭，直至安徽的大别山。这两条地震带是由一系列地质年代久远的大断裂带构成的。

根据这些地震带可将全国分为五个地震区：东北地震区、华北地震区、华南地震区、西北地震区与西南地震区。亦可分为以下10个地震区：从华南地震区分出台湾地震区、南海地震区，而西北、西南地震区则统一分为青海高原南部地震区、青海高原中部地震区与青海高原北部地震区，还有新疆中部地震区与新疆北部地震区，再加原有的东北、华北、华南地震区，总共10个。

1.2 地震的灾害

地震是通过地震波释放巨大的灾害能量，因此发生地震时会对地面上的工程结构产生巨大的破坏，进而造成人员伤亡和社会物质财富的损失。地震灾害作为一种自然灾害，它对社会生活和地区经济发展有着广泛而深远的影响。认识地震灾害的特点对于做好防灾减灾工作是十分重要的。地震灾害的特点为：突发性、破坏面积广、区域性强、继发性、多发性、灾难性、社会性和救灾艰巨性等。

随着社会经济的快速发展，城市化进程的加快，人口及物质财富向城市的进一步高度集中，地震所造成的灾害是巨大的。如1976年唐山7.8级地震，使24.2万余人丧生，6.4万余人重伤，直接经济损失达100亿元人民币；1995年日本阪神7.2级地震，死8420人，伤45000人，直接经济损失达1213亿美元；2004年日本新泻里氏6.8级地震造成35人死亡，2000多人受伤，经济损失预计达3万亿日元；2008年5月12日，我国汶川8.0级地震，造成69197人死亡，18222人失踪，40多万人受伤，造成经济损失高达8700亿人民币。

据不完全统计：20世纪全世界地震死亡人数达170万人，占各类自然灾害死亡人数的54%，直接经济损失达4100亿美元，间接经济损失超过万亿美元。其中，城市地震造成的死亡人数约占61%，经济损失约占85%。同时，瞬间的巨大灾难给人们精神上带来强烈的恐惧和不安。

近年世界范围内发生了很多大地震，表1-1为近年世界发生的部分大地震。

近年世界地震情况 **表1-1**

地点	时间	震级	灾害情况
菲律宾	1990.7.11	7.7级	2000人死亡，近150000人失去家园
巴基斯坦和阿富汗	1991.2.1	6.8级	巴方死亡200人，阿方死亡1000人
印度新德里	1992.12.12	6.8级	2200人死亡
印度	1993.9.30	6.4级	36个村庄被毁，22000人死亡
日本	1995.1.17	7.2级	6500人死亡
俄罗斯	1995.5.28	7.5级	近2000人死亡
中国	1996.2.3	7.0级	311人死亡，3706人受伤
伊朗	1997.5.10	7.1级	至少1560人死亡
阿富汗	1998.5.30	6.9级	50个村庄被毁，3000多人死亡
土耳其	1999.8.17	7.4级	13000多人死亡
日本北海道	2003.9.26	8.0级	1人死亡，2人失踪，受伤479人
伊朗	2003.12.26	6.3级	伤1.5万人，死者总数约为4.5万人
日本	2004.10.23	7.0级	35人死亡，2000人受伤
印度印尼西亚	2004.12.26	8.9级	约30万人死亡
中国汶川	2008.5.12	8.0级	约90000人
海地	2010.1.12	7.3级	约200000人
智利	2010.2.27	8.8级	近1000人
中国玉树	2010.4.14	7.1级(多次)	死2698人
日本	2011.03.11	9.0级	死27475人

这些大地震不但造成了大量的人员伤亡和巨大的经济损失，还给人类在精神上以重创，因此人类一直在探求防御和减轻地震灾害的有效途径。

地震所导致的灾害可分为：直接灾害和次生灾害。

1.2.1 直接灾害

地震的直接灾害是指在强烈地震发生时，地面受地震波的冲击而产生的强烈运动、断层运动及地壳形变等出现的各种破坏现象，也就是与地震有直接联系的灾害，如地表破坏和结构物的破坏等形式的灾害。

1.2.1.1 地表破坏

地震时造成的地表破坏有山石崩裂、滑动、地面裂缝、地陷及喷砂冒水等。

地面裂缝（ground crack）是地震中最常见的现象，主要有两种类型。一种是强烈地震时由于地下断层错动延伸至地表而形成的裂缝，称为构造地裂缝。这类裂缝与地下断裂带的走向一致，其形成与断裂带的受力性质有关，一般规模较大，形状比较规则，通常呈带状出现，裂缝带长度最大可达到几十千米，宽度甚至达到几十米。另一种地裂缝是在河道、湖河岸边、陡坡等土质松软地方产生的地表交错裂缝，其大小形状不一，规模也比较小。当穿过道路、结构物时通常会使其产生破坏。图1-3所示是汶川地震地表破坏情况，

图 1-4 所示是日本新泻在 2004 年 10 月 23 日发生地震时产生的地裂缝。

图 1-3 汶川地震后地路上地裂缝

图 1-4 日本新泻地震后地路上地裂缝

地陷大多发生在岩溶洞和采空（采掘的地下坑道）地区。地震造成地陷的事件是多种多样的，在石灰岩分布地区，地下溶洞十分发育，在矿区由于人类的生产活动会存在空洞，地震时就可能出现塌陷，地面则随之下沉。在喷水冒砂地段，也可能发生下陷。当地震时发生地陷对于城市的地下空间有严重的破坏作用，从而使上部结构物产生破坏（图 1-5）。

图 1-5 日本神户地震产生的地陷

图 1-6 喷砂冒水

喷砂、冒水是地震中非常多见的现象（图 1-6）。砂和水有的从地震裂缝或孔隙中喷出，有的从水井或池塘喷出，分布很广，但喷砂主要出现在平原地区，特别是河流两岸最低平的地方。喷口有时会沿着一定方向成线状分布，喷出的砂子有时可达 1～2m 的厚度，掩盖相当大的面积。冒水是因为地震时，岩层发生了构造变动，改变了地下水的储存、运动条件，使一些地方地下水急剧增加而产生的。喷砂是含水层砂土液化的一种表现，即在强烈地震作用下，地表附近的砂土层失去了原来的粘结性，呈现了液体的性质，从而喷出地面。地震喷砂、冒水有时会淹没农田、堵塞水渠、道路等而造成灾害。

在强烈地震中，陡坡、河岸等处土体往往失稳，从而形成山石崩裂、滑动，有时还会造成破坏道路、掩埋村庄、堵河成湖等严重震害（图 1-7、图 1-8）。

1.2.1.2 工程结构破坏

地震时各类工程结构的倒塌破坏是造成人民生命财产损失的主要原因，也是工程结构

图 1-7　汶川地震山体滑坡

图 1-8　汶川地震河流堵塞

抗震工作的主要对象。据统计，由工程结构破坏所造成的人员伤亡占总数的 95%。以往建造的房屋，抗震性能普遍较低，地震造成的房屋损失破坏情况十分严重。工程结构的破坏情况随结构类型及抗震措施的不同而有较大差别，下面介绍几种常见的破坏情况。

（1）结构丧失整体稳定性而引起的破坏

在地震作用下，由于结构构件连接不牢、支承长度不足、节点破坏及支撑失效等原因，导致结构物丧失整体稳定性，从而发生局部或整体倒塌。图 1-9 所示为钢筋混凝土大楼因底层毁坏而丧失整体稳定性引起倒塌。

（2）结构强度不足引起的破坏

在强烈地震作用下，结构将承受很大的惯性力，构件的内力将比静力荷载作用时有大幅度的增加，而且力的作用性质往往也会有较大的变化。如果一个建造在地震区的结构物没有考虑抗震设防或设防不足，其构件将会因抗剪、抗压、抗弯或抗扭强度不足而造成破坏。如图 1-10 所示。

（3）结构塑性变形能力不足引起的破坏

结构塑性变形能力又称为延性，它是结构抵抗塑性变形的能力。结构通过塑性变形来吸收和消耗地震输入能量，防止倒塌破坏，提高结构抗震能力。

在强烈地震作用下，结构将产生很大的塑性变形，如果结构的塑性变形能力不足，则会导致结构的破坏。图 1-11 所示建筑就是由于结构的底层柱子的延性不够而产生的破坏。在设计中可采用多种构造措施和耗能手段来增强结构与构件的延性，如对于钢筋混凝土框

图 1-9　结构失稳引起的破坏

图 1-10　强度不足引起的破坏

架结构采用强柱弱梁、强剪弱弯、强节点弱构件等措施来提高结构的延性。

（4）地基失效引起的破坏

地震时一些结构物的上部结构本身并没有发生破坏，但是由于地基失效（地基土液化或地基震陷等）而造成倾斜甚至倒塌。如图 1-12 所示为日本神户地震后由于土壤液化而引起的桥梁的破坏。

图 1-11　结构塑性变形引起的破坏

图 1-12　日本地震的桥梁的破坏

1.2.2　次生灾害

地震时间接引起的灾害称为次生灾害。如水坝、给水排水设施、煤气管网、供电线路等生命线工程以及易燃、易爆、有毒物质的容器等发生破坏，就会引起水灾、火灾和空气污染等灾害。

次生灾害造成的损失有时比地震直接造成的损失还要大，特别是在大城市和大工业区更为显著。例如，1923 年 9 月 1 日日本关东大地震，直接震倒房屋 13 万栋，而火灾烧毁房屋达 45 万栋；1906 年美国旧金山大地震，震后的 3 天火灾烧毁了 520 个街区的 2.8 万栋建筑物。2003 年 9 月 26 日，日本北海道东南约 80km 海域发生里氏 8 级强烈地震时，日本北海道的一家炼油厂在地震中发生火灾，大火和浓烟冲天。

次生灾害的另一个表现是海啸。海底发生大地震能激起巨大的海浪，传到海岸积成几十米高的巨浪而形成海啸。例如，1960 年 5 月 22 日智利大地震引起的海啸，除吞噬了智利中、南部沿海房屋外，海浪还从智利沿大海以每小时 640km 的速度横扫太平洋，22h 后，高达 4m 的海浪又袭击了距智利 1.7 万 km 的日本，使日本的本州和北海道的海港和码头建筑遭到严重破坏，甚至连渔船也被抛上了陆地。2004 年 12 月 26 日印度尼西亚苏门答腊岛发生的 8.9 级地震所引起的海啸造成约 30 多万人死亡和无数人无家可归，还波及东南亚多个国家。如图 1-13 所示，为海啸袭击印度尼西亚的海边城市。如何减轻地震产生的次生灾害已越来越引起人们的关注，并逐渐形成了抗震工程的一个分支学科。

图 1-13　印度尼西亚地震引起的海啸

1.3　地震的基本概念

1.3.1　震源和震中

地层构造运动中，在地下岩层产生剧烈相对运动的部位，产生剧烈振动，造成地震发生的地方叫震源，震源正上方的地面位置叫震中。震中附近的地面振动最剧烈，也是破坏最严重的地区，叫震中区或极震区。地面某处至震中的水平距离叫作震中距。把地面上破坏程度相同或相近的点连成的曲线叫作等震线。震源至地面的垂直距离叫作震源深度。见图 1-14。

按震源的深浅，地震又可分为 3 类：一是浅源地震，震源深度在 70km 以内；二是中源地震，震源深度在 70～300km 范围；三是深源地震，震源深度超过 300km。浅源、中源和深源地震所释放的能量分别约占所有地震释放能量的 85％、12％和 3％。

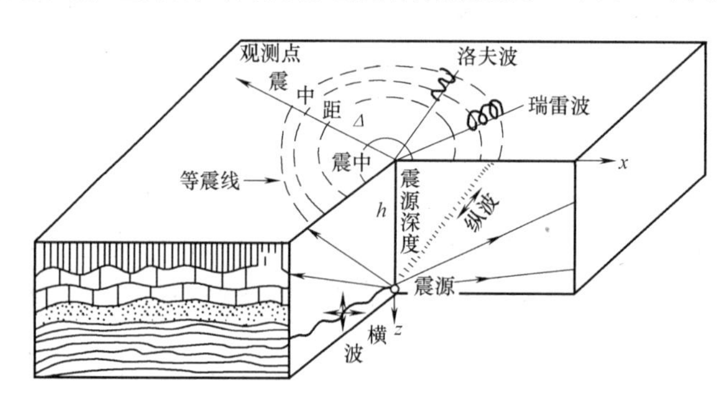

图 1-14　地震波传播示意图

1.3.2　地震波

地震引起的振动以波的形式从震源向各个方向传播并释放能量，就形成了地震波。它包含在地球内部传播的体波和只限于在地面附近传播的面波。

体波又包括两种形式的波，即纵波与横波。

在纵波传播的过程中，其介质质点的振动方向与波的前进方向一致，故又称压缩波或疏密波；纵波的特点是周期较短、振幅较小。在横波的传播过程中，其介质质点的振动方向与波的前进方向垂直，故又称为剪切波；横波的周期较长。振幅较大。见图 1-15。体

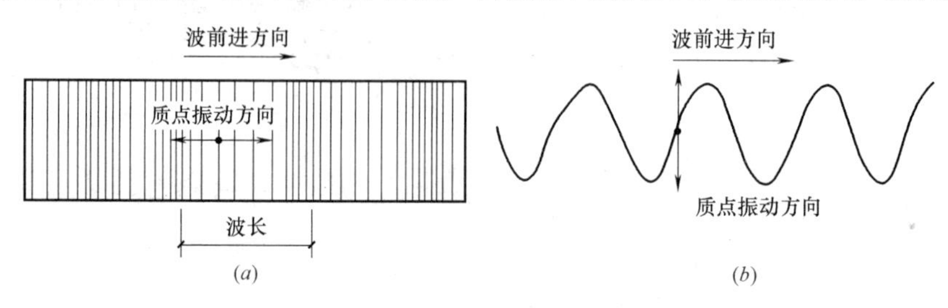

图 1-15　体波质点振动形式

（a）压缩波；（b）剪切波

波在地球内部的传播速度随深度的增加而增大。

观测表明，土层土质由软至硬，在其中传播的剪切波速由小到大。剪切波速度与地基土的强度、变形特性等因素有密切关系，可采用较简便的仪器测得，故在地基土动力性质评价中占有重要地位。

由弹性理论计算的纵波与横波的传播速度可知，纵波比横波传播速度快。在仪器的观测记录纸上，纵波先于横波到达，故也可称纵波为初波（或称 P 波），称横波为次波（或称 S 波）。

面波是体波经地层界面多次反射、折射后形成的次声波，它包括两种形式的波，即瑞雷波（R 波）和洛夫波（L 波）。瑞雷波传播时，质点在波的传播方向和地面法线组成的平面内（xz 平面）作与波前进方向相反的椭圆形运行，而在与该平面垂直的水平方向（y 方向）没有震动，质点在地面上成滚动式（图 1-16a）。洛夫波传播时，质点只是在与传播方向相垂直的水平方向（y 方向）运动，在地面上成蛇形运动形式（图 1-16b）。

面波振幅大、周期长，只在地表附近传播，比体波衰减慢，故能传播到很远的地方。

图 1-17 为某次地震所记录的地震波示意图。首先到达的是 P 波，继而是 S 波，面波到达的最晚。一般情况是，当横波或面波到达时，其振幅大，地面振动最猛烈，造成的危害也最大。

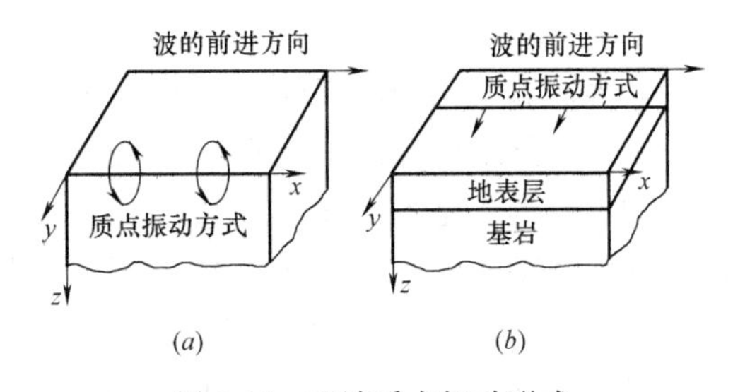

图 1-16　面波质点振动形式

（a）瑞雷波质点振动；（b）洛夫波质点振动

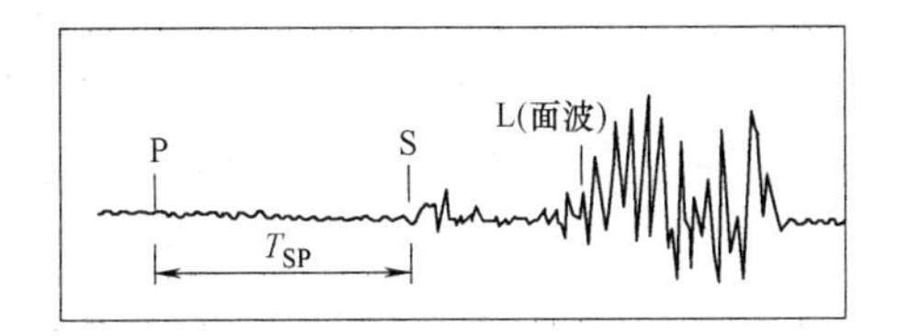

图 1-17　地震波记录图

1.3.3　震级

地震震级是地震的强度级别。它由震源所释放出的能量多少来确定。目前，国际上常用的是里氏震级。1935 年 Richter（里克特）提出的震级定义为：震级等于标准地震仪记录到的震中距为 $\Delta=100$km 处的地面最大水平位移（以微米为单位）的常用对数。这个标准地震仪是指 Wood-Andercon 扭摆仪，其标准要求是摆的自振周期为 0.8s，阻尼系数为 0.8，放大倍数为 2800。若假定 A 是该地震仪记录到的以微米为单位的地面最大水平位移，则（里氏）地震震级可用下式表示

$$M=\lg A(\Delta)-\lg A_0(\Delta) \tag{1-1}$$

式中　A——待定震级的地域记录的最大水平位移振幅；

A_0——标准地震在同一震中距离处的最大水平位移振幅；

$\lg A_0(d)$——震中距的函数，亦即零级地震在不同震中距的振幅对数值，称作起算函数，或标定函数。对不同的测定区域可以列出随震中距变化的［$-\lg A_0(\Delta)$］数值表。里克特规定：用标准地震仪（Wood-Andercon 扭摆式地震仪，放大倍

率为 2800 倍），在震中距 Δ 为 100km 处，记录最大振幅的地动位移 A_0 为 10^{-3}mm（μm）时对应的震级为零。

地震震级 M 与震源释放的能量 E 之间有以下经验关系

$$\lg E = 11.8 + 1.5M \tag{1-2}$$

根据上述关系，震级相差一级，地震波的振幅值增加 10 倍，地震所释放的能量要相差 32 倍，一个 6 级地震所释放的能量相当于一个两吨级的原子弹所释放的能量。目前记录到最大的地震还没有超过 8.9 级地震，1960 年 5 月 22 日南美智利发生的 8.9 级地震，1906 年 1 月 31 日南美厄瓜多尔—哥伦比亚边界附近近海中和 1933 年 3 月 2 日日本三陆东边海中发生 8.9 级地震，2004 年 12 月 26 日印度尼西亚苏门答腊岛附近海域也发生了 8.9 级地震。

一般认为，小于 2 级的地震，人们感觉不到，只有仪器才能记录下来，称为微震；2～4 级地震，人可以感觉到，称为有感地震；5 级以上地震能引起不同程度的破坏，称为破坏性地震；7 级以上的地震，则称为强烈地震或大震；8 级以上的地震，称为特大地震。20 世纪以来，有仪器记录到的最大震级是 8.9 级，共有 2 次，一次是 1906 年 1 月 31 日哥伦比亚与厄瓜多尔西海地震，另一次是 1933 年 3 月 2 日日本三陆近海地震。

1.3.4 地震烈度

地震烈度是度量某一地区地面和建筑物遭受一次地震影响的强弱程度。由于地面振动的强烈程度与震级大小、震源深度、震中距大小有关，与该地区地层的土质有关，还与该地区的地形地貌有关。因此，每次地震中不同地区的地震烈度是不一样的。

地震烈度是一个定性指标，尽管烈度表给出了地面运动速度和加速度的参考指标，但主要是根据该地区“大多数房屋的震害程度”与“人的感觉以及其他现象”来综合评定的。国际上大多数国家的烈度表都采用十二级别分类，个别国家，如日本，则采用 0～7 级的 8 级别分类。工程抗震设防的依据一般是采用烈度，而不是震级；目前的发展趋势则是直接采用地面运动加速度值作为工程抗震设计的依据。我国目前采用的烈度表是 1999 年颁布的《中国地震烈度表》（见表 1-2），该烈度表以统一的尺度衡量地震的强烈程度，从无感到地面强烈剧烈变化及山河改观划分为十二个级别。下面对该烈度表中各烈度的划分做以下说明。

中国地震烈度表 **表 1-2**

烈度	在地面上人的感觉	房屋震害程度		其他震害现象	水平向地面运动	
		震害现象	平均震害指数		峰值加速度（m/s²）	峰值速度（m/s）
Ⅰ	无感					
Ⅱ	室内个别静止中人有感觉					
Ⅲ	室内少数静止中人有感觉	门、窗轻微作响		悬挂物微动		
Ⅳ	室内多数人、室外少数人有感觉，少数人梦中惊醒	门、窗作响		悬挂物明显摆动，器皿作响		

续表

烈度	在地面上人的感觉	房屋震害程度		其他震害现象	水平向地面运动	
		震害现象	平均震害指数		峰值加速度(m/s^2)	峰值速度(m/s)
Ⅴ	室内普遍、室外多数人有感觉，多数人梦中惊醒	门窗、屋顶、屋架颤动作响，灰土掉落，抹灰出现微细裂缝，有檐瓦掉落，个别屋顶烟囱掉砖		不稳定器物摇动或翻倒	0.31 (0.22～0.44)	0.03 (0.02～0.04)
Ⅵ	多数人站立不稳，少数人惊逃户外	损坏——墙体出现裂缝，檐瓦掉落，少数屋顶烟囱裂缝、掉落	0～0.10	河岸和松软土出现裂缝，饱和砂层出现喷砂冒水；有的独立砖烟囱轻度裂缝	0.63 (0.45～0.89)	0.06 (0.05～0.09)
Ⅶ	大多数人惊逃户外，骑自行车的人有感觉，行驶中的汽车驾乘人员有感觉	轻度破坏——局部破坏，开裂，小修或不需要修理可继续使用	0.11～0.30	河岸出现坍方；饱和砂层常见喷砂冒水；松软土上地裂缝较多；大多数独立砖烟囱中等破坏	1.25 (0.90～1.77)	0.13 (0.10～0.18)
Ⅷ	多数人摇晃颠簸，行走困难	中等破坏——结构破坏，需要修复才能使用	0.31～0.50	干硬土上亦出现裂缝。大多数独立砖烟囱严重破坏；树梢折断；房屋破坏导致人畜伤亡	2.50 (1.78～3.53)	0.25 (0.19～0.35)
Ⅸ	行动的人摔倒	严重破坏——结构严重破坏，局部倒塌，修复困难	0.51～0.70	干硬土上多处出现裂缝；基岩上可能出现裂缝、错动；滑坡塌方常见；独立砖烟囱倒塌	5.00 (3.54～7.07)	0.50 (0.36～0.71)
Ⅹ	骑自行车的人会摔倒，处不稳状态的人会摔离原地，有抛起感	大多数倒塌	0.71～0.90	山崩和地震断裂出现；基岩上拱桥破坏；大多数独立砖烟囱从根部破坏或倒塌	10.00 (7.08～4.14)	1.00 (0.72～1.41)
Ⅺ		普遍倒塌	0.91～1.00	地震断裂延续很长；大量山崩滑坡		
Ⅻ				地面剧烈变化、山河改观		

（1）1～5度以人的感觉为主；6～10度以房屋震害为主，人的感觉仅作参考；11度、12度以房屋和地表现象为主。

（2）在高楼上人的感觉要比地面上人的感觉明显，应适当降低评定值。

（3）表中房屋为单层或数层、未经抗震设计或未加固的砖混或砖木房屋。对于质量特别差或特别好的房屋，可根据具体情况，对表中各烈度相应的震害程度和震害指数预测以提高或降低。

（4）震害指数是从各类房屋的震害调查和统计中得出的反映破坏程度的数字指标，0表示无震害，1表示倒平，中间按轻重分级，平均震害指数为各级震害指数与相应破坏率（%）乘积的总和。

（5）震害程度。

损坏——个别掉砖落瓦，墙体微细裂缝，指数 0～0.1。

轻度破坏——局部破坏开裂，但不妨碍使用，指数 0.11～0.30。

中等破坏——结构受损，需要修理，指数 0.31～0.50。

严重破坏——墙体裂缝较宽，局部倒塌，修复困难，指数 0.51～0.70。

倒塌——大部分倒塌，不堪修复，指数 0.71～0.90。

毁灭——墙倒顶塌，荡然无存，指数 0.91～1.0。

（6）凡有地面强震记录资料的地方，表中的物理参量可作为综合评定烈度和制订建设工程抗震设防要求的依据。

（7）在农村可以自然村为单位，在城镇可以分区进行烈度的评定，但面积以 $1km^2$ 左右为宜。

（8）表中数量词的含义为：个别指 10%以下，少数指 10%～50%，多数指 50%～70%，大多数指 70%～90%，普遍指 90%以上。

对应于一次地震，表示地震大小的震级只有一个，然而由于同一次地震对不同地点的影响是不一样的，因此烈度也就随震中距离的远近而有差异。一般说来，距离震中愈远，地震影响愈小，烈度就愈低；反之，愈靠近震中，烈度就愈高。震中点的烈度称为“震中烈度”。

对于浅源地震，震级 M 与震中烈度 I_0 大致呈如下对应关系

$$M=0.58I_0+1.5 \tag{1-3}$$

地震烈度表示地震时一定地点地面振动强弱程度的尺度。对于一次地震，表示地震大小，表示地震大小的震级只有一个，但它对不同地点的影响是不一样的。一般来说，随距离震中的远近不同，烈度有所差异。距震中愈远，地震影响愈小，烈度就愈低；反之，距震中愈近，烈度就愈高。此外，地震烈度还与地震大小、震源深度、地震传播介质、表土性质、建筑物结构动力特性等许多因素有关。

为评定地震烈度，就需要建立一个标准，这个标准就称为地震烈度表。它是以描述震害宏观现象为主的，即根据建筑物的损坏程度、地貌变化特征、地震时人的感觉、家具动作反应等方面进行区分。另以地面加速度峰值和速度峰值为烈度的参考物理指标，作为地区性直观烈度标志的共同校正标准，以开辟确定烈度的新途径。由于对烈度影响轻重的分段不同，以及在宏观现象和定量指标确定方面有差异，加之各国建筑情况及地表条件的不同，各国所制定的烈度表也就不同。现在，除了日本采用从 0～7 度分成 8 等的烈度表、少数国家（如欧洲一些国家）用 10 度划分的地震烈度表外，绝大多数国家包括我国都采用分成 12 度的地震烈度表。

一般来说，震中烈度是地震大小和震源深度两者的函数。对于大量的震源深度在10～30km 的地震，其震中烈度 I_0 与震级 M 的对应关系见表 1-3。

震中烈度与震级的大致对应关系 **表 1-3**

震级 M	2	3	4	5	6	7	8	>8
震中烈度 I_0	1～2	3	4～5	6～7	7～8	9～10	11	12

1.4 地震动特性

地震动是非常复杂的，具有很强的随机性，甚至同一地点、每一次地震都各不相同。多年来地震工程研究者们根据地面运动的宏观现象和强震观测资料的分析得出，地震动的主要特性可以通过三个基本要素来描述，即地震动的幅值、频谱特性和持时（即持续时间）。

1.4.1 地震动幅值特性

地震动幅值可以是地面运动的加速度、速度或位移的某种最大值或某种意义下的有效值。目前采用最多的地震动幅值是地面运动最大加速度值，它可描述地面震动的强弱程度，且与震害有着密切关系，可作为地震烈度的参考物理指标。例如，1940 年 EL-Centro 地震加速度记录的最大值为 341.7cm/s^2。

地震动幅值的大小受震级、震源机制、传播途径、震中距、局部场地条件等因素的影响。一般来说，在近场内，基岩上的加速度峰值大于软弱场地上的加速度峰值，而在远场则相反。

1.4.2 地震动频谱特性

地震动频谱特性是指地震动对具有不同自振周期的结构的反应特性，通常可以用反应谱、功率谱和傅里叶谱来表示。反应谱是工程中最常用的形式，现已成为工程结构抗震设计的基础。功率谱和傅里叶谱在数学上具有更明确的意义，工程上也具有一定的实用价值，常用来分析地震动的频谱特性。

震级、震中距和场地条件对地震动的频谱特性有重要影响，震级越大、震中距越远，地震动记录的长周期分量就越显著。硬土且地层薄的地基上的地震动记录包含较丰富的高频成分，而软土且地层厚的地基上的地震动记录卓越周期偏向长周期。另外，震源机制也对地震动的频谱特性有着重要影响。

1.4.3 地震动持时特性

地震动持时特性对结构的破坏程度有着较大的影响。在相同的地面运动最大加速度作用下，当强震的持续时间长，则该地点的地震烈度高，结构物的地震破坏就重；反之，当强震的持续时间短，则该地点的地震烈度低，结构物的破坏就轻。例如，EL-Centro 地震的强震持续时间为 30s，该地点的地震烈度为 8 度，结构物破坏较严重；而 1966 年的日本松代地震，其地面运动最大加速度略高于 EL-Centro 地震，但其强震持续时间仅为 4s，则该地的地震烈度仅为 5 度，未发现明显的结构物破坏。

实际上，地震动强震持时对地震反应的影响主要表现在非线性反应阶段。从结构地震破坏的机理上分析，结构从局部破坏（非线性开始）到完全倒塌一般需要一个过程，往往要经历一段时间的往复振动过程。塑性变形的不可恢复性需要耗散能量，因此在这一振动过程中即使结构最大变形反应没有达到静力试验条件下的最大变形，结构也可能因储存能量能力的耗损达到某一限制而发生倒塌破坏。持时的重要意义同时存在于非线性体系的最大反应和能量耗散累积两种反应之中。

1.5　建筑结构的抗震设防

1.5.1　基本术语

抗震设防烈度：按国家规定的权限作为一个地区抗震设防依据的地震烈度。

抗震设防标准：衡量抗震设防要求的尺度，由抗震设防烈度和建筑使用功能的重要性确定。

地震作用：由地震动引起的结构动态作用，包括水平地震作用和竖向地震作用。

设计地震动参数：抗震设计用的加速度（速度、位移）时程曲线、加速度反应谱和峰值加速度。

设计基本加速度：50 年设计基准期超越概率 10%的地震加速度的设计取值。

设计特征周期：抗震设计用的地震影响系数曲线中，反映地震震级、震中距和场地类别等因素的下降段起始点对应的周期值。

场地：工程群体所在地，具有相似的反应谱特征。其范围相当于厂区、居民小区和自然村或不小于 1.0km^2的平面面积。

抗震措施：除地震作用计算和抗力计算以外的抗震设计内容，包括抗震构造措施。

抗震构造措施：根据抗震概念设计原则，一般不需要计算而对结构和非结构各部分必须采用的各种细部要求。

1.5.2　地震影响和抗震设防烈度

抗震设防烈度是一个地区作为抗震设防依据的地震烈度，一般情况下，可采用中国地震动区划图的地震基本烈度（或与《建筑抗震设计规范》GB 50011—2010（2016 年版），以下简称《抗震规范》设计基本地震加速度值对应的烈度值）。对已编制抗震设防区划的城市，可按批准的抗震设防烈度或设计地震动参数进行抗震设防。抗震设防烈度与设计基本地震加速度取值的对应关系应用符合表 1-4 的规定。《抗震规范》规定，抗震设防烈度为 6 度及以上地区的建筑，必须进行抗震设计。

抗震设防烈度和设计基本地震加速度值的对应关系　　表 1-4

抗震设防烈度	6 度	7 度	8 度	9 度
设计基本加速度值	0.05g	0.10(0.15)g	0.20(0.30)g	0.40g

注：g 为重力加速度。

建筑所在地区遭受的地震影响，应采取相应于抗震设防烈度的设计基本地震加速度和设计特征周期或规定的设计地震动参数来表征。建筑的设计特征周期应根据其所在地的设计地震分组和场地类别确定。

震害调查表明，虽然不同地区的宏观地震烈度相同，但处在大震级远震中距的柔性建筑物，其震害要比小震级近震中距的情况重得多。《抗震规范》用设计地震分组来体现震级和震中距的影响，建筑工程的设计地震分组为三组。在相同的抗震设防烈度和设计基本地震加速度值的地区可有三个设计地震分组，第一组表示近震中距，而第二、三组表示较远震中距的影响。

我国主要城镇（县级及县级以上城镇）中心地区的抗震设防烈度，设计基本地震加速度值和所属的设计地震分组可参见《抗震规范》。

1.5.3 建筑分类

根据建筑物使用功能的重要性，按其地震破坏产生的后果，《抗震规范》将建筑分为4个抗震设防类别：

甲类建筑——应属于重大建筑工程和地震时可能发生严重次生灾害的建筑，如遇地震破坏，会导致严重后果（如产生放射性物质的污染、大爆炸）的建筑等。

乙类建筑——应属于地震时使用功能不能中断或需要尽快恢复的建筑，如城市生命线工程的建筑和地震时救灾需要的建筑等。

丙类建筑——应属于除甲、乙类和丁类以外的一般建筑，如大量的一般工业与民用建筑等。

丁类建筑——应属于次要建筑，如遇地震破坏，不易造成人员伤亡和较大经济损失的建筑等。

国家标准《建筑抗震设防分类标准》GB 50223—2015 规定，各抗震设防类别建筑的抗震设防标准应符合下列要求：

（1）甲类建筑

地震作用应高于本地区抗震设防烈度的要求，其值应按批准的地震安全性评价结果确定；抗震措施，当抗震设防烈度为6～8度时，应符合本地区抗震设防烈度提高1度的要求，当为9度时，应符合比9度抗震设防更高的要求。

（2）乙类建筑

地震作用应符合本地区抗震设防烈度的要求；抗震措施，一般情况下，当抗震设防烈度为6～8度时，应符合比本地区抗震设防烈度提高1度的要求，当为9度时应符合比9度抗震设防更高的要求；地基基础的抗震措施应符合有关规定。

对较小的乙类建筑，当其结构采用抗震性能较好的结构类型时，应允许仍按本地区抗震设防烈度的要求采取抗震措施。

（3）丙类建筑

地震作用和抗震措施均应符合本地区抗震设防烈度的要求。

（4）丁类建筑

一般情况下，地震作用仍应符合本地区抗震设防烈度的要求；抗震措施应允许比本地区抗震设防烈度的要求适当降低，但抗震设防烈度为6度时不应降低。

抗震设防烈度为6度时，除规范有具体规定外，对乙、丙、丁类建筑可不进行地震作用计算。

1.5.4 多遇地震烈度和罕遇地震烈度

多遇地震是指发生机会较多的地震，因此多遇地震烈度应是烈度概率密度曲线上峰值所对应的烈度，即众值烈度（或称小震烈度）时的地震。大量数据分析表明，我国地震烈度的概率分布符合极值Ⅲ型。当设计基准期为50年时，则50年内众值烈度的超越概率为63.2%，即50年内发生超过多遇地震烈度的地震大约有63.2%，这就是第一水准的烈度。50年超越概率约10%的烈度大体相当于现行地震区划图规定的基本烈度，将它定义为第二水准的烈度。对于罕遇地震烈度，其50年期限内相应的超越概率约为2%～3%，这个烈度又可称为大震烈度，作为第三水准的烈度。由烈度概率分布分析可知，基本烈度与众值烈度相关，约为1.55度，而基本烈度与罕遇烈度相差约为1度，见图1-18，I_m为多遇地震烈度，I_o为基本烈度，I_s为罕遇地震烈度；当基本烈度为8度时，其众值烈度（多遇烈度）为6.45度左右，罕遇烈度为9度左右。

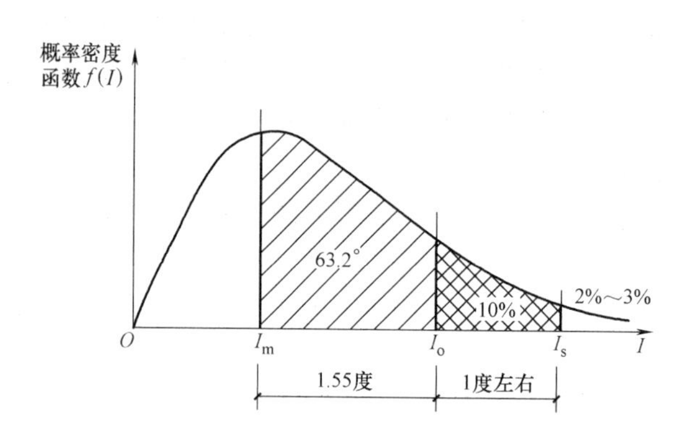

图1-18　三种烈度的超越概率示意图

1.5.5　三水准抗震设防目标

抗震设防是指对建筑物进行抗震设计和采取抗震构造措施，以达到抗震的效果。抗震设防的依据是抗震设防烈度。

我国《抗震规范》中提出的建筑物抗震设防目标如下：

（1）当遭受低于本地区抗震设防烈度（基本烈度）的多遇地震影响时，建筑物一般不受损坏或不需要修理仍可继续使用。

（2）当遭受本地区抗震设防烈度的地震影响时，建筑物可能损坏，经一般修理或不需修理仍能继续使用。

（3）当遭受高于本地区抗震设防烈度预估的罕遇地震影响时，建筑物不致倒塌或发生危及生命的严重破坏。

为达到上述三点抗震设防目标，可以用三个地震烈度水准来考虑，即多遇烈度、基本烈度和罕遇烈度。遵照现行规范设计的建筑物，在遭遇多遇烈度（即小震）时，基本处于弹性阶段，一般不会损坏；在罕遇地震作用下，建筑物将产生严重破坏，但不至于倒塌。即建筑物抗震设防的目标就是要做到“小震不坏，中震可修，大震不倒”。

1.5.6　两阶段抗震设计方法

《抗震规范》提出了两阶段抗震设计方法以实现上述三个烈度水准的抗震设防要求。第一阶段设计是在方案布置符合抗震原则的前提下，按与基本烈度相对应的众值烈度（相当于小震）的地震动参数，用弹性反应谱法求得结构在弹性状态下的地震作用标准值和相应的地震作用效应，然后与其他荷载效应按一定的组合系数进行组合，对结构构件截面进行承载力验算，对较高的建筑物还要进行变形验算，避免侧向变形过大。这样，既满足了第一水准下具有必要的承载力可靠度，又满足了第二水准损坏可修的设防要求，再通过概念设计和构造措施来满足第三水准的设计要求。对大多数结构，可只进行第一阶段设计。对《抗震规范》所规定的部分结构，如有特殊要求的建筑和地震时易倒塌的结构以及有明显薄弱层的不规则结构，除进行第一阶段设计外，还要进行第二阶段设计，即在罕遇地震烈度作用下，验算结构薄弱层的弹塑性层间变形，并采取相应的构造措施，以满足第三水准大震不倒的设防要求。

1.5.7 基于性能的抗震设计

按现行的以保障生命安全为基本目标的抗震设计规范所设计和建造的建筑物，在地震中虽然可以避免倒塌，但其破坏却造成了严重的直接和间接经济损失，甚至影响到社会和经济的可持续发展。这些破坏和损失远远超出了设计者、建造者和业主原先的估计。

为了强化结构抗震的安全目标和提高结构抗震的功能要求，提出了基于性能的抗震设计思想和方法。

基于性能的抗震设计与传统的抗震思想相比具有以下特点：

(1) 从着眼于单体抗震设防转向同时考虑单体工程和所相关系统的抗震设防。

(2) 将抗震设计以保障人民的生命安全为基本目标转变为在不同风险水平的地震作用下满足不同的性能目标，即将统一的设防标准改变为满足不同性能要求的更合理的设防目标和标准。

(3) 设计人员可根据业主的要求，通过费用—效益的工程决策分析确定最优的设防标准和设计方案，以满足不同业主、不同建筑物的不同抗震要求。

应该指出，我国抗震规范所提出的三水准设防目标和两阶段抗震设计方法，只是在一定程度上考虑了某些基于性能的抗震设计思想。基于性能的抗震设计将是今后较长时期结构抗震的重要研究和发展方向。

复习思考题

1. 地震按其成因分为哪几类？
2. 世界上有哪几条地震带？我国有哪几条地震带？
3. 什么是地震波？如何理解地震波的传播形式？
4. 什么是震级？什么是烈度？
5. 试分析地震动的特性及规律。
6. 试简述抗震设防“三水准两阶段设计”的基本内容。

第2章　场地、地基与基础

学习的目的和要求：

掌握场地、地基和基础相关的基本概念。

学习内容：

1. 建筑场地的选用，场地类别划分，场地类别的确定，场地区划；
2. 地基基础抗震设计要求，天然地基震害特点和抗震措施，地基抗震验算；
3. 地基土液化及其危害，液化的判别，液化地基的评价，液化地基的抗震措施。

重点与难点：

重点：地基基础抗震设计要求，天然地基震害特点和抗震措施，地基抗震验算。
难点：地基土液化及其危害，液化的判别，液化地基的评价，液化地基的抗震措施。

2.1　场　　地

场地是指大体上相当于厂区、居民点和自然村的区域范围的建筑物所在地。地基是指建筑物持力层范围内的那部分土层。任何一个建筑物，都坐落并嵌固在建设场地的岩土地基上。在地震作用下，场地土层既是地震波的传播介质，又是结构物的地基；作为传播介质，场地土层将地震波传给结构物，引起结构物的振动，使结构物在振动惯性力与其他荷载的组合作用下，可能因结构强度不足而破坏；作为地基，地基土本身的强度和稳定性可能遭到破坏，如砂土液化和软黏土的震陷等，造成地基失效，从而引起上部结构的破坏。结构物震害的程度，除了与地震类型、结构物自身的动力特性有关外，还与结构物所在场地的地形、下卧土层的构成、覆盖层厚度、水文条件等密切相关。图2-1是1967年委内瑞拉加拉加斯地震的震害调查统计结果。从图2-1中可以看出：在土层厚度为50m左右的场地上，3～5层的建筑物破坏相对较多；而在厚度为150～300m的冲积层上，10～24层的建筑物震害最为严重。可见，房屋倒塌率随土层厚度的增加而加大。美国1989年洛马普列塔地震时，位于旧金山市的马里纳区虽然距震中上百千米，但震害比震中基岩或硬土场地上的震害严重得多。据分析，认为基本原因是由于旧金山湾地基土为淤积的全新世黏土质的粉砂的存在，而引起了局部的放

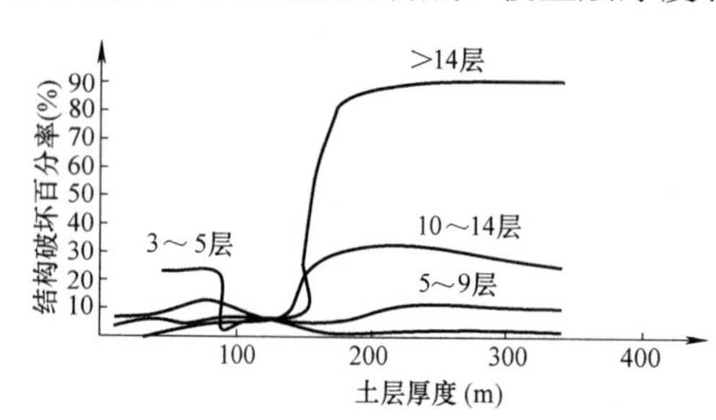

图2-1　房屋破坏率与土层厚度关系

大效应。上述震害表明，不同场地结构物震害的严重程度差别很大，软土场地上的震害要比基岩或硬土场地上的大。所以，在估计地震动时要充分考虑场地的影响。在抗震设计中，对于地基失效问题可采用场地选择和地基处理来解决；在地基不失效的情况下，场地条件对结构物地震振动的影响，可通过划分场地类别来加以考虑。

2.1.1 建筑场地选用

在不同工程地质条件的场地上建造的建筑物，在地震中的破坏程度是明显不同的，因此，选择对抗震有利的场地、避开不利的场地进行建设，能大大地减轻地震灾害。另一方面，由于不同场地条件对地震中建筑物的影响不同，这样就有必要按照场地、地基对建筑物所受地震破坏作用的强弱和特征进行分类，以便按照不同场地特点采取抗震措施。这就是地震区场地选择与分类的目的。

2.1.1.1 建筑场地划分

《建筑抗震设计规范》GB 50011—2010（2016 年版）中按对建筑抗震有利、不利和危险的地段划分了建筑场地，见表 2-1。在选择建筑场地时，应根据工程需要，掌握地震活动情况和工程地质的有关资料，做出综合评价，宜选择有利的地段、避开不利的地段，不应在危险地段建造建筑物，当无法避开时应采取适当的抗震措施。

建筑场地地段划分 **表 2-1**

地段类别	地质、地形、地貌
有利地段	稳定基岩，坚硬土，开阔、平坦、密实、均匀的中硬土等
不利地段	软弱土，液化土，条状突出的山嘴，高耸孤立的山丘，非岩质的陡坡，河岸和边坡的边缘，平面分布上成因、岩性、状态明显不均匀的土层（如故河道、疏松的断破裂带、暗埋的塘浜沟谷和半填半挖地基）等
危险地段	地震时可能发生滑坡、崩塌、地陷、地裂、泥石流等及发震断裂带上可能发生地表错位的部位

2.1.1.2 局部突出地形的影响

工程地质条件对地震破坏的影响很大。常有地震烈度异常现象，即“重灾区里有轻灾，轻灾区里有重灾”，产生的原因是局部地区的工程地质条件不同。对 1970 年通海地震的调查结果表明，位于局部孤立突出的地形（如孤立的小山包或山梁顶部）的建筑，其震害一般较平地上同类建筑严重。后来，通过强震观测和理论分析也证实了上述结论。兰州地震研究所利用有限元法对 1974 年云南昭通地震的鸭湾（图 2-2）——回龙 8 度异常区内芦家湾局部山梁的影响做了计算，该村距震中约 18km，坐落于南北向孤立突出的山梁上，山梁长 150m，顶部最宽 15m，最窄处仅 5m，高 60m。分析结果表明，突出端部的最大加速度为 0.632g，鞍部为 0.257g，大山根部为 0.431g，且理论分析结果与宏观震害现象基本一致。

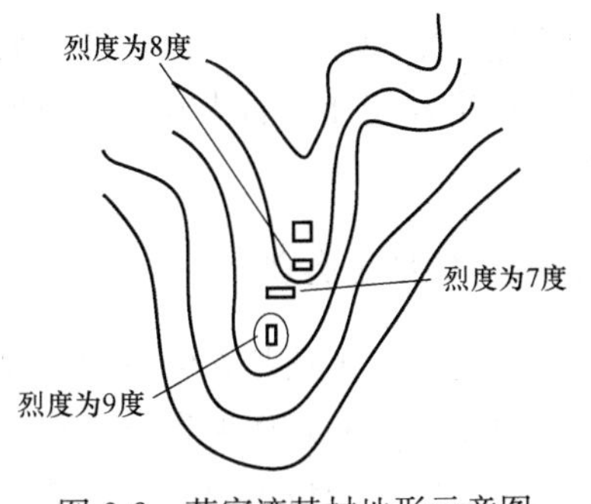

图 2-2 芦家湾某村地形示意图

通过强震观测和理论分析，总结局部突出地形的影响，具有如下规律：

（1）高突地形距离基准面的高度愈大，高处的反应愈大；

（2）离陡坡和边坡顶部边缘的距离大，反应相对减小；

（3）在同样地形条件下，土质结构的反应比岩质结构大；

（4）高突地形顶面愈开阔，远离边缘的中心部位的反应明显减小；

（5）边坡愈陡，其顶部的放大效应相应加大。

2.1.1.3 发震断裂的影响

断裂带是地质上的薄弱环节，浅源地震多与断裂活动有关。发震断裂带附近地表，在地震时可能产生新的错动，使建筑物遭受较大的破坏，属于地震危险地段，建设时应避开。发震断裂带上可能发生地表错位的地段主要在高烈度区、全新世以来经常活动的断裂上面。

当建筑场地内存在发震断裂时，应对断裂的工程影响进行评价，对符合下列规定之一的情况，可忽略发震断裂错动对地面建筑的影响：

（1）抗震设防烈度小于8度；

（2）非全新世活动断裂；

（3）抗震设防烈度为8度和9度时，前第四纪基岩隐伏断裂的土层覆盖厚度分别大于60m和90m。

对不符合上述规定的情况，应避开主断裂带。其避让距离不宜小于表2-2对发震断裂最小避让距离的规定。

发震断裂的最小避让距离（m）　　表2-2

烈度	建筑抗震设防类别			
	甲	乙	丙	丁
8	专门研究	300m	200m	—
9	专门研究	500m	300m	—

如前所述，当选择建筑场地时，应避开对建筑抗震不利地段，当需要在条状突出的山嘴、高耸孤立的山丘、非岩石的陡坡、河岸和边坡边缘等不利地段建造丙类及丙类以上建筑时，除保证其在地震作用下的稳定性外，应估计不利地段对设计地震动参数可能产生的放大作用，其地震影响系数最大值应乘以增大系数。其值可根据不利地段的具体情况确定，但不宜大于1.6。

场地岩土工程勘察，应根据实际需要划分对建筑有利、不利和危险的地段，提供建筑的场地类别和岩土地震稳定性（如滑坡、崩塌、液化和震陷特性等）评价，对需要采用时程分析法补充计算的建筑，应根据设计要求提供土层剖面、场地覆盖层厚度和有关的动力参数。

2.1.2 场地土类别

场地土对于从基岩传来的入射波具有放大作用。从震源传来的地震波是由许多频率不同的分量组成的，而地震波中具有场地土层固有周期的谐波分量放大最多，使该地震波引起表土层的振动最为激烈。也就是说，地震动卓越周期与该地点土层的固有周期一致时，产生共振现象，使地表面的振幅大大增加。另一方面，场地土对于从基岩传来的入射波中与场地土层固有周期不同的谐波分量又具有滤波作用。因此，土质条件对于改变地震波的频率特性具有重要作用。研究和观测表明，场地土层的卓越周期主要与场地土的软硬程度及覆盖土层厚度有关。场地土软，覆盖土层厚，则卓越周期长；场地土硬，覆盖土层薄，则卓越周期短。宏观震害显示，软弱深厚土层上的柔性结构易遭受破坏，而刚性结构表现较好；坚硬浅薄土层上的刚性结构破坏较重，而柔性结构震害较轻。但总的来说，软弱深厚土层上的建筑物震害较重，其原因主要是地震波的幅值被放大较多，振动持续时间较长，并且软弱地基在振动影响下容易产生液化、震陷和不均匀沉陷。考虑到不同场地条件对结构物地震振动的影响，便于进行抗震设计，《建筑抗震设计规范》将场地划分为Ⅰ～Ⅳ四种类别，场地类别反映了地震情况下场地的动力效应。决定场地类别的主要因素是场地覆盖层厚度和土层等效剪切波速。

2.1.2.1 场地土层的固有周期

场地土层的固有周期即自振周期，是场地土的重要动力特性，按照剪切波重复反射理论，对场地土层的固有周期 T，可按下列简化公式进行计算：

对于单一土层时

$$T=\frac{4H}{v_s} \tag{2-1}$$

式中 H——覆盖层厚度；

v_s——土的剪切波速。

对于多层土时

$$T=\sum_{i=1}^{n}\frac{4h_i}{v_{si}} \tag{2-2}$$

式中 n——土层总数；

h_i——第 i 层土的土层厚度；

v_{si}——第 i 层土的剪切波速。

从上式可见，场地土层的固有周期就是剪切波速穿行覆盖层四次所需的时间。硬夹层土剪切波速快，所以土层固有周期小；而软夹层土剪切波速慢，其固有周期长。

2.1.2.2 场地覆盖层厚度

覆盖层厚度本意是指从地表面至地下基岩面的距离。从理论角度说，比上层土剪切波速大得多的下层土可当作基岩。但，一般实际土层刚度是逐渐变化的，如果要求波速比很大时的下层土才能当作基岩，覆盖层厚度势必定得很大。由于地震波对建筑物破坏作用最大的是其短周期成分，而深层土对这些成分影响甚微，因此，作为分类标准的覆盖层厚度没有必要考虑得很大。为了实用上的方便，我国建筑抗震设计规范进一步采用土层的绝对刚度定义覆盖层厚度，即：地下基岩或剪切波速大于 500m/s 的坚硬土层至地表面的距离，称为“覆盖层厚度”。

抗震规范规定，对于建筑场地覆盖层厚度的确定，应符合下列要求：

（1）一般情况下，应按地面至剪切波速大于 500m/s 的土层顶面的距离确定。

（2）当地面 5m 以下存在剪切波速大于相邻上层土剪切波速 2.5 倍的土层，且其下卧土层的剪切波速均不小于 400m/s 时，可按地面至该土层顶面的距离确定。

（3）剪切波速大于 500m/s 的孤石、透镜体，应视同周围土层。

（4）土层中的火山岩硬夹层，应视为刚体，其厚度应从覆盖土层中扣除。

2.1.2.3 土层等效剪切波速

场地土的刚性一般用土的剪切波速表示，因为剪切波速是土的重要动力参数，最能反映场地土的动力性能。

（1）土层剪切波速的确定

抗震规范规定，土层剪切波速的测量，应符合下列要求：

1）在场地初步勘察阶段，对大面积的同一地质单元，测量土层剪切波速的钻孔数量，应为控制性钻孔数量的 1/5～1/3，山间河谷地区可适量减少，但不宜少于 3 个。

2）在场地详细勘察阶段，对单幢建筑，测量土层剪切波速的钻孔数量不宜少于 2 个，数据变化较大时，可适量增加；对小区中处于同一地质单元的密集高层建筑群，测量土层剪切波速的钻孔数量可适量减少，但每幢高层建筑下不得少于一个。

3）对丁类建筑及层数不超过 10 层且高度不超过 30m 的丙类建筑，当无实测剪切波速时，可根据岩土名称和性状，按表 2-3 划分土的类型，再利用当地经验在表 2-3 的剪切波速范围内估计各土层的剪切波速。

土的类型划分和剪切波速范围　　表 2-3

土的类型	岩土名称和性状	土层剪切波速范围(m/s)
坚硬土或岩石	稳定岩石，密实的碎石土	$v_{se}>500$
中硬土	中密、稍密的碎石土，密实、中密的砾、粗、中砂，$f_{ak}>200$ 的黏性土和粉土，坚硬黄土	$500\geqslant v_{se}>250$
中软土	稍密的砾、粗、中砂，除松散外的细、粉砂，$f_{ak}\leqslant 200$ 的黏性土和粉土，$f_{ak}>130$ 的填土，可塑黄土	$250\geqslant v_{se}>140$
软弱土	淤泥和淤泥质土，松散的砂，新近沉积的黏性土和粉土，$f_{ak}\leqslant 130$ 的填土，流塑黄土	$v_{se}\leqslant 140$

注：f_{ak}为由载荷试验等方法得到的地基承载力特征值（kPa）；v_{se}为岩土剪切波速。

（2）等效剪切波速的计算

土层的等效剪切波速是根据地震波通过计算深度范围内多层土层的时间等于该波速通过计算深度范围内单一土层所需时间的条件求得的。设场地土计算深度范围内有 n 种性质不同的土层组成，如图 2-3 所示，地震波通过它们的波速分别为 v_{s1}，v_{s2}，…，v_{sn}，它们

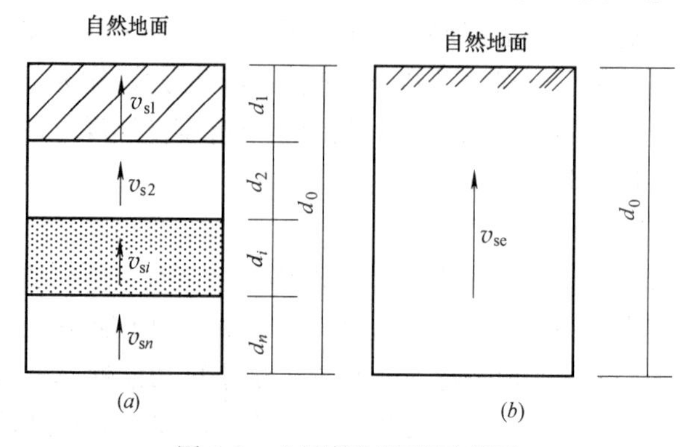

图 2-3　土层剪切波速示意图

（a）多层土；（b）单一层土

的厚度为 d_1，d_2，…，d_n，并设计算深度为 $d_0=\sum_{i=1}^{n}d_i$，有

$$\sum_{i=1}^{n}\frac{d_i}{v_{si}}=\frac{d_0}{v_{se}}$$

由上式推出土层的等效剪切波速为：

$$v_{se}=d_0/t \tag{2-3}$$

$$t=\sum_{i=1}^{n}(d_i/v_{si}) \tag{2-4}$$

式中 v_{se}——土层等效剪切波速（m/s）；

d_0——计算深度（m），取覆盖层厚度和 20m 二者的较小值；

t——剪切波在地面至计算深度之间的传播时间；

d_i——计算深度范围内第 i 土层的厚度（m）；

v_{si}——计算深度范围内第 i 土层的剪切波速（m/s）；

n——计算深度范围内土层的分层数。

2.1.2.4 场地类别的确定

建筑场地类别是场地条件的表征，现行抗震规范修改了场地类别的划分依据和标准，由“89 规范”中场地土类型和覆盖层厚度双指标修改为等效剪切波速和覆盖层厚度双指标。

根据上述土层的等效剪切波速和场地覆盖层厚度两个指标，查表 2-4 综合确定场地土类别。

各类建筑场地的覆盖层厚度（m） **表 2-4**

等效剪切波速（m/s）	场地类别			
	Ⅰ	Ⅱ	Ⅲ	Ⅳ
$v_{se}>500$	0			
$500\geqslant v_{se}>250$	<5	≥5		
$250\geqslant v_{se}>140$	<3	3～50	>50	
$v_{se}\leqslant 140$	<3	3～15	>15～80	>80

表 2-4 的分类标准主要适用于剪切波速随深度递增的一般情况。在实际工程中，层状土夹层的影响比较复杂，很难用单一指标反映。地震反应分析的研究结果表明，硬土夹层的影响相对比较小，而埋藏深、厚度较大的软弱土夹层，虽能抑制基岩输入地震波的高频成分，但却能显著放大输入地震波中的低频成分。因此，当计算深度以下有明显的软弱土夹层时，一般应适当提高场地类别。

【例 2-1】 表 2-5 为某工程场地地质资料，用剪切波速法确定场地类别。

土层的剪切波速 **表 2-5**

土层厚度	2.2	5.8	8.2	4.5	4.3
v_s(m/s)	180	200	260	420	530

【解】（1）确定计算深度

因 4.3m 厚的土层的 v_s = 530m/s＞500m/s，故不计入覆盖层厚度内。

所以，覆盖层厚度：2.2＋5.8＋8.2＋4.5＝20.7m。

计算深度取覆盖层和 20m 较小者，故 d_0 = 20m。

（2）计算等效剪切波速

$$v_{se} = d_0 \Big/ \sum_{i=1}^{n} (d_i / v_{si}) = 20 \Big/ \left(\frac{2.2}{180} + \frac{5.8}{200} + \frac{8.2}{260} + \frac{3.8}{420} \right) = 20/0.0818 = 244.5 \text{m/s}$$

250≥v_{se}＞140，20.7m 在 3～50 之间，查表 2-4，为Ⅱ类场地。

【例 2-2】 表 2-6 为 8 层、高度为 29m 丙类建筑的场地地质钻孔资料（无剪切波速资料），试确定该场地类别。

场地地质钻孔资料 **表 2-6**

岩土名称	土层厚度(m)	土层底部深度(m)	地基土静承载力特征值(kPa)
杂填土	2.20	2.20	130
粉质黏土	5.80	8.00	140
黏土	4.50	12.50	160
中密细砂	8.50	21.00	180
基岩	4.30	25.30	

【解】 场地覆盖层厚度 23m＞20m，故取场地计算深度 d_0 = 20m。本例在计算深度范围内有 4 层土，根据杂填土静承载力特征值 f_{ak} = 130kN/m^2，由表 2-3 查得其剪切波速 v_s = 140m/s；根据粉质黏土、黏土以及中密细砂的静承载力特征值分别为 140kN/m^2、160kN/m^2 和 180kN/m^2，由表 2-3 查得，它们的剪切波速值范围均在 250～140m/s 之间，取平均值 v_s = 195m/s。

将上列数值代入式（2-3），得

$$v_{se} = d_0 \Big/ \sum_{i=1}^{n} (d_i / v_{si}) = 20 \Big/ \left(\frac{2.2}{180} + \frac{5.8}{195} + \frac{4.5}{195} + \frac{7.5}{195} \right) = 187 \text{m/s}$$

由表 2-4 可知，该建筑场地为Ⅱ类场地。

2.1.3 场地区划

对于中等规模以上的城市，我国建筑抗震设计规范允许采用经过批准的抗震设防区划进行抗震设防。这就牵涉场地设计地震动的区域划分问题。这种区域划分一般给出城区范围内的场地类别区域划分（又称场地小区划）、设防地震动参数区划和场地地面破坏潜势区划等结果。这里，仅简单介绍场地小区划的基本内容。

场地区划的基本方法与过程是：

1. 收集城区范围内的工程地质、水文地质、地震地质资料；
2. 依据上述资料做出所考虑区域的控制地质剖面图，确立场地小区划的平面控制点；
3. 视具体情况适当进行补充的工程地质勘探和剪切波速测试工作；
4. 按照工程地质资料统计，给出不同类别土的剪切波速随深度变化的经验关系；

5. 依据控制地质剖面图、剪切波速经验关系，计算各平面控制点的浅层岩土（地表下 20m）等效剪切波速，并决定各控制点覆盖层厚度；

6. 根据等效剪切波速和覆盖层厚度按表 2-4，对城区范围内的场地做出小区划分。

工作深入的场地区划还可以做出场地等效剪切波速等值线和场地固有周期等值线。场地固有周期 T 可按照式（2-1）、式（2-2）计算。

细致的场地区划工作可以起到节约投入、一劳永逸的效果。建筑抗震设计人员应注意向当地抗震主管部门咨询有关资料，视具体情况应用于设计之中。

2.2 天然地基与基础的抗震验算

从破坏性质和工程对策角度，地震对工程结构的破坏作用可分为两种类型：场地、地基的破坏作用和场地的震动作用。场地和地基的破坏作用一般是指造成建筑破坏的直接原因，与场地和地基稳定性密切相关。场地和地基的破坏作用大致有地面破裂、滑坡、坍塌等。对汶川 8.0 级地震震害调查表明，由于位于龙门山地震带上，地震造成的北川—映秀断裂上约 220km 和彭州市一灌县断裂上约 100km 的地表破裂，强地面振动和地表破裂错动导致的崩塌、滑坡等地质灾害摧毁或掩埋了所有建（构）筑物。特别是龙门山区高地震烈度区出现了大面积、大规模的崩塌、滑坡等地质灾害现象。崩塌、滑坡体直接摧毁或掩埋了大量的房屋，如陈家坝约一半的房屋被滑坡直接摧毁。这种破坏作用一般可以通过场地选择和地基处理来避免和减轻地震灾害。除此之外，还有砂土液化、软土震陷和不均匀地基沉降等给上部结构带来的破坏也是不能忽视的，因为地基一旦发生破坏，震后修复加固是很困难的，有时甚至是不可能的。因此，应对地基震害现象进行深入分析，进行地基抗震承载力验算，并采取相应的抗震措施。

2.2.1 地基基础抗震设计要求

1. 地基基础抗震设计应根据建筑类型、结构特点、场地与地基条件，选择适宜的基础类型与构造措施，增强结构整体抗震性能，减少上部结构的地震反应，有效地将作用于基础结构的作用力传递给地基，并保证结构的整体稳定性。基础的主要构件在地震作用过程中应保持在弹性阶段，并有适当的安全储备。

2. 同一结构单元不宜设置在性质截然不同的地基土上，亦不宜部分采用天然地基部分采用桩基。

3. 地基有软弱黏性土、液化土、新近填土或严重不均匀土层时，应估计地震时地基不均匀沉降或其他不利影响，并采取相应的措施。

4. 抗震设防烈度大于 7 度的强震区，应按工程重要性、地质条件和设计进行评价和预测其可能发生的各种震害。

5. 应调查建筑场地范围内有无断裂通过，是否是活动断裂，并应评价其对建筑物产生的影响。必要时，应对断裂带进行专门的勘察工作。

6. 当地基有液化土层或软弱土层时，应考虑地基失效及不均匀沉降对建筑的不利影响；当建筑物位于不均匀地基上，应考虑不同地基土的地震反应差异和不均匀沉降对建筑物的影响。

2.2.2 天然地基震害特点和抗震措施

2.2.2.1 天然地基震害特点

（1）高压缩性饱和软黏土和承载力较低的淤泥质土在地震中产生不同程度的震陷，造成上部结构的倾斜或破坏。在天津市的汉沽、新港、北塘和南郊地区广泛分布有海相沉积淤泥质土层，其孔隙比一般在1.3以上，含水量一般大于45%，压缩系数一般为0.15，承载能力一般为60～80kPa，有的甚至为20～30kPa。在建筑物静载作用下，房屋下沉可达300～500mm。在唐山地震中，主要表现为突然下沉及倾斜，造成房屋使用上的困难。

（2）杂填土、回填土和冲填土等松软填土地基，土质松软且承载力较低，易产生沉陷，使结构开裂。例如，在1975年海城地震中，大石桥某厂办公室由于地基局部回填土下沉，造成墙与楼板脱开、错位。

（3）沟、坑、古河道、坡地半挖半填等非匀质地基在地震中的不均匀沉降或地裂缝引起上部结构破坏。如海城陶瓷四厂的二层砖混结构房屋，中段墙下为旧池塘，打有4m长的桩。地震时由于地基软硬不均匀，中段墙下沉且外倾，内墙开裂。

2.2.2.2 天然地基的抗震措施

（1）软弱黏性土地基

软弱黏性土的特点是压缩性较大，抗剪强度小，承载能力低。由这种类型土构成的持力层在地震时引起的附加荷载与经常承受的荷载相比相当可观，造成基础底面组合应力超过地基容许承载力，使建筑产生较大的附加沉降和不均匀沉陷。研究表明，附加荷载过大，地基将发生剪切破坏，土体向基础两侧挤出，致使房屋下沉和倾斜。因此，对软土地基，设计时要合理地选择地基容许承载力，保证有足够的安全储备。

当建筑地基主要持力层范围内存在软弱黏性土时，应综合考虑基础和上部结构的特点，采取桩基、地基加固处理等抗震措施。

（2）杂填土地基

杂填土地基一般是人类任意堆填而成的，在我国大多数古老城市中均有分布。由于其组成物质杂乱，堆填方法不同，结构疏松，厚薄不一，因此均匀性很差，承载力低、压缩性高，而且一般均具有浸水湿陷性。杂填土作为建筑物基础的持力层时，往往会由于不均匀沉降导致上部结构开裂。遭遇地震后，破坏程度将进一步加重。这类地基的抗震措施是：当杂填土的土层较薄时，可全部挖除，用好土分层回填并碾压密实，当杂填土层较厚时，可采用第4条所述的其他地基加固方法来处理。

（3）不均匀地基

不均匀地基一般位于有故河道、暗藏沟坑边缘、半填半挖的地带以及土质明显不均匀的其他地段。不均匀地基在地震时容易发生地基失效，加剧上部结构破坏。在选择场地无法避开时，应该进行详细的勘察，从上部结构和地基的共同作用条件出发，综合建筑体型、荷载情况、烈度、结构类型和地质条件等信息，采取合理的结构布局、有效的地基抗震措施。

（4）地基加固处理方法

在选择地基加固处理方法时，应考虑当地的经济条件、机具设备、技术条件、材料来源以及地基情况等因素。较常用的地基处理方法是换土垫层法，它适用于各种软弱地基，造价低而施工简便，但换土层的深度有限，砂垫层的厚度一般不超过 3m，且处理后的地基仍会有一定的变形。因此当建筑物荷载较大、影响较深时，或对沉降要求较严时，换土垫层法就不能满足设计要求。重锤夯实法一般用于压实各种稍湿的黏土、砂土、杂填土地基，即在土的最优含水量的条件下才能得到最有效的夯实效果。根据实践经验，夯实的影响深度约为锤底直径的一倍左右，其加固地基的深度有一定的限制；此外，当在压实影响范围内或其下有饱和软黏土时，不宜采用。挤密桩法可用于挤密较深范围内的松散土、杂填土和可液化土，但对饱和软黏土作用不大。对于浅层的饱和砂土采用强夯法和振冲法一般效果较好，这是可液化土地基处理中目前较为常用的方法。砂井预压法运用于深厚的粉土层、黏土层、淤泥质黏土层、淤泥层等软土地基的加固，是一种较为有效的深层加固方法。对于一些比较重要的大型建筑物的地基，这是一种经济有效的加固方法。然而砂井预压法需要作为预压荷载的大量土方或其他堆载物，施工周期长，仅适用于新建工程的空旷场地。

2.2.3 地基土抗震承载力验算

《抗震规范》规定，天然地基基础抗震验算，只要求对地基进行抗震承载力验算。为此我们首先确定天然地基土的抗震承载力，然后介绍天然地基基础抗震验算的方法。

2.2.3.1 地基土抗震承载力

考虑到地震作用的偶然性和短暂性，以及工程的经济性，地基土抗震承载力验算的可靠度容许降低一些，即地震作用下只考虑地基的弹性变形而不考虑永久变形，那么地震作用下的地基变形要比相同静荷载下的地基变形小得多。因此，从地基变形角度来说，地基土抗震承载力一般高于地基土静承载力；再者，考虑到地震作用是一种有限次循环的动力作用，而稳定的地基土在有限次循环动力作用下，它的动承载力一般比静承载力略高一些的规律，《抗震规范》规定，地基土的抗震承载力计算采取在地基土静承载力的基础上乘以提高系数的方法，按下式进行计算。

$$f_{aE}=\zeta_a f_a \tag{2-5}$$

式中 f_{aE}——调整后的地基抗震承载力；

ζ_a——地基抗震承载力调整系数，应按表 2-7 采用；

f_a——深宽修正后的地基承载力特征值，应按现行国家标准《建筑地基基础设计规范》GB 50007 采用。

地基土抗震承载力调整系数　　表 2-7

岩土名称和性状	ζ_a
岩石，密实的碎石土，密实的砾、粗、中砂，$f_{ak}\geqslant 300$ 的黏性土和粉土	1.5
中密、稍密的碎石土，中密和稍密的砾、粗、中砂，密实和中密的细、粉砂，$150\leqslant f_{ak}<300$ 的黏性土和粉土，坚硬黄土	1.3
稍密的细、粉砂，$100\leqslant f_{ak}<150$ 的黏性土和粉土，可塑黄土	1.1
淤泥，淤泥质土，松散的砂，杂填土，新近堆积黄土及流塑黄土	1.0

2.2.3.2 地基抗震验算

验算天然地基地震作用下的竖向承载力时，按地震作用效应标准组合的基础底面平均

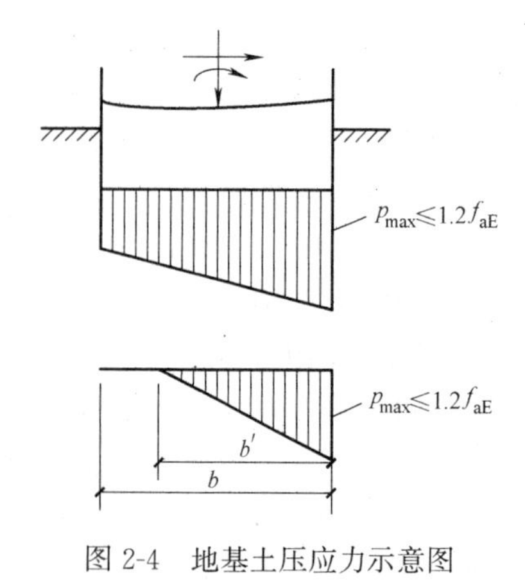

图 2-4 地基土压应力示意图

压力和边缘最大压力（图 2-4）应符合下列公式要求：

$$p\leqslant f_{aE} \tag{2-6}$$

$$p_{max}\leqslant1.2f_{aE} \tag{2-7}$$

式中 P——地震作用效应标准组合的基础底面平均压力；

P_{max}——地震作用效应标准组合的基础边缘的最大压力。

高宽比大于 4 的高层建筑，在地震作用下基础底面不宜出现拉应力；其他建筑，基础底面与地基土之间零应力区面积不应超过基础底面面积的 15%。根据这一规定，对基础底面为矩形的基础，其受压宽度与基础宽度之比则应大于 85%。即

$$b'\geqslant0.85b \tag{2-8}$$

式中 b'——矩形基础底面受压宽度；

b——矩形基础底面宽度。

2.2.4 可不进行抗震承载力验算的天然地基及基础

对历史震害资料的统计分析表明，只有少数建筑物是因为地基的原因而导致上部结构破坏的。而且，这类地基主要是液化地基、易产生震陷的软弱黏性土地基和严重不均匀地基。一般土层地基在地震时很少发生问题。因此，《抗震规范》规定，建造在天然地基上的下列建筑，可不进行天然地基和基础的抗震承载力验算：

（1）砌体房屋；

（2）地基主要受力层范围内不存在软弱黏性土层的一般的单层厂房、单层空旷房屋、不超过 8 层且高度在 25m 以下的一般民用框架房屋及与其基础荷载相当的多层框架厂房；

（3）7 度Ⅰ、Ⅱ类场地，并采取相应抗震措施的柱高分别不超过 10m，且结构单元两端均有山墙的单跨和等高多跨钢筋混凝土柱厂房（锯齿形厂房除外）；

（4）7 度Ⅰ、Ⅱ类场地，并采取相应抗震措施的柱顶标高分别不超过 4.5m，且结构单元两端均有山墙的单跨和等高多跨砖柱厂房；

（5）6 度时的建筑（建造在Ⅳ类场地上较高的高层建筑除外）。

软弱黏性土层指 7 度、8 度和 9 度时，地基承载力特征值分别小于 80kPa、100kPa 和 120kPa 的土层。

2.3 地基土液化及其防治

2.3.1 场地土的液化现象与震害

处于地下水位以下的饱和砂土和粉土，受到地震作用时，土颗粒结构趋于密实，使孔隙水压力急剧上升，而在地震作用的短暂时间内，这种急剧上升的孔隙水压力来不及消散，使原有土颗粒通过接触点传递的压力减小，当有效压力完全消失时，土颗粒处于悬浮

状态之中。这时，土体完全失去抗剪强度而显示出近于液体的特性。这种现象称为液化。液化的宏观标志是在地表出现冒水喷砂，如图 2-5 所示。液化时的冒水喷砂现象，常发生于地震过程中，但有些时候也发生于地震快终止或终止后几分钟至几十分钟时。冒水喷砂过程通常可持续几十分钟，喷起高度有时可达 2～3m。喷出的水砂流可以冲走家具等物品。场地土液化引起一系列震害，冒水喷砂掩盖农田和沟渠，淤塞渠道；造成路基被掏空，有的地段产生了很多陷坑；沿河岸出现裂缝、滑移，造成桥梁破坏等。

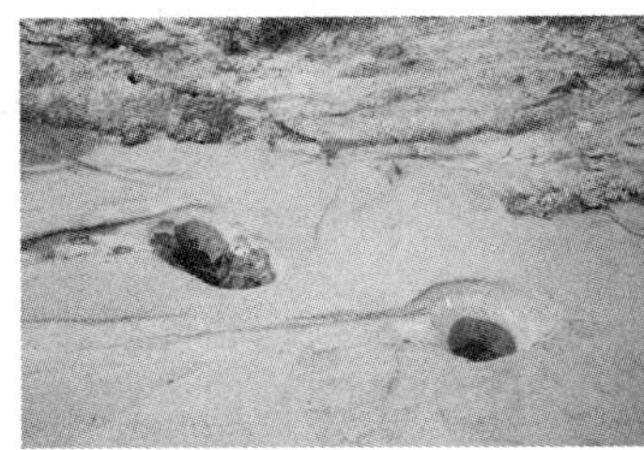

图 2-5　液化现场

另外，场地土液化使建筑物产生的震害，如下所述：

（1）地面开裂下沉使建筑物产生过度下沉或整体倾斜。例如，唐山地震时，天津汉沽区一幢办公楼发生大量沉陷，半层沉入地下；同一地区，杨家泊镇傅庄，地面出现宽大裂缝，下沉 3m 多，积水成塘，房屋产生严重下沉和倾斜。1964 年日本新泻地震时，冲填土发生大面积液化，造成很多建筑下沉 1m 多，且发生严重倾斜。

（2）不均匀沉降引起建筑物上部结构破坏，使梁板等水平构件及其节点破坏开裂和建筑物体形变化处开裂。

（3）室内地坪上鼓、开裂，设备基础上浮或下沉。我国 1975 年海城地震时，一座半地下排灌站就有上浮现象。

砂土液化是地下水位高的松散砂质沉积地基内常见的震害现象。1964 年美国阿拉斯加地震和日本新泻地震时，由于砂土液化造成了大量震害，引起了人们对地基土液化及其防治问题的关切，从而促进了砂土液化的研究。

2.3.2　影响场地土液化的因素

场地土液化与许多因素有关，震害调查表明，影响场地土液化的因素主要有下列几个方面：

第一，土层的地质年代。地质年代古老的饱和砂土不易液化，而地质年代较新的则易于液化。例如天津市处于三千多年前海相沉积的含少量黏粒的砂土层上，由于生成时间较久，土质较密实，在唐山大地震时没有冒水喷砂现象。但是，在清河古河道新近沉积的同类砂土，却因沉积时间仅百年左右，土质饱和松软，普遍发生冒水喷砂现象。

第二，土层土粒的组成和密实程度。就细砂和粗砂比较，由于细砂的渗透性较差，地震时易于产生孔隙水的超压作用，故细砂较粗砂更易于液化。相对密实程度较小的松砂，由于其天然孔隙比一般也较大，构成土层液化的水头梯度临界值也将减小，故较密实程度大的砂土易于液化。

第三，砂土层埋置深度和地下水位深度。砂土层埋深越大，地下水位越深，使饱和砂土层上的有效覆盖应力加大，则砂土层就越不容易液化。当砂土层上面覆盖着较厚的黏土层，即使砂土层液化，也不致发生冒水喷砂现象，从而避免地基产生严重的不均匀沉陷。

第四，地震烈度和地震持续时间。一般在 6 度及以下地区，很少看到液化现象。而在 7 度及以上地区，液化现象则相当普遍，地震烈度越高和地震持续的时间越长，饱和砂土越易液化。日本新泻在过去曾经发生过 25 次地震，在历史记载中，仅有三次地面加速度超过 $0.13g$ 时才发生液化。1964 年那一次地震地面加速度为 $0.16g$，液化就相当普遍。室内土的动力试验表明，土样振动的持续时间愈长，就愈容易液化。因此，远震与同等烈度的近震相比较，震动持续时间长，故远震较近震更容易液化。

2.3.3 液化地基判别和等级划分

饱和土液化的判别分为两步进行，即初步判别和标准贯入试验判别，经初步判别为不液化或不考虑液化影响的土层，可不进行第二步判别，以减少勘察工作量。

2.3.3.1 初步判别

如前所述，饱和砂土或粉土的液化与许多因素有关，因此，需要根据多指标进行综合分析。但是，当某一项指标达到一定界限值后，无论其他因素的指标如何，液化都不会发生，或即使发生了液化也不会影响到地面。因此，《抗震规范》规定，饱和的砂土或粉土，当符合下列条件之一时，可初步判别为不液化或可不考虑液化影响：

（1）地质年代为第四纪晚更新世（Q_3）及其以前时，7 度、8 度时可判为不液化；

（2）粉土的黏粒（粒径小于 0.005mm 的颗粒）含量百分率，7 度、8 度和 9 度分别不小于 10、13 和 16 时，可判为不液化土。用于液化判别的黏粒含量应采用六偏磷酸钠作分散剂测定，采用其他方法时应按有关规定换算；

（3）采用天然地基的建筑，当上覆非液化土层厚度和地下水位深度符合下列条件之一时，可不考虑液化影响。

$$d_u > d_0 + d_b - 2 \tag{2-9}$$

$$d_w > d_0 + d_b - 3 \tag{2-10}$$

$$d_u + d_w > 1.5d_0 + 2d_b - 4.5 \tag{2-11}$$

式中 d_w——地下水位深度（m），宜按设计基准期内年平均最高水位采用，也可按近期内年最高水位采用；

d_u——上覆盖非液化土层厚度（m），计算时宜将淤泥和淤泥质土层扣除；

d_b——基础埋置深度（m），不超过 2m 时应采用 2m；

d_0——液化土特征深度（m），可按表 2-8 采用。

液化土特征深度（m） **表 2-8**

饱和土类别	烈度		
	7	8	9
粉土	6	7	8
砂土	7	8	9

鉴于对 6 度区震害调查和研究的不够，抗震规范规定，6 度时，一般情况下可不考虑对饱和土液化判别和地基处理，但对液化沉陷敏感的乙类建筑，即由于地基液化引起的沉

陷，可导致结构破坏，或使结构不能正常使用者，均可按 7 度考虑；7～9 度时，乙类建筑可按原烈度考虑。

2.3.3.2　标准贯入试验判别

当上述条件均不满足时，初步判别非液化失效时，需进一步进行液化判别，应采用标准贯入试验判别法，判别地面下 15m 深度范围内的液化情况；当采用桩基或埋深大于 5m 的深基础时，尚应判别 15～20m 范围内土的液化。

标准贯入试验设备，主要由标准贯入器、触探杆和穿心锤三部分组成（图 2-6）。试验时，钻孔至试验土层上 15cm 处，用 63.5kg 穿心锤，落距为 76cm，打击土层，打入 30cm 所用的锤击数记作 $N_{63.5}$，称为标贯击数。用 $N_{63.5}$ 与规范规定的液化判别标准贯入锤击数临界值 N_{cr} 比较来确定是否会液化。当饱和土标准贯入锤击数小于液化判别标准贯入锤击数临界值 N_{cr} 时，应判为液化土。

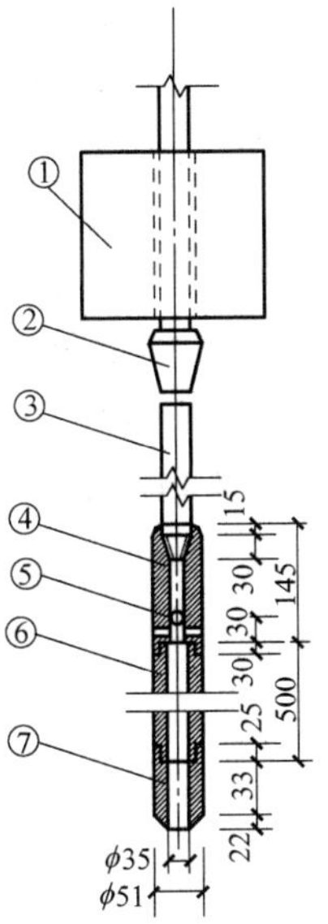

图 2-6　标准贯入试验设备示意图

①穿心锤；②锤垫；③触探杆；④贯入器头；⑤出水孔；⑥贯入器身；⑦贯入器靴

液化判别标准贯入锤击数临界值 N_{cr}，可按下式计算：

$$N_{cr}=N_0[0.9+0.1(d_s-d_w)]\sqrt{3/\rho_c}\quad (d_s\leqslant 15\text{m}) \tag{2-12}$$

$$N_{cr}=N_0(2.4-0.1d_w)\sqrt{3/\rho_c}\quad (15\leqslant d_s\leqslant 20\text{m}) \tag{2-13}$$

式中　N_{cr}——液化判别标准贯入锤击数临界值；

N_0——液化判别标准贯入锤击数基准值，应按表 2-9 采用；

d_s——饱和土标准贯入点深度（m）；

ρ_c——黏粒含量百分率，当小于 3 或为砂土时，取 $\rho_c=3$。

标准贯入锤击数基准值　　**表 2-9**

设计地震分组	7 度	8 度	9 度
第一组	6(8)	10(13)	16
第二、三组	8(10)	12(15)	18

注：括号内数值用于设计基本地震加速度为 0.15g 和 0.3g 的地区。

2.3.3.3　液化地基等级的评价

对存在液化土层的地基，应进一步定量分析、评价液化土可能造成的危害程度。这一工作，通常根据各液化土层的深度和厚度，按下式计算每个钻孔的液化指数，并按表 2-10 综合划分地基的液化等级：

$$I_{lE}=\sum_{i=1}^{n}\left(1-\frac{N_i}{N_{cri}}\right)d_iW_i \tag{2-14}$$

式中　I_{lE}——液化指数；

N——在判别深度范围内每一个钻孔标准贯入试验点的总数；

N_i、N_{cri}——分别为 i 点标准贯入锤击数的实测值和临界值，当实测值大于临界值时应取临界值的数值；

d_i——i 点所代表的土层厚度（m），可采用与该标准贯入试验点相邻的上、下两标准贯入试验点深度差的一半，但上界不高于地下水位深度，下界不深于液化深度；

W_i——i 土层单位土层厚度的层位影响权函数值（单位为 m^{-1}）。若判别深度为 15m，当该层中点深度不大于 5m 时应采用 10，等于 15m 时应采用零值，5～15m 时应按线性内插法取值；若判别深度为 20m，当该层中点深度不大于 5m 时应采用 10，等于 20m 时应采用零值，5～20m 时应按线性内插法取值。

式（2-14）中 d_i、W_i数值，可参照图 2-7 确定。

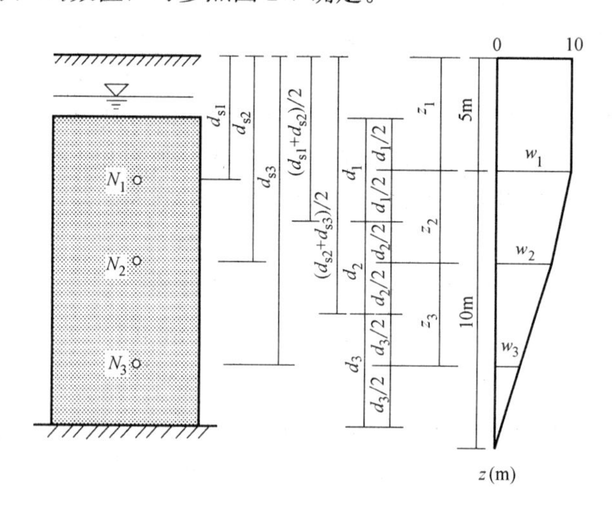

图 2-7　确定 d_i、W_i的示意图

d_{si}—第 i 试验点深度；z_i—第 i 土层中点深度

进一步分析式（2-14）的物理意义。

$$1-\frac{N_i}{N_{cri}}=\frac{N_{cri}-N_i}{N_{cri}}$$

上式分子表示 i 点标准贯入锤击数临界值与实测值之差，分母为锤击数临界值。显然，分子差值越大，式（2-14）括号内的数值越大，表示该点液化程度越严重。并且，可把 $d_i W_i$的乘积看作是数值$\left(1-\frac{N_i}{N_{cri}}\right)$的加权面积。也就是说，表示土层液化严重程度的值$\left(1-\frac{N_i}{N_{cri}}\right)$随深度对建筑的影响是按图 2-7 的图形面积加权计算的。

在同一地震烈度下，液化层的厚度愈厚、埋藏愈浅、地下水位愈高、标准贯入锤击数临界值与实测值之差愈大，液化就愈严重，带来的危害性就愈大。液化指数比较全面地反映了上述各种因素的影响。

一般液化指数越大，场地的喷冒情况和建筑的液化震害就越严重。根据国内 153 个液化震害资料得出，按液化场地的液化指数大小，液化等级分为轻微、中等和严重三级，见表 2-10。

不同等级的液化地基，地面的冒水喷砂情况和对建筑物造成的震害有显著不同，见表 2-11。

液化等级 表 2-10

液化等级	轻微	中等	严重
判别深度 15m 时的液化指标	$0<I_{lE}\leqslant 5$	$5<I_{lE}\leqslant 15$	$I_{lE}>15$
判别深度 20m 时的液化指标	$0<I_{lE}\leqslant 6$	$5<I_{lE}\leqslant 18$	$I_{lE}>18$

不同液化等级的可能震害 表 2-11

液化等级	地面喷水冒砂情况	对建筑物的危害情况
轻微	地面无喷水冒砂，或仅在洼地、河边有零星的喷水冒砂点	危害性小，一般不致引起明显的震害
中等	喷水冒砂可能性大，从轻微到严重均有，多数属中等	危害性较大，可造成不均匀沉陷和开裂，有时不均匀沉陷可达 200mm
严重	一般喷水冒砂都很严重，地面变形很明显	危害性大，不均匀沉陷可能大于 200mm，高重心结构可能产生不允许的倾斜

【例 2-3】 某工程按 7 度设防。其工程地质年代属 Q_4，钻孔地质资料自上向下为：杂填土层 1.0m，砂土层至 4.0m，砂砾石层至 6m，粉土层至 9.4m，粉质黏土层至 16m；其他实验结果见表 2-12。该工程场地地下水位深 1.5m，结构基础埋深 2m，设计地震分组属于第二组。试对该工程场地进行液化评价。

工程场地标贯试验表 表 2-12

测值	测点深度(m)	标贯值 N_i	黏粒含量百分率
1	2.0	5	4
2	3.0	7	5
3	7.0	11	8
4	8.0	14	9

【解】

(1) 初判：

$$Q_4;$$
$$d_w=1.5\text{m}<d_0+d_b-3=6+2-3=5\text{m};$$
$$d_u+d_w=1.5\text{m}<1.5d_0+2.0d_b-4.5=8.5\text{m};$$
$$\rho_c<10;$$

均不满足不液化条件，需要进一步判别。

(2) 标准贯入试验判别：

$$N_{cr1}=8\times[0.9+0.1(d_s-d_w)]\sqrt{3/\rho_c}=8\times[0.9+0.1(2.0-1.5)]\sqrt{3/3}=7.6$$
$$N_{cr2}=8\times[0.9+0.1(d_s-d_w)]\sqrt{3/\rho_c}=8\times[0.9+0.1(3.0-1.5)]\sqrt{3/3}=8.4$$
$$N_{cr3}=8\times[0.9+0.1(d_s-d_w)]\sqrt{3/\rho_c}=8\times[0.9+0.1(7.0-1.5)]\sqrt{3/8}=7.1$$
$$N_{cr4}=8\times[0.9+0.1(d_s-d_w)]\sqrt{3/\rho_c}=8\times[0.9+0.1(8.0-1.5)]\sqrt{3/9}=7.16$$

标贯点编号		1	2	3	4
标贯点深度(m)		2.0	3.0	7.0	8.0
锤击数实测值 N_i		5	7	11	14
N_{cri}		7.6	8.4	7.1	7.2
$1-\frac{N_i}{N_{cri}}$		$1-\frac{5}{7.6}$ =0.34	$1-\frac{7}{8.4}$ =0.17		
标贯点所代表土层	上界面	1.5	2.5		
	下界面	2.5	3.5		
	厚度 d_i	1.0	1.0		
中点深度 Z_i		2.0	3.0		
与对应的权函数值 W_i		10	10		
各层液化指数 $\left(1-\frac{N_i}{N_{cri}}\right)d_iW_i$		3.4	1.7		
液化指数 I_{lE}		5.1			

由此可判断此场地液化等级为中等。

2.3.4 地基抗液化措施

当液化土层较平坦且均匀时，宜按表 2-13 选用地基抗液化措施；尚可计入上部结构重力荷载对液化危害的影响，根据液化震陷量的估计适当调整抗液化措施。不宜将未经处理的液化土层作为天然地基持力层。

抗液化措施 **表 2-13**

建筑类别	地基的液化等级		
	轻微	中等	严重
乙类	部分消除液化沉陷，或对地基和上部结构处理	全部消除液化沉陷，或部分消除液化沉陷且对地基和上部结构处理	全部消除液化沉陷
丙类	基础和上部结构处理，亦可不采取措施	基础和上部结构处理，或更高要求的措施	全部消除液化沉陷，或部分消除液化沉陷且对地基和上部结构处理
丁类	可不采取措施	可不采取措施	地基和上部结构处理，或其他经济的措施

表 2-13 中，全部消除地基液化沉陷的措施，应符合下列要求：

（1）采用桩基时，桩端伸入液化深度以下稳定土层中的长度（不包括桩尖部分），应按计算确定，且对碎石土，砾、粗、中砂，坚硬黏性土和密实粉土尚不应小于 0.5m，对其他非岩石土尚不宜小于 1.5m。

（2）采用深基础时，基础底面应埋入液化深度以下的稳定土层中，其深度不应小于 0.5m。

（3）采用加密法（如振冲、振动加密、挤密碎石桩、强夯等）加固时，应处理至液化深度下界；振冲或挤密碎石桩加固后，桩间土的标准贯入锤击数不宜小于液化判别标准贯入锤击数临界值。

（4）用非液化土替换全部液化土层。

（5）采用加密法或换土法处理时，在基础边缘以外的处理宽度，应超过基础底面下处理深度的 1/2，且不小于基础宽度的 1/5。

表 2-13 中，部分消除地基液化沉陷的措施，应符合下列要求：

（1）处理深度应使处理后的地基液化指数减少，当判别深度为 15m 时，其值不宜大于 4，当判别深度为 20m 时，其值不宜大于 5；对独立基础和条形基础，尚不应小于基础底面下液化土特征深度和基础宽度的较大值。

（2）采用振冲或挤密碎石桩加固后，桩间土的标准贯入锤击数不宜小于液化判别标准贯入锤击数临界值。

（3）基础边缘以外的处理宽度，应超过基础底面下处理深度的 1/2，且不小于基础宽度的 1/5。

表 2-13 中，减轻液化影响的基础和上部结构处理，可综合采用下列各项措施：

（1）选择合适的基础埋置深度。

（2）调整基础底面积，减少基础偏心。

（3）加强基础的整体性和刚度，如采用箱基、筏基或钢筋混凝土交叉条形基础，加设基础圈梁等。

（4）减轻荷载，增强上部结构的整体刚度和均匀对称性，合理设置沉降缝，避免采用对不均匀沉降敏感的结构形式等。

（5）管道穿过建筑处应预留足够尺寸或采用柔性接头等。

2.4 桩基的抗震设计

2.4.1 可不进行桩基抗震承载力验算范围

震害调查表明，桩基础的抗震性能一般比同类结构的天然地基要好。因此对于承受竖向荷载为主的低承台桩基，当地面下无液化土层，且桩承台周围无淤泥、淤泥质土和地基承载力特征值不大于 100kPa 的填土时，下列建筑可不进行桩基抗震承载力验算：

（1）砌体结构房屋；

（2）7 度和 8 度时，一般的单层厂房和单层空旷房屋，不超过 8 层且高度在 25m 以下的一般民用框架房屋以及基础荷载与其相当的多层框架厂房；

（3）7 度Ⅰ、Ⅱ类场地，并采取相应抗震措施的柱高分别不超过 10m，且结构单元两端均有山墙的单跨和等高多跨钢筋混凝土柱厂房（锯齿形厂房除外）；

（4）7 度Ⅰ、Ⅱ类场地，并采取相应抗震措施的柱顶标高分别不超过 4.5m，且结构单元两端均有山墙的单跨和等高多跨砖柱厂房；

（5）6 度时的建筑（建造在Ⅳ类场地上较高的高层建筑除外）。

2.4.2 低承台桩基的抗震验算

2.4.2.1 非液化土中低承台桩基

非液化土中低承台桩基的抗震验算，应符合下列规定：

（1）单桩的竖向和水平向抗震承载力特征值，可均比非抗震设计时提高25%。

（2）当承台周围的回填土夯实至干密度不小于《建筑地基基础设计规范》GB 50007—2002对填土的要求时，可由承台正面填土与桩共同承担水平地震作用；但不应计入承台底面与地基土间的摩擦力。

2.4.2.2　存在液化土层的低承台桩基

存在液化土层的低承台桩基的抗震验算，应符合下列要求：

（1）对一般浅基础，不宜计入承台周围土的抗力或刚性地坪对水平地震作用的分担作用。

（2）当桩承台底面上、下分别有厚度不小于1.5m、1.0m的非液化土层或非软弱土层时，可按下列两种情况进行桩的抗震验算，并按不利情况设计：

1）桩承受全部地震作用，考虑到这时土尚未充分液化，桩承载力可按非液化土考虑，液化土的桩周摩阻力及桩水平抗力均应乘以表2-14中的折减系数。

土层液化影响折减系数　　**表2-14**

实际标贯锤击数/临界标贯锤击数	深度 d_s(m)	折减系数
≤0.6	$d_s \leq 10$	0
	$10 < d_s \leq 20$	1/3
>0.6～0.8	$d_s \leq 10$	1/3
	$10 < d_s \leq 20$	2/3
>0.8～1.0	$d_s \leq 10$	2/3
	$10 < d_s \leq 20$	1

2）主震后，余震时，地震作用按水平地震影响系数最大值的10%采用，桩承载力仍按非抗震设计时提高25%取用。但应扣除液化土层的全部摩阻力及桩承台下2m深度范围内非液化土的桩周摩阻力。

2.4.2.3　桩基抗震验算的其他一些规定

（1）打入式预制桩及其他挤土桩，当平均桩距为2.5～4倍桩径且桩数不少于5×5时，可计入打桩对土的加密作用及桩身对液化土变形限制的有利影响。当打桩后桩间土的标准贯入锤击数值达到不液化的要求时，单桩承载力可不折减，但对桩尖持力层作强度校核时，桩群外侧的应力扩散角应取为零。打桩后桩间土的标准贯入锤击数宜由试验确定，也可按下式计算：

$$N_1 = N_p + 100\rho(1 - e^{-0.3N_p}) \tag{2-15}$$

式中　N_1——打桩后的标准贯入锤击数；

ρ——打入式预制桩的面积置换率；

N_p——打桩前的标准贯入锤击数。

（2）处于液化土中的桩基承台周围，宜用非液化土填筑夯实，若用砂土或粉土则应使土层的标准贯入锤击数不小于表2-9规定的液化判别标准贯入锤击数临界值。

（3）液化土中桩的配筋范围，应自桩顶至液化深度以下符合全部消除液化沉陷所要求的深度，其纵向钢筋应与桩顶部相同，箍筋应加密。

（4）在有液化侧向扩展的地段，距常时水线100m范围内的桩基除应满足本节中的其他规定外，尚应考虑土流动时的侧向作用力，且承受侧向推力的面积应按边桩外缘间的宽度计算。

复习思考题

1. 什么是场地？怎样划分建筑场地的类别？
2. 为什么地基的抗震承载力大于静承载力？
3. 简述地基基础抗震验算的原则，哪些建筑可不进行天然地基及基础的抗震承载力验算？为什么？
4. 什么叫土液化？怎样判别土的液化？影响土层液化的主要因素是什么？
5. 如何确定土的液化严重程度？并简述抗液化措施。

第3章　建筑结构抗震计算

学习的目的和要求：

掌握建筑结构抗震计算的振型分解反应谱法。

学习内容：

1. 单自由度弹性体系的地震反应分析；
2. 单自由度弹性体系的水平地震作用及反应谱；
3. 多自由度弹性体系的地震反应分析；
4. 多自由度弹性体系的最大地震反应与水平地震作用；
5. 竖向地震作用；
6. 结构抗震验算。

重点与难点：

重点：多自由度弹性体系的最大地震反应与水平地震作用。
难点：结构抗震验算。

3.1　概　　述

地震释放的能量以地震波的形式向四周传递，当地震波达到地面时，引起地面水平方向和竖向运动，使地面原来处于静止的建筑物受到动力作用而产生强迫振动。在振动过程中作用在结构上的惯性力即是地震荷载。由于它不同于一般的直接作用在结构上的荷载（如风荷载和楼面荷载），因此称为地震作用。

地震作用不仅取决于地震烈度的大小、震中距、场地条件，而且与建筑结构的动力特性（如自振周期、阻尼）和时间历程有关，因此确定地震作用比一般静荷载复杂得多。

世界各国广泛采用反应谱理论确定地震作用，其中加速度反应谱应用最为普遍。加速度反应谱是指单质点弹性体系在一定的地面运动作用下，最大反应加速度与体系自振周期之间的关系曲线。如果已知体系自振周期，利用反应谱曲线和相应计算公式，即可以方便地确定体系的地震反应加速度，进而计算出地震作用。

应用反应谱理论不仅可以解决单质点体系的地震反应，而且通过振型分解反应谱法可以计算多质点体系的地震反应。

在工程中，除采用反应谱法计算结构地震作用外，对于特别不规则建筑、甲类建筑及某些高层建筑，《建筑抗震设计规范》规定采用时程分析法进行补充计算。这个方法首先选定地震地面加速度曲线，然后用数值积分法求解运动方程，计算出每一时间增量处的结构反应。

本章主要介绍振型分解反应谱法。

3.2 单质点弹性体系的水平地震反应

3.2.1 运动方程的建立

为了简化结构地震反应分析，通常将具体的结构体系抽象为质点体系，建立地震作用下结构的运动微分方程。如图 3-1 所示为单质点弹性体系的计算简图。所谓单质点弹性体系，是指将结构参与振动的全部质量集中于一点，用无重量的弹性直杆支承于地面上的体系。例如水塔、单层房屋等，由于它们的大部分质量集中于结构顶部，故通常将这些结构简化为单质点体系。

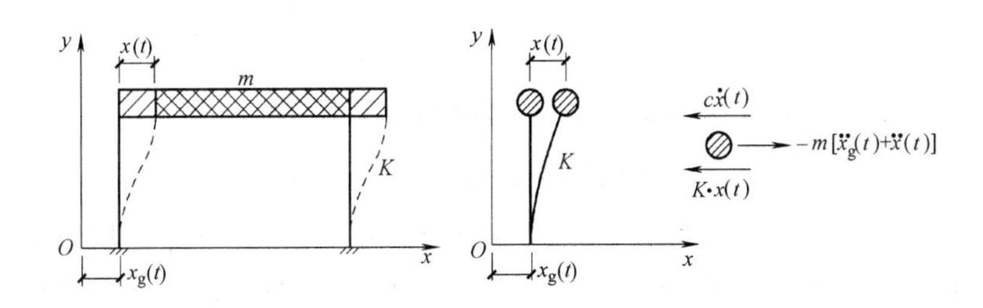

图 3-1　单质点弹性体系的计算简图

对于单质点弹性体系，设集中质量为 m，弹性直杆的刚度系数为 k，黏滞阻尼系数为 c。设地面由于地震产生水平位移 $x_g(t)$，质点相对于结构底部的位移为 $x(t)$，它们都是时间 t 的函数。此时质点的绝对位移为 $x(t)+x_g(t)$，绝对加速度为 $\ddot{x}(t)+\ddot{x}_g(t)$。

根据达朗伯原理，质点在运动的任意瞬时，作用在质点上的阻尼力 $c\dot{x}(t)$，弹性恢复力 $kx(t)$ 和惯性力 $-m[\ddot{x}(t)+\ddot{x}_g(t)]$ 处于瞬时平衡状态，即

$$-m[\ddot{x}(t)+\ddot{x}_g(t)]-c\dot{x}(t)-kx(t)=0 \tag{3-1}$$

整理后得到

$$m\ddot{x}(t)+c\dot{x}(t)+kx(t)=-m\ddot{x}_g(t) \tag{3-2}$$

若令 $P(t)=-m\ddot{x}_g(t)$，则

$$m\ddot{x}(t)+c\dot{x}(t)+kx(t)=P(t) \tag{3-3}$$

式（3-3）即为一般单质点有阻尼强迫振动的微分方程表达式。$m\ddot{x}_g(t)$ 可由地震时地面加速度的记录得到。

3.2.2 运动方程的解答

为了便于运动方程的求解，将式（3-2）进一步简化，令

$$\omega^2=\frac{m}{k} \tag{3-4}$$

$$\zeta=\frac{c}{2\sqrt{mk}}=\frac{c}{2m\omega} \tag{3-5}$$

将式（3-4）、式（3-5）代入式（3-2），经简化后得到

$$\ddot{x}(t)+2\zeta\omega\dot{x}(t)+\omega^2 x(t)=-\ddot{x}_g(t) \tag{3-6}$$

式中 ω——结构振动圆频率；

ζ——结构的阻尼比。

式（3-6）为一个二阶常系数非齐次线性微分方程，其通解由两部分组成，一为齐次解，另一为特解。前者代表体系的自由振动，后者代表体系在地震作用下的强迫振动。

令式（3-6）中右端项为零，可得到体系自由振动的微分方程为

$$\ddot{x}(t)+2\zeta\omega\dot{x}(t)+\omega^2 x(t)=0 \tag{3-7}$$

在小阻尼（$\zeta<1$）条件下，由结构动力学的计算结果可知，单质点弹性体系自由振动的位移反应为

$$x(t)=\mathrm{e}^{-\zeta\omega t}\left[x(0)\cos\omega' t+\frac{\dot{x}(0)+\zeta\omega x(0)}{\omega'}\sin\omega' t\right] \tag{3-8}$$

式中 $x(0)$、$\dot{x}(0)$——$t=0$ 时的初始位移和速度；

ω'——有阻尼体系的自由振动频率，$\omega'=\omega\sqrt{1-\zeta^2}$。

式（3-6）中的 $\ddot{x}_g(t)$ 为地面水平地震加速度，在工程设计中一般取地震时地面运动加速度实测记录。由于地震的随机性，只能借助数值积分的方法计算出数值特解。在结构动力学中，式（3-6）的强迫振动反应由下面的杜哈梅（Duhamel）积分确定，即

$$x^*(t)=-\frac{1}{\omega'}\int_0^t \dot{x}_g(\tau)\mathrm{e}^{-\zeta\omega(t-\tau)}\sin\omega'(t-\tau)\mathrm{d}\tau \tag{3-9}$$

当体系初始处于静止状态时，初位移和初速度均为零，即 $x(0)=0$、$\dot{x}(0)=0$，式（3-8）的自由振动反应为 $x(t)=0$。即使初位移和初速度不为零，式（3-8）的自由振动反应也会由于阻尼的存在而迅速衰减，因此在进行结构地震反应分析时可不考虑其影响。对于一般工程结构，阻尼比 $\zeta\ll1$，约在 0.01～0.1 之间，此时 $\omega'\approx\omega$。因此，单质点弹性体系的地震反应可以表示为

$$x(t)=-\frac{1}{\omega}\int_0^t \ddot{x}_g(\tau)\mathrm{e}^{-\zeta\omega(t-\tau)}\sin\omega(t-\tau)\mathrm{d}\tau \tag{3-10}$$

3.3 单质点弹性体系水平地震作用计算的反应谱法

3.3.1 水平地震作用的基本公式

地震作用是地震时结构质点上受到的惯性力，其大小为质量与其绝对加速度的乘积，方向与绝对加速度的方向相反，即

$$F(t)=-m[\ddot{x}(t)+\ddot{x}_g(t)] \tag{3-11}$$

式中 $F(t)$——作用在质点上的惯性力。

由式（3-1）可知

$$F(t)=c\dot{x}(t)+kx(t) \tag{3-12}$$

考虑到一般结构的 $c\dot{x}(t) \ll kx(t)$，可以忽略不计，则有

$$F(t)=kx(t)=m\omega^2 x(t) \tag{3-13}$$

将式（3-10）代入式（3-13）得

$$F(t)=-m\omega\int_0^t \ddot{x}_g(\tau)e^{-\zeta\omega(t-\tau)}\sin\omega(t-\tau)d\tau \tag{3-14}$$

由式（3-14）可见，水平地震作用是时间 t 的函数，其大小和方向随时间 t 而变化。在结构抗震设计中，并不需要求出每一时刻的地震作用数值，只需求出水平地震作用的最大绝对值 F，即

$$F=m\omega\left|\int_0^t \ddot{x}_g(\tau)e^{-\zeta\omega(t-\tau)}\sin\omega(t-\tau)d\tau\right|_{max}=mS_a \tag{3-15}$$

式中　S_a——质点振动加速度最大绝对值，即

$$S_a=\omega\left|\int_0^t \ddot{x}_g(\tau)e^{-\zeta\omega(t-\tau)}\sin\omega(t-\tau)d\tau\right|_{max} \tag{3-16}$$

令

$$S_a=\beta\,|\ddot{x}_g|_{max} \tag{3-17}$$

$$|\ddot{x}_g|_{max}=kg \tag{3-18}$$

将式（3-17）、式（3-18）代入式（3-15），并以 F_{EK}代替 F，得

$$F_{EK}=mk\beta g=k\beta G \tag{3-19}$$

式中　F_{EK}——水平地震作用标准值；

$|\ddot{x}_g|_{max}$——地震动峰值加速度；

k——地震系数；

β——动力系数；

G——质点的标准重力代表值。

式（3-19）为计算水平地震作用的基本公式。

3.3.2　地震系数

地震系数 k 是地面运动加速度峰值与重力加速度的比值，即

$$k=\frac{|\ddot{x}_g|_{max}}{g} \tag{3-20}$$

显然，地面运动加速度愈大，地震的影响就越强烈，即地震烈度愈大。因此地震系数与地震烈度有关，都是地震强烈程度的参数。统计分析表明，烈度每增加 1 度，k 值大致增加 1 倍。《建筑抗震设计规范》GB 50011—2010（2016 年版）中采用的地震系数与地震烈度的对应关系见表 3-1。

地震系数与地震烈度的关系　　　　**表 3-1**

地震烈度	6	7	8	9
地震系数 k	0.05	0.10(0.15)	0.20(0.30)	0.40

注：括号中数值对应于设计基本地震加速度为 0.15g 和 0.30g 的地区。

3.3.3 动力系数

动力系数β是单质点弹性体系最大绝对加速度与地面运动加速度峰值的比值，即

$$\beta=\frac{S_a}{|\ddot{x}_g|_{max}} \tag{3-21}$$

反映了结构将地面运动最大加速度放大的倍数。将式（3-16）代入式（3-21），得

$$\beta=\frac{\omega}{|\ddot{x}_g|_{max}}\left|\int_0^t \ddot{x}_g(\tau)e^{-\zeta\omega(t-\tau)}\sin\omega(t-\tau)d\tau\right|_{max} \tag{3-22}$$

考虑到结构振动圆频率ω与结构自振周期T的关系为$\omega=2\pi/T$，则式（3-22）可以进一步写成

$$\beta=\frac{2\pi}{T}\cdot\frac{1}{|\ddot{x}_g|_{max}}\left|\int_0^t \ddot{x}_g(\tau)e^{-\zeta\frac{2\pi}{T}(t-\tau)}\sin\frac{2\pi}{T}(t-\tau)d\tau\right|_{max}=|\beta(t)|_{max} \tag{3-23}$$

其中

$$\beta(t)=\frac{2\pi}{T}\cdot\frac{1}{|\ddot{x}_g|_{max}}\int_0^t \ddot{x}_g(\tau)e^{-\zeta\frac{2\pi}{T}(t-\tau)}\sin\frac{2\pi}{T}(t-\tau)d\tau \tag{3-24}$$

由式（3-23）可知，动力系数β与地面运动加速度记录$\ddot{x}_g(t)$的特征、结构自振周期T以及阻尼比ζ有关。当地面加速度记录$\ddot{x}_g(t)$和阻尼比ζ给定时，就可以根据不同的T值计算出动力系数β，从而给出一条β-T曲线。图3-2为某一实际地震记录$\ddot{x}_g(t)$和阻尼比$\zeta=0.05$，采用数值积分计算绘制出的β-T曲线。

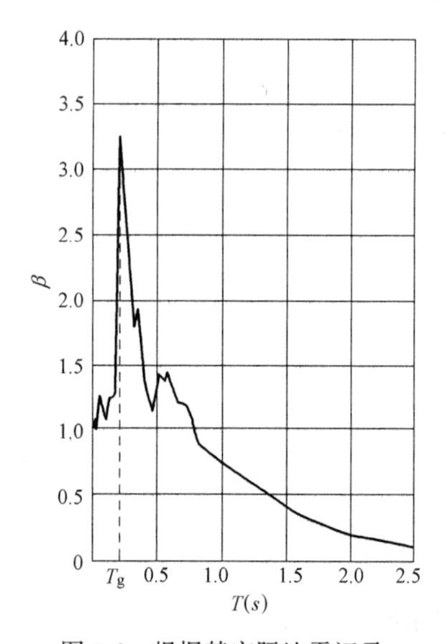

图3-2 根据某实际地震记录绘制的β-T曲线

由图3-2可见，当结构自振周期$T<T_g$时，动力系数β值随结构自振周期T的增加而急剧增加；当$T=T_g$时，动力系数β达到最大值；当$T>T_g$时，β值迅速下降。在此，T_g是β-T曲线峰值的结构自振周期，这个周期对应于场地的卓越周期。因此，当结构的自振周期与场地的卓越周期相等或相近时，地震反应最大。故在结构抗震设计中，应使结构的自振周期远离场地的卓越周期。

据统计分析发现，对于一般的多高层建筑结构，β_{max}值与烈度、场地类别及震中距的关系都不大，基本上趋近一个定值，我国《建筑抗震设计规范》取$\beta_{max}=2.25$（对应的阻尼比$\zeta=0.05$）。

3.3.4 地震影响系数

为了简化计算，令

$$\alpha=k\beta \tag{3-25}$$

则式（3-19）可以写成

$$F_{Ek}=\alpha G \tag{3-26}$$

式中　α——地震影响系数。

由于

$$\alpha=k\beta=\frac{|\ddot{x}_g|_{max}}{g}\cdot\frac{S_a}{|\ddot{x}_g|_{max}}=\frac{S_a}{g} \tag{3-27}$$

所以，地震影响系数 α 就是单质点弹性体系在地震时以重力加速度为单位的质点最大反应加速度，是一个无量纲的系数。此外，若将式（3-26）改写成 $\alpha=F_{Ek}/G$，则地震影响系数是作用在质点上的地震作用与结构重力荷载代表值之比。

在不同烈度下，地震系数 k 可由表 3-1 查得，为一具体数值。因此，α 的曲线形状取决于动力系数 β 的曲线形状。这样，计算地震系数 k 与动力系数 β 的乘积，即可绘出地震影响系数 α 曲线。我国《建筑抗震设计规范》给出了地震影响系数 α 与结构自振周期 T 的关系曲线，如图 3-3 所示。

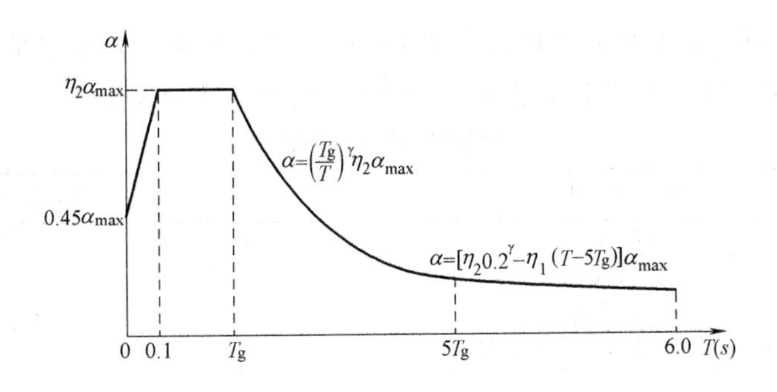

图 3-3　地震影响系数曲线

图 3-3 中，水平地震影响系数的最大值 α_{max} 按表 3-2 采用；特征周期 T_g 应根据场地类别和设计地震分组按表 3-3 采用。

水平地震影响系数的最大值 α_{max}　　**表 3-2**

地震烈度	6	7	8	9
多遇地震	0.04	0.08(0.12)	0.16(0.24)	0.32
罕遇地震	—	0.50(0.72)	0.90(1.20)	1.4

注：括号中数值对应于设计基本地震加速度为 0.15g 和 0.30g 的地区。

特征周期 T_g　　**表 3-3**

设计地震分组	场地类别			
	Ⅰ	Ⅱ	Ⅲ	Ⅳ
第一组	0.25	0.35	0.45	0.65
第二组	0.30	0.40	0.55	0.75
第三组	0.35	0.45	0.65	0.90

注：当计算 8 度、9 度罕遇地震作用时，特征周期增加 0.05s。

图 3-3 中，曲线下降段的衰减指数按下式计算

$$\gamma=0.9+\frac{0.05-\zeta}{0.5+5\zeta} \tag{3-28}$$

式中　γ——曲线下降段的衰减指数；

ζ——阻尼比，一般情况下，对钢筋混凝土结构取 0.05，对钢结构取 0.02。直线下降段的下降斜率调整系数按下式计算

$$\eta_1=0.02+(0.05-\zeta)/8 \tag{3-29}$$

式中　η_1——直线下降段的下降斜率调整系数，计算值小于 0 时取 0。

阻尼调整系数按下式计算

$$\eta_2=1+\frac{0.05-\zeta}{0.06+1.7\zeta} \tag{3-30}$$

式中　η_2——阻尼调整系数，当计算值小于 0.55 时，应取 0.55。

表 3-3 中的设计分组见《建筑抗震设计规范》附录 A 的《我国主要城镇抗震设防烈度、设计基本加速度和设计地震分组》。

3.3.5　建筑物的重力荷载代表值

按式（3-26）计算水平地震作用标准值 F_{EK} 时，重力荷载代表值 G 应取结构和构件自重标准值与可变荷载标准值的组合之和。不同可变荷载的组合系数见表 3-4。

可变荷载的组合系数　　**表 3-4**

可变荷载种类		组合值系数
雪荷载		0.5
屋面积灰荷载		0.5
屋面活荷载		不计入
按实际情况计算的楼面活荷载		1.0
按等效均布荷载计算的楼面活荷载	藏书库、档案库	0.8
	其他民用建筑	0.5
起重机悬吊物重力	硬钩起重机	0.3
	软钩起重机	不计入

注：硬钩起重机的吊重较大时，组合值系数应按实际情况采用。

【例题 3-1】 某单层厂房，可以简化成如图 3-4 所示的单质点体系，已知屋面自重标准值为 2000kN，屋面雪荷载标准值为 480kN，忽略柱自重，柱抗侧移刚度系数 $k_1=k_2=5.2\times10^3\,\text{kN/m}$，结构阻尼比 $\zeta=0.05$，设计地震分组为第一组，抗震设防烈度为 7 度，Ⅱ类场地。计算该厂房在多遇地震时的水平地震作用。

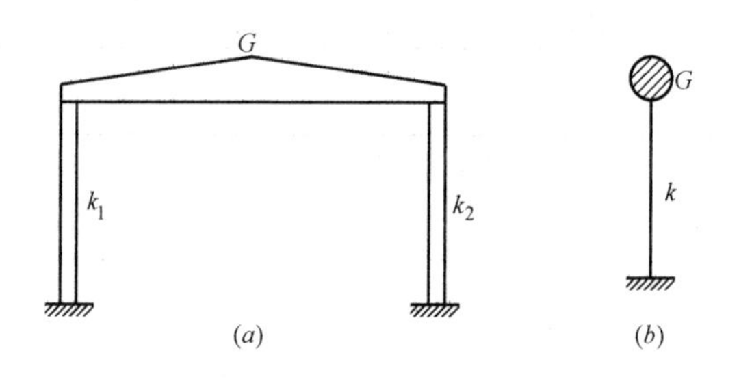

图 3-4　例题 3-1 图

【解】 确定重力荷载代表值，由表 3-4 可查得雪荷载组合系数为 0.5，故

$$G=(2000+480\times0.5)=2240\text{kN}$$

质点质量

$$m=\frac{G}{g}=\frac{2240}{9.8}=228.6\times10^3\,\text{kg}$$

侧移刚度

$$k=k_1+k_2=5.2\times10^3\times2=10.4\times10^3\,\text{kN/m}$$

结构自振周期

$$T=2\pi\sqrt{\frac{m}{k}}=2\pi\sqrt{\frac{228.6\times10^3}{10.4\times10^3\times10^3}}=0.931\text{s}$$

根据抗震设防烈度为 7 度、多遇地震，查表 3-2 得，$\alpha_{\max}=0.08$。根据场地类别为Ⅱ类、设计地震分组为第一组，查表 3-3 得，$T_g=0.35$s。

地震影响系数

由于 $T_g=0.35s<T=0.931s<5T_g=1.75\text{s}$

$$\alpha=\left(\frac{T_g}{T}\right)^{\gamma}\eta_2\alpha_{\max}$$

阻尼比 $\zeta=0.05$，分别由式（3-28）和式（3-30）可得 $\gamma=0.9$，$\eta_2=1.0$，则

$$\alpha=\left(\frac{0.35}{0.931}\right)^{0.9}\times1.0\times0.08=0.033$$

水平地震作用

$$F_{Ek}=\alpha G=0.033\times2240=73.92\text{kN}$$

3.4 多质点弹性体系的水平地震反应

在实际工程中，除了少数结构可以简化成为单质点体系外，很多工程结构，例如多层或高层建筑等，则简化为多质点体系进行计算。

3.4.1 多质点弹性体系的水平地震反应

对于多层或高层建筑结构，通常将质量集中于楼盖及屋盖处，形成如图 3-5 所示的多质点弹性体系。这种多质点弹性体系在地面水平加速度的影响下，每个质点均会由于惯性力的作用而产生相对于结构底部的水平往复运动，即产生地震反应。

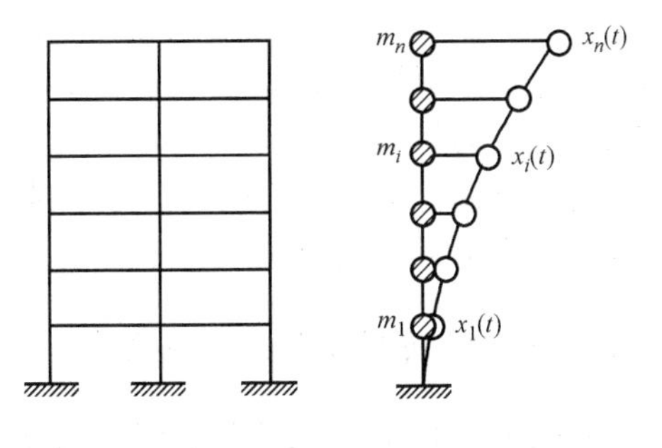

图 3-5 多质点弹性体系

与单质点弹性体系运动微分方程相似，在地震作用下，多质点弹性体系的运动微分方程表示为

$$[m]\{\ddot{x}\}+[c]\{\dot{x}\}+[k]\{x\}=-[m]\{I\}\ddot{x}_g \tag{3-31}$$

式中 $[m]$——质量矩阵；

$[c]$——阻尼矩阵；

$[k]$——刚度矩阵；

$\ddot{x}_g$——地面水平振动加速度；

$\{I\}$——单位列向量，$\{I\}=(1\quad1\quad\cdots\quad1)$；

$\{x\}$——质点运动的位移列向量；

$\{\dot{x}\}$——质点运动的速度列向量；

$\{\ddot{x}\}$——质点运动的加速度列向量；

$$\{x\}=\begin{Bmatrix} x_1(t) \\ x_2(t) \\ \vdots \\ x_n(t) \end{Bmatrix},\{\dot{x}\}=\begin{Bmatrix} \dot{x}_1(t) \\ \dot{x}_2(t) \\ \vdots \\ \dot{x}_n(t) \end{Bmatrix},\{x\}=\begin{Bmatrix} \ddot{x}_1(t) \\ \ddot{x}_2(t) \\ \vdots \\ \ddot{x}_n(t) \end{Bmatrix} \tag{3-32}$$

$$[m]=\begin{bmatrix} m_1 & & & 0 \\ & m_2 & & \\ & & \ddots & \\ 0 & & & m_n \end{bmatrix} \tag{3-33}$$

$$[k]=\begin{bmatrix} k_{11} & k_{12} & \cdots & k_{1n} \\ k_{21} & k_{22} & \cdots & k_{2n} \\ \vdots & \vdots & & \vdots \\ k_{n1} & k_{n2} & \cdots & k_{nn} \end{bmatrix} \tag{3-34}$$

式中 k_{ij}——刚度系数，$k_{ij}=k_{ji}$，k_{ij} 表示当 j 质点产生单位水平位移，其余质点不动时，在 i 质点处需要施加的水平力。

$$[c]=\begin{bmatrix} c_{11} & c_{12} & \cdots & c_{1n} \\ c_{21} & c_{22} & \cdots & c_{2n} \\ \vdots & \vdots & & \vdots \\ c_{n1} & c_{n2} & \cdots & c_{nn} \end{bmatrix} \tag{3-35}$$

式中 c_{ij}——阻尼系数，$c_{ij}=c_{ji}$，c_{ij} 表示当 j 质点产生单位速度，其余质点不动时，在 i 质点处产生的阻尼力。

对于上述运动方程的求解，需要利用多质点弹性体系的振型，为此，先讨论多质点弹性体系的自由振动问题。

3.4.2 多质点弹性体系的自由振动

略去式（3-31）中的阻尼项和地震激励，即可得到多质点弹性体系无阻尼自由振动微分方程

$$[m]\{\ddot{x}\}+[k]\{x\}=\{0\} \tag{3-36}$$

设多质点弹性体系做简谐振动

$$\{x\}=\{X\}\sin(\omega t+\varphi) \tag{3-37}$$

式中 ω——自振频率；

φ——初相位角；

$\{X\}$——振幅向量，$\{X\}=(X_1,\ X_2,\ \cdots,\ X_n)^{\mathrm{T}}$。

将式（3-37）对时间 t 求二阶导数，得自由振动加速度

$$\{\ddot{x}\}=-\omega^2\{X\}\sin(\omega t+\varphi) \tag{3-38}$$

将式（3-37）、式（3-38）代入式（3-36）得

$$([k]-\omega^2[m])\{X\}=0 \tag{3-39}$$

要使式（3-39）有非零解，其系数行列式的的值必须等于0，即

$$|[k]-\omega^2[m]|=0 \tag{3-40}$$

式（3-40）称为多质点体系的频率方程或特征方程，可以进一步写成

$$\begin{vmatrix} k_{11}-\omega^2 m_1 & k_{12} & \cdots & k_{1n} \\ k_{21} & k_{22}-\omega^2 m_2 & \cdots & k_{2n} \\ \vdots & \vdots & & \vdots \\ k_{n1} & k_{n2} & \cdots & k_{nn}-\omega^2 m_n \end{vmatrix}=0 \tag{3-41}$$

将式（3-41）展开，可得关于 ω^2 的一元 n 次方程，解此方程，可得自振圆频率 ω_i（也称固有圆频率），$i=1$，2，…，n，且有

$$0<\omega_1<\omega_2<\cdots<\omega_n \tag{3-42}$$

其中体系的最小频率 ω_1 称为第一频率或基本频率。

将第 i 个自振圆频率 ω_i 代入式（3-39），可求出相应的位移幅值 $\{X\}_i$，满足动力方程式

$$([k]-\omega_i^2[m])\{X\}_i=0 \tag{3-43}$$

求解方程式（3-43），便可得到对应于第 i 个自振频率下各质点的相应振幅比值，即该频率下的主振型向量 $\{X\}_i$。

$$\{X\}_i=\begin{Bmatrix} X_{i1} \\ X_{i2} \\ \vdots \\ X_{in} \end{Bmatrix} \tag{3-44}$$

式中 X_{ij}——当体系按频率 ω_i 振动时，质点 j 的相对位移幅值。

依次可以得到 n 个自振频率下的主振型，其中与 ω_1 相应的振型称为第一振型或基本振型。

将式（3-39）改写为

$$[k]\{X\}=\omega^2[m]\{X\} \tag{3-45}$$

式（3-45）对任意第 i 阶和第 j 阶频率和振型都成立，即

$$[k]\{X\}_i=\omega_i^2[m]\{X\}_i \tag{3-46}$$

$$[k]\{X\}_j=\omega_j^2[m]\{X\}_j \tag{3-47}$$

对式（3-46）左乘 $\{X\}_j^{\mathrm{T}}$，式（3-47）左乘 $\{X\}_i^{\mathrm{T}}$，得

$$\{X\}_j^{\mathrm{T}}[k]\{X\}_i=\omega_i^2\{X\}_j^{\mathrm{T}}[m]\{X\}_i \tag{3-48}$$

$$\{X\}_i^{\mathrm{T}}[k]\{X\}_j=\omega_j^2\{X\}_i^{\mathrm{T}}[m]\{X\}_j \tag{3-49}$$

将式（3-49）两边转置，并注意到刚度矩阵 $[k]$ 和质量矩阵 $[m]$ 的对称性，得

$$\{X\}_j^{\mathrm{T}}[k]\{X\}_i=\omega_j^2\{X\}_j^{\mathrm{T}}[m]\{X\}_i \tag{3-50}$$

式（3-48）减去式（3-50）得

$$(\omega_i^2-\omega_j^2)\{X\}_j^{\mathrm{T}}[m]\{X\}_i=0 \tag{3-51}$$

若 $i\neq j$，则 $\omega_i\neq\omega_j$，则必然有

$$\{X\}_j^{\mathrm{T}}[m]\{X\}_i=0 \qquad i\neq j \tag{3-52}$$

式（3-52）表示多质点体系任一两个振型对质量矩阵正交。将式（3-52）代入式（3-48），得

$$\{X\}_j^{\mathrm{T}}[k]\{X\}_i=0 \qquad i\neq j \tag{3-53}$$

式（3-53）表示多质点体系任一两个振型对刚度矩阵也正交。

【例题 3-2】 计算图 3-6 所示二层框架结构的自振频率和振型，并验证主振型的正交性。已知第一层质量为 $m_1=60\mathrm{t}$，第二层质量为 $m_2=50\mathrm{t}$。第一层层间侧移刚度为 $k_1=5\times10^4\mathrm{kN/m}$，第二层层间侧移刚度为 $k_2=3\times10^4\mathrm{kN/m}$。

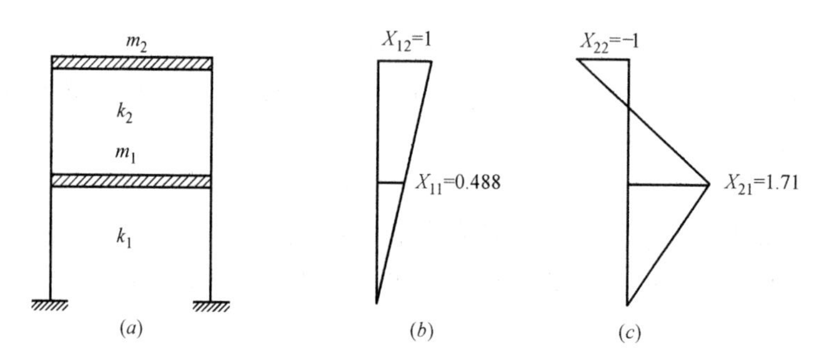

图 3-6　例题 3-2 示意图

(a) 二层框架；(b) 第一阶振型；(c) 第二阶振型

【解】 计算刚度系数

$$k_{11}=k_1+k_2=8\times10^4\mathrm{kN/m}$$

$$k_{12}=k_{21}=-k_2=-3\times10^4\mathrm{kN/m}$$

$$k_{22}=k_2=3\times10^4\mathrm{kN/m}$$

于是结构的刚度矩阵为

$$[k]=\begin{bmatrix}k_{11} & k_{12}\\ k_{21} & k_{22}\end{bmatrix}=\begin{bmatrix}8\times10^4 & -3\times10^4\\ -3\times10^4 & 3\times10^4\end{bmatrix}\mathrm{kN/m}$$

结构的质量矩阵为

$$[m]=\begin{bmatrix}m_1 & 0\\ 0 & m_2\end{bmatrix}=\begin{bmatrix}60 & 0\\ 0 & 50\end{bmatrix}\mathrm{t}$$

由式（3-40）得频率方程为

$$\begin{vmatrix}8\times10^4-60\omega^2 & -3\times10^4\\ -3\times10^4 & 3\times10^4-50\omega^2\end{vmatrix}=0$$

解上式得

$$\omega_1=17.54\mathrm{rad/s};\omega_2=40.32\mathrm{rad/s}$$

相对于第一阶频率 ω_1，由式（3-39）可得

$$([k]-\omega_1^2[m])\{X\}_1=0$$

即

$$\begin{bmatrix}k_{11}-m_1\omega_1^2 & k_{12}\\ k_{21} & k_{22}-m_2\omega_1^2\end{bmatrix}\begin{Bmatrix}X_{11}\\ X_{12}\end{Bmatrix}=0$$

由上式得第一振型幅值的相对比值为

$$\frac{X_{12}}{X_{11}}=\frac{m_1\omega_1^2-k_{11}}{k_{12}}=\frac{60\times307.6-8\times10^4}{-3\times10^4}=\frac{1}{0.488}$$

同理，可得第二振型幅值的相对比值为

$$\frac{X_{22}}{X_{21}}=\frac{m_1\omega_2^2-k_{11}}{k_{12}}=\frac{60\times1625.8-8\times10^4}{-3\times10^4}=-\frac{1}{1.71}$$

因此，第一振型为$\{X\}_1=\begin{Bmatrix}X_{11}\\X_{12}\end{Bmatrix}=\begin{Bmatrix}0.488\\1\end{Bmatrix}$；第二振型为$\{X\}_2=\begin{Bmatrix}X_{21}\\X_{22}\end{Bmatrix}=\begin{Bmatrix}1.71\\-1\end{Bmatrix}$。振型图如图 3-6 ($b$)、($c$) 所示。

由式 (3-52) 可验证主振型对质量矩阵正交

$$\{X\}_1^{\mathrm{T}}[m]\{X\}_2=\begin{Bmatrix}0.488\\1\end{Bmatrix}^{\mathrm{T}}\begin{bmatrix}60&0\\0&50\end{bmatrix}\begin{Bmatrix}1.71\\-1\end{Bmatrix}=0$$

由式 (3-53) 可验证主振型对刚度矩阵

$$\{X\}_1^{\mathrm{T}}[k]\{X\}_2=10^4\times\begin{Bmatrix}0.488\\1\end{Bmatrix}^{\mathrm{T}}\begin{bmatrix}8\times10^4&-3\times10^4\\-3\times10^4&3\times10^4\end{bmatrix}\begin{Bmatrix}1.71\\-1\end{Bmatrix}=0$$

3.4.3 多质点弹性体系地震反应分析的振型分解法

由式 (3-31) 可知，多质点弹性体系在水平地震作用下的运动微分方程是一组相互耦联的微分方程，直接联立求解很困难。根据结构动力学知识，利用振型的正交性，将原来耦联的多质点运动微分方程组分解为若干个彼此独立的单质点运动微分方程，再由单质点体系结果分别得出各个独立方程的解，然后进行组合叠加得到多质点体系的地震反应。

为了方便计算，假定阻尼也满足正交关系，即

$$\{X\}_i^{\mathrm{T}}[c]\{X\}_j=\begin{cases}0\ (i\neq j)\\C_i\,(i=j)\end{cases}\tag{3-54}$$

阻尼的表达形式有多种，通常采用瑞利 (Rayleigh) 阻尼矩阵形式，将阻尼矩阵表示为质量矩阵与刚度矩阵的线性组合，即

$$[c]=\alpha_1[m]+\alpha_2[k]\tag{3-55}$$

式中 α_1、α_2——比例常数。

$$[m]\{\ddot{x}\}+[c]\{\dot{x}\}+[k]\{x\}=-[m]\{I\}\ddot{x}_g\tag{3-56}$$

将式 (3-56) 代入式 (3-55) 可得

$$\{X\}_i^{\mathrm{T}}[c]\{X\}_j=\begin{cases}0 & (i\neq j)\\\alpha_1M_i+\alpha_2K_i & (i=j)\end{cases}\tag{3-57}$$

根据线性代数计算理论，n 维位移向量 $\{x\}$ 可以按主振型展开，表示成广义坐标下各主振型向量的线性组合，即

$$\{x\}=[X]\{q\}\tag{3-58}$$

式中 $\{q\}$ ——广义坐标向量。

$$\{q\}=[q_1(t)\quad q_2(t)\quad\cdots\quad q_n(t)]^{\mathrm{T}}\tag{3-59}$$

$[X]$——振型矩阵，由 n 个彼此正交的主振型向量组成的方阵。

$$[X]=[\{X\}_1 \quad \{X\}_2 \quad \cdots \quad \{X\}_n]=\begin{bmatrix} X_{11} & X_{12} & \cdots & X_{1n} \\ X_{21} & X_{22} & \cdots & X_{2n} \\ \vdots & \vdots & & \vdots \\ X_{n1} & X_{n2} & \cdots & X_{nn} \end{bmatrix} \tag{3-60}$$

矩阵 $[X]$ 中的元素 X_{ij} 下脚标，i 表示振型序号，j 表示质点序号。式（3-58）还可以写成

$$\{x(t)\}=\{X\}_1 q_1(t)+\{X\}_2 q_2(t)+\cdots+\{X\}_n q_n(t) \tag{3-61}$$

将式（3-58）代入式（3-31）得

$$[m][X]\{\ddot{q}\}+[c][X]\{\dot{q}\}+[k][X]\{q\}=-[m]\{I\}\ddot{x}_{\mathrm{g}} \tag{3-62}$$

将式（3-62）等号两端左乘$\{X\}_i^{\mathrm{T}}$，得

$$\{X\}_i^{\mathrm{T}}[m][X]\{\ddot{q}\}+\{X\}_i^{\mathrm{T}}[c][X]\{\dot{q}\}+\{X\}_i^{\mathrm{T}}[k][X]\{q\}=-\{X\}_i^{\mathrm{T}}[m]\{\ddot{x}_{\mathrm{g}}\} \tag{3-63}$$

根据振型的正交性，上式展开后，除第 i 项外其他各项均为零。此时方程转化为

$$M_i\ddot{q}_i+C_i\dot{q}_i+K_i q_i=-\ddot{x}_g\sum_{j=1}^{n} m_j X_{ij} \tag{3-64}$$

进一步写成

$$\ddot{q}_i+2\zeta_i\omega_i\{\dot{q}_i\}+\omega_i^2 q_i=-\gamma_i\ddot{x}_{\mathrm{g}} \tag{3-65}$$

式中 M_i——第 i 阶振型广义质量。

$$M_i=\{X\}_i^{\mathrm{T}}[m][X]_j=\sum_{j=1}^{n} m_j X_{ij}^2 \tag{3-66}$$

K_i——第 i 阶振型广义刚度。

$$K_i=\{X\}_i^{\mathrm{T}}[k][X]=\omega_i^2 M_i \tag{3-67}$$

C_i——第 i 阶振型广义阻尼系数。

$$C_i=\{X\}_i^{\mathrm{T}}[c][X]_i=2\zeta_i\omega_i M_i \tag{3-68}$$

γ_i——第 i 阶振型参与系数。

$$\gamma_i=\frac{\sum_{j=1}^{n} m_j X_{ij}}{\sum_{j=1}^{n} m_j X_{ij}^2} \tag{3-69}$$

ζ_i——第 i 阶振型阻尼比，由式（3-57）和式（3-68）得

$$\alpha_1 M_i+\alpha_2 K_i=2\zeta_i\omega_i M_i \tag{3-70}$$

$$\alpha_1+\alpha_2\omega_i^2=2\zeta_i\omega_i \tag{3-71}$$

比例常数 α_1、α_2 根据第一、二阶振型的频率和阻尼比确定，由式（3-71）得

$$\begin{cases} \alpha_1+\alpha_2\omega_1^2=2\zeta_1\omega_1 \\ \alpha_1+\alpha_2\omega_2^2=2\zeta_2\omega_2 \end{cases} \tag{3-72}$$

求解式（3-72）得

$$\begin{cases} \alpha_1=\dfrac{2\omega_1\omega_2(\zeta_1\omega_2-\zeta_2\omega_1)}{\omega_2^2-\omega_1^2} \\ \alpha_2=\dfrac{2(\zeta_2\omega_2-\zeta_1\omega_1)}{\omega_2^2-\omega_1^2} \end{cases} \tag{3-73}$$

在式（3-65）中，依次取 $i=1, 2, \cdots, n$，可得到 n 个独立微分方程，即在每一个方程中仅含有一个未知量 q_i，由此可解得 $q_1, q_2, \cdots, q_n$。比较式（3-65）与式（3-6）可以看出，两者形式相同，仅在等号右端相差一个振型参与系数 γ_i，因此可以比照写出式（3-65）的解为

$$q_i(t)=-\frac{\gamma_i}{\omega_i}\int_0^t \ddot{x}_{\mathrm{g}}(\tau)\mathrm{e}^{-\zeta_i\omega_i(t-\tau)}\sin\omega_i(t-\tau)\mathrm{d}\tau \tag{3-74}$$

或

$$q_i(t)=\gamma_i\Delta_i(t) \tag{3-75}$$

式中

$$\Delta_i(t)=-\frac{1}{\omega_i}\int_0^t \ddot{x}_{\mathrm{g}}(\tau)\mathrm{e}^{-\zeta_i\omega_i(t-\tau)}\sin\omega_i(t-\tau)\mathrm{d}\tau \tag{3-76}$$

在式（3-76）中，$\Delta_i(t)$ 即相当于阻尼比为 ζ_i、自振频率为 ω_i 的单质点弹性体系在地震作用下的位移反应。这个单质点弹性体系称为与第 i 阶振型相应的振子。

将式（3-75）代入式（3-61）得

$$\{x(t)\}=\sum_{i=1}^{n}\gamma_i\Delta_i(t)\{X\}_i \tag{3-77}$$

式（3-77）就是用振型分解法分析时，多质点弹性体系在地震作用下的位移计算公式。振型参与系数 γ_i 满足

$$\sum_{i=1}^{n}\gamma_i\{X\}_i=1 \tag{3-78}$$

3.5 多质点体系水平地震作用计算的振型分解反应谱法

多质点弹性体系在地震影响下，在质点 i 上所产生的地震作用等于质点 i 上的惯性力为

$$F_i(t)=-m_i[\ddot{x}_{\mathrm{g}}(t)+\ddot{x}_i(t)] \tag{3-79}$$

式中 m_i——第 i 质点的质量；

$\ddot{x}_{\mathrm{g}}(t)$——地面运动加速度；

$\ddot{x}_i(t)$——质点 i 的相对加速度。

由式（3-77）得到质点 i 的相对加速度为

$$\ddot{x}_i(t)=\sum_{i=1}^{n}\gamma_i\ddot{\Delta}_i(t)X_{ji} \tag{3-80}$$

根据式（3-78），$\sum_{j=1}^{n}\gamma_j\{X\}_j=1$，$\ddot{x}_{\mathrm{g}}(t)$ 可以表示为

$$\ddot{x}_{\mathrm{g}}(t)=\sum_{j=1}^{n}\gamma_jX_{ji}\ddot{x}_{\mathrm{g}}(t) \tag{3-81}$$

将式（3-80）、式（3-81）代入式（3-79）得

$$F_i(t)=-m_i\sum_{j=1}^{n}\gamma_jX_{ji}[\ddot{x}_{\mathrm{g}}(t)+\ddot{\Delta}_j(t)] \tag{3-82}$$

根据式（3-82）可以绘制 F_i（t）随时间变化的曲线，F_i（t）的最大值就是设计用的最大地震作用。

由式（3-82）可知，在第 j 阶振型下作用在第 i 质点上的地震作用绝对最大值为

$$F_{ji}=m_i\gamma_jX_{ji}\left|\ddot{x}_{\mathrm{g}}(t)+\ddot{\Delta}_j(t)\right|_{\max} \tag{3-83}$$

令

$$\alpha_j=\frac{\left|\ddot{x}_{\mathrm{g}}(t)+\ddot{\Delta}_j(t)\right|_{\max}}{g}$$

则式（3-83）可以表示为

$$F_{ji}=\alpha_j\gamma_jX_{ji}G_i \tag{3-84}$$

式中　F_{ji}——第 j 振型第 i 质点的水平地震作用标准值；

α_j——相应于第 j 振型自振周期的影响系数；

γ_j——第 j 振型参与系数；

X_{ji}——第 j 振型第 i 质点的相对水平位移；

G_i——集中于 i 质点的重力荷载代表值，$G_i=m_ig$。

求出第 j 振型质点 i 上的水平地震作用 F_{ji} 后，就可按一般力学方法计算结构的地震作用效应 S_j（弯矩、剪力、轴向力和变形）。根据振型分解反应谱法确定的相应于各振型的地震作用 F_{ji}（$i=1, 2, \cdots, n$，$j=1, 2, \cdots, n$）均为最大值。所以，按 F_{ji} 所求得的地震作用效应 S_j（$j=1, 2, \cdots, n$）也是最大值。但是，相应于各振型的最大地震作用效应 S_j 不会同时发生，这样就出现了如何将 S_j 进行组合，以确定合理的地震作用效应问题。《建筑抗震设计规范》根据概率论的方法，得出了结构地震作用效应“平方和开平方”（SRSS）的近似计算公式

$$S=\sqrt{\sum_{j=1}^{n}S_j^2} \tag{3-85}$$

式中　S——水平地震效应；

S_j——第 j 振型水平地震作用产生的作用效应。

一般地，结构的低阶振型反应大于高阶振型反应，频率低的几个振型往往控制着最大地震反应。因此，在实际计算中一般采用 2～3 个振型即可。考虑到周期长的结构各个自振频率接近，故《建筑抗震设计规范》规定：当基本自振周期大于 1.5s 或房屋高宽比大于 5 时，振型个数可适当增加。

【例题 3-3】 某二层钢筋混凝土框架结构（图 3-7a），集中于楼盖和屋盖处的重力荷载代表值相等 $G_1=G_2=1200\text{kN}$（图 3-7b），柱的截面尺寸 350mm×350mm，采用 C20 的混凝土，梁的刚度 $EI=\infty$。试用振型分解反应谱法确定该框架的多遇水平地震作用 F_{ij}，并绘制地震作用下的剪力图和弯矩图。建筑场地为Ⅱ类，抗震设防烈度 7 度，设计地震分组为第二组，设计基本地震加速度为 0.10g，结构的阻尼比 $\zeta=0.05$。已知框

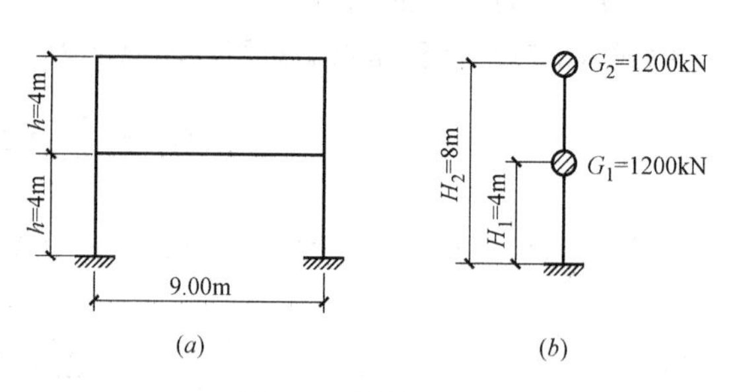

图 3-7　例题 3-3 图

架的振动频率 $\omega_1=6.11\text{s}^{-1}$，$\omega_2=15.99\text{s}^{-1}$，相应的振型 $\{X\}_1=\begin{Bmatrix}1\\1.618\end{Bmatrix}$，$\{X\}_2=\begin{Bmatrix}1\\-0.618\end{Bmatrix}$。

【解】 (1) 求水平地震作用

已计算结构自振周期

$$T_1=\frac{2\pi}{\omega_1}=\frac{2\pi}{6.11}=1.028\text{s}$$

$$T_2=\frac{2\pi}{\omega_2}=\frac{2\pi}{15.99}=0.393\text{s}$$

相应于第一振型的水平地震作用，按式（3-84）计算

$$F_{1i}=\alpha_1\gamma_1X_{1i}G_i$$

由表 3-3 查得，当Ⅱ类建筑场地，设计地震分组为第二组时。特征周期 $T_g=0.40\text{s}$；由表 3-2 查得，多遇地震，7 度时，设计基本地震加速度为 0.10g，水平地震影响系数最大值 $\alpha_{\max}=0.08$。当阻尼比 $\zeta=0.05$ 时，由式（3-30）和式（3-28）得 $\eta_2=1.0$，$\gamma=0.9$。

$$T_g=0.40\text{s}<T_1=1.028\text{s}<5T_g=2\text{s}$$

则
$$\alpha_1=\left(\frac{T_g}{T_1}\right)^{0.9}\alpha_{\max}=\left(\frac{0.40}{1.028}\right)^{0.9}\times0.08=0.033$$

按式（3-69）计算第一振型参与系数

$$\gamma_1=\frac{\sum_{i=1}^{n}m_iX_{1i}}{\sum_{i=1}^{n}m_iX_{1i}^2}=\frac{\sum_{i=1}^{n}G_iX_{1i}}{\sum_{i=1}^{n}G_iX_{1i}^2}=\frac{1200\times1.000+1200\times1.618}{1200\times1.000^2+1200\times1.618^2}=0.724$$

于是
$$F_{11}=0.033\times0.724\times1.000\times1200=28.67\text{kN}$$

$$F_{12}=0.033\times0.724\times1.618\times1200=46.39\text{kN}$$

相应于在第二振型上的水平地震作用

$$F_{2i}=\alpha_2\gamma_2X_{2i}G_i$$

因为 $0.10\text{s}<T_2=0.393\text{s}<T_g=0.40\text{s}$，故取 $\alpha_1=\alpha_{\max}=0.08$

而
$$\gamma_2=\frac{\sum_{i=1}^{n}G_iX_{2i}}{\sum_{i=1}^{n}G_iX_{2i}^2}=\frac{1200\times1.000+1200\times(-0.618)}{1200\times1.000^2+1200\times(-0.618)^2}=0.276$$

于是
$$F_{21}=0.08\times0.276\times1.000\times1200=25.97\text{kN}$$

$$F_{22}=0.08\times0.276\times(-0.618)\times1200=-16.05\text{kN}$$

(2) 绘制地震内力图

相应于第一、第二振型的地震作用和剪力图，如图 3-8（a）～（d）所示。

组合地震剪力

第 2 层　$V_2=\sqrt{23.20^2+(-8.03)^2}=24.55\text{kN}$

第 1 层　$V_1=\sqrt{37.53^2+4.96^2}=37.86\text{kN}$

组合地震剪力图如图 3-8（e）所示；组合地震弯矩图如图 3-8（f）所示。

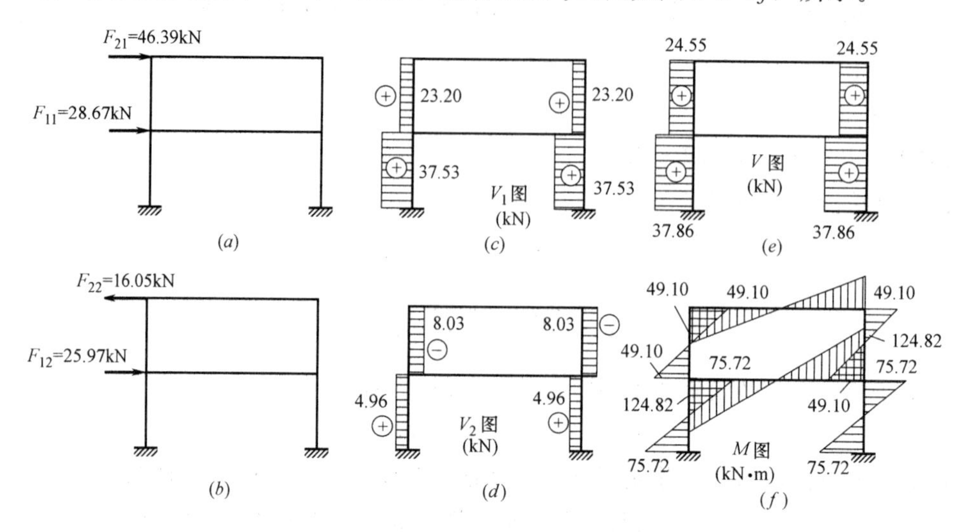

图 3-8　例题 3-3 地震作用及内力图

3.6　多质点体系水平地震作用计算的底部剪力法

按振型分解反应谱法计算水平地震作用，特别是房屋层数较多时，计算过程十分复杂。为了简化计算，《建筑抗震设计规范》规定，在满足一定条件下，可采用近似计算法，即底部剪力法。

理论分析表明，对于重量和刚度沿高度分布比较均匀、高度不超过 40m，并以剪切变形为主（房屋高宽比小于 4 时）的房屋，结构振动时具有以下特点：

（1）位移反应以基本振型为主；

（2）基本振型接近直线，如图 3-9（a）所示。

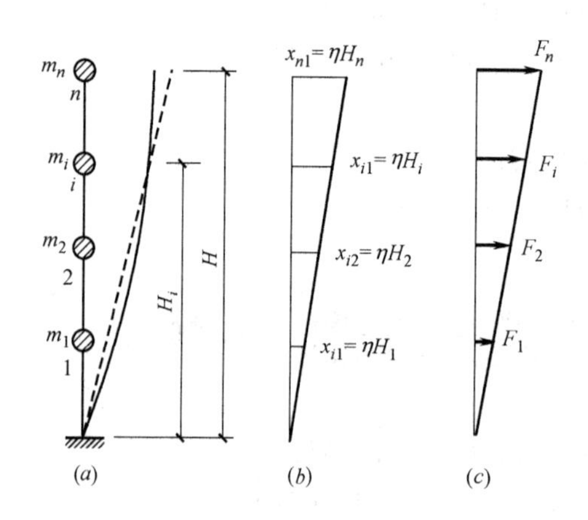

图 3-9　底部剪力法附图

因此，在满足上述条件下，计算各质点上的地震作用时，可仅考虑基本振型，而忽略高振型的影响。这样，基本振型质点的相对水平位移 x_{1i} 将与质点的计算高度 H_i 成正比，即 $x_{1i}=\eta H_i$，其中 η 为比例常数（图 3-9b）。于是，作用在第 i 质点上的水平地震作用标准值可写成

$$F_{1i}=\alpha_1\gamma_1\eta H_iG_i \tag{3-86}$$

则结构总水平地震作用标准值，即结构底部剪力，可写成

$$F_{\mathrm{Ek}}=\sum_{i=1}^{n}F_{1i}=\alpha_1\gamma_1\eta\sum_{i=1}^{n}H_iG_i \tag{3-87}$$

其中

$$\gamma_1 = \frac{\sum_{i=1}^{n} G_i \eta H_i}{\sum_{i=1}^{n} G_i (\eta H_i)^2} = \frac{\sum_{i=1}^{n} G_i H_i}{\eta \sum_{i=1}^{n} G_i H_i^2} \tag{3-88}$$

将式（3-88）代入式（3-87），得

$$F_{\mathrm{Ek}} = \alpha_1 \frac{(\sum_{i=1}^{n} G_i H_i)^2}{\sum_{i=1}^{n} G_i H_i^2} \tag{3-89}$$

将式（3-89）乘以 $\frac{G}{\sum_{i=1}^{n} G_i}$，得

$$F_{\mathrm{Ek}} = \alpha_1 \frac{(\sum_{i=1}^{n} G_i H_i)^2}{\sum_{i=1}^{n} G_i H_i^2} \cdot \frac{G}{\sum_{i=1}^{n} G_i} = \alpha_1 \xi G \tag{3-90}$$

于是，结构总水平地震作用标准值最后计算公式可写成

$$F_{\mathrm{Ek}} = \alpha_1 G_{\mathrm{eq}} \tag{3-91}$$

式中　α_1——相应于结构基本周期的水平地震影响系数；

G_{eq}——结构等效总重力荷载代表值；

$$G_{\mathrm{eq}} = \xi G \tag{3-92}$$

G——结构总重力荷载代表值，$G = \sum_{i=1}^{n} G_i$；

ξ——等效重力荷载系数，《建筑抗震设计规范》规定 $\xi=0.85$，其来源如下

$$\xi = \alpha_1 \frac{(\sum_{i=1}^{n} G_i H_i)^2}{\sum_{i=1}^{n} G_i H_i^2 \cdot \sum_{i=1}^{n} G_i} \tag{3-93}$$

由式（3-93）可见，ξ 与质点 G_i、H_i 有关，结构确定后，ξ 就确定，可以利用最小二乘法确定最优的 ξ 值。为此，建立目标函数

$$f(\xi) = \sum_{k=1}^{m} \left(\alpha_1 \frac{(\sum_{i=1}^{n} G_i H_i)^2}{\sum_{i=1}^{n} G_i H_i^2} - \alpha_1 \xi G \right)_k^2 \tag{3-94}$$

式中　k——结构序号；

i——质点序号；

m——结构总数；

n——质点总数。

为了求得使 $f(\xi)$ 值为最小时的 ξ 值，对式（3-94）求导，并令其为零，于是解得

$$\xi = \sum_{k=1}^{m} \frac{\left(\sum_{i=1}^{n} G_i H_i\right)_k^2}{\left(\sum_{i=1}^{n} G_i H_i^2\right)_k} \cdot \frac{1}{\sum_{i=1}^{n} G_k} \tag{3-95}$$

根据式（3-95）可算得若干个结构总的ξ值，并考虑到结构的可靠度的要求，《建筑抗震设计规范》取$\xi=0.85$。

由式（3-87）得

$$\alpha_1 \gamma_1 \eta = \frac{1}{\sum_{j=1}^{n} G_j H_j} F_{\mathrm{Ek}} \tag{3-96}$$

将式（3-96）代入式（3-86），并以F_i表示F_{1i}，就得到作用在第i质点上的水平地震作用标准值F_i（图3-9c），其计算式为

$$F_i = \frac{G_i H_i}{\sum_{j=1}^{n} G_j H_j} F_{\mathrm{Ek}} \tag{3-97}$$

式中　F_{Ek}——结构总水平地震作用标准值，按式（3-91）计算；

G_i、G_j——集中于质点i、j的重力荷载代表值；

H_i、H_j——质点i、j的计算高度。

对于自振周期比较长的多层钢筋混凝土房屋和多层内框架砖房，经计算发现，在房屋顶部的地震剪力按底部剪力法计算结果较精确法计算结果偏小，为了减小这一误差，《建筑抗震设计规范》采取调整地震作用的办法，使顶层地震剪力有所增加。

对于上述建筑，《建筑抗震设计规范》规定，按下式计算质点i的水平地震作用标准值

$$F_i = \frac{G_i H_i}{\sum_{j=1}^{n} G_j H_j} F_{\mathrm{Ek}}(1-\delta_n) \tag{3-98}$$

$$\Delta F_n = \delta_n F_{\mathrm{Ek}} \tag{3-99}$$

式中　δ_n——顶部附加地震作用系数，多层钢筋混凝土房屋按表3-5采用；多层内框架砖房可采用0.2，其他房屋不考虑；

ΔF_n——顶部附加水平地震作用，如图3-10所示；

F_{Ek}——结构总水平地震作用标准值，按式（3-91）计算。

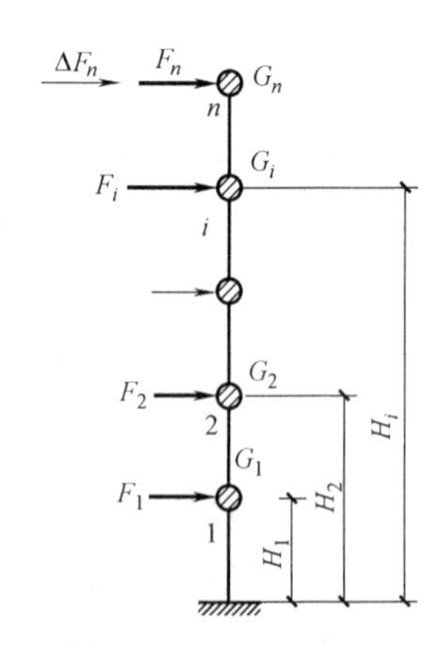

图3-10　结构水平地震作用计算简图

震害表明，突出屋面的屋顶间（电梯机房、水箱间）女儿墙、烟囱等，其震害比下面主体结构严重。这是由于出屋面的这些建筑的质量和刚度突然变小，地震反应随之增大的缘故。在地震工程中，把这种现象称为“鞭端效应”。因此，《建筑抗震设计规范》规定，采用底部剪力法时，对这些结构的地震作用效应，宜乘以增大系数3，但此增大部分不应向下传递。

顶部附加地震作用系数 δ_n　　表 3-5

T_g(s)	$T_1>1.4T_g$	$T_1\leqslant 1.4T_g$
$\leqslant 0.35$	$0.08T_1+0.02$	不考虑
$<0.35\sim 0.55$	$0.08T_1+0.01$	
>0.55	$0.08T_1-0.02$	

注：T_g为特征周期；T_1为结构基本自振周期。

【例题 3-4】 已知条件同例题 3-3。试按底部剪力法计算水平地震作用，并绘制地震作用下的剪力图和弯矩图。

【解】 已知 $G_1=G_2=1200\text{kN}$，$H_1=4\text{m}$，$H_2=8\text{m}$，$T_g=0.4\text{s}$，$T_1=1.028\text{s}$，$\alpha_1=0.033$。

（1）求总水平地震作用标准值（底部剪力）

按式（3-91）计算

$$F_{\text{Ek}}=\alpha_1 G_{\text{eq}}=\alpha_1\xi G=0.033\times 0.85(1200+1200)=67.32\text{kN}$$

（2）求作用在各质点上的水平地震作用标准值（图 3-11a）

由表 3-5 查得，当 $T_g=0.4\text{s}$，$T_1=1.028\text{s}>1.4\times T_g=1.4\times 0.4=0.56\text{s}$ 时

$$\delta_n=0.08T_1+0.01=0.08\times 1.028+0.01=0.092$$

按式（3-99）计算

$$\Delta F_n=\delta_n F_{\text{Ek}}=0.092\times 67.32=6.193\text{kN}$$

按式（3-98）计算 F_i

$$F_1=\frac{G_1H_1}{\sum\limits_{j=1}^{n}G_jH_j}F_{\text{Ek}}(1-\delta_n)=\frac{1200\times 4}{1200\times 4+1200\times 8}\times 67.32\times(1-0.092)$$

$$=20.37\text{kN}$$

$$F_2=\frac{G_2H_2}{\sum\limits_{j=1}^{n}G_jH_j}F_{\text{Ek}}(1-\delta_n)=\frac{1200\times 8}{1200\times 4+1200\times 8}\times 67.32\times(1-0.092)$$

$$=40.75\text{kN}$$

（3）绘制地震作用下的内力图

地震作用下的剪力图和弯矩图，如图 3-11（b）、（c）所示。

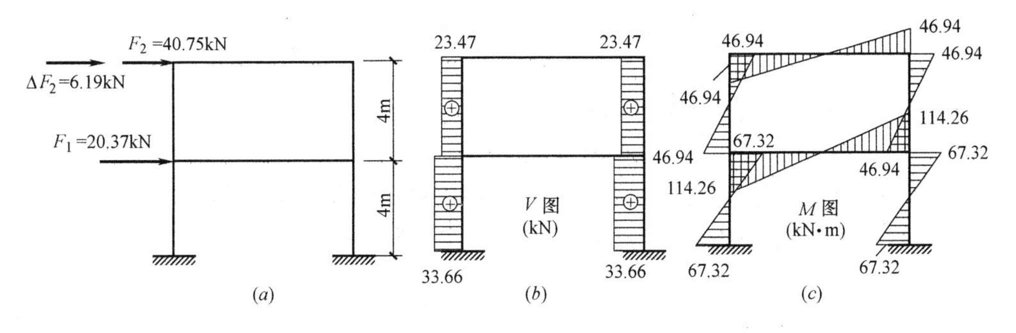

图 3-11　例题 3-4 图

3.7 考虑水平地震作用扭转影响的计算

由于地震作用是一种多维随机运动，地面运动存在着转动分量，结构的不对称使结构的平面质量中心和刚度中心不重合，可能使结构在地震作用下产生扭转效应。因此，《建筑抗震设计规范》规定，结构考虑水平地震作用的扭转影响时，可采用下列方法：

1. 规则结构不进行扭转耦联计算时，平行于地震作用方向的两个边榀，其地震作用效应宜乘以增大系数。一般情况下，短边可按 1.15 采用，长边可按 1.05 采用；当扭转刚度较小时，按不小于 1.13 采用。

2. 按扭转耦联振型分解法计算时，各楼层可取两个正交的水平位移和一个转角共三个自由度，并应按下列公式计算地震作用和作用效应。确有依据时，尚可采用简化计算方法确定地震作用效应。

（1）第 j 振型第 i 层的水平地震作用标准值，应按下列公式确定

$$\begin{cases}F_{xji}=\alpha_j\gamma_{tj}X_{ji}G_i\\F_{yji}=\alpha_j\gamma_{tj}Y_{ji}G_i\\M_{tji}=\alpha_j\gamma_{tj}r_i^2\varphi_{ji}G_i\\(i=1,2,3,\cdots,n,\quad j=1,2,3,\cdots,m)\end{cases}\tag{3-100}$$

式中 F_{xji}、F_{yji}、M_{tji}——分别为第 j 振型第 i 层的 x 方向、y 方向和转角 t 方向的地震作用标准值；

X_{ij}、Y_{ij}——分别为第 j 振型第 i 层质心在 x、y 方向的水平相对位移；

φ_{ji}——第 j 振型第 i 层的相对扭转角；

r_i——第 i 层转动半径，$r_i=\sqrt{J_i/m_i}$，J_i 为第 i 层绕质心的转动惯量，m_i 为该层质量；

γ_{tj}——考虑扭转的第 j 振型参与系数，可按下列公式计算

当仅考虑 x 方向地震时

$$\gamma_{tj}=\sum_{i=1}^{n}X_{ji}G_i\Big/\sum_{i=1}^{n}(X_{ji}^2+Y_{ji}^2+\varphi_{ji}^2r_i^2)G_i\tag{3-101}$$

当仅考虑 y 方向地震时

$$\gamma_{tj}=\sum_{i=1}^{n}Y_{ji}G_i/\sum_{i=1}^{n}(X_{ji}^2+Y_{ji}^2+\varphi_{ji}^2r_i^2)G_i\tag{3-102}$$

当考虑与 x 方向斜交 θ 角的地震时

$$\gamma_{tj}=r_{xj}\cos\theta+r_{yj}\sin\theta\tag{3-103}$$

式中 r_{xj}、r_{yj}——分别为由式（3-101）和式（3-102）求得的参与系数。

（2）考虑单向水平地震作用的扭转效应，可按下列公式确定

$$S_{\mathrm{Ek}}=\sqrt{\sum_{j=1}^{m}\sum_{k=1}^{m}\rho_{jk}S_jS_k}\tag{3-104}$$

$$\rho_{jk}=\frac{8\zeta_j\zeta_k(1+\lambda_{\mathrm{T}})\lambda_{\mathrm{T}}^{1.5}}{(1-\lambda_{\mathrm{T}}^2)^2+4\zeta_j\zeta_k(1+\lambda_{\mathrm{T}})^2\lambda_{\mathrm{T}}}\tag{3-105}$$

式中　S_{Ek}——地震作用标准值的扭转效应；

S_j、S_k——分别为 j、k 振型地震作用标准值的效应，可取前 9～15 个振型；

ρ_{jk}——j 振型与 k 振型的耦联系数；

ζ_j、ζ_k——分别为 j、k 振型的阻尼比；

λ_T——k 振型与 j 振型的自振周期比。

（3）考虑双向水平地震作用下的扭转效应，可按下列公式的较大值确定：

$$S_{Ek}=\sqrt{S_x^2+(0.85S_y)^2} \tag{3-106}$$

或

$$S_{Ek}=\sqrt{S_y^2+(0.85S_x)^2} \tag{3-107}$$

式中　S_x——仅考虑 x 方向水平地震作用时的扭转效应；

S_y——仅考虑 y 方向水平地震作用时的扭转效应。

3.8　考虑地基与结构的相互作用的楼层地震剪力调整

在求出了各楼层质点处的水平地震作用 F_i 后，即可求出任一楼层 i 的水平地震剪力 V_{Ek}

$$V_{Eki}=\sum_{r=i}^{n}F_r \tag{3-108}$$

《建筑抗震设计规范》规定，抗震验算时，结构任一楼层的水平地震剪力应符合下式要求

$$V_{Eki}>\lambda\sum_{r=i}^{n}G_r \tag{3-109}$$

式中　G_r——第 r 层的重力荷载代表值；

λ——剪力系数，不应小于表 3-6 的数值；对竖向不规则结构的薄弱层，尚应乘以 1.15 的增大系数。

楼层最小地震剪力系数值　　**表 3-6**

类　　别	7 度	8 度	9 度
扭转效应明显或基本周期小于 3.5s 的结构	0.016(0.024)	0.032(0.048)	0.064
基本周期大于 5.0s 的结构	0.012(0.018)	0.024(0.032)	0.040

注：1. 基本周期介于 3.5s 和 5.0s 之间的结构，可插入取值；
2. 7 度和 8 度时括号内数值分别用于设计基本地震加速度为 0.15g 和 0.30g 的地区。

以上的水平地震作用计算，都是在“刚性地震”的假定下进行的。实际上，地基土不是绝对刚性的，且存在较大的阻尼，地震影响时，它与基础之间也有一个相互作用问题。研究表明，当结构本身的刚度不大，地基土较柔软，而基础的刚度较好时，地基土对地震影响有衰减作用。因此，《建筑抗震设计规范》规定，8 度和 9 度时建造于Ⅲ、Ⅳ类场地，采用箱基、刚性较好的筏基和桩基联合基础的钢筋混凝土高层建筑，当结构基本自振周期处于特征周期的 1.2～5 倍范围时，若计入地基与结构动力相互作用的影响，对刚性地基假定计算的水平地震剪力可按下列规定折减，其层间变形可按折减后的楼层剪力计算。

（1）高宽比 $H/B<3$ 的结构，各楼层水平地震剪力的折减系数可按下式计算

$$\varphi=\left(\frac{T_1}{T_1+\Delta T}\right)^{0.9} \tag{3-110}$$

式中 φ——计入地基与结构动力相互作用后的地震剪力折减系数；

T_1——按刚性地基假定确定的结构基本自振周期（s）；

ΔT——计入地基与结构动力相互作用后的附加周期（s），可按表 3-7 采用。

附加周期（s） **表 3-7**

烈度	场地类别	
	Ⅲ	Ⅳ
8	0.08	0.20
9	0.10	0.25

（2）高宽比 $H/B\geqslant3$ 的结构，底部地震剪力按第（1）条规定折减，顶部不折减，中间各层按线性插入值折减。

（3）折减后各楼层的水平地震剪力，应大于表 3-6 规定的剪力系数与 $\sum_{r=i}^{n}G_r$ 的乘积。

3.9 竖向地震作用的计算

一般来说，水平地震作用是导致房屋破坏的主要原因。但当烈度较高时，高层建筑、烟囱、电视塔等高耸结构和长悬臂、大跨度结构的竖向地震作用也是不可忽视的。例如，对一些高耸结构的计算分析发现，竖向地震应力 σ_v 与重力荷载应力 σ_G 的比值 $\lambda_v=\sigma_v/\sigma_G$ 沿建筑物高度向上逐渐增大。在 8 度、9 度烈度区，λ_v 可达到或超过 1。由于地震作用是双向的，可使结构上部产生拉应力。为此，我国《建筑抗震设计规范》规定，8 度和 9 度时的大跨结构、长悬臂结构、烟囱和类似高耸结构，9 度时的高层建筑，应考虑竖向地震作用。

3.9.1 结构竖向地震动力特性

分析表明，各类场地的竖向地震反应谱和水平反应谱相差不大，如图 3-12 所示。因此，在竖向地震作用计算时可近似采用水平反应谱。另据统计，地面竖向最大加速度与地面水平最大加速度比值为 1/2～2/3 之间，对震中距较小地区宜采用较大数值。

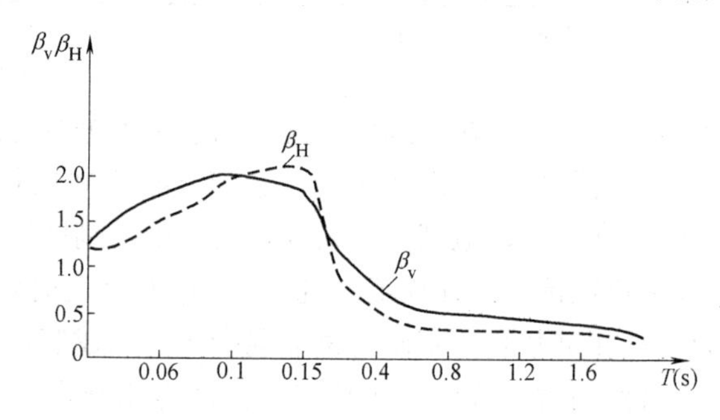

图 3-12 竖向、水平地震的平均反应谱（Ⅰ类场地）

若取竖向与水平地震系数之比$\frac{k_{av}}{k_{aH}}\approx\frac{2}{3}$。则竖向地震影响系数 α_v 为

$$\alpha_v=\frac{2}{3}k_{aH}\beta_H=\frac{2}{3}\alpha_H\approx0.65\alpha_H \tag{3-111}$$

式中 k_{av}、k_{aH}——竖向和水平地震系数；

β_v、β_H——竖向和水平地震动力系数；

α_v、α_H——竖向和水平地震影响系数。

3.9.2 反应谱法

9 度时的高层建筑，其竖向地震作用标准值可按反应谱法计算。分析表明，高层建筑和高耸结构取第一振型竖向地震作用作为结构的竖向地震作用时其误差不大。于是，可采用类似于水平地震作用的底部剪力法，计算高耸结构及高层建筑的竖向地震作用如图 3-13所示，其计算公式为

$$F_{Evk}=\alpha_{vmax}G_{eq} \tag{3-112}$$

在式（3-112）中，地震影响系数 α_v 取最大值 α_{vmax}，是因为结构的竖向振动基本周期较小，一般为 0.1～0.2s，故有：

$$\alpha_{vmax}=0.65\alpha_{Hmax} \tag{3-113}$$

结构等效重力荷载为

$$G_{eq}=\xi' G \tag{3-114}$$

式中 G——结构总重力荷载代表值；

ξ'——等效重力荷载系数，取 0.75。

第一振型接近于直线，于是，第 i 质点上的竖向地震作用为

$$F_{vi}=\frac{G_iH_i}{\sum_{j=1}^{n}G_jH_j}F_{Evk} \tag{3-115}$$

3.9.3 静力法

根据对大跨度的平板钢网架和标准屋架以及大跨结构竖向地震作用振型分解法的分析表明，竖向地震作用的内力和重力荷载作用下的内力比值，一般比较稳定。因此，《建筑抗震设计规范》规定：对平板型网架屋盖、跨度大于 24m 的屋架、长悬臂及大跨度结构的竖向地震作用，其标准值为

$$F_{vi}=\lambda G_i \tag{3-116}$$

式中 G_i——构件重力荷载代表值；

λ——竖向地震作用系数，对于长悬臂及大跨结构，8、9 度分别取 0.10 和 0.20，设计基本地震加速度为 0.30g 时，可取该结构、构件重力荷载代表值的 15%。对平板型网架、钢屋架、混凝土屋架，可按表 3-8 取值。

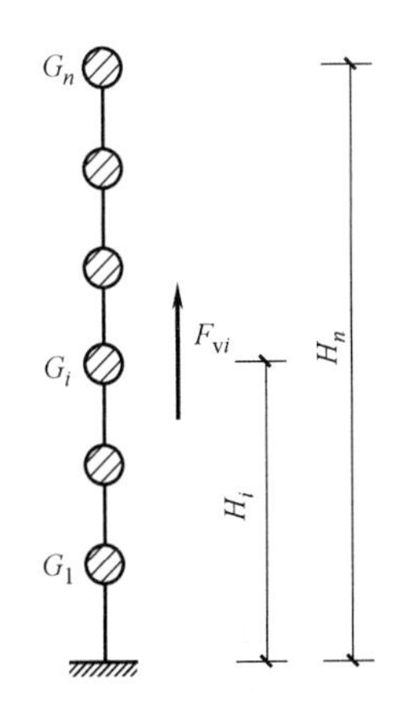

图 3-13 多质点体系的竖向地震作用

竖向地震作用系数 λ **表 3-8**

结构类型	烈度	场地类别		
		Ⅰ	Ⅱ	Ⅲ、Ⅳ
平板型网架	8	可不计算(0.10)	0.08(0.12)	0.10(0.15)
钢屋架	9	0.15	0.15	0.20
钢筋混凝土	8	0.10(0.15)	0.13(0.19)	0.13(0.19)
屋架	9	0.20	0.25	0.25

注：括号内数值用于设计基本地震加速度为 0.30g 的地区。

3.10 结构自振周期和振型的近似计算

按振型分解法计算多质点体系的地震作用时，需要确定体系的基频和高频以及相应的主振型。从理论上讲，它们可通过解频率方程得到。但是，当体系的质点数多于三个时，手算就比较麻烦和困难。因此，在工程计算中，常常采用近似法进行手算。

3.10.1 瑞利（Rayleigh）法

瑞利法也称为能量法。这个方法是根据体系在振动过程中能量守恒定律导出的。能量法是求多质点体系基频的一种近似方法。

图 3-14（a）表示一个具有 n 个质点的弹性体系，质点 i 的质量为 m_i，体系按第一振型作自由振动时的频率为 ω_1。假设各质点的重力荷载 G_i 水平作用于相应质点 m_i 上的弹性曲线作为基本振型。Δ_i 为 i 点的水平位移，如图 3-14（b）所示。则体系的最大位能

$$U_{\max} = \frac{1}{2}\sum_{i=1}^{n} G_i\Delta_i = \frac{1}{2}g\sum_{i=1}^{n} m_i\Delta_i \tag{3-117}$$

而最大动能为

$$T_{\max} = \frac{1}{2}\sum_{i=1}^{n} m_i\,(\omega_1\Delta_i)^2 \tag{3-118}$$

令 $U_{\max}=T_{\max}$，得体系的基频的近似计算公式为

$$\omega_1 = \sqrt{\frac{g\sum_{i=1}^{n} m_i\Delta_i}{\sum_{i=1}^{n} m_i\Delta_i^2}} \tag{3-119}$$

或

$$\omega_1 = \sqrt{\frac{g\sum_{i=1}^{n} G_i\Delta_i}{\sum_{i=1}^{n} G_i\Delta_i^2}} \tag{3-120}$$

基本周期为

$$T_1 = 2\pi\sqrt{\frac{\sum_{i=1}^{n} G_i\Delta_i^2}{g\sum_{i=1}^{n} G_i\Delta_i}} \tag{3-121}$$

或

$$T_1 = 2\sqrt{\frac{\sum_{i=1}^{n} G_i \Delta_i^2}{\sum_{i=1}^{n} G_i \Delta_i}} \tag{3-122}$$

3.10.2 折算质量法

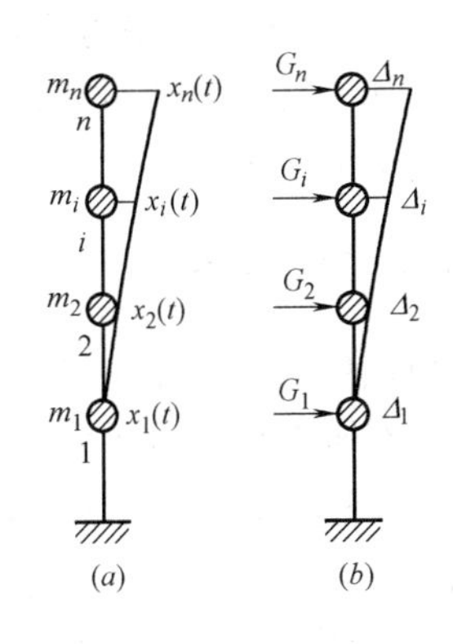

图 3-14 能量法
（a）多质点体系第一振型；（b）以 G_i 作为水平荷载产生的侧移

折算质量法是求体系基本频率的另一种常用的近似计算方法。它的基本原理是，在计算多质点体系基本频率时，用一个单质点体系代替原体系，使这个单质点体系的自振频率与原体系的基本频率相等或相近。这个单质点体系的质量就称为折算质量，以 M_{zh} 表示。这个单质点体系的约束条件和刚度应与原体系的完全相同。

折算质量 M_{zh} 与它所在体系的位置有关，如果它在体系的位置一经确定，则对应的 M_{zh} 也随之确定。根据经验，如将折算质量放在体系振动时产生最大位移处，则计算较为方便。

折算质量 M_{zh} 应根据代替原体系的单质点体系振动时的最大动能等于原体系的最大动能的条件确定。例如在计算图 3-15（a）所示的多质点体系基本频率时，可用图 3-15（b）所示的单质点体系代替。根据两者按第一振型振动时最大动能相等，可得

$$\frac{1}{2} M_{zh} (\omega_1 x_m)^2 = \frac{1}{2} \sum_{i=1}^{n} m_i (\omega_1 x_i)^2 \tag{3-123}$$

进一步写成

$$M_{zh} = \frac{\sum_{i=1}^{n} m_i x_i^2}{x_m^2} \tag{3-124}$$

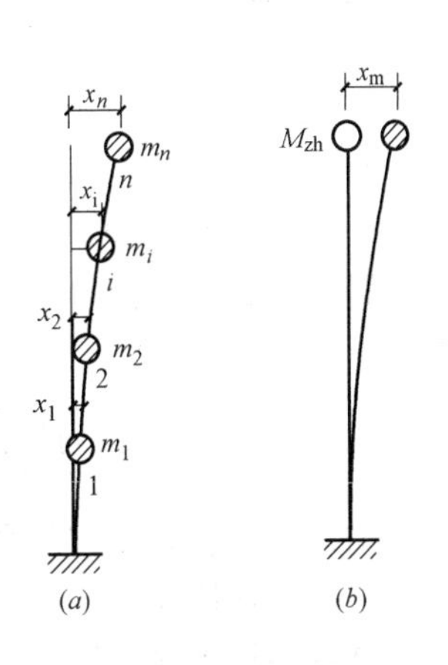

图 3-15 折算质量法
（a）多质点体系第一振型；
（b）折算成单质点体系

式中 x_m——体系按第一振型振动时，相应于折算质量所在位置的最大位移，对图 3-15 而言，$x_m = x_n$；

x_i——质点 m_i 的位移。

对于质量沿悬臂杆高度 H 连续分布的体系，计算折算质量的公式为

$$M_{zh} = \frac{\int_0^H \overline{m}(y) x^2(y) \mathrm{d}y}{x_m^2} \tag{3-125}$$

式中 $\overline{m}$（y）——臂杆单位长度上的质量；

x（y）——体系按第一振型振动时任一截面 y 的位移。

计算出折算质量后，就可按单质点体系计算基本频率

$$\omega_1=\sqrt{\frac{1}{M_{zh}\delta}} \tag{3-126}$$

相应的基本周期为

$$T_1=2\pi\sqrt{M_{zh}\delta} \tag{3-127}$$

式中 δ——单位水平力作用下悬臂杆的顶点位移。

显然，按折算质量法求基本频率时，也需假设一条接近第一振型的弹性曲线，这样才能应用上面公式。

3.10.3 顶点位移法

顶点位移法也是求结构基频的一种方法。它的基本原理是将结构按其质量分布情况，简化成有限个质点或无限个质点的悬臂直杆，然后求出以结构顶点位移表示的基本频率计算公式。这样，只要求出结构的顶点水平位移，就可按公式算出结构的基本频率或基本周期。

现以图 3-16（a）所示的多层框架为例，介绍顶点位移法计算公式。将多层框架简化成均匀的无限质点的悬臂直杆 3-16（b），若体系按弯曲振动，则基本周期为

$$T_1=1.78H^2\sqrt{\frac{\overline{m}}{EI}} \tag{3-128}$$

或

$$T_1=1.78\sqrt{\frac{qH^4}{gEI}} \tag{3-129}$$

而悬臂直杆在水平均布荷载 q 作用下的顶点水平位移，如图 3-16（c）所示，按下面公式计算

$$\Delta_G=\frac{qH^4}{8EI} \tag{3-130}$$

将式（3-130）代入式（3-129），得

$$T_1=1.60\sqrt{\Delta_G} \tag{3-131}$$

若体系按剪切振动，则其基本周期为：

$$T_1=1.28\sqrt{\frac{\xi qH^2}{GA}} \tag{3-132}$$

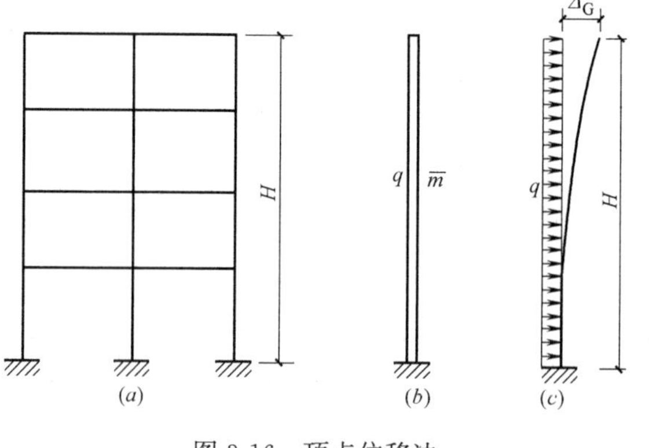

图 3-16 顶点位移法

式中 ξ——剪应力不均匀系数；

G——剪切模量；

A——杆件横截面面积。

此时悬臂直杆的顶点水平位移为

$$\Delta_G=\frac{\xi qH^2}{2GA} \tag{3-133}$$

将式（3-133）代入式（3-132），得

$$T_1=1.80\sqrt{\Delta_G} \tag{3-134}$$

若体系按剪弯振动时，则其基本周期可按下式计算

$$T_1=1.70\sqrt{\Delta_G} \tag{3-135}$$

上述公式常用来计算多层框架结构的基本周期，只要计算出框架的顶点位移 Δ_G（m），即可计算出其基本周期 T_1（s）。

3.10.4 基本周期的修正

在按能量法和顶点位移法求解基本周期时，没有考虑非承重构件（如填充墙）对刚度的影响，这将使理论计算的周期偏长。当用反应谱理论计算地震作用时，会使地震作用偏小而趋于不安全。因此，为使计算结果更接近实际情况，应对理论计算结果给予折减，对式（3-122）和式（3-135）分别乘以折减系数，得

$$T_1=2\psi_T\sqrt{\frac{\sum_{i=1}^{n}G_i\Delta_i^2}{\sum_{i=1}^{n}G_i\Delta_i}} \tag{3-136}$$

$$T_1=1.70\psi_T\sqrt{\Delta} \tag{3-137}$$

式中　ψ_T——考虑填充墙影响的周期折减系数，取值如下：框架结构 $\psi_T=0.6\sim0.7$；框架-抗震墙结构 $\psi_T=0.7\sim0.8$；抗震墙结构$\psi_T=1.0$。

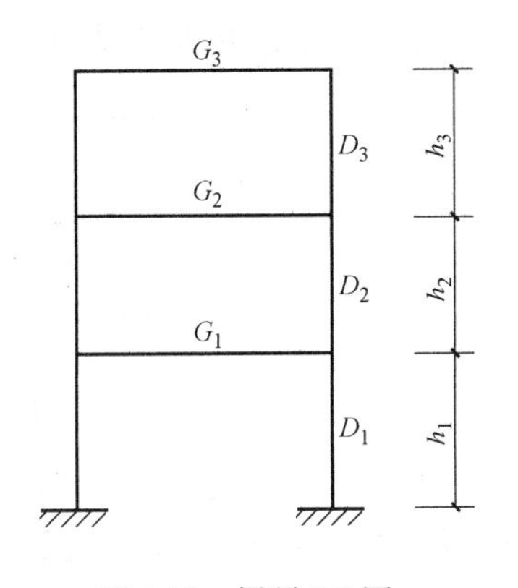

图 3-17　例题 3-5 图

【例题 3-5】 钢筋混凝土 3 层框架计算简图 3-17 所示，各层高均为 5m，各楼层重力荷载代表值分别为 $G_1=G_2=1200$kN，$G_3=800$kN；楼板刚度无穷大，各楼层抗侧移刚度为 $D_1=D_2=4.5\times10^4$kN/m，$D_3=4.0\times10^4$kN/m。分别按能量法和顶点位移法计算结构基本自振周期（取填充墙影响折减系数为 0.7）。

【解】

（1）计算各楼层重力荷载水平作用于结构时引起的侧移值，计算结果列于表 3-9。

例 3-5 侧移计算　　　　**表 3-9**

层次	楼层重力荷载 G_i(kN)	楼层剪力 $V_i=\sum_1^n G_i$ (kN)	楼间侧移刚度 D_i(kN/m)	层间侧移 $\delta_i=\frac{V_i}{D_i}$(m)	楼层侧移 $\Delta_i=\sum_1^n\delta_i$ (m)
3	800	800	40000	0.0200	0.1355
2	1200	2000	45000	0.0444	0.1155
1	1200	3200	45000	0.0711	0.0711

（2）按能量法计算基本周期

由式（3-136）得

$$T_1 = 2\psi_T \sqrt{\frac{\sum_{i=1}^{n} G_i \Delta_i^2}{\sum_{i=1}^{n} G_i \Delta_i}}$$

$$=2\times 0.7\times\sqrt{\frac{800\times 0.1355^2+1200\times 0.1155^2+1200\times 0.0711^2}{800\times 0.1355+1200\times 0.1155+1200\times 0.0711}}$$

$$=0.466\text{s}$$

（3）按顶点位移法计算基本周期

由式（3-137）得

$$T_1=1.7\psi_T\sqrt{\Delta}=1.7\times 0.7\times\sqrt{0.1355}\text{s}=0.438\text{s}$$

3.11 地震作用计算的一般规定

地震作用计算应遵循的原则：

（1）一般情况下，在两个主轴方向考虑地震作用（图 3-18）；

（2）质量和刚度中心明显不重合的结构，应考虑扭转影响；

（3）有斜交的抗侧力结构，宜分别按各抗侧力结构方向考虑水平地震作用影响（图 3-19）；

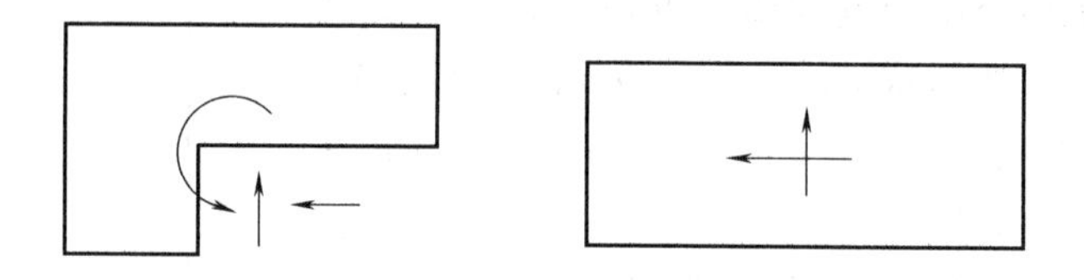

图 3-18 两个主轴方向考虑地震作用

（4）8 度、9 度时的大跨，长悬臂结构，烟囱和类似高耸结构，9 度时的高层建筑，应考虑竖向地震作用；

（5）底部剪力法适应高度不超过 40m，以剪切变形为主且质量和刚度沿高度分布比较均匀的结构及近似于单质点体系的结构；

注：房屋高宽比 $H/B<4$ 的结构一般以剪切变形为主。

（6）振型分解反应谱法适用于除上述结构以外的一般建筑结构；

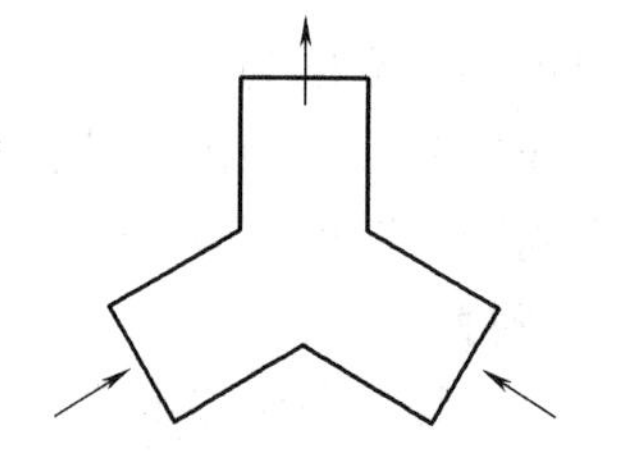

图 3-19 有斜交的抗侧力结构

（7）特别不规则的（结构）建筑、甲类建筑和表 3-10 所列的高层建筑、宜采用时程分析法。

采用时程分析的房屋高度范围 **表 3-10**

烈度、场地类别	房屋高度范围(m)
8 度Ⅰ、Ⅱ类场地和 7 度	>100
8 度Ⅲ、Ⅳ类场地	>80
9 度	>60

采用时程分析法，宜按烈度、设计地震分组（震中距）和场地类别，选用适当数量的实际记录或人工模拟的加速度时程曲线，得到的底部剪力不应小于按底部剪力法或振型分解反应谱法计算结构的 80%。

3.12　结构的抗震验算

按《建筑抗震规范》，结构抗震设计采用二阶段设计方法。

第一阶段设计：按多遇地震作用效应和其他荷载效应的基本组合下构件截面抗震承载力的验算，以及多遇地震作用下结构的弹性变形验算；

第二阶段设计：按罕遇地震作用下结构的弹塑性变形验算。

3.12.1　截面抗震验算

结构构件的截面抗震验算应采用下面公式

$$S \leqslant \frac{R}{\gamma_{RE}} \tag{3-138}$$

式中　R——结构构件承载力设计值；

γ_{RE}——承载力抗震调整系数，按表 3-11 采用，γ_{RE}反映了各类构件在多遇地震烈度下“不坏”的承载力极限状态的可靠指标差异；

S——结构构件内力组合设计值（M，N，V），按下面公式计算

$$S=\gamma_G C_G G_E+\gamma_{Eh} C_{Eh} E_{hk}+\gamma_{Ev} C_{Ev} E_{vk}+\psi_w \gamma_w C_w w_k \tag{3-139}$$

式中　γ_G——重力荷载分项系数（1.2 或 1.0）；

G_E——重力荷载代表值（恒、活、悬吊物重力标准值）；

C_G——重力荷载作用效应系数；

γ_{Eh}——水平地震作用分项系数（取 1.3）；

E_{hk}——水平地震作用标准值；

C_{Eh}——水平地震作用效应系数；

γ_{Ev}——竖向地震作用分项系数，仅考虑竖向地震作用 $\gamma_{Ev}=1.3$，同时考虑水平与竖向地震作用 $\gamma_{Ev}=0.5$；

C_{Ev}——竖向地震作用效应系数；

E_{vk}——竖向地震作用标准值；

ψ_w——风荷载组合系数，一般结构可不考虑，风荷载起控制作用的高层建筑$\psi_w=0.2$；

γ_w——风荷载分项系数（取 1.4）；

C_w——风荷载效应系数；

w_k——风荷载标准值。

承载力抗震调整系数 γ_{RE}　　表 3-11

材　料	结　构　原　件	受力状态	γ_{RE}
钢	柱、梁		0.75
	支撑		0.80
	节点板件，连接螺栓		0.85
	连接焊缝		0.90
砌体	两端均有构造柱、芯柱的抗震墙	受剪	0.9
	其他抗震墙	受剪	1.0
混凝土	梁	受弯	0.75
	轴压比小于 0.15 的柱	偏压	0.75
	轴压比不小于 0.15 的柱	偏压	0.80
	抗震墙	偏压	0.85
	各类构件	受剪、偏拉	0.85

3.12.2 抗震变形验算

1. 多遇地震作用下结构抗震变形验算

多遇地震作用下结构应进行抗震变形验算，层间弹性位移应符合下面条件

$$\Delta u_e \leqslant [\theta_e] h \tag{3-140}$$

式中　Δu_e——多遇地震作用标准值产生的楼层内最大的弹性层间位移，计算时，除以弯曲变形为主的高层建筑外，可不扣除结构整体弯曲变形；应计入扭转变形，各作用分项系数均应采用 1.0；钢筋混凝土结构构件的截面刚度可采用弹性刚度；

h——计算楼层层高；

$[\theta_e]$——弹性层间位移角限值，按表 3-12 采用。

第 i 层层间弹性位移如图 3-20 所示，并按下式计算

$$\Delta u_{ei} = \frac{V_i}{\sum_{k=1}^{m} D_{ik}} \tag{3-141}$$

式中　V_i——楼层 i 的地震剪力，$V_i = \sum_{j=i}^{n} F_j$；

D_{ik}——第 i 层第 k 柱的抗侧刚度。

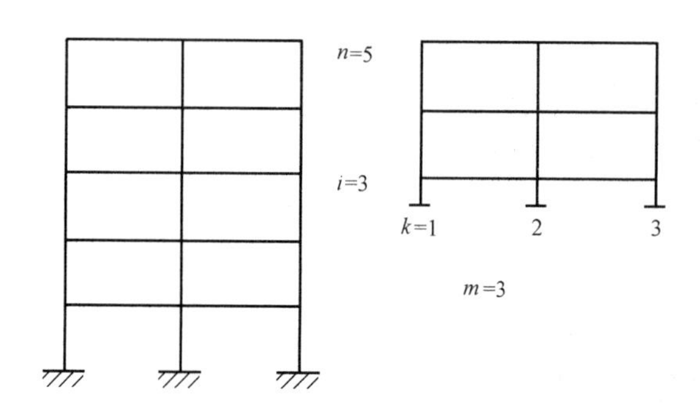

图 3-20　框架楼层弹性位移计算简图

弹性层间位移角限值 $[\theta_e]$ **表 3-12**

结构类型	$[\theta_e]$
钢筋混凝土框架	1/550
钢筋混凝土框架-抗震墙、板柱-抗震墙、框架-核心筒	1/800
钢筋混凝土抗震墙、筒中筒	1/1000
钢筋混凝土框支层	1/1000
多、高层钢结构	1/300

2. 罕遇地震烈度下结构的弹塑性位移验算

(1) 计算范围

1) 8 度Ⅲ、Ⅳ类场地和 9 度时高大的单层钢筋混凝土柱厂房；

2) 7～9 度时楼层屈服强度系数 ξ_y<0.5 的框架结构或底层框架砖房；

3) 甲类建筑中的钢筋混凝土结构。

(2) 计算方法

1) 简化方法

此方法适用于不超过 12 层且刚度无突变的框架结构、填充墙框架结构及单层钢筋混凝土柱厂房。

$$\Delta u_p = \eta_p \Delta u_e \tag{3-142}$$

式中 Δu_p——弹塑性层间位移；

Δu_e——罕遇地震作用下按弹性分析的层间弹性位移（按罕遇地震下的 α_{max}，用弹性方法计算）；

η_p——弹塑性位移增大系数，当薄弱层（部位）的屈服强度系数 ξ_y 不小于相邻层 ξ_y 的 0.8 时，可按表 3-13 采用；当不大于相邻层 ξ_y 平均值的 0.5 时，可按表内数值的 1.5 倍采用；其他情况可采用内插法取值。

弹塑性层间位移增大系数 η_p **表 3-13**

结构类型	总层数 n 或部位	ξ_y		
		0.5	0.4	0.3
多层均匀框架结构	2～4	1.3	1.40	1.60
	5～7	1.50	1.65	1.80
	8～12	1.80	2.00	2.20
单层厂房	上柱	1.30	1.60	2.00

$$\xi_y = \frac{V_y}{V_e} \tag{3-143}$$

式中 V_e——在罕遇地震作用下楼层弹性地震剪力；

V_y——按构件实际配筋和材料强度标准值计算的楼层受剪承载力如图 3-21 所示，其中

$$V_y = \sum_i V_{yi} = \sum_i \frac{M_{yi}^{上} + M_{yi}^{下}}{h_i} \tag{3-144}$$

罕遇地震下的弹塑性层间位移应符合下式条件

$$\Delta u_p \leqslant [\theta_p] \cdot h \tag{3-145}$$

式中　$[\theta_p]$——弹塑性层间位移角限值，可按表 3-14 采用；对钢筋混凝土框架结构，当轴压比小于 0.40 时，可提高 10%；当柱子全高的箍筋构造比《建筑抗震设计规范》规定的最小配箍特征值大 30%时，可提高 20%，但累计不超过 25%。

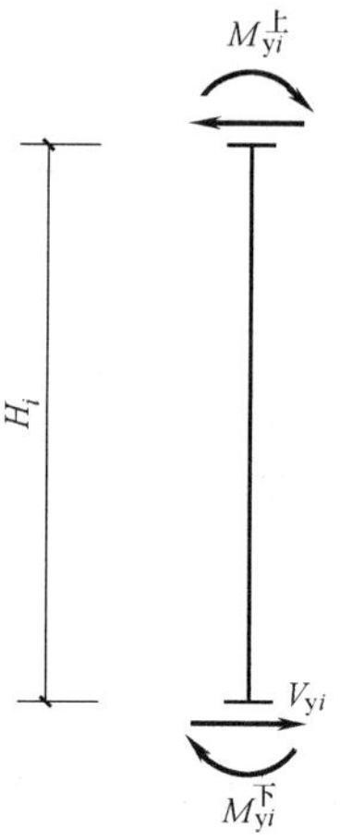

弹塑性层间位移角限值 $[\theta_p]$　　表 3-14

结构类型	$[\theta_p]$
单层钢筋混凝土柱排架	1/30
钢筋混凝土框架	1/50
底层框架砖房中的框架-抗震墙	1/100
钢筋混凝土框架-抗震墙、板柱-抗震墙、框架-核心筒	1/100
钢筋混凝土抗震墙、筒中筒	1/120
多、高层钢结构	1/50

图 3-21　楼层受剪承载力计算简图

2）非线性动力时程分析法

对超出简化方法适用范围的其他结构，可采用静力弹塑性分析方法或弹塑性时程分析法。

复习思考题

1. 什么是地震作用？什么是地震反应？
2. 结构抗震计算有几种方法？各种方法在什么情况下采用？
3. 什么是地震反应谱？什么是设计反应谱？它们有何关系？
4. 什么是地震系数和地震影响系数？它们有何关系？
5. 一般结构应进行哪些抗震验算？以达到什么目的？
6. 什么是楼层屈服强度系数？怎样计算？
7. 哪些结构需考虑竖向地震作用？
8. 简述确定结构地震作用的底部剪力法和振型分解反应谱法的基本原理。

参考文献

[1] 郭继武　编著. 建筑抗震设计 [M]. 北京：高等教育出版社，2002.
[2] 柳炳康，沈小璞　主编. 工程结构抗震设计 [M]. 武汉：武汉理工大学出版社，2005.
[3] 丁海平，李亚娥，韩淼　主编. 工程结构抗震设计 [M]. 北京：人民交通出版社，2006.
[4] 尚守平　主编. 结构抗震设计 [M]. 北京：高等教育出版社，2006.
[5] 窦立军　主编. 建筑结构抗震设计 [M]. 北京：机械工业出版社，2007.
[6] 刘海卿　主编. 建筑结构抗震与防灾 [M]. 北京：高等教育出版社，2010.

第4章　结构抗震概念设计

学习的目的和要求：

掌握地震设计基本方法。

学习内容：

注意场地的选择，把握建筑体型，合理的抗震结构布置，合理的结构材料，提高抗震性能措施，控制结构变形，确保整体性，减轻房屋自重，注意非结构因素。

重点与难点：

重点：注意场地的选择，把握建筑体型，合理的抗震结构布置。

难点：提高抗震性能措施，控制结构变形。

结构概念设计是根据人们在学习和时间中所建立的正确概念，运用人的思维和判断力，正确和全面地把握结构的整体性能。即根据对结构品性（承载能力、变形能力、耗能能力等）的正确把握，合理地确定结构总体与局部设计，使结构自身具有良好的品性。

结构抗震概念设计是指根据地震灾害和工程经验等所形成的基本设计原则和设计思想，进行建筑和结构总体布置并确定细部构造的过程。结构抗震的概念设计是在进行结构抗震设计时，着眼于结构的总体地震反应，按照结构的破坏机制和破坏过程，灵活运用抗震设计准则，全面合理地解决结构设计中的基本问题，从根本上提高结构的抗震能力。

强调抗震概念设计是由于地震作用的不确定性和结构计算假定与实际情况的差异，这使得其计算结果不能全面真实地反映结构的受力和变形情况，并确保结构安全可靠。故要使建筑物具有尽可能好的抗震性能，首先应从大的方面入手，做好抗震概念设计。如果整体设计没有做好，计算工作再细致，也难免在地震时建筑物不发生严重的破坏，乃至倒塌。近几十年来，世界上一些大城市先后发生了若干次大地震，通过震害分析和研究，取得了抗震设计经验，确定了结构抗震概念设计的以下要点。

4.1　选择有利于抗震的场地

选择建筑场地时，宜选择对建筑抗震有利的地段，避开对建筑抗震不利的地段，不应在危险地段建造甲、乙、丙类建筑。抗震有利地段包括稳定基岩，坚硬土，开阔、平坦、密实、均匀的中硬土等。抗震危害地段指地震时可能发生滑坡、崩塌（如溶洞、陡峭的山区）、地陷（如地下煤矿的大面积采空区）、地裂、泥石流等地段，以及震中烈度为 8 度以上的断裂带在地震时可能发生地表错位的部位。抗震不利地段，就地形而言，一般指突出的山顶、非岩质的陡坡、高差较大的台地边缘、河岸和边坡边缘；就场地土质而言，一般指软弱土、易液化土、断层破碎带以及成岩、岩性、状态明显不均匀的地段等。

图 4-1 表示中国通海地震烈度为 10 度区内房屋震害指数与局部地形的关系。图中实线 A 表示地基土为第三系风化基岩，虚线 B 表示地基土为较坚硬的黏土。同时，在中国海城地震时，从位于大石桥盘龙山高差 58m 的两个侧点上所测得的强余震加速度峰值记录表明，位于孤突地形上的平均是坡脚平地上的 1.84 倍，这说明在孤立山顶地震波将被放大。图 4-2 表示了这种地理位置的放大作用。

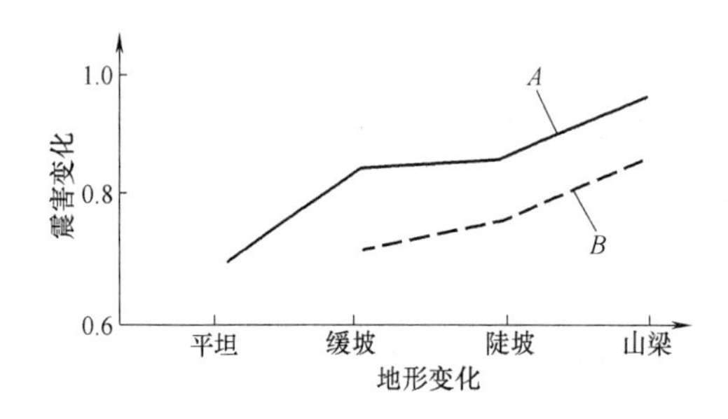

图 4-1　房屋震害指数与局部地形的关系

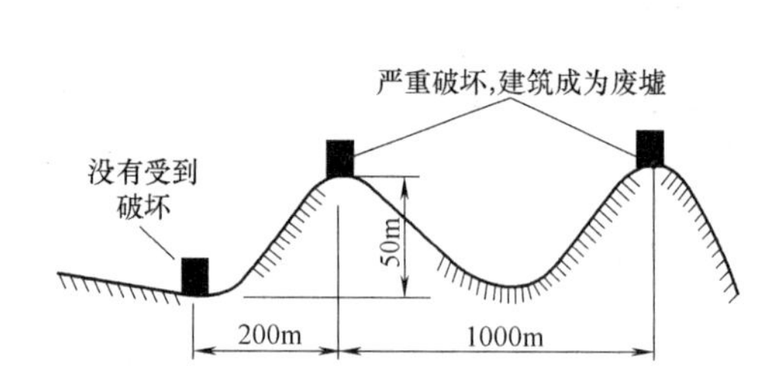

图 4-2　地理位置的放大作用

4.2　选择抗震有利建筑场地和地基

为了减少地面运动通过建筑场地和地基传给上部结构的地震能量，在选择抗震有利的建筑场地和地基时应注意下列各点：

（1）选择薄的场地覆盖层

国内外多次大地震表明，对于柔性建筑，厚土层上的震害重，薄土层上的震害轻，直接坐落在基岩上的震害更轻。

1923 年日本关东大地震，东京都木结构房屋的破坏率，明显地随冲击层厚度的增加而上升。1967 年委内瑞拉加拉加斯 6.4 级地震时，同一地区不同覆盖层厚度土层上的震害有明显差异，当土层厚度超过 160m 时，10 层以上房屋的破坏率显著提高，10～14 层房屋的破坏率约为薄土层上的 3 倍，而 14 层以上的破坏率则上升至 8 倍。

（2）选择坚实的场地土

震害表明，场地土刚度大，则房屋震害指数小，破坏轻；场地土刚度小，则震害指数大，破坏重。故应选择具有较大平均剪切波速的坚硬场地土。

1985 年墨西哥 8.1 级地震时所记录到的不同场地土的地震动参数表明，不同类别场地土的地震动强度有较大的差别。古湖床软土上的地震动参数与硬土上的相比较，加速度峰值约增加 4 倍，速度峰值增加 5 倍，位移峰值增加 1.3 倍，而反应谱最大反应加速度则增加了 9 倍多。

（3）将建筑物的自振周期与地震动的卓越周期错开，避免共振

震害表明，如果建筑物的自振周期与地震动的卓越周期相等或相近，建筑物的破坏程

度就会因共振而加重。1977年罗马尼亚弗兰恰地震，地震动卓越周期东西向为1.0s，南北向为1.4s，布加勒斯特市自振周期为0.8～1.2s的高层建筑因共振而破坏严重，其中有不少建筑倒塌，而该市自振周期为2.0s的25层洲际大旅馆却几乎无震害。因此，在进行建筑设计时，首先要估计建筑所在场地的地震动卓越周期，然后通过改变房屋类型和结构层数，使建筑物的自振周期与地震动的卓越周期相分离。

（4）采取基础隔震或消能减震措施

利用基础隔震或消能减震技术改变结构的动力特性，减少输入给上部结构的地震能量，从而达到减小主体结构地震反应的目的。

此外，为确保天然地基和基础的抗震承载力，应按抗震规范的要求进行抗震验算，且地基抗震承载力应取地基承载力特征值乘以地基抗震承载力调整系数（≥1）。抗震规范还规定，对于存在饱和砂土和饱和粉土的基础，除6度设防外，应进行液化判断；存在液化土层的地基，应根据建筑的抗震设防类别、地基的液化等级，结合具体情况采取相应的抗液化措施。

4.3　选择有利的房屋抗震体型

震害调查表明，属于不规则的结构，又未进行妥善处理，则会给建筑带来不利影响甚至造成严重震害。区分规则结构与不规则结构的目的，是为了在抗震设计中予以区别对待，以期有效地提高结构的抗震能力。结构的不规则程度主要根据体型（平面和立面）、刚度和质量沿平面、高度的不同因素进行判别。

结构规则与否是影响结构抗震性能的重要因素。由于建筑设计的多样性和结构本身的复杂性，结构不可能做到完全规则。规则结构可采用较简单的分析方法（如底部剪力法）及相应的构造措施。对于不规则结构，除应适当降低房屋高度外，还应采用较精确的分析方法，并按较高的抗震等级采取抗震措施。

抗震规范严格规定，建筑设计应符合抗震概念设计的要求，不应采用严重不规则的设计方案。这里，严重不规则指的是体型复杂，多项不规则指标超过规定的上限值或某一项大大超过规定值，具有严重的抗震薄弱环节，将会导致地震破坏的严重后果者。抗震规范还规定，当存在超过规范规定的不规则建筑结构，应按照要求进行水平地震作用计算和内力调整，并应对薄弱部位采取有效的抗震构造措施。

同时，不同结构体系的房屋应有各自合适的高度。一般而言，房屋愈高，所受到的地震力和倾覆力矩就愈大，破坏的可能性也就愈大。不同结构体系的最大建筑高度的规定，综合考虑了结构的抗震性能、地基基础条件、震害经验、抗震设计经验和经济性等因素。表4-1给出了我国抗震设计规范中对现浇钢筋混凝土结构最大建筑高度的范围。对于平面和竖向均不规则的结构或建造于Ⅳ类场地的结构，适用的最大高度应适当降低。表4-2给出了钢结构的最大适用高度。

此外，房屋的高宽比应控制在合理的取值范围内。房屋的高宽比愈大，地震作用下结构的侧移和基底倾覆力矩就愈大。由于巨大的倾覆力矩在底层柱和基础中所产生的拉力和压力较难处理，为了有效地防止在地震作用下建筑的倾覆，保证有足够的抗震稳定性，应对建筑的高宽比加以限制。

现浇钢筋混凝土房屋适用的最大高度（m）　　表 4-1

结构类型		烈度			
		6	7	8	9
框架		60	55	45	25
框架—抗震墙		130	120	100	50
抗震墙	全部落地	140	120	100	60
	部分框支	120	100	80	不应采用
筒体	框架-核心筒	150	130	100	70
	筒中筒	180	150	120	80
板柱—抗震墙		40	35	30	不应采用

注：1. 房屋高度指室外地面至主要屋面板顶的高度（不考虑局部突出屋顶部分）。
2. 框架—核心结构指周边稀疏柱框架与核心筒组成的结构。
3. 部分框支抗震墙结构指首层或底部两层框支抗震墙结构。
4. 超过表内高度的房屋，应进行专门研究和论证，采取有效的加强措施。

钢结构房屋适用的最大高度（m）　　表 4-2

结构类型	6、7 度	8 度	9 度
框架	110	90	50
框架—支撑（抗震墙板）	220	200	140
筒体（框筒、筒中筒、桁架筒、束筒）和巨形框架	300	260	180

注：1. 房屋高度指室外地面至主要屋面板顶的高度。
2. 超过表内高度的房屋，应进行专门研究和论证，采取有效的加强措施。

1967 年委内瑞拉加拉加斯地震，该市一幢 18 层钢筋混凝土框架机构的公寓，地上各层均有砖填充墙，地下室空旷。在地震中，由于巨大的倾覆力矩在地下室柱中产生很大的轴力，造成地下室很多柱被压碎，钢筋压弯呈灯笼状。1985 年墨西哥地震，该市一幢 9 层钢筋混凝土结构由于地震作用使整个房屋倾倒，埋深 2.5m 的箱形基础翻转了 45°，并连同基础底面的摩擦桩拔出。

我国对房屋高宽比的要求是根据结构体系和地震烈度来确定的。表 4-3 和表 4-4 分别给出了我国抗震设计规范中对钢筋混凝土结构的建筑高宽比限值和钢结构的建筑高宽比限值。

钢筋混凝土房屋的最大高宽比　　表 4-3

结构类型	6 度	7 度	8 度	9 度
框架、板柱—抗震墙	4	4	3	2
框架—抗震墙	5	5	4	3
抗震墙	6	6	5	4
筒体	6	6	5	4

注：1. 当有大底盘时，计算高宽比的高度从大底盘顶部算起。
2. 超过表内高宽比和体型复杂的房屋，应进行专门研究。

房屋防震缝的设置，应根据建筑类型、结构体系和建筑体型等具体情况区别对待。高层建筑设置防震缝后，给建筑、结构和设备设计带来一定困难，基础防水也不容易处理。因此，高层建筑宜通过调整平面形状和尺寸，在构造上和施工上采取措施，尽可能不设缝

（伸缩缝、沉降缝和防震缝）。但下列情况应设置防震缝，将整个建筑划分为若干个简单的独立单元：

钢结构房屋的最大高宽比 表 4-4

烈度	6、7度	8度	9度
最大高宽比	6.5	6.0	5.5

注：计算高宽比的高度应从室外地面算起。

（1）体型复杂、平立面特别不规则，又未在计算和构造上采取相应措施。

（2）房屋长度超过规定的伸缩缝最大间距，又无条件采取特殊措施而必须设伸缩缝时。

（3）地基土质不均匀，房屋各部分的预计沉降量（包括地震时的沉陷）相差过大，必须设置沉降缝时。

（4）房屋各部分的质量或结构的抗侧移刚度大小悬殊。

防震缝的宽度不宜小于两侧建筑物在较低建筑物屋顶高度处的垂直防震缝方向的侧移之和。在计算地震作用产生的侧移时，应取基本烈度下的侧移，即近似地将我国抗震设计规范规定的在小震作用下弹性反应的侧移乘以 3 的放大系数，并应附加上地震前和地震中地基不均匀沉降和基础转动所产生的侧移。一般情况下，钢筋混凝土结构的防震缝最小宽度应符合我国抗震设计规范的要求。

①框架结构房屋的防震缝宽度，当高度不超过 15m 时，可采用 70mm；房屋高度超过 15m 时，6 度、7 度、8 度和 9 度相应每增加高度 5m、4m、3m 和 2m，宜加宽 20mm。

②框架—抗震墙结构房屋的防震缝宽度，可采用上述规定值的 70%；抗震墙结构房屋的防震缝宽度，可采用上述规定值的 50%。且均不宜小于 70mm。

③防震缝两侧结构体系不同时，防震缝宽度应按需要较宽的规定采用，并可按较低房屋高度计算缝宽。

4.4 进行合理的抗震结构布置

在进行结构方案平面布置时，应使结构抗侧力体系对称布置，以避免扭转。对称结构在单向水平地震动下，仅发生平移振动，各层构件的侧移量相等，水平地震力则按刚度分配，受力比较均匀。非对称结构由于质量中心与刚度中心不重合，即使在单向水平地震动下也会激起扭转振动，产生平移—扭转耦联振动。由于扭转振动的影响，远离刚度中心的构件侧移量明显增大，从而所产生的水平地震剪力随之增大，较易引起破坏，甚至发生严重破坏。为了把扭转效应降低到最低程度，应尽可能减小结构质量中心与刚度中心的距离。

1972 年尼加拉瓜的马那瓜地震，位于市中心 15 层的中央银行，有一层地下室，采用框架体系，设置的两个钢筋混凝土电梯井和两个楼梯间都集中布置在主楼的一端，造成质量中心与刚度中心明显不重合，地震时该幢大厦遭到严重破坏，5 层周围柱子严重开裂，钢筋压屈，电梯井墙开裂，混凝土剥落，围护墙等非结构构件破坏严重，有的倒塌。

因此，结构布置时，应特别注意具有很大抗侧刚度的钢筋混凝土墙体和钢筋混凝土芯筒位置，力求在平面上要居中和对称。此外，抗震墙宜沿房屋周边布置，以使结构具有较强的抗扭刚度和较强的抗倾覆能力。

除结构平面布置要合理外，结构沿竖向的布置应等强。结构抗震性能的好坏，除取决于总的承载能力、变形和耗能能力外，避免局部的抗震薄弱部位是十分重要的。

4.5 合理的结构材料

抗震结构的材料应满足下列要求：一是延续性系数①高；二是“强度/重力”比值大；三是匀质性好；四是正交各向同性；五是构件的连接具有整体性、连续性和较好的延性，并能充分发挥材料的强度。据此，可提出对常用结构材料的质量要求。

1. 钢筋

钢筋混凝土构件的延性和承载力，在很大程度上取决于钢筋的材性，所使用的钢筋应符合下列要求：

（1）不希望在抗震结构中使用高强钢筋，一般用中强钢筋，即 HPB235 级、HRB335 级、HRB400 级钢筋。延伸率不小于 4%～6%。

（2）钢筋的实际屈服强度不能太高，要求钢筋的屈服强度实测值与强度标准值的比值不应大于 1.3。

（3）钢筋的抗拉强度实测值与屈服强度实测值之比值不应小于 1.25，以保证有足够的强度储备。

（4）不能使用冷加工钢筋。

（5）应检测钢筋的应变老化脆裂（重复弯曲试验）、可焊性（检查化学成分）、低温抗脆裂（采用 V 形槽口的韧性试验）。

普通钢筋宜优先采用延性、韧性和可焊性好的钢筋；普通钢筋的强度等级，纵向受力钢筋宜选用 HRB400 级和 HRB335 级热轧钢筋，箍筋宜选用 HRB335、HRB400 和 HPB300 级热轧钢筋。

2. 混凝土

要求混凝土强度等级不能太低，否则锚固不好。对于框支梁、框支柱及抗震等级为一级框架梁、柱、节点核芯区，不应低于 C30；构造柱、芯柱、圈梁及其各类构件不应低于 C20。混凝土结构的混凝土强度等级，9 度时不宜超过 C60，8 度时不宜超过 C70。

3. 型钢

为了保证钢结构的延性，要求型钢的材质符合下列要求：

（1）足够的延性。要求钢材的抗拉强度实测值与屈服强度实测值之比不应小于 1.2，且钢材应有明显的屈服台阶，且伸长率应大于 20%。一般结构钢均能满足这项要求。

（2）力学性能的一致性。为了保证“强柱弱梁”设计原则的实现，钢材强度的标准差应尽可能小，即用于各构件的最大和最小强度应接近相等。

（3）好的切口延性。此项指标是钢材对脆性破坏的抵抗能力的量度。

（4）无分层现象。此项要求可以在构件加工之前利用超声波探查。

（5）对片状撕裂的抵抗能力。通常的检查方法是在对板的横截面进行拉伸试验中测量其延性进行衡量。

（6）良好的可焊性和合格的冲击韧性。一般而言，钢材的抗拉强度越高，其可焊性就越低。

钢结构的钢材宜采用Q235等级B、C、D的碳素结构钢及Q345等级B、C、D、E的低合金高强度结构钢。

4.6 提高结构抗震性能的措施

4.6.1 设置多道抗震防线

单一结构体系只有一道防线，一旦破坏就会造成建筑物倒塌。特别是当建筑物的自振周期与振动卓越周期相近时，建筑物由此而发生的共振，更加速其倒塌进程。如果建筑物采用的是多重抗力体系，第一道防线的抗侧力构件在强烈地震作用下遭到破坏后，后备的第二道乃至第三道防线的抗侧力构件立即接替，抵挡住后续的地震动的冲击，可保证建筑物最低限度的安全，免于倒塌。在遇到建筑物基本周期与地震动卓越周期相同或接近的情况时，多道防线就更显示出其优越性。当第一道抗侧力防线因共振而破坏，第二道防线接替工作，建筑物自振周期将出现大幅度的变动，与地震动卓越周期错开，使建筑物的共振现象得以缓解，避免再度严重破坏。

1. 第一道防线的构件选择

一般应优先选择不负担或少负担重力荷载的竖向支撑或填充墙，或选择轴压比值较小的抗震墙、实墙筒体之类的构件作为第一道防线的抗侧力构件。不宜选择轴压比很大的框架柱作为第一道防线。在纯框架结构中，宜采用“强柱弱梁”的延性框架。

2. 结构体系的多道设防

框架—抗震墙结构体系的主要抗侧力构件是抗震墙，是第一道防线。在弹性地震反应阶段，大部分侧向地震作用由抗震墙承担，但是一旦抗震墙开裂或屈服，此时框架承担地震作用的份额将增加，框架部分起到第二道防线的作用，并且在地震过程中承受主要的竖向荷载。

单层厂房纵向体系中，柱间支撑是第一道防线，柱是第二道防线。通过柱间支撑的屈服来吸收和消耗地震能量，从而保证整个结构的安全。

3. 结构构件的多道防线

连肢抗震墙中，连系梁先屈服，然后墙肢弯曲破坏丧失承载力。当连系梁钢筋屈服并具有延性时，它既可以吸收大量的地震能量，又能继续传递弯矩和剪力，对墙肢有一定的约束作用，使抗震墙保证足够的刚度和承载力，延性较好。如果连系梁出现剪切破坏，按照抗震结构多道设防的原则，只要保证墙肢安全，整个结构就不至于发生严重破坏或倒塌。

“强柱弱梁”型的延性框架，在地震作用下，梁处于第一道防线。用梁的变形去消耗输入的地震能量，其屈服先于柱的屈服，使柱处于第二道防线。

在超静定结构构件中，赘余构件为第一道防线，由于主体结构已是静定或超静定结构，这些赘余构件的先期破坏并不影响整个结构的稳定。

4. 工程实例：尼加拉瓜的马那瓜市美洲银行大厦

尼加拉瓜的马那瓜市美洲银行大厦，地面以上18层，高61m，如图4-3所示。该大楼采用 11.6m×11.6m 的钢筋混凝土芯筒作为主要的抗震和抗风构件，且该芯筒设计成由 4 个 L 形小筒组成，每个 L 形小筒的外边尺寸为 4.6m×4.6m。在每层楼板处，采用较大截面的钢筋混凝土连系梁，将 4 个小筒连成一个具有较强整体性的大筒。该大厦在进行抗震设计时，既考虑 4 个小筒作为大筒的组成部分发挥整体作用时的受力情况，又考虑连系梁损坏后 4 个小筒各自作为独立构件的受力状态，且小筒间的连系梁完全破坏时整体结构仍具有良好的抗震性能。1972 年 12 月马那瓜发生地震时，该大厦经受了考验。在大震作用下，小筒之间的连梁破坏后，动力特性和地震反应显著改变，基本周期 T_1 加长 1.5 倍，结构底部水平地震剪力减小一半，地震倾覆力矩减少 60%。

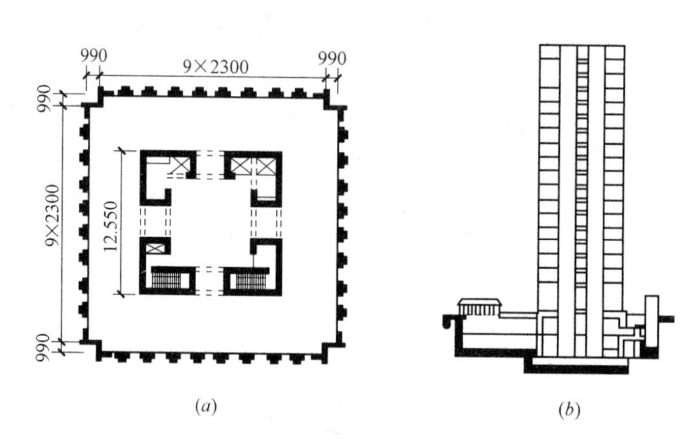

图 4-3 尼加拉瓜的马那瓜市美洲银行大厦

(a) 平面；(b) 剖面

4.6.2 提高结构延性

提高结构延性，就是不仅使结构具备必要的抗震承载力，而且同时又具有良好的变形和消耗地震能量的能力，以增强结构的抗倒塌能力。结构延性这个术语有 4 层含义：

（1）结构总体延性，一般用结构的“顶点侧移延性系数”来表达。

（2）结构楼层延性，以一个楼层的“层间侧移延性系数”来表达。

（3）构件延性，是指整个结构中某一构件（一榀框架或一片墙体）的延性。

（4）杆件延性，是指一个构件中某一杆件（框架中的梁、柱、墙中的连梁、墙肢）的延性。

一般而言，在结构抗震设计中，对结构中重要构件的延性要求，高于对结构总体的延性要求；对构件中关键杆件或部位的延性要求，又高于对整个构件的延性要求。因此，要求提高重要构件中关键杆件或关键部位的延性，其原则是：

（1）在结构的竖向，应重点提高楼房中可能出现塑性变形集中的相对柔性楼层的构件延性。例如，对于刚度沿高度均布的简单体型高层建筑，应着重提高底层构件的延性；对于带大底盘的高层建筑，应着重提高主楼与裙房顶面相衔接的楼层中构件的延性；对于底部框架上部砖房结构体系，应着重提高底部框架的延性。

（2）在平面上，应着重提高房屋周边转角处、平面突变处以及复杂平面各翼相接处的构件延性。对于偏心结构，应加大房屋周边特别是刚度较弱一端构件的延性。

（3）对于具有多道抗震防线的抗侧力体系，应着重提高第一道防线中构件的延性。如框架—抗震墙体系，重点提高抗震墙的延性；筒中筒体系，重点提高内筒的延性。

（4）在同一构件中，应着重提高关键杆件的延性。对于框架、框架筒体应优先提高柱的延性；对于多肢墙，应重点提高连梁的延性；对于壁式框架，应着重提高窗间墙的延性。

（5）在同一杆件中，重点提高延性的部位应是预期该构件地震时首先屈服且形成塑性铰的部位，如梁的两端、柱上下端、抗震墙肢的根部等。

4.6.3 采用减震方法

1. 提高结构阻尼

结构的地震反应随结构阻尼比的增大而减小，提高结构阻尼能有效地削减地震反应峰值。建筑结构设计时可以根据具体情况采用具有较大阻尼的结构体系。

2. 采用高延性构件

弹性地震反应分析的着眼点是承载力，用加大承载力来提高结构的抗震能力；弹塑性地震反应的着眼点是变形能力，利用结构的塑性变形的发展来抗御地震，吸收地震能量。因此，提高结构的屈服抗力只能推迟结构进入塑性阶段，而增加结构的延性，不仅能削弱地震反应，而且提高了结构抗御强烈地震的能力。

分析表明，增大结构延性可以显著减小结构所需承担的地震作用。

3. 采用隔震和消能减震技术

4.6.4 优选耗能杆件

根据结构中选择主要耗能构件或杆件的原则，应选择构件中轴力较小的水平杆件为主要耗能构件，从而使整个结构具有较大的延性和耗能能力。同时，应选择好的耗能形式。弯曲、剪力和轴变耗能的研究表明：

1. 弯曲耗能优于剪切耗能

震害调查表明，剪切斜裂缝随着持续震动而加长加宽，震后基本不闭合；弯曲横向裂缝震后基本闭合。试验表明，杆件的弯曲耗能比剪切耗能大得多，因此尽可能将以剪切变形为主的构件转变为以弯曲变形为主的构件，如开通缝连梁、低剪力墙开竖缝、梁端开水平缝等。

2. 弯曲耗能优于轴变耗能

轴力杆件受拉屈服伸长后，再受压不能恢复原长度，而是发生侧向屈曲，其吸收的地震能量十分有限。用弯曲杆件的变形来替代轴力杆件的变形，将取得良好的抗震效果。普通的轴交支撑体系（图 4-4a）在水平地震作用下，主要靠各杆件特别是斜杆的轴向拉伸或压缩来耗能，耗能能力小。如果用偏交支撑（图 4-4b）取代轴交支撑，并使得斜杆的轴向抗拉或抗压强度大于水平杆件的抗弯承载力，则斜杆不论受拉或受压始终保持平直，从而利用水平杆件的弯曲来耗能，这大大改善了竖向支撑体系的抗震性能。

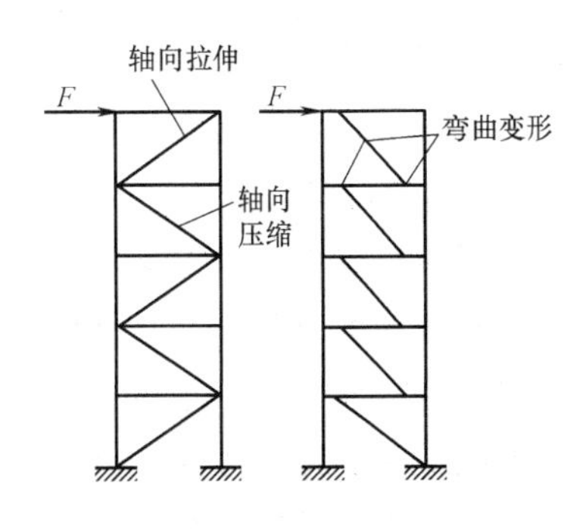

图 4-4　竖向斜撑的变形耗能机制
（a）轴交支撑；（b）偏交支撑

4.7 控制结构变形，确保结构整体性

4.7.1 控制结构变形

结构变形可用层间位移和顶点位移两种方式表达。各层间位移之和即为结构顶点位移。层间位移主要影响到非结构构件的破坏、梁柱节点钢筋的滑移、抗震墙的开裂、塑性铰的发展以及屈服机制的形成。顶点位移主要影响防震缝宽度、结构的总体稳定性以及小震时人的感觉。顶点位移不但与结构变形有关，而且应包括地基变形引起基础转动产生的顶点位移。一般情况下，若忽略基础转动的影响，结构变形可只考虑层间位移。

4.7.2 确保结构整体性

为确保结构在地震作用下的整体性，要求从结构类型的选择和施工两方面保证结构应具有连续性。同时，应保证抗震结构构件之间的连接可靠和具有较好的延性，使之能满足传递地震力时的承载力要求和适应地震时大变形的延性要求。此外，应采取措施，如设置地下室，采用箱形基础以及沿房屋纵、横向设置较高截面的基础梁，使建筑物具有较大的竖向整体刚度，以抵抗地震时可能出现的地基不均匀沉陷。

4.8 减轻房屋自重

震害表明，自重大的建筑比自重小的建筑更容易遭到破坏。这是因为，一方面，水平地震力的大小与建筑的质量近似成正比，质量大，地震作用就大，质量小，地震作用就小；另一方面，是因为重力效应在房屋倒塌过程中起着关键性作用，自重愈大，$P—\Delta$效应愈严重，就更容易促成建筑物的整体失稳而倒塌。因此，应采取以下措施尽量减轻房屋自重。

1. 减小楼板厚度

通常楼盖重量占上部建筑总重的40%左右，因此，减小楼板厚度是减轻房屋总重量的最佳途径。为此，除可采用轻混凝土外，工程中可采用密肋楼板、无粘结预应力平板、预制多孔板和现浇多孔楼板来达到减小楼盖自重的目的。

2. 尽量减薄墙体

采用抗震墙体系、框架—抗震墙体系和筒中筒体系的高层建筑中，钢筋混凝土墙体的自重占有较大的比重，而且从结构刚度、地震反应、构件延性等角度来说，钢筋混凝土墙体的厚度都应该适当，不可太厚。一般而言，设防烈度为8度以下的高层建筑，钢筋混凝土抗震墙墙板的厚度以厘米计时，可参考下列关系式进行粗估。式中，n为墙板计算截面所在高度以上的房屋层数。

(1) 抗震墙体系：墙厚$\approx 0.9n$，但一级抗震时，墙厚不应小于160mm或层高的1/20；二、三级抗震时，墙厚不应小于140mm或层高的1/25。

（2）框架—抗震墙体系：墙厚≈1.1n，但不应小于160mm或层高的1/20，且每个楼层板的周围均应设置由柱、梁形成的边框。

（3）筒中筒体系：内筒墙厚≈1.2n，但不应小于250mm。

此外，采用高强度混凝土和轻质材料，均可有效地减轻房屋的自重。

4.9　妥善处理非结构部件

所谓非结构部件，一般是指在结构分析中不考虑承受重力荷载以及风、地震等侧向力的部件。我国2001规范明确规定非结构构件，包括建筑构件和附属于建筑的机电设备的支架应进行抗震设计，并由相关专业人员承担。

1. 非结构构件的震害

非结构构件的震害大致有：

（1）预制幕墙在大地震下的破坏、脱落、玻璃破碎；

（2）刚性储物柜移动、倾倒，可能产生次生灾害，如导线和电缆拉裂损坏；

（3）电梯的配置脱离导轨，震后无法运行；

（4）机电设备后浇基础移动或开裂，悬挂构件强度不足导致设备坠落；

（5）各种管道的支架之间或支架与设备相对移动造成接头损坏；

（6）某些大的管道因布置不合理，削弱了主体结构构件的抗震能力。

2. 建筑非结构构件

建筑非结构构件采取的抗震措施，主要有以下几种：

（1）做好细部构造，使非结构构件成为抗震结构的一部分，在计算分析时，充分考虑非结构构件的质量、刚度、强度和变形能力；

（2）防止非结构构件参与共组，避免非结构构件对主体结构的变性限制，分析计算时可以只考虑非结构构件的质量、不考虑其刚度和强度；

（3）构造上采取措施避免出现平面倒塌；

（4）选用合适的抗震结构，加强主体结构的刚度，以减小主体结构的变形量，防止装饰要求高的建筑的非结构破坏。

3. 机电设备

机电设备的主要抗震措施经综合分析后确定。其基本的要求是：

（1）小型的附属机电设备的支架可无抗震设防要求；

（2）建筑附属设备不应设置在可能导致使用功能发生障碍第二次灾害的部位；

（3）建筑附属机电设备的支架应具有足够的刚度和承载力，其与结构体系应有可靠的连接和锚固；

（4）管道和设备与结构体系的连接，应能允许二者间有一定的相对变位。管道、电缆、通风管和设备的大洞口布置不合理，将削弱主要承重结构构件的抗震能力，必须予以防止；对一般的洞口，其边缘应有补强措施。

（5）建筑附属机电设备的基座或连接件应能将设备承受的地震作用全部传递到结构上。结构体系中，用以固定建筑附属机电设备预埋件、锚固件的部位，应采取加强措施，以承受附属机电设备传给结构体系的地震作用。

复习思考题

1. 如何理解结构抗震概念设计？
2. 选择建筑场地和地基时应注意哪些问题？
3. 如何选择有利的房屋抗震体型？
4. 如何理解结构延性？应遵循哪些设计原则？
5. 非结构构件的震害有哪些？应采取哪些抗震措施？

第 5 章　砌体结构抗震设计

学习的目的和要求：

掌握多层砌体结构房屋的抗震设计的基本原理。

学习内容：

1. 了解多层砌体的震害特点；
2. 掌握多层砌体结构选型与结构布置；
3. 多层砌体房屋抗震计算；
4. 多层砌体结构房屋的抗震构造措施；
5. 底部框架—抗震墙房屋的抗震设计与构造措施。

重点与难点：

重点：多层砌体房屋抗震计算。
难点：底部框架一抗震墙房屋的抗震设计与构造措施。

5.1　砌体结构的主要类型和震害

5.1.1　砌体结构房屋的主要类型

目前工程中常用的砌体结构房屋包括砌体结构房屋、底部框架—抗震墙砌体房屋和内框架砌体房屋。配筋砌体房屋目前应用的较少。但随着在全国范围内对黏土砖的逐步限制使用，配筋砌体房屋正在逐步推广应用。其中混凝土小型空心砌块作为一种相对比较成熟的新型墙体材料，在多层和中高层房屋中的使用将越来越广泛。“配筋混凝土小型空心砌块抗震墙房屋抗震设计”的内容已列入新的国家标准《建筑抗震设计规范》GB 50011—2010（2016 年版）（本书以后简称为《建筑抗震设计规范》）的附录中。

砌体结构房屋是指竖向承重构件采用砌体墙（柱），而水平承重构件（楼、屋盖）采用钢筋混凝土或其他材料的混合结构房屋，多用于住宅建筑，也可用于医院、教学楼等建筑；底部框架—抗震墙砌体房屋是指底部一层或两层采用空间较大的框架—抗震墙结构、上部为砌体结构的房屋，可用作商业网点、服务大厅以及车库等；内框架砌体房屋是指外墙采用砌体墙、柱承重，内部为钢筋混凝土柱（单排或多排）承重的混合结构房屋，适用于工艺上需要较大的空间或使用上要求有较空旷的大厅的轻工业、仪表工业厂房和民用公共建筑、仓库等建筑。此三类房屋可统称为砌体结构房屋。

配筋混凝土小砌块砌体房屋，见图 5-1，是近年来新发展的结构形式，尚未经历过实

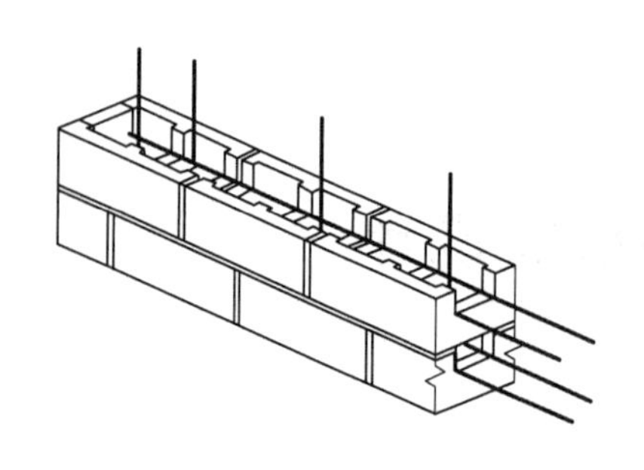
图 5-1　砌体横向和纵向配筋示意图

际地震的考验，但从美国、德国、苏联等国的使用情况来看，配筋混凝土小型空心砌块砌体有着良好的抗震性能，被广泛地应用在地震区的办公楼、住宅、商场等建筑物上。

唐山地震以后，我国工程抗震界的科技人员对砌体房屋的抗震问题进行了大量细致、深入的试验研究和理论分析，取得了一批令人瞩目的研究成果，在此基础上，形成了我国《建筑抗震设计规范》中关于砌体房屋抗震设计的有关内容，见图 5-2，而 2008 年汶川大地震中，进行抗震设计的和抗震设计不足的砌体结构房屋震害有明显的区别。

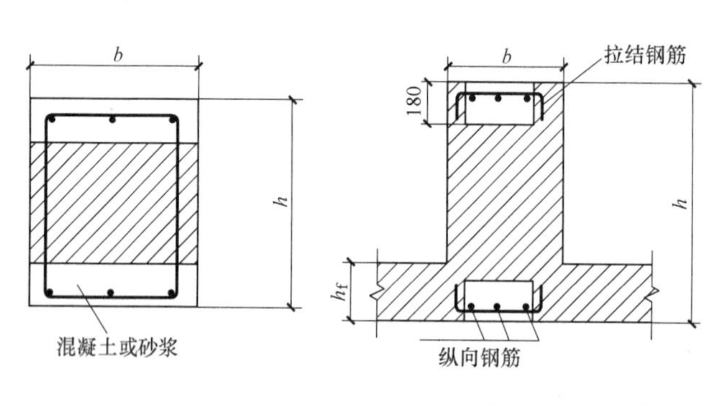

图 5-2　常见组合砌体断面

5.1.2　砌体与砖混结构房屋震害

由于砌体结构材料各向异性特点非常明显，且常和混凝土构件混合使用。因此，对墙角、节点、墙体间连接以及墙和梁、楼板的连接目前在理论上进行计算分析还很困难。通过震害调查结果分析，采取一定的构造措施来提高砌体结构房屋的抗震能力是目前行之有效的一种方法。

5.1.2.1　砌体结构房屋的震害及原因分析

1. 砌体结构房屋的震害大致如下：

（1）房屋倒塌

当房屋墙体特别是底层墙体整体抗震强度不足时，易发生房屋整体倒塌；当房屋局部或上层墙体抗震强度不足时，易发生局部倒塌，见图 5-3；另外，当构件间连接强度不足时，个别构件因失去稳定亦会倒塌。

图 5-3　上层墙体抗震强度不足引起房屋倒塌

（2）墙体开裂、局部塌落

墙体裂缝形式主要是交叉斜裂缝、水平裂缝。墙体出现斜裂缝主要是抗剪强度不足，高宽比较小的墙片易出现斜裂缝，在反向地震作用下，另一方向也会出现斜裂缝，裂缝最后形成交叉斜裂缝，见图 5-4；而高宽比较大的窗间墙易产生水平偏斜裂缝，当墙体出现平面受弯时，极易出现水平通缝。

图 5-4　典型窗间墙十字交叉型斜裂缝

（3）墙角破坏

墙角为纵横墙的交汇点，地震作用下其应力状态极其复杂，因而其破坏形态多种多样，有受剪斜裂缝，也有因受拉或受压而产生的竖向裂缝，严重时块材被压碎、拉脱或墙角脱落，见图 5-5。

图 5-5　纵横墙转角处开裂

（4）纵横墙连接破坏

纵墙和横墙交接处因受拉出现竖向裂缝，严重时纵横墙脱开，外纵墙倒塌，见图 5-5。

（5）楼梯间破坏

主要是楼梯间墙体破坏，而楼梯本身很少破坏。楼梯间由于刚度相对较大，所受的地震作用也相对明显，且墙体高厚比较大，较易发生破坏。

（6）楼盖与屋盖的破坏

主要是由于楼板搁置长度不够，引起局部倒塌，或是其下部的支承墙体破坏倒塌而引起的楼屋盖倒塌，见图 5-6。

（7）附属构件的破坏

如女儿墙、突出屋面的小烟囱、门脸或附属烟囱发生倒塌等，见图 5-7；隔墙等非结构构件、室内装饰等开裂、倒塌。

图 5-6　一侧楼板搁置长度不足或板下墙体破坏引起的楼板倒塌

图 5-7　突出屋面塔楼产生鞭梢效应而破坏

2. 砌体结构房屋在地震作用下发生破坏，可分成整体性破坏和构件破坏两类，而破坏原因是地震作用在结构中产生的效应（内力、应力）超过了结构材料或连接材料的抗力或强度，从这一点出发，可将砌体结构房屋发生震害的原因分为三大类：

（1）房屋建筑布置、结构布置不合理造成局部地震作用过大。如房屋平立面布置突变造成结构刚度突变，使地震作用突然增大；结构布置不对称引起扭转振动，使房屋两侧地震作用增大等。

（2）砌体墙体抗震强度不足，当墙体所受的地震力大于墙体的抗震强度时，墙片将会开裂，甚至局部倒塌。

（3）房屋构件（墙体、楼盖、屋盖）间的连接强度不足使各构件间的连接遭到破坏，各构件原有的整体工作体系受到破坏，即整体性遭到破坏，导致房屋的抗侧刚度大大下降，当地震作用产生的变形较大时，整体性遭到破坏的各构件丧失稳定，发生局部倒塌，严重时整体倒塌。

5.1.2.2　底部框架—抗震墙砌体房屋的震害及原因分析

在早期建造的底部框架砌体房屋都是未经抗震设计的底层框架砖房，而且一般在底层不设置抗震墙，因此已有震害资料主要是底层框架砖房的震害。

当底层框架砖房底层无抗震墙时，震害集中在底层框架部分，主要是底层框架丧失承载力或因变形集中、位移过大而破坏。在罗马尼亚曾建造过许多底层框架房屋，由于设计时过高估计了底层框架的延性和抗震能力，在地震作用下，底层框架发生了过大的变形后倒塌。当底层有足够的抗震墙时，其震害现象与砌体结构房屋有许多共同点。总的来说，震害严重的多为结构薄弱层。

国内外的地震震害调查表明，在二到三层的这类建筑中，9 度地震烈度区底层框架完好，上层砖房有中等程度的损坏，与同一地区同样层数的砖房相比，没有震害加剧的现象。但对层数较多的底层框架房屋，还缺乏震害现场调查资料，因此，不能认为底层框架的多层砖房的抗震性能优于同类的多层砖房。对于底层刚度较小的这类房屋，国内外地震中都有底层塌落或第二层以上砖房倒塌的实例。例如在 1976 年唐山地震中，分别有底层全框架砖房底层塌落上部未塌的实例和上部砖房倒塌底层框架未塌的实例，地震模拟振动台试验中也出现过二层以上砌体房屋倒塌而底层框架未倒塌的情况。又例如 1963 年南斯拉夫科普里地震，1972 年美国圣费南多地震和 1978 年日本宫城冲地震，以及 2008 年中国汶川地震，都有底层全框架多层房屋的破坏和倒塌的例子。

底部框架—抗震墙砌体房屋的上部砌体房屋震害具体破坏情况和砌体结构房屋的震害情况相似，而底部框架的震害和混凝土框架结构震害情况相似，两者震害产生的原因也相似。

底部框架砌体房屋（底部框架无抗震墙时）震害产生的原因是底部薄弱层的存在。由于底部框架抗侧刚度和上层砌体房屋抗侧刚度相差过大，底部框架受到的地震作用异常增大，从而使底部框架首先受到破坏，严重时底部框架倒塌，如图 5-8、图 5-9 所示。

5.1.2.3　内框架砌体房屋的震害及原因分析

多层内框架房屋的震害，有类似于砌体结构房屋的地方，也有多层框架梁柱破坏的特点。从国内历次地震实际房屋的震害来看，内框架房屋顶层纵墙是薄弱环节，其次是底层横墙砖墙破坏导致塌落；外纵墙及砖壁柱产生水平裂缝或在窗间墙上产生交叉斜裂缝。内框架的主要震害是内柱顶端和底部产生水平裂缝或斜向裂缝，严重的甚至产生混凝土酥碎、崩落，钢筋压曲，钢筋混凝土大梁在靠近支座的地方产生斜裂缝等破坏现象。

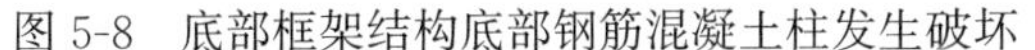

图 5-8　底部框架结构底部钢筋混凝土柱发生破坏

图 5-9　底部框架结构底部钢筋混凝土框架倒塌

震害统计资料表明，未经抗震设防的多层内框架房屋，遭遇地震后的破坏程度，在 7、8 度区，比多层砖房严重；9 度以上地震区内的倒塌率则低于多层砖房。辽宁海城地震、河北唐山地震时（图 5-10），各烈度区多层内框架房屋的震害程度大体是：6 度区，少数房屋轻微损坏；7 度区，半数房屋出现中等破坏现象；8 度区，多数房屋遭到中等程度以上破坏；9 度区，多数房屋严重破坏，少数房屋倒塌。

图 5-10　唐山市工艺美术瓷厂生产车间，预制单排柱内框架结构，顶层局部倒塌

根据国内多年的研究和分析，内框架房屋的震害原因如下：

1. 内框架房屋顶层纵墙的震害，主要是由于地震时内框架柱与外墙砖壁柱的振动不一致，而砖墙的抗剪和抗拉强度远比框架柱低，因此造成外墙壁柱产生水平断裂，或者纵向墙体窗台上下由于弯曲造成水平裂缝。

2. 横墙的斜向或交叉斜裂缝震害，主要是由于横墙作为内框架结构中的主要抗侧力构件，其刚度比内框架梁柱要大很多，因此在地震时承受很大的水平力而最先破坏，形成斜向或交叉裂缝。

3. 内框架结构梁柱节点的破坏，主要发生在横墙间距过大的结构中。当横墙间距过大时，如果楼盖体系的整体性较差或水平刚度过小，地震力就不能全部传递给承重横墙。从而使框架柱承受过大的水平力或发生较大的变形，造成内框架梁柱节点承担过大弯矩而破坏。

5.1.2.4　配筋混凝土小型空心砌块抗震墙房屋抗震性能研究和应用

配筋混凝土小砌块砌体作为一种替代黏土砖的新型墙体材料由于其本身具有不用黏土、不用或少用模板、钢筋用量少、抗裂性能好等优点，符合可持续发展战略。配筋混凝土小砌块砌体在国外已有较长的使用历史，近几年随着我国建筑产业的快速发展，房屋由多层向经济效益指标更好的小高层和高层方向发展，建筑墙体材料的理念也在不断地更新，我国借鉴国外比较成熟的经验，结合中国的实际建筑情况和房屋抗震机制，从材料、插筋布置、抗压强度和变形性能、抗压弹性模量、偏压、抗剪、抗弯、构件破坏形态、结构形式、构造措施等方面对配筋混凝土小型空心砌块砌体的基本力学性能和抗震性能进行了比较充分的试验研究，并取得了相应的成果（图 5-11）。

图 5-11　配筋混凝土小型空心砌块墙体

试验研究表明，配筋混凝土小型砌块墙在竖向荷载和水平荷裁的作用下，随着墙体高度和肢长的不同，其受力特点和破坏形态表现出明显的压弯、弯剪和受剪特征，孔洞内 $\phi28$ 的垂直钢筋和水平槽内 $2\phi12$ 的水平钢筋也均能屈服，改善了墙体的受力性能和变形能力，与一般砌体墙体的受力特点和破坏机理完全不同，与混凝土墙体比较接近。而且由于配筋混凝土小砌块墙体中有缝隙存在，其变形能力要比混凝土墙大很多。因此配筋混凝土小砌块墙体对一般多层和小高层建筑而言，是一种结构性能比较优越、抗震性能比较好的结构构件。

另外，从施工角度而言，灌芯配筋混凝土小砌块墙体的施工方法主要是先采用砌块砌筑，在孔内布置钢筋，然后采用高流动性混凝土灌芯填孔，墙体的砌筑与传统的砌筑方法类似，灌芯填孔与混凝土的施工方法类似，施工工艺简单。只要选择合适的砂浆和混凝土配合比，严格按照相应的施工操作规程施工，则灌芯配筋混凝土小砌块墙体的质量是能够保证的。

我国上海地区采用配筋混凝土小砌块砌体结构已建造了 18 层、12 层、8 层等高层和小高层的住宅房屋。可以相信，在我国坚持绿色、环保的发展政策引导下，随着对配筋混凝土小型空心砌块砌体抗震性能研究的不断深入，这一新型砌体结构材料必将成为我国住宅建筑的主导性墙体材料之一。

5.1.3　砌体与砖混结构抗震设计三要素

砌体房屋的抗震设计可分成三个主要部分：

（1）建筑布置与结构选型

包括合理的建筑和结构布置，房屋总高度、总层数的限制等，主要目的是减少房屋地震作用，使房屋各构件能均匀受力。

（2）抗震强度验算

包括墙体地震作用效应及抗震强度的计算，确保房屋墙体在地震作用下不发生破坏。

（3）抗震构造措施。

主要包括加强房屋整体性和构件间连接强度的措施，如构造柱、圈梁、拉结钢筋的布置墙体间咬砌及楼板搁置长度的要求等。

5.2 砌体结构房屋抗震设计

5.2.1 建筑布置与结构选型

震害调查表明，砌体房屋的震害与其总高度和层数有密切关系，随层数增加，震害随之加重，特别是房屋的倒塌率与房屋的层数成正比率增加。因此，对砌体房屋的总高度及层数要予以限制，这也是一种最经济的抗震措施。《建筑抗震设计规范》对砌体结构房屋的总高度及层数的限值如表5-1所示。

对医院、教学楼等横墙较少的房屋，总高度应比表5-1规定的相应降低3m，层数相应减少一层；各层横墙很少的房屋，应根据具体情况再适当降低总高度和减少层数。

对于横墙较少的多层砖砌体住宅房屋，当按规定采取加强措施并满足抗震承载力要求时，其高度和层数仍可按表5-1的规定采用。

使用表5-1时，房屋的总高度指室外地面到主要屋面板板顶或檐口的高度，半地下室从地下室室内地面算起，全地下室和嵌固条件好的半地下室应允许从室外地面算起，对带阁楼的坡屋面应算到山尖墙的1/2高度处；室内外高差大于0.6m时，房屋总高度应允许比表中数据适当增加，但不应多于1m；本表小砌块砌体房屋不包括配筋混凝土小型空心砌块砌体房屋。普通砖、多孔砖和小砌块砌体承重房屋的层高，不应超过3.6m。

房屋的层数和总高度限值（m） **表5-1**

房屋类别		最小墙厚度（mm）	烈度							
			6		7		8		9	
			高度	层数	高度	层数	高度	层数	高度	层数
砌体结构	普通砖	240	24	8	21	7	18	6	12	4
	多孔砖	240	21	7	21	7	18	6	12	4
	多孔砖	190	21	7	18	6	15	5	—	—
	小砌块	190	21	7	21	7	18	6	—	—

5.2.1.1 砌体结构建筑平立面及结构布置

砌体房屋建筑平面、立面的布置对房屋的抗震性能影响极大，如果建筑的平、立面布置不合理，再试图通过提高墙体抗震强度或加强构造措施来提高其抗震能力将是困难且不经济的，对建筑平、立面布置的基本要求是规则、均匀、对称，避免质量和刚度发生突变，避免楼层错层等。砌体结构房屋对结构布置的基本要求是：

（1）应优先采用横墙承重或纵横墙共同承重的结构体系。

（2）纵横墙的布置宜均匀对称，沿平面内宜对齐，沿竖向应上下连续；同一轴线上的窗间墙宜均匀。

（3）8度和9度且有下列情况之一时宜设置防震缝，缝宽可采用50～100mm：

①房屋立面高差在6m以上；

②房屋有错层，且楼板高差较大；

③各部分结构刚度、质量截然不同。

（4）楼梯间不宜设置在房屋的尽端和转角处。

（5）烟道、风道、垃圾道等不应削弱墙体；当墙体被削弱时，应对墙体采取加强措施，不应采用无竖向配筋的附墙烟囱及出屋面烟囱。

（6）不应采用无锚固的钢筋混凝土预制挑檐。

上述各点要求主要是根据震害调查、分析得到的。有时，由于建筑外形或使用方面的要求，建筑和结构布置从结构抗震角度看不尽合理，这时，应按上述第 3 点要求设置防震缝，并使得采用防震缝分割后的各单体结构具有良好的抗震性能。

5.2.1.2 砌体结构房屋高宽比限制

震害调查表明，砌体结构房屋墙体震害主要表现为对角斜裂缝的剪切破坏，但也有少部分高宽比较大的房屋发生整体弯曲破坏，具体表现为底层外纵墙产生水平裂缝，并向内延伸至横墙。《建筑抗震设计规范》通过限制房屋高宽比的规定来确保砌体房屋不发生整体弯曲破坏，而在抗震强度验算时只验算墙体的抗剪强度，不再进行整体弯曲强度验算。表 5-2 为《建筑抗震设计规范》对房屋高宽比的限值。其中，单面走廊房屋的总宽度不包括走廊宽度；建筑平面接近正方形时，其高宽比宜适当减小。

房屋最大高宽比表 **表 5-2**

烈度	6 度	7 度	8 度	9 度
最大高宽比	2.5	2.5	2.0	1.5

5.2.1.3 抗震墙的间距限制

对横墙间距的限制主要基于下述的考虑：

1. 横墙间距过大，横墙数量就少，房屋整体抗震能力就小。

2. 横墙间距过大，纵墙的侧向支撑就少，房屋的整体性就差，纵墙亦容易破坏。

3. 横墙间距过大，楼盖在侧向力作用下支承点的间距就大，楼盖就可能发生过大的平面内变形，从而不能有效地将地震作用均匀地传递至各抗侧力构件，特别是纵墙有可能发生较大的出平面弯曲，导致破坏。从这一点看，横墙间距的限制与楼盖平面内刚度有关。表 5-3 为《建筑抗震设计规范》对抗震横墙间距的限值。其中，砌体结构房屋的顶层，最大横墙间距应允许适当放宽；表中木楼、屋盖的规定，不适用于小砌块砌体房屋。

房屋抗震横墙最大间距（m） **表 5-3**

房屋类别		烈度			
		6 度	7 度	8 度	9 度
多层砌体	现浇或装配整体式钢筋混凝土楼、屋盖	18	18	15	11
	装配式钢筋混凝土楼、屋盖	15	15	11	7
	木屋盖	11	11	7	4

5.2.1.4 房屋的局部尺寸限制

对房屋局部尺寸的限制主要是针对震害中出现的一些房屋局部薄弱部位的破坏而采取的措施。当房屋局部某些墙体的尺寸过小，地震时很容易开裂，或局部倒塌。表 5-4 为《建筑抗震设计规范》对房屋局部尺寸的限值。其中，局部尺寸不足时应采取局部加强措施弥补，如在墙段两侧设钢筋混凝土构造柱，并可靠拉结；出入口处的女儿墙应有锚固。

5.2.2 地震作用计算与抗震强度验算

《建筑抗震设计规范》规定砌体结构房屋可不进行竖向地震作用下的抗震强度验算，

房屋的局部尺寸限值（m） 表 5-4

部位	烈度			
	6	7	8	9
承重窗间墙的最小宽度	1.0	1.0	1.2	1.5
承重墙近端至门窗洞边的最小距离	1.0	1.0	1.2	1.5
非承重墙近端至门窗洞边的最小距离	1.0	1.0	1.0	1.0
内墙阳角至门窗洞边的最小距离	1.0	1.0	1.5	2.0
无锚固女儿墙(非出入口处)的最大高度	0.5	0.5	0.5	0.0

也可不进行水平地震作用下整体弯曲强度的验算。因此，砌体结构房屋抗震强度验算是指水平地震作用下砌体墙的抗震抗剪强度验算，而水平地震作用的方向应分别考虑房屋的两个主轴方向，即沿横墙方向和沿纵墙方向；当沿斜向布置有抗侧力墙体时，尚应考虑沿该斜向的水平地震作用。

砌体结构房屋在水平地震作用下砌体墙的抗震抗剪强度验算包括以下几个部分。

5.2.2.1 确定计算简图

当多层砌体房屋按要求进行建筑布置及结构选型后，房屋的扭转振动一般可忽略不计，因此，可分别考虑两个主轴方向或斜向的抗震计算问题。另外，当砌体房屋高宽比满足要求时，可认为砌体房屋在水平地震作用下的变形以层间剪切变形为主。最后，假定楼盖平面内变形可忽略不计。根据以上假定，砌体结构房屋在水平地震作用下的计算简图可采用工程实践中最为常用的层间剪切型计算简图，见图 5-12。

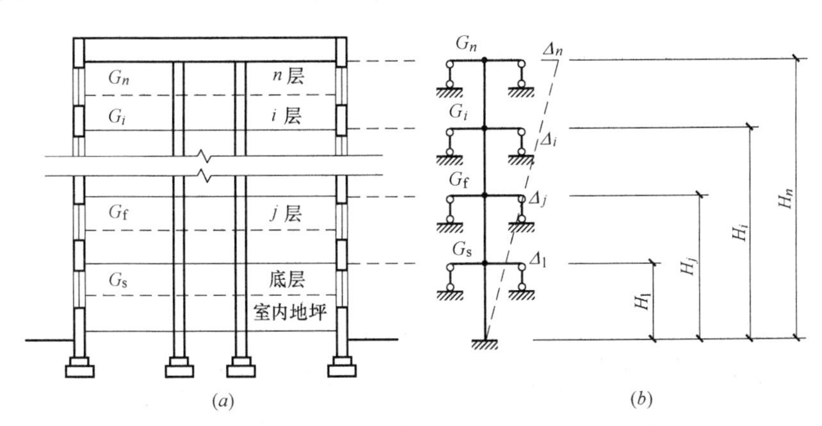

图 5-12 砌体房屋的计算简图

(a) 砌体结构房屋；(b) 计算简图

在该计算简图中，第 i 个质点的重量包括该层楼盖的全部重量、上下各半层墙体（包括门、窗等）重量以及该楼面上 50%的活荷载；计算简图中，底部固定端的标高一般取室外地面以下 500mm 处标高及基础梁顶部标高两者之中的较大值。

5.2.2.2 地震作用及楼层地震剪力的计算

当砌体结构房屋按要求进行建筑布置和结构选型后，一般均可采用底部剪力法计算各质点的水平地震作用，但可不考虑顶层质点的附加地震作用。另外，由于砌体结构房屋的基本自振周期一般小于 0.3s，为简化计算，《建筑抗震设计规范》规定，对于砌体结构房屋，地震影响系数均取其最大值，即取 $\alpha_1=\alpha_{max}$。因此，砌体结构房屋的水平地震作用可按下述步骤计算：

（1）按规范规定计算各质点的重力荷载代表值 G_i

（2）计算等效总重力荷载代表值 G_{eq}

$$G_{eq}=\begin{cases}G_i & (n=1)\\ 0.85\sum_{i=1}^{n}G_i & (n>1)\end{cases}\quad \text{其中 } n \text{ 为楼层数}$$

（3）计算总水平地震作用

$$F_{EK}=\alpha_{max}\cdot G_{eq}$$

（4）计算各质点地震作用

$$F_i=\frac{G_iH_i}{\sum_{j=1}^{n}G_jH_j}F_{EK}$$

（5）计算各楼层地震剪力 V_i

楼层地震剪力，是作用在整个房屋某一楼层上的剪力，取第 i 层以上的房屋为隔离体，根据力的平衡条件（图 5-13），得第 i 楼层的层间地震剪力

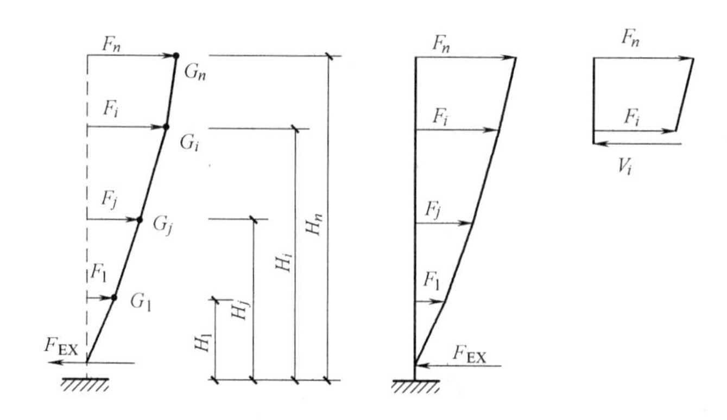

图 5-13　砌体结构房屋地震作用分布图

$$V_i=\sum_{j=1}^{n}F_j \tag{5-1}$$

规范规定，当采用底部剪力法时，对于突出屋面的屋顶间、女儿墙、烟囱等小建筑的地震作用效应、乘以增大系数 3，以考虑鞭梢效应，此增大部分不往下层传递。即当顶部质点为突出屋面的小建筑时，顶层的楼层地震剪力为

$$V_n=3F_n \tag{5-2}$$

而其余各层仍按式（5-1）计算。

5.2.2.3　各墙体承担的地震剪力的计算

根据力平衡的条件，同一楼层中各墙体或墙段承担的地震剪力之和应等于该楼层的地震剪力，假定第 i 层间在验算方向共有 l 道墙，令第 i 层间第 m 道墙承担的地震剪力为 V_{im}，则有

$$V_i=\sum_{m=1}^{i}V_{im} \tag{5-3}$$

同一楼层中各道墙所承担的地震剪力与楼盖的刚度、各墙的抗侧刚度及负荷面积有关。工程实践中，常将实际的各种楼盖理想化为三种楼盖情况，即刚性楼盖、柔性楼盖和半刚性楼盖。现分别就三种楼盖情况讨论各墙体承担的地层剪力计算公式。

（1）刚性楼盖

所谓刚性楼盖是指楼盖的平面内刚度为无穷大，即假定楼盖在水平地震作用下不发生任何平面内的变形，仅发生刚体位移。当忽略扭转效应时，刚体仅产生一平动，且各点的平动处处相等，从而可知，各道墙的侧移也相等。计算第 m 道墙的抗侧刚度为 K_{im}，相对侧移为 Δ_{im}，则第 m 道墙所承担的剪力为

$$V_{im}=K_{rm}\Delta_{im} \tag{5-4}$$

在刚性楼盖的情况下，有 $\Delta_{im}=\Delta_i$（$m=1, 2, \cdots l$），将式（5-4）代入式（5-3），得

$$V_i=\sum_{m=1}^{i}K_{im}\Delta_{im}=\Delta_i\sum_{m=1}^{i}K_{im}$$

从而

$$\Delta_{im}=\Delta_i=\frac{V_i}{\sum_{m=1}^{i}K_{im}} \tag{5-5}$$

将式（5-5）代入式（5-4），得第 m 道墙的地震剪力为

$$V_{im}=\frac{K_{im}}{\sum_{m=1}^{i}K_{im}}V_i=\frac{K_{im}}{K_i}V_i \tag{5-6}$$

式中 $K_i=\sum_{m=1}^{i}K_{im}$ 可称为第 i 楼层的横向或纵向抗侧刚度。

（2）柔性楼盖

所谓柔性楼盖，即假定该楼盖的平面内刚度为零，从而各道墙在地震作用下的变形是自由的，不受楼盖的约束。在此情况下，认为各道墙承担的地震剪力和该道墙承担的重力荷载代表值成正比，即

$$V_{im}=cG_{im}$$

由
$$V_i=\sum_{m=1}^{i}V_{im}=c\sum_{m=1}^{i}G_{im}=cG_i$$

得
$$c=V_i/G_i$$

从而
$$V_{im}=\frac{G_{im}}{G_i}V_i \tag{5-7}$$

当房屋各楼层的重力沿平面均匀分布时，有

$$G_{im}=r_iF_{im}$$

$$G_i=r_iF_i$$

式中 γ_i 为第 i 楼层单位面积的重力荷载代表值，F_{im} 为第 m 道墙的负荷面积，F_i 为第 i 楼层平面的面积，将上式代入式（5-7），可得

$$V_{im}=\frac{F_{im}}{F_i}V_i \tag{5-8}$$

（3）半刚性楼盖

半刚性楼盖是指介于刚性楼盖和柔性楼盖之间的楼盖。在半刚性楼盖情况下，各道墙的地震剪力计算比较复杂，工程实践中，近似地取刚性楼盖的各道墙的地震剪力和柔性楼盖时右边墙的地震剪力的平均值，即取

$$V_{im}=\frac{1}{2}(\frac{K_{im}}{K_i}+\frac{F_{im}}{F_i})V_i \tag{5-9}$$

（4）墙体抗侧刚度的计算

实际工程中为提高房屋的整体性，一般情况下不采用柔性楼盖，如木楼盖、开大孔的预制装配式楼盖等，对于刚性楼盖和半刚性楼盖，计算墙体的地震剪力时都要用到墙体的抗侧刚度 K_{im}。

根据材料力学和结构力学的知识，对于两端不发生转动的构件，当只考虑其剪切变形时其抗侧刚度为

$$K_{im}=G_iA_{in}/\zeta h_i \tag{5-10}$$

当只考虑其弯曲变形时，其抗侧刚度为

$$K_{im}=12E_iI_{im}/h_i^3 \tag{5-11}$$

当同时考虑其剪切变形和弯曲变形时，其抗侧刚度为

$$K_{im}=\frac{1}{\frac{\zeta h_{im}}{GA_{im}}+\frac{h_i^3}{12EI_{im}}} \tag{5-12}$$

上述三式中

h——构件（墙体）的高度；

A——构件的水平截面面积；

I——构件水平截面惯性矩；

ζ——截面剪应力不均匀系数；

E——砌体弹性模量；

G——砌体剪切模量，一般取 $G=0.4E$。

若墙体厚度为 t，宽度为 b，则有

$$A_{im}=t_{im}b_{im}$$

$$I_{im}=\frac{1}{12}t_{im}b_{im}^3$$

将上两式及 $\zeta=1.2$，$G=0.4E$ 分别代入式（5-10）、式（5-11）和式（5-12），可得

$$K_{im}=E\tau_{im}b_{im}/3h_i \tag{5-13}$$

$$K_{im}=E_\tau\tau_{im}b_{im}^3/h_i^3 \tag{5-14}$$

$$K_{im}=\frac{E_i\tau_{im}b_{im}}{h_i\left[3+\left(\frac{h_i}{b_{im}}\right)^2\right]} \tag{5-15}$$

实践中，为简化计算，规范规定，对于抗侧刚度很小（高宽比 h/b 大于 4）的构件，忽略其抗侧刚度，即不考虑这种构件的抗侧能力。当考虑横向水平地震作用时，由于横墙的平面内抗侧刚度远大于纵墙的平面外抗侧刚度，横向水平地震剪力主要由横墙承担，故为简化计算而忽略纵墙的平面外抗侧能力，即认为横向地震剪力全部由内横墙承担，同理，当纵向地震作用时，忽略横墙平面外的抗侧能力，即认为纵向地震剪力全部由纵墙

承担。

另外，当墙体的高宽比 $h/b \leqslant 1$ 时，可只考虑剪切变形的影响，按式（5-13）计算墙体的抗侧刚度；而当墙体的高宽比 $1 < h/b \leqslant 4$ 时，宜同时考虑剪切变形和弯曲变形的影响，按式（5-15）计算其抗侧刚度。因此，当考虑横向地震剪力在各道墙上的分配时，可只计算高宽比小于等于 4 的横墙墙段的抗侧刚度，而当考虑纵向地震剪力在各道墙上的分配，可只计算高宽比小于等于 4 的纵墙墙段的抗侧刚度。

（5）横向楼层地震剪力在各道横墙上的分配

当考虑横向楼层地震剪力在各道横墙上的分配时，应先确定楼盖属于何种楼盖，如为现浇或装配整体式（有较强的整浇配筋面层且无大孔），则可采用刚性楼盖假定，按式（5-6）计算各道横墙承担的地震剪力；如为木楼盖则可采用柔性楼盖假定，按式（5-7）或式（5-8）计算；对于工程中常见的钢筋混凝土装配式楼盖，则可采用半刚性楼盖假定，按式（5-9）计算。

（6）纵向楼层地震剪力在各道纵墙上的分配

当考虑纵向地震作用时，楼盖由于其计算高度大于其宽度，楼盖的平面内抗弯刚度往往很大，此时，可不考虑楼盖的具体构造，一律采用刚性楼盖假定，按式（5-6）进行计算。

（7）只考虑剪切变形时的简化公式

有时，当大部分墙体高宽比小于 1 时，为简化计算，在计算墙体的抗侧刚度时，只考虑剪切变形，即按式（5-10）计算墙体的抗侧刚度。现将式（5-10）代入式（5-6），并注意到，同一楼层所用材料往往相同，墙体高度也相同，即各墙体 G_{im} 相等，h_{im} 也相等，从而式（5-6）可简化成

$$V_{im}=\frac{\dfrac{G_iA_{im}}{\zeta h_i}}{\sum\limits_{m=1}^{i}\dfrac{G_iA_{im}}{\zeta h_i}}V_i=\frac{A_{im}}{\sum\limits_{m=1}^{i}A_{im}}V_i=\frac{A_{im}}{A_i}V_i$$

式中，$A_i=\sum\limits_{m=1}^{i}A_{im}$ 为该楼层各抗震墙片（$h/b \leqslant 4$）的水平抗剪面积之和。式（5-9）可简化成

$$V_{im}=\frac{1}{2}\left(\frac{A_{im}}{A_i}+\frac{F_{im}}{F_i}\right)V_i \tag{5-16}$$

（8）一道墙的地震剪力在各墙段间的分配

有时，当一道墙的抗震强度满足规范要求时，这道墙中高宽比较小或正应力较小的墙段的抗震强度仍有可能不满足规范要求。因此应计算各墙段所受的地震剪力及抗震强度，进行抗震强度验算。

由于圈梁及楼盖的约束作用，一般可认为同一道墙中各墙段具有相同的侧移，从而可按各墙段的抗侧刚度分配地震剪力。即第 i 层第 m 道墙第 r 墙段所受的地震剪力为

$$V_{imr}=\frac{K_{imr}}{K_{im}}V_{im} \tag{5-17}$$

式中　K_{imr}——该墙段的抗侧刚度。

一般地，当一道墙中各墙段的高宽比比较接近，且所受正应力差别不大时，可认为当

这道墙的抗震强度满足要求时，其各墙段的抗震强度也满足要求，从而可不必进行各墙段的抗震强度验算。

5.2.2.4 墙体抗震强度验算

砌体房屋的抗震强度验算最后可归结为一道墙或一个墙段的抗震强度验算，一般不必对每一道墙或每一个墙段都进行抗震强度验算，而可根据工程经验，选择若干抗震不利墙体或墙段进行抗震强度验算。只要这些墙或墙段的抗震强度满足要求，则其他墙或墙段的抗震强度也能满足要求。

根据震害和工程实践经验，砌体结构房屋的抗震不利墙段可能是底层、顶层或砂浆强度变化的楼层墙体，也可能是承担地震作用较大或竖向正应力较小的墙体等。

我国《建筑抗震设计规范》关于砌体房屋墙体的抗震强度验算公式是在大量墙体试验的基础上经适当调整后确定的。

（1）砌体墙体抗震强度验算的基本公式

一般的砌体（包括黏土砖）墙体抗震强度可按下式进行验算

$$V \leqslant \frac{f_{VE}A}{\gamma_{RE}} \tag{5-18}$$

式中 V——墙体剪力设计值，砌体房屋一般仅考虑水平地震作用，此时水平地震作用分项系数可取1.3；

A——验算墙体的横截面面积，通常取1/2层高处净横截面面积；

γ_{RE}——承载力抗震调整系数，对自承重墙体取0.75，对承重墙体，当墙体两端设有构造柱或芯柱时取0.9，否则取1.0；

f_{VE}——各类砌体沿阶梯形截面破坏的抗震抗剪强度设计值，按下式确定：

$$f_{VE}=\xi_N f_V$$

f_V——各类砌体抗剪强度设计值，应按国家标准《砌体结构设计规范》确定；

ζ_N——砌体强度的正应力影响系数，可按表5-5确定。

（2）当按式（5-18）验算不满足要求时，可计入设置于墙段中部、截面不小于240mm×240mm且间距不大于4m的构造柱对受剪承载力的提高作用，按下列简化方法验算

$$V \leqslant \frac{1}{\gamma_{RE}}[\eta_c f_{VE}(A-A_c)+\zeta f_\tau A_\tau+0.08f_y A_s] \tag{5-19}$$

砌体强度的正应力影响系数 ξ_N　　表5-5

砌块类别	α_c/f_v								
	0.0	1.0	3.0	5.0	7.0	10.0	15.0	20.0	25.0
黏土砖	0.80	1.00	1.28	1.50	1.70	1.95	2.32	—	—
粉煤灰中砌块 混凝土中砌块	—	1.18	1.54	1.90	2.20	2.65	3.40	4.15	4.90
混凝土小砌块	—	1.25	1.75	2.25	2.50	3.10	3.95	4.80	—

式中 A_c——中部构造柱的横截面总面积（对横墙和内纵墙，A_c>0.15A时，取0.15A；A_c>0.25A时，取0.25A）；

f_t——中部构造柱的混凝土轴心抗拉强度设计值；

A_s——中部构造柱的纵向钢筋截面总面积（配筋率不小于 0.6%，当>1.4%时，取 1.4%）

f_y——钢筋抗拉强度设计值；

ζ——中部构造柱参与工作系数，居中设一根时取 0.5，多于一根时取 0.4；

η_c——墙体约束修正系数，一般情况取 1.0，构造柱间距不大于 2.8m 时取 1.1。

（3）横向配筋的普通砖、多孔砖墙体的截面抗震受剪承载力的验算公式

$$V \leqslant \frac{1}{\gamma_{RE}}(f_{VE}A + \zeta_s f_y A_s) \tag{5-20}$$

式中 f_y——钢筋抗拉强度设计值；

A_s——所验算墙体层间竖向截面中钢筋总截面面积；

ζ_s——钢筋参与工作系数，按表 5-6 取用。

其余符号同式（5-18）。

钢筋参与工作系数 **表 5-6**

墙体高宽比	0.4	0.6	0.8	1.0	1.2
ζ_s	0.10	0.12	0.14	0.15	0.12

（4）混凝土小砌块墙体的抗震强度验算公式

对混凝土小砌块墙体可按下式进行抗震验算

$$V \leqslant \frac{1}{\gamma_{RE}}[f_{VE} + (0.3f_t A_c + 0.05 f_y A_s)\zeta_c] \tag{5-21}$$

式中 f_t——钢筋混凝土芯柱混凝土轴心抗拉强度设计值；

A_c——钢筋混凝土芯柱总截面面积；

A_s——钢筋混凝土芯柱钢筋截面总面积；

f_y——钢筋混凝土芯柱抗拉强度设计值。

ζ_c——芯柱参与工作系数，根据填孔率（芯柱根数与孔洞总数之比）按表 5-7 采用。其余符号同式（5-18）。

芯柱参与工作系数 **表 5-7**

填孔率 ρ	$\rho<0.15$	$0.15\leqslant\rho<0.25$	$0.25\leqslant\rho<0.5$	$\rho\geqslant0.5$
ζ_c	0	1.0	1.10	1.15

5.2.3 抗震构造措施

房屋抗震设计的基本原则是小震不坏、中震可修、大震不倒，对于砌体结构房屋一般不进行罕遇地震作用下的变形验算，而是通过采取加强房屋整体性及加强连结等一系列构造措施来提高房屋的变形能力，确保房屋大震不倒。砌体房屋的抗震强度验算只是针对墙体本身的强度进行的，对于墙体之间、楼屋盖之间及房屋局部等连结强度很难进行验算，因此也必须采取若干构造措施来保证小震作用下各构件间的连结强度满足使用要求。根据构造措施设置的主要目的，可将构造措施分成如下两大部分。

5.2.3.1 加强房屋整体性的构造措施

（1）钢筋混凝土构造柱及芯柱设置

钢筋混凝土构造柱或芯柱的抗震作用在于和圈梁一起对砌体墙乃至整幢房屋产生一种约束作用，使墙体在侧向变形下仍具有良好的竖向及侧向承载力，提高墙体的往复变形能力，从而提高墙体及整幢房屋的抗倒塌能力。

对于砖房可设置钢筋混凝土构造柱，而对混凝土空心砌块房屋，可利用空心砌块孔洞设置钢筋混凝土芯柱，也可设置钢筋混凝土构造柱。

对多层砖房应按表 5-8 要求设置钢筋混凝土构造柱。对外廊式和单面走廊式的多层砖房，应根据房屋增加一层后的层数按表 5-8 要求设置构造柱，且单面走廊两侧的纵墙均应按外墙处理。

教学楼、医院等横墙较少的房屋，应根据房屋增加一层后的层数，按表 5-8 的要求设置构造柱；当教学楼、医院等为外廊式或单面走廊式时，应按照上述的要求设置构造柱，但 6 度不超过四层、7 度不超过三层和 8 度不超过二层时，应按增加二层后的层数对待。

砖房构造柱设置要求 **表 5-8**

房屋层数				各种层数和烈度均设置的部位	随层数和烈度变化而增的部位
6 度	7 度	8 度	9 度		
四、五	三、四	二、三		外墙四角，错层部位横墙与外纵墙交接处，较大洞口两侧，大房间内外墙交接处	7、8 度时，楼、电梯间的四角；隔 15m 或单元横墙与外纵墙交接处
六、七	五	四	二		隔开间横墙（轴线）与外墙交接处，山墙与内纵墙交接处，7～9 度时，楼、电梯间的四角
八	六、七	五、六	三、四		内墙（轴线）与外墙交接处，内墙的局部较小墙垛处；7～9 度时，楼、电梯间的四角；9 度时，内纵墙与横墙（轴线）交接处

构造柱最小截面尺寸可采用 240mm×180mm，纵向钢筋宜采用 4Φ12，箍筋间距不宜大于 250mm，且在柱上下端宜适当加密；7 度时超过六层、8 度时超过五层和 9 度时，构造柱纵向钢筋宜采用 4Φ14，箍筋间距不应大于 200mm，房屋四角的构造柱可适当加大截面及配筋。

钢筋混凝土构造柱必须先砌墙、后浇筑，与墙连接处应砌成马牙槎，并应沿墙高每 500mm 设 2ϕ6 拉结钢筋，每边伸入墙内不宜小于 1m，参见图 5-14。

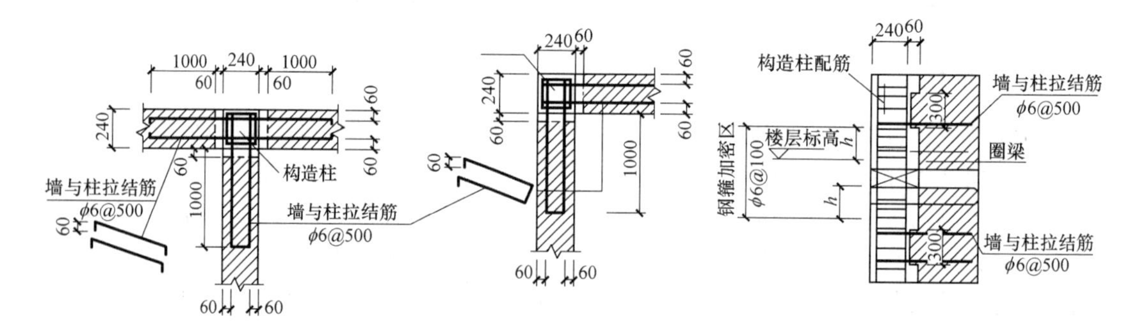

图 5-14 构造柱与砖墙体连接构造（单位：mm）

构造柱应与圈梁连接。构造柱的纵筋应穿过圈梁，保证构造柱纵筋上下贯通。

构造柱可不单独设置基础，但应伸入室外地面下 500mm，或与埋深小于 500mm 的基础圈梁相连。

当房屋高度和层数接近表 5-1 的限值时，纵、横墙内构造柱的间距应满足：横墙内的构造柱间距不宜大于层高的两倍，下部 1/3 楼层的构造柱间距适当减小；当外纵墙开间大于 3.9m 时，应另设加强措施。内纵墙的构造柱间距不宜大于 4.2m。

对空心砌块房屋钢筋混凝土芯柱设置可按如下要求进行：

① 混凝土小砌块房屋应按表 5-9 要求设置钢筋混凝土芯柱。对医院、教学楼等横墙较少的房屋，应根据房屋增加一层后的层数按表 5-9 要求设置芯柱。

混凝土小砌块房屋芯柱设置要求　　表 5-9

房屋层数			设置部位	设置数量
6度	7度	8度		
四、五	三、四	二、三	外墙转角、楼梯间四角、大房间内外交接处；隔 15m 或单元横墙与外纵墙交接处	外墙转角，灌实 3 个孔；内外接处，灌实 4 个孔
六	五	四	外墙转角、楼梯间四角、大房间内外交接处，山墙与内纵墙交接处，隔开间横墙（轴线）与外纵墙交接处	
七	六	五	外墙转角、楼梯间四角；各内墙（轴线）与外纵墙交接处；8、9 度时，内纵墙与横轴（轴线）交接处和洞口两侧	外墙转角，灌实 5 个孔；内外墙交接处，灌实 4 个孔，内墙交接处，灌实 4～5 个孔；洞口两侧各灌实 1 个孔
	七	六	外墙转角、楼梯间四角；各内墙（轴线）与外纵墙交接处；8、9 度时，内纵墙与横轴（轴线）交接处和洞口两侧，横墙内芯柱间距不宜大于 2m	外墙转角，灌实 7 个孔；内外墙交接处，灌实 5 个孔；内墙交接处，灌实 4～5 个孔；洞口两侧各灌实 1 个孔

② 混凝土小砌块房屋芯柱；截面不应小于 120mm×120mm；芯柱混凝土强度等级不应低于 C20，芯柱与墙连接处应设置拉结钢筋网片；竖向插筋应贯通墙身且应与每层圈梁连接，插筋不应少于 1Φ12；7 度时超过五层、8 度时超过四层和 9 度时，插筋不应少于 1Φ14；芯柱也应伸入室外地面 500mm，或锚入浅于 500mm 的基础圈梁内；为提高墙体抗震受剪承载力而设置的芯柱，宜在墙体内均匀布置，最大净距不宜大于 2.0m。

小砌块房屋中代替芯柱的钢筋混凝土构造柱，应符合下列构造要求：

① 构造柱最小截面可采用 190mm×190 mm，纵向钢筋宜采用 4Φ12。箍筋间距不宜大于 250mm，且在柱上下端宜适当加密；7 度时超过五层、8 度时超过四层，构造柱纵向钢筋宜采用 4Φ14，箍筋间距不应大于 200mm；外墙转角的构造柱可适当加大截面及配筋。

② 构造柱与砌块墙连接处应砌成马牙槎，与构造柱相邻的砌块孔洞，6 度时宜填实，7 度时应填实，8 度时应填实并插筋，沿墙高每隔 600mm 应设拉结钢筋网片，每边伸入墙内不宜小于 1m。

③ 构造柱与圈梁连接处，构造柱的纵筋应穿过圈梁，保证构造柱的纵筋上下贯通。

④ 构造柱可不单独设置基础，但应伸入室外地面下 500mm，或与埋深小于 500mm 的圈梁相连。

（2）钢筋混凝土圈梁的设置

钢筋混凝土圈梁对房屋抗震有重要作用，它除了和钢筋混凝土构造柱或芯柱对墙体及房屋产生约束作用外，还可以加强纵横墙的连接，箍住楼屋盖，增强其整体性并可增强墙体的稳定性。另外，钢筋混凝土圈梁可抑制地基不均匀沉降造成的破坏。

对横墙承重的装配式钢筋混凝土楼（屋）盖或木楼（屋）盖房屋，应按表5-10的规定设置现浇圈梁。对纵墙承重房屋，每层均应设置圈梁，且抗震横墙上的圈梁应比表5-10规定的适当加密。现浇或装配整体式钢筋混凝土楼（屋）盖与墙体有可靠连接时，可不设圈梁，但楼板沿墙体周边应加强配筋并应与相应的构造柱钢筋可靠连接。圈梁在表5-10要求的间距内无横墙时，应利用梁或板缝中配筋替代圈梁。

多层黏土砖房的现浇钢筋混凝土圈梁的截面高度不应小于120mm，配筋应符合表5-11的要求。为加强基础整体性和刚性而增设的基础圈梁，其截面高度不应小于180mm，配筋不应少于4Φ12。

砖房现浇钢筋混凝土圈梁设置要求　**表5-10**

墙体类型	烈度		
	6、7度	8度	9度
外墙和内纵墙	屋盖处及每层楼盖处	屋盖处及每层楼盖处	屋盖处及每层楼盖处
内横墙	屋盖处及每层楼盖处；屋盖处间距不应大于7m；楼盖处间距不应大于15m；构造柱对应部位	屋盖处及每层楼盖处；屋盖处沿所有横墙，且间距不应大于7m；楼盖处间距不应大于7m；构造柱对应部位	屋盖处及每层楼盖处；各层所有横墙

圈梁配筋要求　**表5-11**

配筋	烈度		
	6、7度	8度	9度
最小纵筋	4Φ10	4Φ12	4Φ12
最大箍筋间距	250mm	200mm	150mm

对小砌块房屋的现浇钢筋混凝土圈梁，应按照表5-12的要求设置，圈梁宽度不小于190mm，配筋不应少于4Φ12，箍筋间距不应大于200mm。

小砌块房屋现浇钢筋混凝土圈梁设置要求　**表5-12**

墙类	烈度	
	6、7度	8度
外墙和内纵墙	层盖处及每层楼盖处	层盖处及每层楼盖处
内横墙	屋盖处及每层楼盖处；屋盖处沿所有横墙；楼盖处间距不应大于7m；构造柱对应部位	屋盖处及每层楼盖处；各层所有横墙

值得指出的是：预制圈梁的抗震作用远比现浇圈梁差，因此，圈梁均需现浇；其次，为确保圈梁的约束作用，圈梁必须闭合，遇有洞口对应上下搭接，圈梁宜与预制板设在同一标高处或紧靠板底；最后，以上对圈梁设置的要求是《建筑抗震设计规范》的最低要求，在实际设计时，当房屋层数较多，烈度较高，可适当加密圈梁的布置，特别是对于软弱地基，可在每层每道承重墙上设置现浇圈梁。

5.2.3.2　加强构件间连接的构造措施

（1）墙与墙之间的连接要求

对多层砖房纵横墙之间的连接，一方面应在施工过程中注意纵横墙的咬槎，另一方面在构造设计时也应注意，对7度时长度大于7.2m的大房间及8度和9度时外墙转角及内外墙交接处，当未设构造柱时，应沿墙高每隔500mm配置2Φ6拉结钢筋，并每边伸入墙内不宜少于1m（图5-15）。对后砌的非承重砌体隔墙应沿墙高每隔500mm配置2Φ6钢筋与承重墙或柱拉结，并每边伸入墙内不应小于500mm。8度和9度时，长度大于5.1m的后砌非承重隔墙的墙顶尚应与楼板或梁拉结。

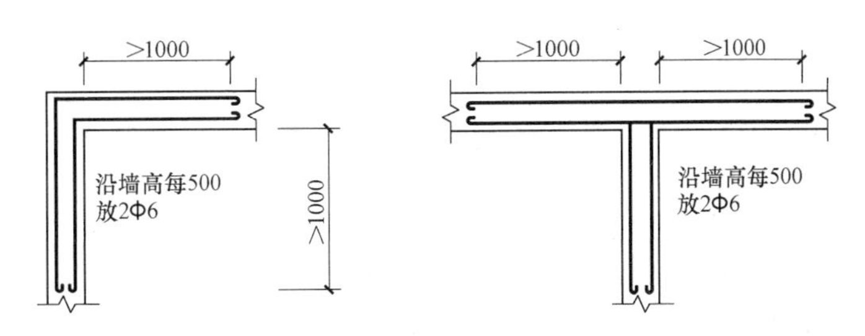

图5-15　墙与墙之间拉结钢筋布置

对小砌块房屋，柱体交接处或芯柱与墙体连接处应设置拉结钢筋网片，网片每边伸入墙内不宜小于1m，另外，混凝土小型砌块房屋可采用中ϕ4点焊钢筋网片，沿墙高每隔600mm设置。

另外，小砌块房屋的层数，6度时七层、7度时超过五层、8度时超过四层，在底层和顶层的窗台标高处，沿纵横墙应设置通长的水平现浇钢筋混凝土带，其截面高度不小于60mm，纵筋不少于2Φ10，并应有分布拉结钢筋，其混凝土强度等级不应低于C20。

（2）墙体与楼（屋）盖间及预制板间的连接要求

① 现浇钢筋混凝土楼板或屋面板伸进纵、横墙内的长度，均不宜小于120mm；

② 装配式钢筋混凝土楼板或屋面板，当圈梁未设在板的同一标高时，板端伸进外墙的长度不应小于120mm，伸进内墙的长度不宜小于100mm，在梁上不应小于80mm。

③ 当板的跨度大于4.8m并与外墙平行时，靠外墙的预制板侧边应与墙或圈梁拉结。

④ 房屋端部大房间的楼盖，8度时房屋的屋盖和9度时房屋的楼、屋盖，当圈梁设在板底时，钢筋混凝土预制板应相互拉结，并应与梁、墙或圈梁拉结。

（3）其他构件间连接要求

① 楼、屋盖的钢筋混凝土梁或屋架，应与墙、柱（包括构造柱）或圈梁可靠连接，梁与砖柱的连接不应削弱柱截面，各层独立砖柱顶部应在两个方向均有可靠连接。

② 坡屋顶房屋的屋架应与顶层圈梁可靠连接，檩条或屋面板应与墙及屋架可靠连接，房屋出入口处的檐口瓦应与屋面构件锚固；8度和9度时，顶层内纵墙顶宜增砌支撑山墙的踏步式墙垛。

③ 预制阳台应与圈梁和楼板的现浇板带可靠连接。

④ 门窗洞处不应采用无筋砖过梁；过梁支承长度，6～8度时不应小于240mm，9度时不应小于360mm。

⑤ 8度和9度时，顶层楼梯间横墙和外墙宜沿墙高每隔500mm设置2ϕ6通长钢筋，9

度时其他各楼层可在休息平台或楼层半高处设置60mm厚的配筋砂浆带，砂浆强度等级不应低于M5，钢筋不宜少于2Φ10。

⑥ 8度和9度时，楼梯间及门厅内墙阳角处的大梁支承长度不应小于500mm，且应与圈梁连接。

⑦ 装配式楼梯段应与平台板的梁可靠连接，不应采用墙中悬挑式踏步或踏步竖肋伸入墙体的楼梯，不应采用无筋砖砌栏板。

⑧ 突出屋顶的楼、电梯间，构造柱应伸到顶部，并与顶部圈梁连接，内外墙交接处应沿墙高每隔500mm设2φ6拉结钢筋且每边伸入墙内不应小于1m。

⑨ 同一结构单元的基础（或桩承台），宜采用同一类型的基础，底面宜埋置在同一标高上，否则应增设基础圈梁并应按1∶2的台阶逐步放坡。

当横墙较少的多层普通砖、多孔砖住宅楼的总高度和层数接近或达到表5-1规定限值时，应采取下列加强措施：

① 房屋的最大开间尺寸不宜大于6.6m。

② 同一结构单元内横墙错位数量不宜超过横墙总数的1/3，且连续错位不宜多于两道；错位的墙体交接处均应增设构造柱，且楼、屋面板应采用现浇钢筋混凝土板。

③ 横墙和内纵墙上洞门的宽度不宜大于1.5m；外纵墙上洞口的宽度不宜大于2.1m或开间尺寸的一半；且内外墙上洞口位置不应影响内外纵墙与横墙的整体连接。

④ 所有纵横墙均应在楼、屋盖标高处设置加强的现浇钢筋混凝土圈梁；圈梁的截面高度不宜小于150mm，上下纵筋各不应少于3Φ10，箍筋不小于φ6，间距不大于300mm。

⑤ 所有纵横墙交接处及横墙的中部，均应增设满足下列要求的构造柱．在横墙内的柱距不宜大于层高，在纵墙内的柱距不宜大于4.2m，最小截面尺寸不宜小于240mm×240mm，配筋宜符合表5-13的要求。

⑥ 同一结构单元的楼，屋面板应设置在同一标高处。

⑦ 房屋底层和顶层的窗台标高处，宜设置沿纵横墙通长的水平现浇钢筋混凝土带；其楼面高度不小于60mm，宽度不小于240mm，纵向钢筋不少于3φ6。

增设构造柱的纵筋和箍筋设置要求 **表5-13**

<table>
<tr><th rowspan="2">位置</th><th colspan="3">纵向钢筋</th><th colspan="3">箍筋</th></tr>
<tr><th>最大配筋率(%)</th><th>最小配筋率(%)</th><th>最小直径(mm)</th><th>加密区范围(mm)</th><th>加密区间距(mm)</th><th>最小直径(mm)</th></tr>
<tr><td>角柱</td><td rowspan="2">1.8</td><td rowspan="2">0.8</td><td>14</td><td>全高</td><td rowspan="3">100</td><td rowspan="3">6</td></tr>
<tr><td>中柱</td><td>14</td><td rowspan="2">上高700
下高500</td></tr>
<tr><td>边柱</td><td>0.8</td><td>0.6</td><td>12</td></tr>
</table>

5.2.4 砌体结构房屋抗震设计实例

某六层砌体房屋，第一层层高3.85m（从基础顶算起），其余各层均为2.8m。各层结构平面图相同（如图5-17所示）。楼盖和屋盖采用预制钢筋混凝土空心板，局部为现浇板。Ⓐ—Ⓒ轴间预制板沿纵向布置；Ⓒ—Ⓔ轴间预制板沿横向布置，其余楼板为现浇板。上部结构砌体块材为多孔承重砖，砖的强度等级为MU10，砌筑砂浆为混合砂浆，砂浆强度一层为M10，二～三层为M7.5，四～六层为M5。门窗尺寸见图中标注。抗震设防烈度为7度，设计地震分组为第一组，场地类别为Ⅱ类。试验算该房屋的抗震强度。

解：1. 建筑总重力荷载代表值G的计算

（1）楼面恒荷载：

40mm厚细石混凝土	0.96kN/m^2
120mm厚多孔板	2.05kN/m^2
20mm厚粉底抹灰	0.40kN/m^2
总计	3.41kN/m^2
40mm厚细石混凝土	0.96kN/m^2
100mm厚现浇板	2.50kN/m^2
20mm厚板底抹灰	0.40kN/m^2
总计	3.86kN/m^2

（2）屋面恒荷载：

隔热板	1.53kN/m^2
三毡四油	1.5kN/m^2
70厚细石混凝土	1.68kN/m^2
120厚预空板	2.05kN/m^2
20厚板底抹灰	0.40kN/m^2
共计	6.06kN/m^2

（3）活荷载

按照《建筑结构荷载规范》GB 50009—2001确定楼面、屋面使用活荷载，取值加下：卧室、客厅2.0kN/m^2；卫生间、厨房2.0kN/m^2；阳台2.5kN/m^2。

集中在各楼层标高处的各质点重力荷载代表值包括：楼面（或屋顶）恒荷载的标准值、50%的楼（屋）面承受的活荷载，上下各半层墙重的标准值之和，电算过程从略，结果如下：

六层顶	$G_6=3345.2$kN
五层顶	$G_5=3785.9$kN
四层顶	$G_4=3785.9$kN
三层顶	$G_3=3785.9$kN
二层顶	$G_2=3785.9$kN
底层顶	$G_1=4245.2$kN

建筑物总重力荷载代表值

$$G=\sum_{i-1}^{6}G_i=22734\text{kN}$$

2. 水平地震作用的计算

按7度时多遇地震查表，$\alpha_{\max}=0.08$，考虑到是砌体结构房屋$\alpha_1=\alpha_{\max}$，则房屋底部总水平地震作用标准值F_{EK}为

$$F_{EK}=\alpha_{max}\times G_{eq}=0.08\times0.85\times22734=1546.0\text{kN}$$

各楼层的水平地震作用及地震剪力标准值如表 5-14 和图 5-16 所示。

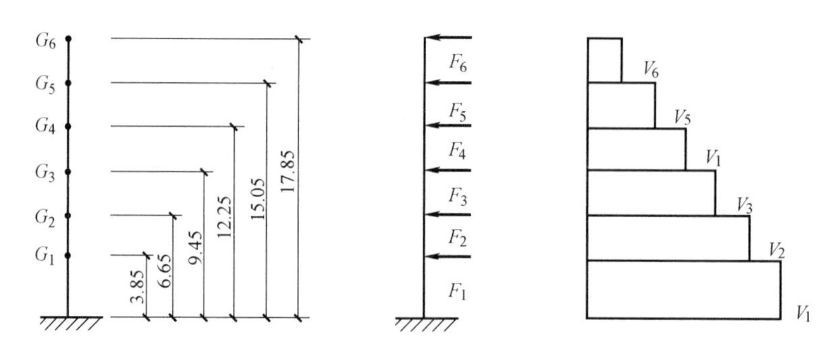

图 5-16　水平地震作用剪力分布图

3. 抗震强度验算

(1) 顶层墙体抗震强度验算

从图 5-17 中可以看出，预制空心楼板沿纵横轴方向均有布置，选择竖向压应力较小的⑨轴线上Ⓐ～Ⓔ轴间墙（记作墙体 9）对不利墙体进行验算。

墙体 9 净横截面面积：

$$A_{顶9}=(3.6+4.4+0.24)\times0.24=1.98\text{m}^2$$

顶层横墙总净横截面面积为 23.62m^2。

水平地震作用及地震剪力标准值　　　**表 5-14**

分项	G_i(kN)	H_i(m)	G_iH_i(kN·m)	F_i(kN)	V_i(kN)
6	3345.2	17.85	59712	384.06	384.06
5	3785.9	15.05	56978	366.48	750.54
4	3785.9	12.25	46377	298.29	1048.83
3	3785.9	9.45	35777	230.11	1278.94
2	3785.9	6.65	25176	161.93	1440.87
1	4245.2	3.85	16344	105.12	1546.0
Σ	22734		240364	1546.0	

顶层建筑面积

$$F_6=301.8\text{m}^2$$

墙体 9 承受的地震荷载面积

$$F_{69}\approx3.6\times(3.6+4.4+0.24)=29.66\text{m}^2$$

楼盖为半刚性楼盖，根据式（5-9）有

$$V_{顶9}=\frac{1}{2}\left(\frac{1.98}{23.62}+\frac{29.66}{301.8}\right)\times384.06=34.97\text{kN}$$

墙体 9 在半层高处之平均压应力为（砖砌体重度为 19kN/m^3）：

$$\sigma_0=\frac{1.4\times8.24\times0.24\times19+3.6\times8.24\times6}{0.24\times8.24}=116.6\text{kN/m}^2=11.66\times10^{-2}\text{N/mm}^2$$

查《砌体结构设计规范》得砂浆强度等级为 M5 时的砖砌体 $f_v=0.11\text{N/mm}^2$，$\sigma_0/f_v=11.66\times10^{-2}/0.11=1.06$，故查表 5-5 得砌体强度的正应力影响系数 ζ_N 为 1.008。由 $f_{VE}=\zeta_N f_v$ 得

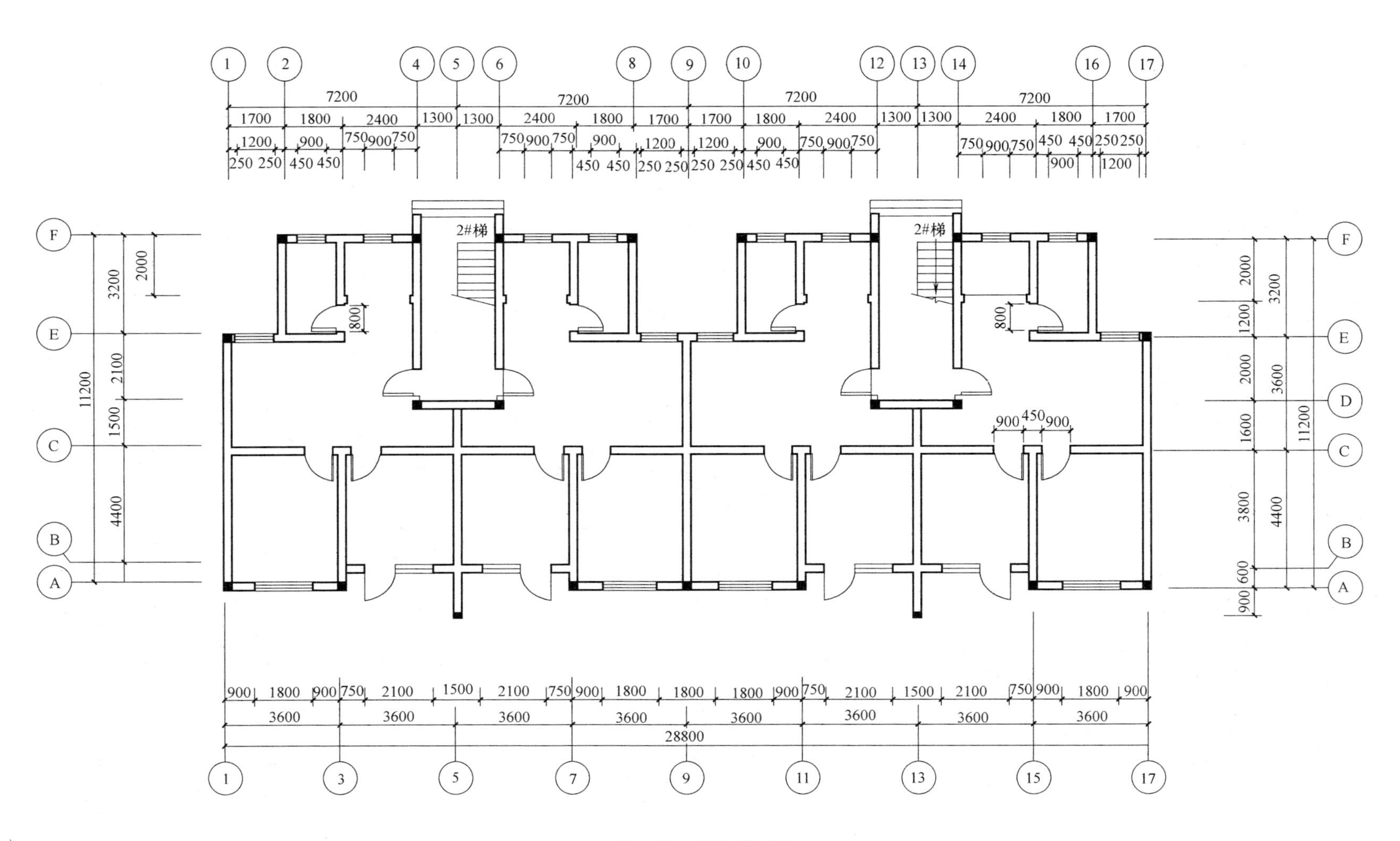

图 5-17　底层平面图

$$f_{VE}=1.008\times0.11=0.111\text{N/mm}^2$$

墙体9承载力抗震调整系数γ_{RE}取1.0，水平地震作用分项系数为1.3。

$$\gamma_{Eh}V_{顶9}=1.3\times34.97\text{kN}=45.46\text{kN}$$

$$<\frac{f_{VE}A_{顶9}}{\gamma_{RE}}=\frac{0.111\times1980000}{1.0}=219780\text{N}=219.78\text{kN}$$

故顶层墙体9满足抗震要求。

(2) 横向地震作用下，横墙的抗剪强度验算（取底层③轴线Ⓔ～Ⓕ间墙体，记作墙体3）

① 地震剪力计算

墙体3横截面面积$A_{13}=(3.2+0.24—0.8)\times0.24=0.63\text{m}^2$

底层横墙总截面面积为23.62m^2。

墙体3承受的地震荷载面积：

$$F_{13}=(0.9+1.2)\times(3.2+0.24)=7.224\text{m}^2$$

底层建筑面积：

$$F_1=301.8\text{m}^2$$

考虑到半刚性楼盖按式(5-9)计算，得

$$V_{13}=\frac{1}{2}\left(\frac{A_{13}}{A_1}+\frac{F_{13}}{F_1}\right)V_1=\frac{1}{2}\left(\frac{0.63}{23.62}+\frac{7.224}{301.8}\right)\times1546.0=39.1\text{kN}$$

② 经计算得墙体3在层高半高处之平均压应力为

$$\sigma_0=595.6\text{kN/m}^2=59.56\times10^{-2}\text{N/mm}^2$$

③ 查《砌体结构设计规范》得砂浆强度等级为M10时的砌体$f_v=0.17\text{N/mm}^2$，$\sigma_0/f_v=59.56\times10^{-2}/0.17=3.50$，故查表5-5得砌体强度的正应力影响系数$\zeta_N$为1.335。由$f_{VE}=\zeta_N f_v$得

$$f_{VE}=1.335\times0.17=0.227\text{N/mm}^2$$

$$\gamma_{Eh}=1.3\times39.1\text{kN}=50.83\text{kN}$$

$$<\frac{f_{VE}A_{13}}{\gamma_{RE}}=\frac{0.227\times630000}{1.0}=143010\text{N}=143.0\text{kN}$$

所以墙体3的抗剪强度满足抗震要求。

(3) 纵向地震作用下，外纵墙抗剪强度验算（取底层Ⓕ轴）。

① 作用在Ⓕ轴窗间墙Ⓒ上的地震剪力

因为作用在Ⓕ轴纵墙上的地震剪力按刚性楼盖时的情况分配，所以有

$$V_F=\frac{A_{1F}}{A_1}V_1$$

A_{1F}、A_1分别为第一层Ⓕ轴纵墙和第一层所有纵墙的截面积。

由于Ⓕ轴各窗间墙宽度相等，所以作用在窗间墙上的地震剪力V_C可按截面面积的比例进行分配，即

$$V_C=\frac{A_C}{A_{1F}}V_F=\frac{A_C}{A_{1F}}\frac{A_{1F}}{A_1}V_1=\frac{A_C}{A_1}V_1$$

式中，A_C为窗间墙的截面积，$A_C=(0.75+0.45)\times0.24=0.288\text{m}^2$，$A_1=14.7\text{m}^2$，故$V_C=\frac{0.288}{14.7}\times1546.0=30.3\text{kN}$

② 窗间墙抗震强度验算

Ⓕ 轴窗间墙在层高半高处截面上的平均压应力为：

$$\sigma_0=627.4\text{kN/m}^2=62.7\times10^{-2}\text{N/mm}^2$$

$f_v=0.17\text{N/mm}^2$，$\dfrac{\sigma_0}{f_v}=3.68$，查表得 $\zeta_N=1.335$，$f_{VE}=1.355\times0.17=0.23\text{N/mm}^2$，则

$\gamma_{Eh}V_c=1.3\times30.3=39.4\text{kN}<\dfrac{f_{VE}A_C}{\gamma_{RE}}=\dfrac{0.23\times288000}{1.0}=66.2\text{kN}$

所以窗间墙Ⓒ满足抗震要求。

（4）其他各层墙体抗剪强度的验算同上，此处从略。

5.3 底部框架—抗震墙砌体房屋抗震设计

本章介绍的底部框架—抗震墙砌体房屋，除底部一层或二层为框架—抗震墙结构外，其余各层均为砌体结构。因此，除本章专门介绍的抗震设计内容外，其余均按照第 2 章介绍的砌体结构房屋抗震设计方法及有关规定进行抗震设计。

5.3.1 建筑布置与结构选型

5.3.1.1 底部框架—抗震墙砌体房屋的总高度和层数限制

对底部框梁-抗震墙砌体房屋的总高度和层数的限值如表 5-15 所示。底部框架—抗震墙房屋的底部层高，不应超过 4.5m。

房屋的层数和总高度限值（m） **表 5-15**

房屋类别	最小厚度	烈度					
		6 度		7 度		8 度	
		高度	层数	高度	层数	高度	层数
底部框架—抗震墙	240	22	7	22	7	19	6

5.3.1.2 抗震墙的间距限制

除了满足第 5.2.1.4 节的一般要求外，对底部框架—抗震墙砌体房屋的抗震墙间距的限值如表 5-16 所示。

房屋抗震横墙最大间距（m） **表 5-16**

房屋类别		烈度		
		6 度	7 度	8 度
底部框架—抗震墙	上部各层	同砌体结构		
	底层或底部两层	21	18	15

5.3.1.3 底部框架—抗震墙砌体房屋的结构布置

底部框架—抗震墙砌体房屋的结构布置除应符合规则、均匀、对称，避免质量和刚度发生突变，避免楼层错层等基本要求外，还应符合下列要求；

（1）上部的砌体抗震墙与底部的框架梁或抗震墙应对齐或基本对齐。

（2）房屋的底部，应沿纵横两方向设置一定数量的抗震墙，并应均匀对称布置或基本

均匀对称布置。6、7 度且总层数不超过五层的底层框架—抗震墙房屋，应允许采用嵌砌于框架之间的砌体抗震墙，但应计入砌体墙对框架的附加轴力和附加剪力；其余情况应采用钢筋混凝土抗震墙。

（3）底层框架—抗震墙房屋的纵横两个方向，第二层与底层侧向刚度的比值，6、7 度时不应大于 2.5，8 度时不应大于 2.0，且均不应小于 1.0。

（4）底部两层框架—抗震墙房屋的纵横两个方向，底层与底部第二层侧向刚度应接近，第三层与第二层侧向刚度的比值，6、7 度时不应大于 2.5，8 度时不应大于 2.0，且均不应小于 1.0。

（5）底部框架—抗震墙房屋的抗震墙应设置条形基础、筏式基础或桩基。

（6）房屋高宽比和局部尺寸限值参照 5.2.1.3 和 5.2.1.5 的有关要求。

5.3.2 地震作用计算与抗震强度验算

底部框架—抗震墙砌体房屋的地震作用计算及上部砌体房屋的抗震强度验算，可按 5.2 节所述进行计算、验算。对于底部框架的地震作用效应，应采用下述方法进行计算、调整：

1. 对底层框架—抗震墙房屋，底层的纵向和横向地震剪力设计值均应乘以增大系数，其值应允许根据第二层与底层侧向刚度比值的大小在 1.2～1.5 范围内选用。

2. 对底部两层框架—抗震墙房屋，底层和第二层的纵向和横向地震剪力设计值亦均应乘以增大系数，其值应允许根据侧向刚度比在 1.2～1.5 范围内选用。

3. 底层或底部两层的纵向和横向地震剪力设计值应全部由该方向的抗震墙承担，并按抗震墙侧向刚度比例分配。

4. 底部框架柱的地震剪力和轴向力，宜按下列规定调整：

（1）框架柱承担的地震剪力设计值，可按框架柱所在层各抗侧力构件有效侧向刚度比例分配确定，有效侧向刚度的取值，框架不折减，混凝土墙可乘以折减系数 0.30，砖墙可乘以折减系数 0.20。

$$V_c=\frac{K_c V}{0.3\sum K_{cw}+0.2\sum K_{bw}+\sum K_c}$$

式中 K_c——框架柱的抗侧刚度 $K_c=12EI_c/h^3$；

K_{cw}——一片钢筋混凝土墙的弹性抗侧刚度，按下式计算：

$$K_{cw}=\frac{1}{1.2h/GA+h^3/3Ei}$$

K_{bw}——一片砖砌体抗震墙的弹性抗侧刚度，按下式计算：

$$K_{bw}=\frac{1}{1.2h/GA+h^3/3Ei}$$

E、G——材料的弹性模量、剪切模量，计算时按不同墙体材料的特性取值，例如，对钢筋混凝土 $G=0.3E$，砌体 $G=0.4E$；

A、I——墙体截面的几何特性，按材料力学的方法计算。

计算墙体的弹性抗侧刚度时，应考虑墙面开洞的影响。

（2）框架柱的轴力应计入地震倾覆力矩引起的附加轴力，上部砖房可视为刚体，底部各轴线承受的地震倾覆力矩，可近似按底部抗震墙和框架的侧向刚度的比例分配确定。也可按下述方法按转动刚度比例分配：

① 一片抗震墙承担的倾覆力矩 M_w 为

$$M_w=\frac{K_{w\phi}M_i}{\sum K_{w\phi}+\sum K_{f\phi}}$$

② 一榀框架承担的倾覆力矩为

$$M_f=\frac{K_{i\phi}M_i}{\sum K_{w\phi}+\sum K_{i\phi}}$$

式中　M_i——作用于框架层顶面的地震倾覆力矩；

$K_{w\phi}$——底层一片抗震墙平面内转动刚度：

$$K_{w\phi}=\frac{1}{h/EI+1/C_\phi I_\phi}$$

$K_{f\phi}$——一榀框架沿自身平面内的转动刚度：

$$K_{f\phi}=\frac{1}{h/E\sum A_iX_i^2+1/C_2\sum A_iX_i^2}$$

I、I_ϕ——抗震墙水平截面和基础底面的转动惯量；

C_z、C_ϕ——地基抗压和抗弯刚度系数（kN/m^3），它们与地基土的性质、基础底面积、基础形状、埋深、基础刚度等基础特性及动力特性有关，宜在现场试验确定，也可按下式近似关系求得：$C_\phi=2.15C_z$；

A_i、A_{fi}——一榀框架中第 i 根柱子水平截面面积和基础底面积；

X_i——第 i 根柱子到所在框架中和轴的距离。

③ 当一榀框架所承担的倾覆力矩求出后，每根柱子的附加轴力可近似地按下式计算

（a）当假定附加轴力全部由两个外柱承担时

$$N=\pm\frac{M_i}{B}$$

式中　B——两个外柱之间的距离。

（b）当假定附加轴力由全部柱子承担时

$$N=\pm\frac{M_iA_iX_i}{\sum_{i-1}^{l}A_iX_i^2}$$

式中　l——一榀框架中柱子的总数。

（3）底部框架—抗震墙房屋的钢筋混凝土托墙梁计算地震组合内力时，可考虑上部墙体与托墙梁的组合作用，但应计入地震时墙体开裂对组合作用的不利影响，可调整有关的弯矩系数、轴力系数等计算参数。

5. 底层框架—抗震墙房屋中嵌砌于框架之间的普通砖抗震墙，当符合 5.3.3 节的构造要求时，其抗震验算应符合下列规定。

（1）底层框架柱的轴向力和剪力，应计入砖抗震墙引起的附加轴向力和附加剪力，其位可按下列公式确定：

$$N_f=V_wH_f/l$$

$$V_f=V_w$$

式中　V_w——墙体承担的剪力设计值，柱两侧有墙时可取二者的较大值；

N_{f}——框架柱的附加轴向力设计值；

V_{f}——框架柱附加剪力设计值；

H_{f}、l——框架的层高和跨度。

（2）嵌砌于框架之间的普通砖抗震墙及两端框架柱，其抗震受剪承载力应按下式验算

$$V=\leqslant\frac{1}{\gamma_{\mathrm{REc}}}\sum(M_{\mathrm{yc}}^{\mathrm{u}}+M_{\mathrm{yc}}^{\mathrm{l}})/H_0+\frac{1}{\gamma_{\mathrm{REw}}}\sum f_{\mathrm{vE}}A_{\mathrm{wo}}$$

式中　V——嵌砌普通砖抗震墙及两端框架柱剪力设计值；

A_{wo}——砖墙水平截面的计算面积，无洞口时取实际截面的 1.25 倍，有洞口时取截面净面积，但不计入宽度小于洞口高度 1/4 的墙肢截面面积；

$M_{\mathrm{yc}}^{\mathrm{u}}$、$M_{\mathrm{yc}}^{\mathrm{l}}$——分别为底层框架柱上下端的正截面受弯承载力设计值，可按现行国家标准《混凝土结构设计规范》GB 50010—2002 非抗震设计的有关公式计算；

H_0——底层框架柱的计算高度，两侧均有砖墙时取柱净高的 2/3，其余情况取柱净高；

γ_{REc}——底层框架柱承载力抗震调整系数，可采用 0.8；

γ_{REw}——嵌砌普通砖抗震墙承载力抗震调整系数，可采用 0.9。

底部框架—抗震墙砌体房屋的底部框架及抗震墙按上述方法求得地震作用效应后，可按本书中第 6 章的“多高层钢筋混凝土结构抗震设计”及本章对钢筋混凝土构件及砌体墙进行抗震强度验算。此时，底部框架—抗震墙房屋的框架和抗震墙的抗震等级，6、7、8 度可分别按三、二、一级采用。

6. 抗震变形验算

底层框架砖房的底层部分属于框架—抗震墙结构，应进行低于本地区设防烈度的多遇地震作用下结构的抗震变形验算，其层间弹性位移角限值为：采用框架砖填充墙时为 1/550；采用框架—抗震墙时为 1/800。

底层框架砖房的底层有时是明显的薄弱部位，当楼层屈服强度系数小于 0.5 时，应进行高于本地区设防烈度预估的罕遇地震作用下的抗震变形验算，其层间弹塑性位移角限位为 1/100，具体设计时请参照本书的第 1 章和第 2 章“地震作用和抗震概念设计”的有关规定。

5.3.3 抗震构造措施

1. 底部框架—抗震墙房屋的上部应设置钢筋混凝土构造柱，应符合下列要求：

（1）钢筋混凝土构造柱的设置部位，应根据房屋的总层数按 5.2 节的规定设置，过渡层应在底部框架柱对应位置处设置构造柱。

（2）构造柱的截面，不宜小于 240mm×240mm。

（3）构造柱的纵向钢筋不宜少于 4Φ14，箍筋间距不宜大于 200mm。

（4）过渡层构造柱的纵向钢筋，7 度时不宜小于 4Φ16，8 度时不宜小于 6Φ16。一般情况下，纵向钢筋应锚入下部的框架柱内；当纵向钢筋锚固在框架梁内时，框架梁的相应位置应加强。

（5）构造柱应与每层圈梁连接，或与现浇楼板可靠拉结。

2. 上部抗震墙的中心线宜同底部的框架梁、抗震墙的轴线相重合；构造柱宜与框架柱上下贯通。

3. 底部框架—抗震墙房屋的楼盖应符合下列要求：

（1）过渡层的底板应采用现浇钢筋混凝土板，板厚不应小于 120mm；并应少开洞、开小洞，当洞口尺寸大于 800mm 时，洞口周边应设置边梁。

（2）其他楼层，采用装配式钢筋混凝土楼板时均应设现浇圈梁，采用现浇钢筋混凝土楼板时应允许不另设圈梁，但楼板沿墙体周边应加强配筋并应与相应的构造柱可靠连接。

4. 底部框架—抗震墙房屋的钢筋混凝土托墙梁，其截面和构造应符合下列要求：

（1）梁的截面宽度不应小于 300mm，梁的截面高度不应小于跨度的 1/10。

（2）箍筋的直径不应小于 8mm，间距不应大于 200mm；梁端在 1.5 倍梁高且不小于 1/5 梁净跨范围内，以及上部墙体的洞口处和洞口两侧各 500mm 且不小于梁高的范围内，箍筋间距不应大于 100mm。

（3）沿梁高应设腰筋，数量不应小于 2Φ14，间距不应大于 200mm。

（4）梁的主筋和腰筋应按受拉钢筋的要求锚固在柱内，且支座上部的纵向钢筋在柱内的锚固长度应符合钢筋混凝土框支梁的有关要求。

5. 底部的钢筋混凝土抗震墙，其截面和构造应符合下列要求；

（1）抗震墙周边应设置梁（或暗梁）和边框柱（或框架柱）组成的边框；边框梁的截面宽度不宜小于墙板厚度的 1.5 倍，截面高度不宜小于墙板厚度的 2.5 倍；边框柱的截面高度不宜小于墙板厚度的 2 倍。

（2）抗震墙墙板的厚度不宜小于 160mm，且不应小于墙板净高的 1/20；抗震墙宜开设洞口形成若干墙段，各墙段的高宽比不宜小于 2。

（3）抗震墙的竖向和横向分布钢筋配筋率均不应小于 0.25%，并应采用双排布置；双排分布钢筋间拉筋的间距不应大于 600mm，直径不应小于 6mm。

（4）抗震墙的边缘构件可按《建筑抗震设计规范》中第 6.4 节关于一般部位的规定设置。

6. 底层框架—抗震墙房屋的底层采用普通砖抗震墙时，其构造应符合下列要求：

（1）墙厚不应小于 240mm，砌筑砂浆强度等级不应低于 M10，应先砌墙后浇框架。

（2）沿框架柱每隔 500mm 配置 2Φ6 拉结钢筋，并沿砖墙全长设置；在墙体半高处尚应设置与框架柱相连的钢筋混凝土水平系梁。

（3）墙长大于 5m 时，应在墙内增设钢筋混凝土构造柱。

7. 底部框架抗震墙房屋的材料强度等级，应符合下列要求：

（1）框架柱、抗震墙和托墙梁的混凝土强度等级，不应低于 C30；

（2）过渡层墙体的砌筑砂浆强度等级，不应低于 M 7.5。

8. 底部框架—抗震墙房屋的其他抗震构造措施，应符合本书 5.3 节的有关要求。

5.3.4 底部框架—抗震墙砌体房屋抗震设计实例

某六层建筑，底层为商店，上部为住宅，平面及立面简图如图 5-20～图 5-22 所示。地震设防烈度为 7 度，设计地震分组为第二组，Ⅱ类场地土。二层楼面板厚为 150mm，其余板厚为120mm，底框部分混凝土强度等级为C30，其余为C20，每层楼面标高处均设置180mm高的现浇钢筋混凝土圈梁，在纵横墙交接处及过渡层横墙的中部均设置240mm×240mm的钢筋混凝土构造柱。住宅部分除厨房、卫生间隔墙外，纵横墙厚均为240mm多孔砖。底框部分填充墙采用非承重空心砖墙，M5混合砂浆砌筑，墙厚为240mm。底框部分的框架柱截面为450mm×450mm，底层混凝土墙厚为160mm，框架梁为300mm×500和300mm×800mm。住宅部分砖砌体采用MU10多孔砖，二层采用M10混合砂浆砌筑，三、四层采用M 7.5混合砂浆砌筑，五、六层采用M5混合砂浆砌筑。活荷载取值：阳台为2.5kN/m^2，其余均为2.0kN/m^2。

解：1. 各层荷载计算（kN/m^2）

（1）屋面恒荷载：

隔热	1.0
找坡	1.5
20厚找平	0.4
120厚现浇板	3.0
20厚粉底	0.4
共计	6.3

（2）标准层楼面恒荷载：

40厚找平	0.8
120厚现浇板	3.0
20厚粉底	0.4
共计	4.2

（3）二层楼面恒荷载：

40厚找平	0.8
150厚现浇板	3.75
吊顶	0.5
共计	5.05

2. 各层重力荷载值计算（kN）

（1）楼、屋面：

屋面重力荷载代表值	2651.3
屋面活荷载标准值	194.8
标准层楼面重力荷载代表值	1925.6
标准层活荷载标准值	804.4
二层楼面重力荷载代表值	1930.4
底层楼面恒荷载代表值	3689.8
底层活荷载标准值	712.4

（2）墙体：

标准层墙体重力荷载代表值	2169.5
底层墙体重力荷载代表值	718.1

(3) 各质点重力荷载大小（见图 5-18*a*）：

$$G_6 = 2651.3 + \frac{1}{2} \times 2619.5 + \frac{1}{2} \times 194.8 = 3833.5\text{kN}$$

$$G_5 = 1925.6 + \frac{1}{2} \times (2169.5 + 2169.5) + \frac{1}{2} \times 804.4 = 4497.3\text{kN}$$

$$G_4 = G_3 = G_5 = 4497.3\text{kN}$$

$$G_2 = 1930.4 + \frac{1}{2} \times (2169.5 + 2169.5) + \frac{1}{2} \times 804.4 = 4502.2\text{kN}$$

$$G_1 = 3689.8 + \frac{1}{2} \times (2169.5 + 718.1) + \frac{1}{2} \times 712.4 = 5489.8\text{kN}$$

$$G_{eq} = 0.85 \sum_{i=1}^{6} G_i = 23219.8\text{kN}$$

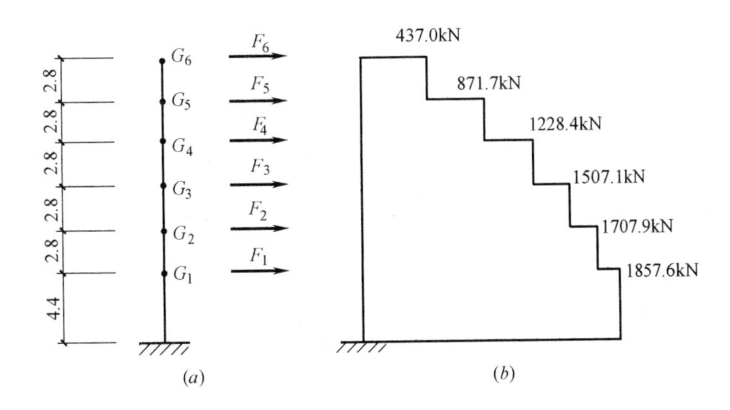

图 5-18 作用分布图

(*a*) 重力荷载及地震作用分布图；(*b*) 水平地震剪力

3. 各层地震作用计算（见图 5-18*b*）：

(1) 结构总水平地震作用

$$F_{EK} = \alpha_{max} \times G_{eq} = 0.08 \times 23219.8 = 1857.6\text{kN}$$

(2) 各楼层水平地震作用

$$F_i = \frac{G_i H_i}{\sum_{j=1}^{6} G_j H_j} F_{EK}(1 - \delta_n)$$

对于底层框架砖房，δ_n取 0，于是

$$F_6 = \frac{G_6 H_6}{\sum_{i=1}^{6} G_i H_i} \times 1857.6 = \frac{3833.5 \times 18.4}{299803.68} \times 1857.6 = 437.0\text{kN}$$

$$F_5 = \frac{4497.3 \times 15.6}{299803.68} \times 1857.6 = 434.7\text{kN}$$

$$F_4 = \frac{4497.3 \times 12.8}{299803.68} \times 1857.6 = 356.7\text{kN}$$

$$F_3=\frac{4497.3\times10}{299803.68}\times1857.6=278.7\text{kN}$$

$$F_2=\frac{4502.2\times7.2}{299803.68}\times1857.6=200.8\text{kN}$$

$$F_1=\frac{5489.8\times4.4}{299803.68}\times1857.6=149.7\text{kN}$$

（3）各楼层水平地震剪力

$V_6=437.0\text{kN}$

$V_5=437.0+434.7=871.7\text{kN}$

$V_4=871.7+356.7=1228.4\text{kN}$

$V_3=1228.4+278.7=1507.1\text{kN}$

$V_2=1507.1+200.8=1707.9\text{kN}$

$V_1=1707.9+149.7=1857.6\text{kN}$

4. 横墙抗震强度验算

由于二层和上面各层的结构布置相同，而二层的地震剪力远大于上面各层，因此只要验算二层的墙体强度。

（1）二层各横墙所受的地震剪力见表 5-17。其中关于各横墙刚度的计算公式请参见式（5-15），由于各墙的弹性模型 E 和厚度 t 都相同，可以在相对刚度计算中略去。

二层各横墙所受的地震剪力 **表 5-17**

墙轴线	$\rho=h/b$	$K_0=1/(\rho^3+3\rho)$	开洞率 μ	各横墙刚度 $K=(1-1.2\mu)\times K_0$	总刚度 ΣK	相对刚度 $K/\Sigma K$	层剪力 V_2	各轴墙承受地震剪力(kN) $V_{im}=V_2/K/\Sigma K$
①⑥⑪	0.276	1.178	0	1.178	1.178×3+0.990×4+0.990×2+1.083×2=11.64	0.101	1707.9	172.5
②⑤⑦⑩	0.276	1.178	0.133	0.990		0.085		145.2
③⑨	0.276	1.178	0.133	0.990		0.085		145.2
④⑧	0.276	1.178	0.133	0.067		0.093		158.8

（2）竖向荷载 N 的计算（考虑该层 1/2 高度以上的荷载）

$$N=3833.5+4497.3\times3+4502.2=21827.6\text{kN}$$

$$A=0.24\times(16.4+20.4+28+95.3)=38.424\text{m}^2$$

墙体平均压应力为

$$\sigma_0=\frac{N}{A}=\frac{21827.6}{38.424}=568.1\text{kPa}$$

由 MU10 多孔砖，M10 砂浆，得 $f_v=170\text{kPa}$；

$\frac{\sigma_0}{f_v}=\frac{568.1}{170}=3.34$；查表 5-5 得 $\zeta_N=1.32$；

$f_{VE}=1.32\times170=224.4\text{kPa}$；

以②轴为例，$A=0.24\times8.1=1.944\text{m}^2$

$\frac{f_{VE}A}{\gamma_{RE}}=\frac{224.4\times1.944}{0.9}=484.7\text{kPa}>1.3\times145.2=188.76\text{kPa}$，满足要求。

其余各轴线横墙的验算从略。

5. 纵墙的强度验算

同样选取二层作为分析对象，来分析纵墙的强度。

(1) 各纵墙所受的地震剪力见表 5-18。同表 5-17 中墙体的计算，由于各墙的 h/b 相同则，直接可以用 K_0 来表示。

二层各纵墙所受的地震剪力 **表 5-18**

墙轴线	开洞率 μ	各纵墙刚度 $K=(1-1.2\mu)\times K_0$	总刚度 ΣK	相对刚度 $K/\Sigma K$	层剪力 V_2 (kN)	各轴墙承受地震剪力(kN) $V_{im}=V_2/K/\Sigma K$
Ⓐ	0.37	$0.556K_0$		0.317		541.4
Ⓑ	0.407	$0.512K_0$	$1.752K_0$	0.292	1707.9	498.7
Ⓒ	0.263	$0.684K_0$		0.391		667.8

(2) 将各轴线墙承受的地震剪力，按各段墙的抗侧刚度分配到各片窗间墙，计算结果如表 5-19 所示。

二层各纵墙各段墙所分配的地震剪力 **表 5-19**

墙轴线	窗间墙宽 b (cm)	$\rho=h/b$	$K_0=1/(\rho^3+3\rho)$	各轴线墙刚度 ΣK	各轴线墙地震剪力 V_{im}(kN)	各窗间墙分配的地震剪力 $V_{wi}=V_{im}K_0/\Sigma K$
Ⓐ	90	150/90	0.104	0.104×2 +0.149×4 0.105×4 +0.325=1.549	541.4	36.3
	175	240/175	0.149			52.1
	145	240/145	0.105			36.7
	180	150/180	0.325			113.6
Ⓑ	360	280/360	0.357	0.357×2 +0.277×2 +0.816=2.084	498.7	85.4
	300	280/300	0.277			66.3
	720	280/720	0.816			195.3
Ⓒ	105	150/105	0.139	0.139×2 +0.300×4 +0.067×4 +0.255×4 +0.399=3.165	667.8	29.3
	170	150/170	0.300			63.3
	73	150/73	0.067			14.1
	152	150/152	0.255			53.8
	210	150/210	0.399			84.2

(3) 墙段抗震验算

我们选取Ⓒ轴的宽为 0.73m 的墙段来验算。

该段面积 $A=0.73\times0.24=0.175\text{m}^2$；由于砌体的材料性质相同，同样有 $\dfrac{f_{VE}A}{\gamma_{RE}}=\dfrac{224.4\times0.175}{0.9}=43.6\text{kPa}>1.3\times14.1=18.33\text{kPa}$，满足要求。

其余墙段的验算与此类似，从略。

6. 底部框架抗震验算

选取横向框架验算，纵向与此类似。

水平地震剪力横向作用时，抗侧构件主要是五榀横向框架和四段 160mm 厚的混凝土墙、四段 240mm 厚的填充墙。

横向框架结构计算简图如图5-19所示。

① 杆件刚度计算

框架梁：300mm×800mm，E 为常数

$$K_{L1}=\frac{1}{12}\times30\times80^2\times\frac{1}{510}=2510$$

$$K_{L2}=\frac{1}{12}\times30\times80^2\times\frac{1}{480}=2666$$

框架柱：450mm×450mm，E 为常数

$$K_Z=\frac{1}{12}\times45\times45^2\frac{1}{470}=727$$

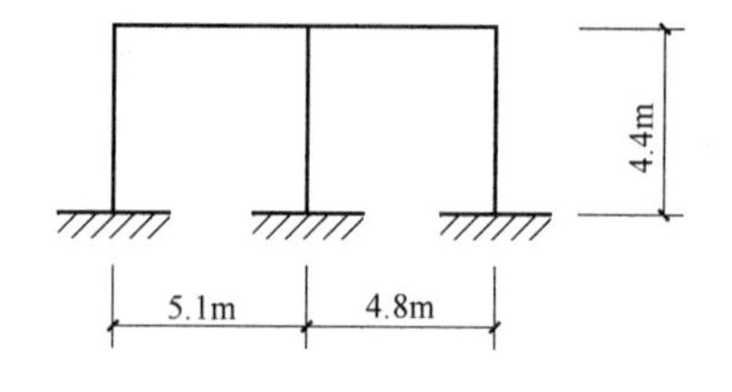

图5-19　横向框架计算简图

左边柱相对刚度为 $i_1=\frac{2510}{727}=3.45$

中柱相对刚度为 $i_2=\frac{2510+2666}{727}=7.12$

右边柱相对刚度为 $i_3=\frac{2666}{727}=3.67$

上述相对刚度都大于3，则可以近似认为各柱柱端固定无转动。

② 框架与抗震墙的抗侧刚度计算

框架的混凝土等级为C30，$E_c=3.00\times10^4\text{N/mm}^2=3.00\times10^7\text{kN/m}^2$

抗震砖墙的 $E_m=1600f=1600\times1.50=2400\text{MPa}=2.4\times10^6\text{kN/m}^2$

一榀框架柱的 D 值

$$D_1=i_c\frac{12}{h^2}=\frac{E_c\times\frac{1}{12}\times0.45\times0.45^2}{4.4}\times\frac{12}{4.4^2}=4.8\times10^{-4}E_c$$
$$=4.8\times10^4\times3.0\times10^7=14.4\times10^3\text{kN/m}$$

一榀框架的 D 值

$$D_f=14.4\times10^3\times3=43.2\times10^3\text{kN/m}$$

底层所有框架（11榀框架）的 D 值（即抗侧刚度）：

$$D=\sum D_f=11\times43.2\times10^3=475200\text{kN/m}$$

长为4.8m的一段混凝土抗震墙的抗侧刚度：

$$K_{cw1}=\frac{1}{\frac{1.2h}{G_cA}+\frac{h^3}{3E_cI}}=\frac{1}{\frac{1.2\times4.4}{0.4E_c\times0.16\times4.8}+\frac{4.4^3}{3E_c\frac{0.16\times4.8^3}{12}}}$$
$$=2.7\times10^2E_c=2.7\times10^{-2}\times3.00\times10^7=8.1\times10^5\text{kN/m}$$

长为5.1m的一段混凝土抗震墙的抗侧强度：

$$K_{cw2}=\frac{1}{\frac{1.2h}{G_cA}+\frac{h^3}{3E_cI}}=\frac{1}{\frac{1.2\times4.4}{0.4E_c\times0.16\times5.1}+\frac{4.4^3}{3E_c\frac{0.16\times5.1^3}{12}}}$$
$$=3.1\times10^{-2}E_c=3.1\times10^{-2}\times3.00\times10^7=9.3\times10^5\text{kN/m}$$

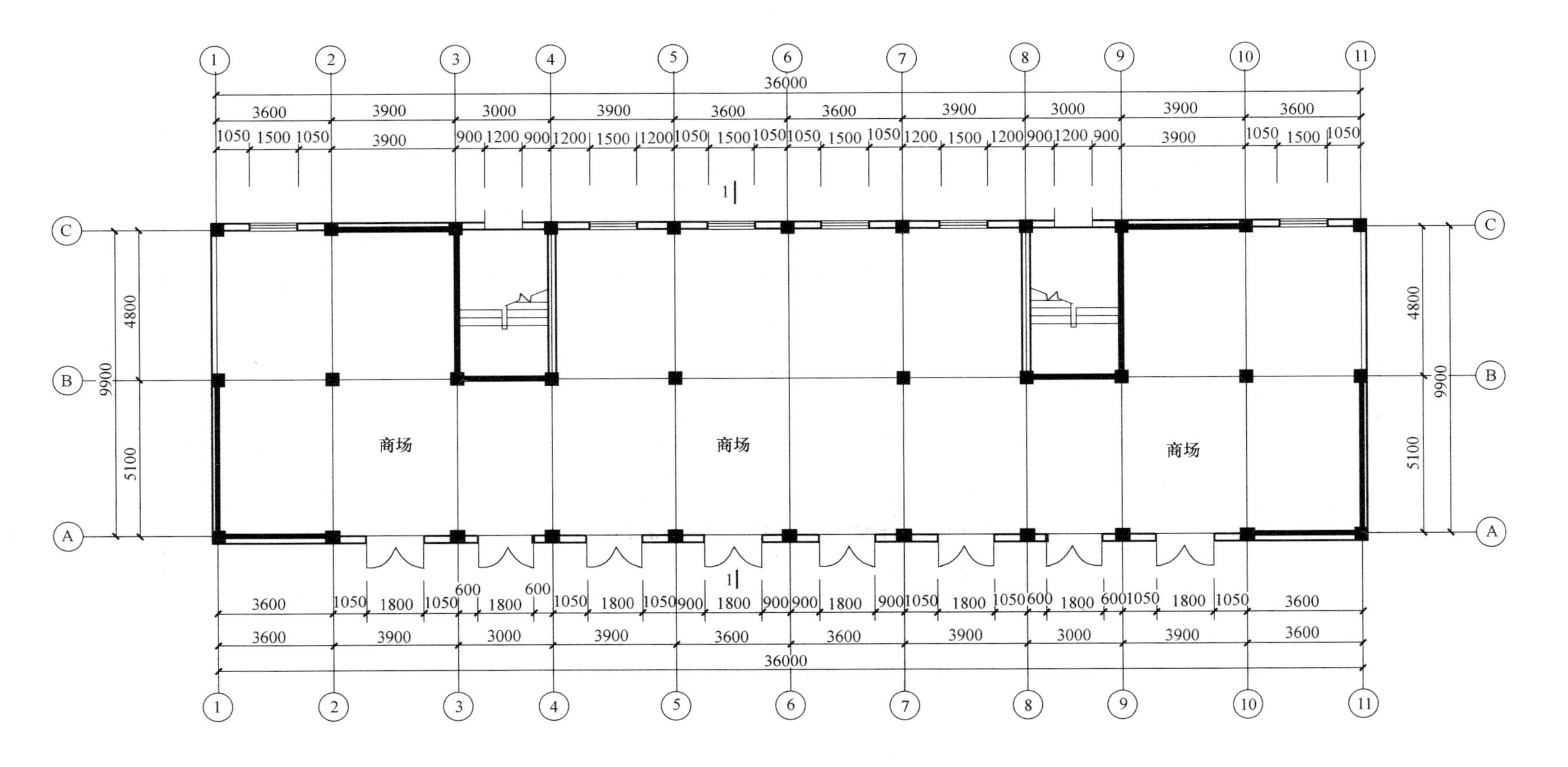
商场
商场
商场
36000
3600 3900 3000 3900 3600 3600 3900 3000 3900 3600
1050 1500 1050 3900 900 1200 900 1200 1500 1200 1050 1500 1050 1050 1500 1050 1200 1500 1200 900 1200 900 3900 1050 1500 1050
3600 1050 1800 1050 600 1800 600 1050 1800 1050 900 1800 900 900 1800 900 1050 1800 1050 600 1800 600 1050 1800 1050 3600
3600 3900 3000 3900 3600 3600 3900 3000 3900 3600
4800
5100
9900
1
A
B
C
1
2
3
4
5
6
7
8
9
10
11

图 5-20 底层平面图

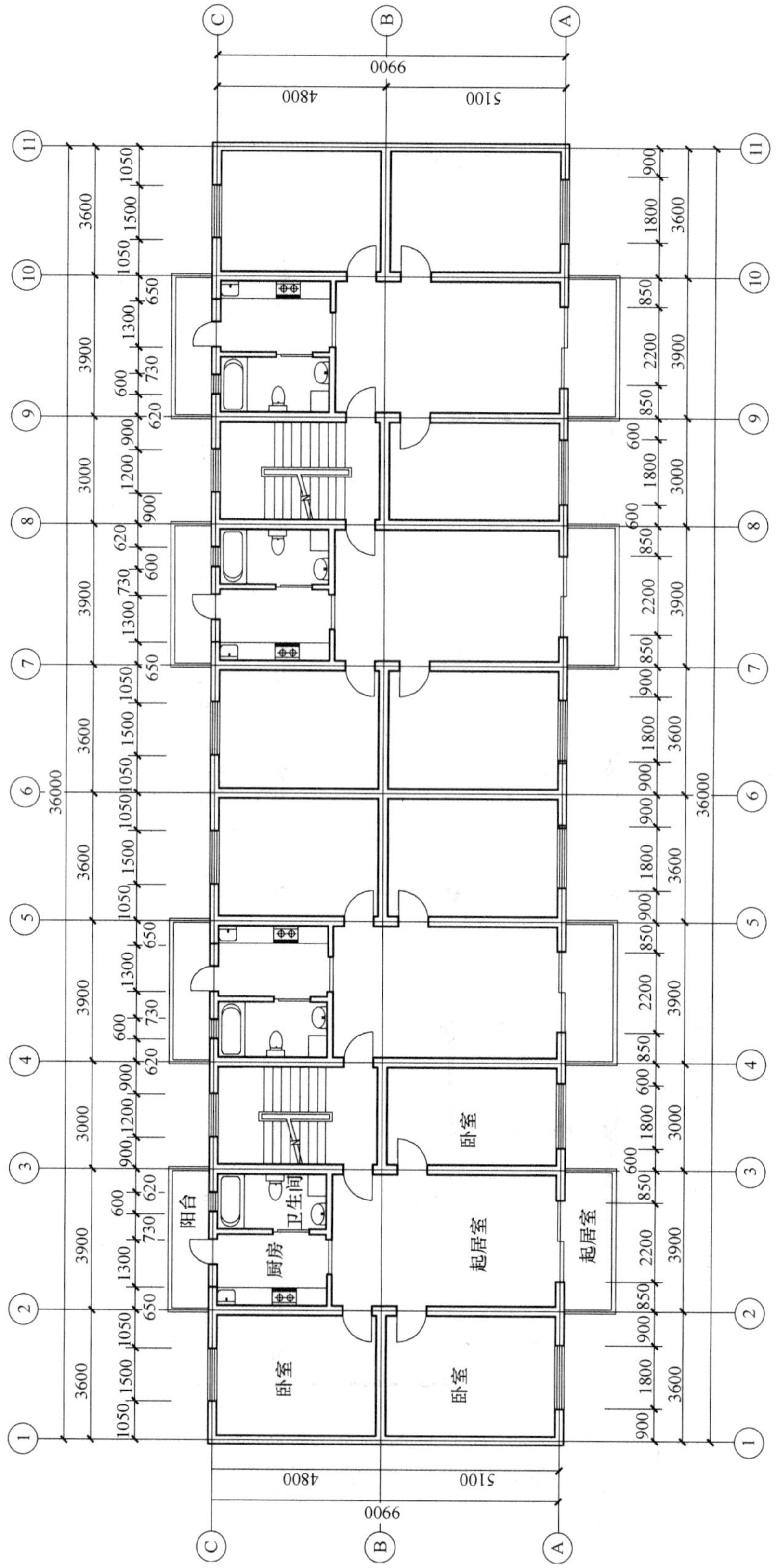

图 5-21 标准层平面

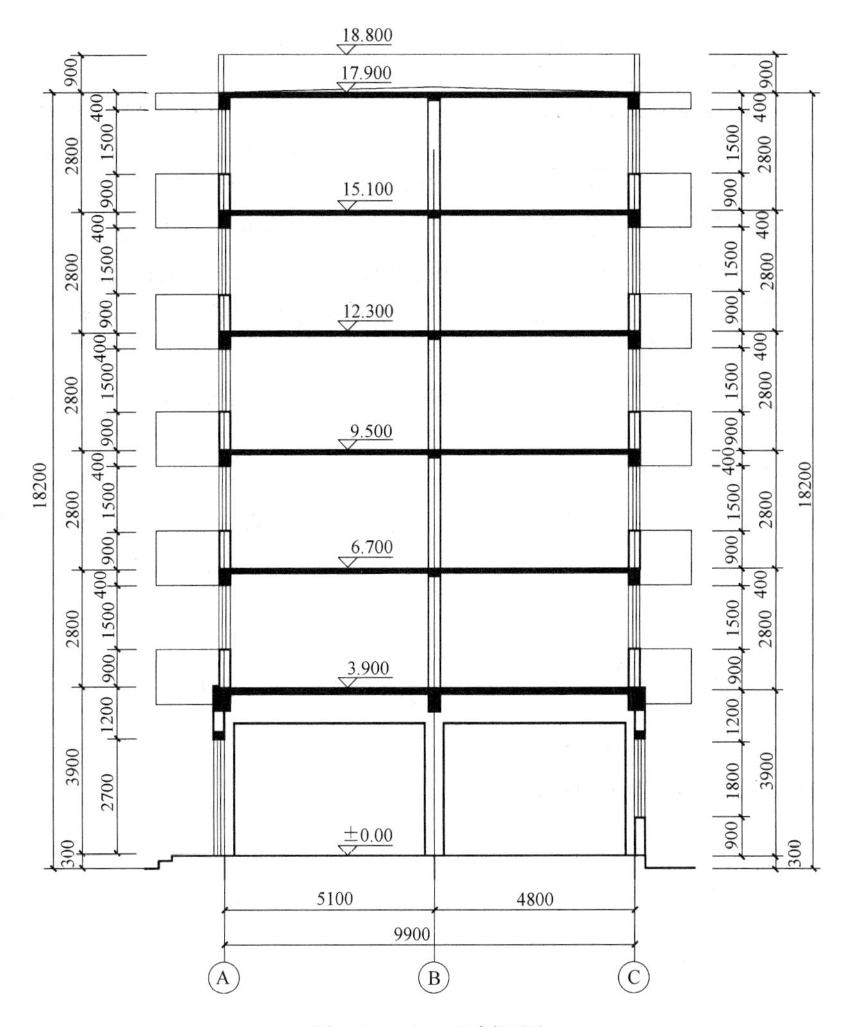

图 5-22　Ⅰ—Ⅰ剖面图

底层所有抗震墙（四段）的抗侧刚度：

$$K_{cw}=\sum K_{cwi}=2\times8.1\times10^5+2\times9.3\times10^5=34.8\times10^5\text{kN/m}$$

一段填充墙的抗侧刚度：

$$K_{bi}=\frac{1}{\dfrac{1.2h}{G_mA}+\dfrac{h^3}{3E_mI}}=\frac{1}{\dfrac{1.2\times4.4}{0.4E_m\times0.24\times4.8}+\dfrac{4.4^3}{3E_m\dfrac{0.24\times4.8^3}{12}}}$$

$$=4.1\times10^{-2}E_m=4.1\times10^{-2}\times2.4\times10^6=9.8\times10^4\text{kN/m}$$

底层所有填充墙（四段）的抗侧刚度：

$$K_{bw2}=\sum K_{bi}=4\times9.8\times10^4=39.2\times10^4\text{kN/m}$$

③ 一榀框架分配到的地震剪力：

$$V_c=\frac{43200}{475200+0.2\times39.2\times10^4+0.3\times34.8\times10^6}\times1857.6=50.2\text{kN}$$

长为 5.1m 的一段混凝土抗震墙分配到的地震剪力为

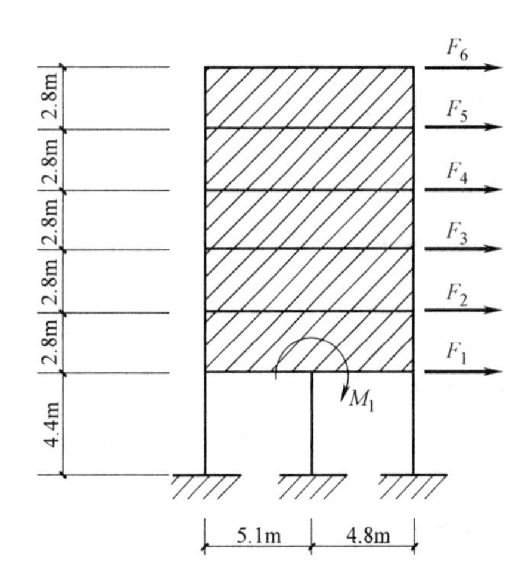

图 5-23　抗倾覆力矩计算简图

$$V_{cw}=\frac{0.3\times9.3\times10^5}{43.2\times10^3}\times50.2=324.2\text{kN}$$

在框架所承受的地震剪力求出后，将其作用在框架顶部，按结构力学的方法即可求出框架的内力，再按框架结构的要求进行抗震验算。

④ 框架上部的水平地震作用产生的倾覆力矩及框架柱的附加轴向力的计算

作用于底层框架顶面的地震倾覆力矩（图 5-23）：

$M_1=437.0\times18.4+434.7\times15.6+356.7\times12.8+278.7\times10+200.8\times7.2+149.7\times4.4$

$=24279.3\text{kN/m}$

长为 4.8m 的一片抗震墙的转动刚度：

由 $C_\varphi=75250\text{kN/m}^2$ 得

$$K_{w\varphi1}=\frac{1}{\frac{h}{EI}+\frac{1}{C_\varphi I_\varphi}}=\frac{1}{\frac{4.4}{3.0\times10^7\times\frac{0.16}{12}\times4.8^3}+\frac{1}{75250\times\frac{1.0\times4.8^3}{12}}}$$

$$=6.5\times10^5\text{kN}\cdot\text{m}$$

长为 5.1m 的一片抗震墙的转动刚度：

$$K_{w\varphi2}=\frac{1}{\frac{h}{EI}+\frac{1}{C_\varphi I_\varphi}}=\frac{1}{\frac{4.4}{3.0\times10^7\times\frac{0.16}{12}\times5.1^3}+\frac{1}{75250\times\frac{1.0\times5.1^3}{12}}}$$

$$=7.8\times10^5\text{kN}\cdot\text{m}$$

一片填充墙的转动刚度：

$$K_{w\varphi3}=\frac{1}{\frac{h}{EI}+\frac{1}{C_\varphi I_\varphi}}=\frac{1}{\frac{4.4}{2.4\times10^6\times\frac{0.24}{12}\times4.8^3}+\frac{1}{75250\times\frac{1.0\times4.8^3}{12}}}$$

$$=4.4\times10^5\text{kN}\cdot\text{m}$$

一榀框架沿自身平面的转动刚度：$C_Z=C_\varphi/2.15=35000\text{kN/m}^2$

$$K_{f\varphi}=\frac{1}{\frac{h}{E\sum A_iX_i^2}+\frac{1}{C_Z\sum F_iX_i^2}}$$

$$=\frac{1}{\frac{4.4}{3.0\times10^7\times0.45^2\times(5.1^2+4.8^2)}+\frac{1}{35000\times(4\times5.1^2+4\times4.8^2)}}$$

$$=62.3\times10^5\text{kN}\cdot\text{m}$$

底层总的转动刚度：

$$K_i=\sum K_{w\varphi}+\sum K_{f\varphi}=2\times6.5\times10^5+2\times7.8\times10^5+4\times4.4\times10^5+11\times62.3\times10^5$$

$$=731.5\times10^5\text{kN}\cdot\text{m}$$

一榀框架分担的倾覆力矩为：

$$M_{\rm f}=\frac{K_{\rm f\varphi}}{K_{\rm f}}M_1=\frac{62.3\times10^5}{731.5\times10^5}\times24279.3=2067.8{\rm kN\cdot m}$$

边柱的附加轴力（中柱为0）：

$$N=\pm\frac{M_1}{B}=\pm\frac{2067.8}{5.1+4.8}=\pm208.9{\rm kN}$$

同时，由于墙体受剪引起的附加轴力为：

$$N_{\rm f}=V_{\rm w}H_{\rm f}/L=324.2\times4.4/5.1=279.7{\rm kN}$$

式中 $V_{\rm w}$——对应的墙体承受的剪力；

$H_{\rm f}$——框架的层高；

L——框架的跨度。

附加剪力为

$$V_{\rm f}=V_{\rm w}=324.2{\rm kN}$$

在求出边柱的附加轴力的附加剪力后，即可按地震作用方向参加边柱内力的组合并进行截面抗震验算，此处从略。

5.4 内框架砌体房屋抗震设计

除本章专门介绍的针对内框架砌体房屋的抗震设计内容外，其余均按照第二章介绍的砌体结构房屋抗震设计方法及有关规定进行抗震设计，钢筋混凝土框架—抗震墙的抗震设计除本章规定的内容外，其余应按照第六章“多高层钢筋混凝土结构抗震设计”有关内容进行设计。

5.4.1 建筑布置与结构选型

5.4.1.1 内框架房屋的层数和总高度限值

除满足第5.2.1.2节的相关要求外，对内框架房屋的层数和总高度具体要求见表5-20，内框架房屋的层高不应超过4.5m。

房屋的层数和总高度限值（m） **表5-20**

房屋类别	最小墙厚度(mm)	烈度					
		6度		7度		8度	
		高度	层数	高度	层数	高度	层数
多排柱内框架	240	16	5	16	5	13	4

5.4.1.2 内框架房屋的结构布置

多层多排柱内框架砌体房屋的结构布置，除了满足本书第二章的有关基本要求外，还应符合下列要求：

（1）房屋宜采用矩形平面，且立面宜规则；楼梯间横墙宜贯通房屋全宽。

（2）7度时横墙间距大于18m或8度时横墙间距大于15m，外纵墙的窗间墙宜设置组合柱。

（3）多排柱内框架房屋的抗震墙应设置条形基础、筏形基础或桩基。

多排柱内框架的抗震等级，6、7、8度可分别按四、三、二级采用。

5.4.1.3　内框架房屋抗震墙的间距限制

在满足第5.2.1.4节相关要求的前提下，对内框架房屋抗震墙横墙的最大间距要求见表5-21。

房屋抗震横墙最大间距（m）　　　　**表5-21**

房屋类别	烈度		
	6度	7度	8度
多排柱内框架	25	21	18

5.4.1.4　局部尺寸限制

多层多排柱内框架房屋的纵向窗间墙宽度，不应小于1.5m。其余局部尺寸限制参见5.1.5节中的具体要求。

5.4.2　地震作用计算与抗震强度验算

对于多层多排柱内框架砌体房屋，根据其震害表现为“上重下轻”的特点，通过国内许多高校科研单位多年的研究和试算，在计算各楼层的地震作用时，考虑在顶部附加一个地震作用力，附加地震作用系数取0.2，于是各层的水平作用为

顶层
$$F_{\mathrm{n}}=\left(\frac{0.8G_{\mathrm{n}}H_{\mathrm{n}}}{\sum G_jH_j}+0.2\right)F_{\mathrm{Ek}}$$

其余各层
$$F_i=\frac{G_iH_{\mathrm{n}i}}{\sum\limits_{j=1}^{n}G_jH_j}\times0.8F_{\mathrm{Ek}}$$

内框架砖房的抗震横墙应承受全部横向地震作用，此时各抗震墙之间地震作用的分配参照本书5.2节所述的原则进行计算。

内框架各柱的地震作用按下式计算：

$$V_{\mathrm{c}}=\frac{\varphi_{\mathrm{c}}}{n_{\mathrm{b}}n_{\mathrm{s}}}(\varepsilon_1+\varepsilon_2\lambda)$$

式中　V_{c}——各柱地震剪力设计值（kN）；

V——楼层地震剪力设计值（kN）；

φ_{c}——柱型系数，钢筋混凝土内柱取0.012，外墙组合砖柱取0.0075，无筋砖柱（墙）取0.005；

n_{b}——抗震横墙间的开间数；

n_{s}——内框架的跨数；

λ——抗震横墙间距与房屋总宽度的比值，当小于0.75时，取0.75；

ξ_1、ξ_2——分别为计算系数，可按表5-22采用。

计算系数　　　　**表5-22**

房屋总层数	2	3	4	5
ε_1	2.0	3.0	5.0	7.5
ε_2	7.5	7.0	6.5	6.0

内框架中各种柱子承担的地震剪力计算公式，是考虑楼盖水平变形、高阶空间振型及砖墙刚度退化的影响，利用多质点串并联体系的空间结构计算模型，对不同横墙间距、不同层数的大量算例进行统计分析得到的。

多层内框架结构中砌体墙和内框架中钢筋混凝土柱的截面抗震验算，其余应按照第 6 章“多高层钢筋混凝土结构抗震设计”的有关内容进行设计。

外墙砖柱在横向地震作用下，将发生平面外弯曲，所以应按砖砌体结构偏心受压构件计算。无筋砖柱由地震作用标准值和重力荷载代表值所产生的总偏心距 e_0 不宜超过 0.9 倍截面形心到竖向力所在方向截面边缘的距离。抗震验算应满足

$$\gamma_{RE}N \leqslant \varphi A_m f$$

式中 γ_{RE}——承载力抗震调整系数取 0.9；

N——壁柱所承受的设计竖向力；

A_m——壁柱毛截面面积，带翼缘时还计入冀缘的有效宽度；

f——砖砌体抗压设计强度；

φ——纵向力影响系数，即构件的高厚比和纵向力的偏心距 e_0 对受压构件强度的影响系数，按《砌体结构设计规范》取值。

当偏心距 e_0 较大而不满足上述要求时，宜采用竖向配筋柱，其配筋应按《砌体结构设计规范》计算确定，这时承载力抗震调整系数 γ_{RE} 取 0.85。

5.4.3 抗震构造措施

5.4.3.1 多层多排柱内框架房屋的钢筋混凝土构造柱设置，应符合下列要求：

(1) 下列部位应设置钢筋混凝土构造柱：

① 外墙四角和楼、电梯间四角，楼梯休息平台梁的支承部位；

② 抗震墙两端及未设置组合柱的外纵墙、外横墙上对应于中间柱列轴线的部位。

(2) 构造柱的截面，不宜小于 240mm×240mm。

(3) 构造柱的纵向钢筋不宜少于 4Φ14，箍筋间距不宜大于 200mm。

(4) 构造柱应与每层圈梁连接，或与现浇楼板可靠拉结。

5.4.3.2 多层多排柱内框架房屋的楼、屋盖，应采用现浇或装配整体式钢筋混凝土板。采用现浇钢筋混凝土楼板时应允许不设圈梁，但楼板沿墙体周边应加强配筋并应与相应的构造柱可靠连接。

5.4.3.3 多排柱内框架梁在外纵墙、外横墙上的搁置长度不应小于 300mm，且梁端应与圈梁或组合柱、构造柱连接。

5.4.3.4 多排柱内框架房屋的其他抗震构造措施应符合本书 5.2.3 节的有关要求。

5.4.4 内框架砌体房屋抗震设计实例

某三层内框架砖房，其结构平面如图 5-24 所示，设防烈度 8 度，设计地震分组为第二组，楼面及屋面为现浇钢筋混凝土楼盖，屋面上有隔热层，各楼盖板厚 80mm，次梁断面 200mm×500mm，主梁断面 250mm×650mm，钢筋混凝土柱断面 400mm×400mm，混凝土采用 C20，钢筋采用 HRB335 级钢，外墙厚度 370mm，内墙厚度 240mm，底层采用 MU10 砖、M10 砂浆，二、三层用 MU10 砖、M5 砂浆。

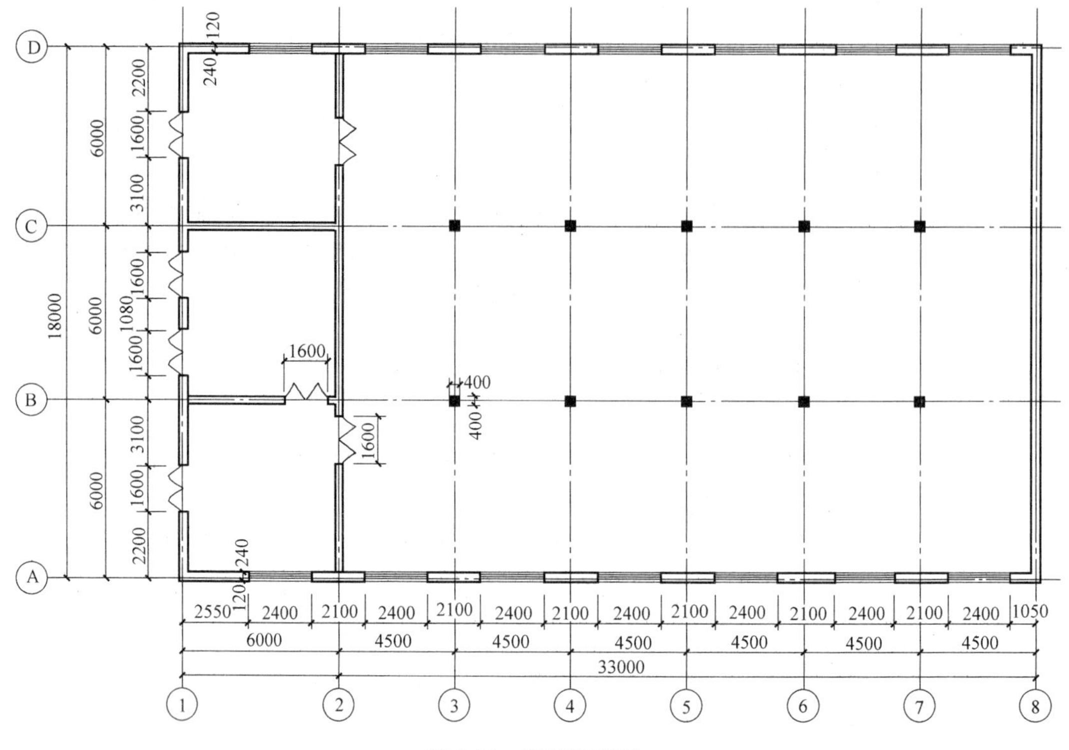

图 5-24 底层平面图

解： 1. 各楼层重力荷载计算

计算结果如图 5-25 所示，计算过程从略。

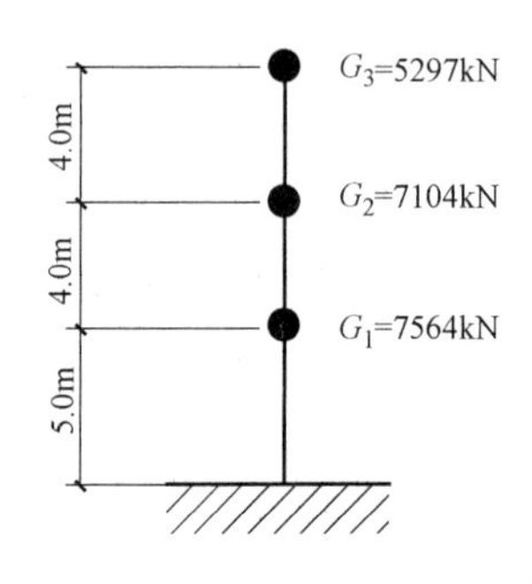

图 5-25 各楼层重力荷载示意图

$G_3=5297\text{kN}$

$G_2=7104\text{kN}$

$G_1=7564\text{kN}$

$G_{eq}=0.85\times(5297+7104+7564)=16970.25\text{kN}$

2. 总水平地震作用力

$F_{EK}=\alpha_1 \text{Geq}=0.16\times16970.25=2715\text{kN}$

3. 各楼层水平地震作用（图 5-26a）

$G_3H_3=5297\times13=68861\text{kN}\cdot\text{m}$

$G_2H_2=7104\times9=63936\text{kN}\cdot\text{m}$

$G_1H_1=7564\times5=37820\text{kN}\cdot\text{m}$

$\sum G_jH_j=68861+63936+37820=170617\text{kN}\cdot\text{m}$

$F_i=\dfrac{G_iH_i}{\sum G_iH_i}F_{EK}(1-\sigma_n)$，取 $\sigma_n=0.2$

$F_3=\dfrac{68860}{170617}\times2715\times(1-0.2)=876.62\text{kN}$

$F_2=\dfrac{63936}{170617}\times2715(1-0.2)=813.92\text{kN}$

$F_1=\dfrac{37820}{170617}\times2715(1-0.2)=481.46\text{kN}$

顶部附加水平地震作用：

$$\Delta F_{\mathrm{n}}=\sigma_{\mathrm{n}}F_{\mathrm{EK}}=0.2\times2715=543\mathrm{kN}$$

4. 各楼层地震剪力（图 5-26*b*）

$V_3=876.62+543=1419.62\mathrm{kN}$

$V_2=1419.62+813.92=2233.54\mathrm{kN}$

$V_1=2233.54+481.46=2715\mathrm{kN}$

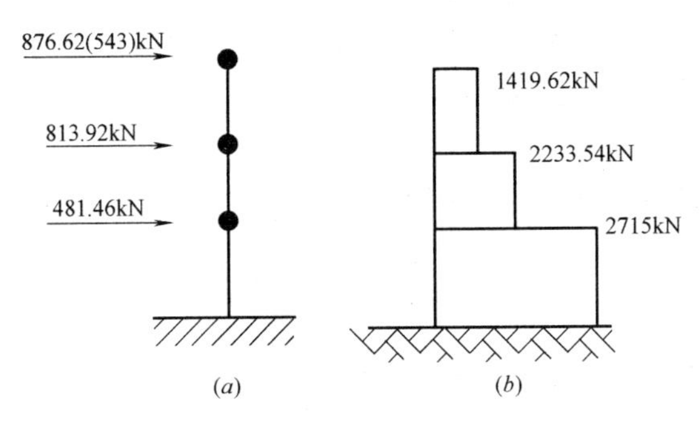

图 5-26　各楼层地震剪力

（*a*）地震力分布；（*b*）地震剪力

5. 横向计算

横向地震作用全部由内横墙承受。

（1）横向各墙的开洞率 μ 的计算：

$$\mu=\frac{A_{\mathrm{II}}}{A_w}=\frac{\text{开洞水平截面积}}{\text{水平全面积}}$$

① 轴墙

一、二、三层：

$$\mu=\frac{4\times1.6\times0.36}{0.36\times18.24}=0.351$$

②轴墙

因门洞已接近底板，墙的刚度为各段刚度之和，每段墙上无开洞，因此不考虑开洞洞率。

⑧轴墙，无门窗洞

（2）各轴横墙承受的地震剪力

按各轴横墙的刚度进行分配，计算结果见表 5-23。

各轴横墙承受的地震剪力　　表 5-23

楼层	墙轴线	轴横墙承受的地震剪力(kN)
三层	①	388.56
	②	359.91
	⑧	671.15
二层	①	611.34
	②	566.26
	⑧	1055.95

续表

楼层	墙轴线	轴横墙承受的地震剪力(kN)
底层	①	761.16
	②	639.11
	⑧	1314.73

(3) 每一横墙内，各墙段承受的地震剪力

①②两轴线的墙体门窗分隔成大小不同的墙段，各墙段承受的地震剪力按各墙段的刚度进行分配，计算结果见表 5-23 及表 5-24。

6. 框架承受的地震剪力

(1) 各层边砖柱 Z_1 承受的横向地震剪力

$$V_{zi}=\frac{\varphi_C}{n_b n_a}(\xi_1+\xi_2\lambda)V_i$$

$$n_b=6, n_a=3, \varphi_c=0.0075, \xi_1=3.0, \xi_2=7.0, \lambda=\frac{27}{18}=1.5$$

$$V_{zi}=\frac{0.0075}{6\times3}(3.0+7.0\times1.5)=5.625\times10^{-3}V_i$$

三层 $V_{Z1}=5.625\times10^{-3}\times1419.62=7.985\text{kN}$

二层 $V_{Z1}=5.625\times10^{-3}\times2233.54=12.564\text{kN}$

底层 $V_{Z1}=5.625\times10^{-3}\times2715=15.272\text{kN}$

① 轴横墙各墙段承受的地震剪力 **表 5-24**

楼层	墙段号及宽度(m)	各段墙承受的地震剪力(kN)
三层	1(2.32)	77.84
	2(3.10)	104.11
	3(1.00)	24.66
	4(3.10)	104.11
	5(2.32)	77.84
二层	1(2.32)	122.47
	2(3.10)	163.80
	3(1.00)	38.80
	4(3.10)	163.80
	5(2.32)	122.47
底层	1(2.32)	152.48
	2(3.10)	203.94
	3(1.00)	48.30
	4(3.10)	203.94
	5(2.32)	122.47

(2) 各层钢筋混凝土中柱 Z_2 承受的横向地震剪力

$$V_{zi}=\frac{\varphi_C}{n_b n_a}(\xi_1+\xi_2\lambda)V_i$$

$$n_b=6, n_a=3, \varphi_c=0.012, \xi_1=3.0, \xi_2=7.0, \lambda=1.5$$

$$V_{zi}=\frac{0.012}{6\times3}(3.0+7.0\times1.5)=9\times10^{-3}V_i$$

三层　　　　　　　$V_{Z2}=9\times10^{-3}\times1419.62=12.777\text{kN}$

二层　　　　　　　$V_{Z2}=9\times10^{-3}\times2233.54=20.102\text{kN}$

底层　　　　　　　$V_{Z2}=9\times10^{-3}\times2715=24.435\text{kN}$

当框架柱承受的地震剪力求得后，即可按反弯点法或其他方法求得框架梁、柱的弯矩、剪力和轴力。在考虑内力组合后即可按《混凝土结构设计规范》进行截面计算，包括正截面抗震验算和斜截面抗震验算。

7. 墙截面抗震验算

墙截面抗震验算可选择承载面积较大或竖向应力较小的墙段进行截面抗震验算。其余墙段也需验算，此处从略。

以①轴墙第一墙段三层为例

$N=36.2\text{kN/m}$，MU10 砖，M5 砂浆

$$\sigma_0=\frac{N}{Bt}=\frac{36.2}{1.0\times0.36}=100.6\text{kPa}\quad f_v=120\text{kPa}\quad\frac{\sigma_0}{f_v}=0.84\quad\xi_N=0.88$$

$$f_{VE}=\xi_N f_V=0.88\times120=105.6\text{kPa}$$

$$\frac{f_{VE}A}{\gamma_{RE}}=\frac{105.6\times0.36\times2.32}{0.9}=98.0\text{kN}<V_{wj}=77.84\text{kN}$$

5.5　配筋混凝土小型空心砌块抗震墙房屋抗震设计

配筋混凝土小型空心砌块砌体作为在我国推广使用的新型墙体材料，其房屋的抗震设计有其自身的特点。本章根据配筋混凝土小型空心砌块砌体的相关试验、研究结果，按抗震设计理论分析结构布置原则，提出配筋混凝土小型空心砌块抗震墙房屋的地震作用计算和墙体抗震承载力的验算方法，比较系统地介绍其抗震构造措施。

5.5.1　建筑布置与结构选型

在配筋混凝土小型空心砌块抗震墙房屋抗震性能试验研究成果和房屋抗震设计实践中可以知道，房屋结构的抗震设计仅仅进行抗震计算是不够的，更需要从概念上对房屋结构的抗震能力进行把握和控制，使其能够满足我国抗震设计规范所提出的三水准抗震设防的要求。钢筋混凝土小型空心砌块抗震墙房屋的受力性能与变形性能都不同于普通砌体房屋，除此在设计配筋混凝土小型空心砌块抗震墙房屋时，应根据配筋混凝土小型空心砌块砌体的特点和房屋的动力特性，在建筑布置与结构选型上予以总体的控制。

5.5.1.1　结构选型

与普通砌体房屋类似，配筋混凝土小型空心砌块抗震墙房屋的结构布置在平面上和立面上都应力求简单、规则、均匀，避免房屋有刚度突变、扭转和应力集中等不利于抗震的受力状况。在房屋设计时宜选用平面规则、传力合理的建筑结构方案。如房屋属一般不规则结构，则在选用合理的结构布置，采取有效的结构措施，保证结构整体性，避免扭转等不利因素的前提下，可以不设置防震缝。如因建筑功能需要而无法避免结构平面复杂时，则应设置防震缝把复杂平面简化成若干个简单平面，从而使每个简单平面都基本规则。当房屋各部分高差较大，结构平面不规则等需要设置防震缝时，为减少强烈地震作用下相邻

结构局部碰撞造成败坏，防震缝必须保证一定的宽度。此时，缝宽可按两侧较低房屋的高度计算。

根据静力和动力试验研究结果以及理论计算分析，配筋混凝土小型空心砌块抗震墙与混凝土抗震墙的受力特性相似，抗震墙的剪跨比越小，就越容易产生剪切破坏。因此，为提高配筋混凝土小型空心砌块砌体结构的变形能力，应将较长的抗震墙分成较均匀的若干墙段，使各墙段的剪跨比不小于2，使得每段墙体受力均匀，变形一致，这对配筋混凝土小型空心砌块抗震墙房屋的抗震比较有利。

5.5.1.2 高度、高宽比的限制

配筋混凝土小型空心砌块抗震墙房屋高宽比限制在一定范围内时，有利于房屋的稳定性，减少房屋发生整体弯曲破坏的可能性，保证砌体房屋在可能发生的地震灾害中有一定的可靠性。在对灌芯配筋混凝土小砌块砌体房屋的最大高度和高宽比限制时还应考虑材料利用的合理性和结构布置的合理性等因素，实际上这种限制是反映了这类结构形式的抗震性、经济件、适用性以及简化计算等多项综合指标。因此，从安全、经济诸方面综合考虑，《建筑抗震设计规范》规定了配筋混凝土小型空心砌块抗震墙房屋适用的最大高度和最大高宽比，如表5-25所示。当房屋的最大高度和最大高宽比满足了《建筑抗震设计规范》规定的限制，一般可不做整体弯曲验算。但当房屋的平面布置和竖向布置不规则时，由于这种主体结构构件在平面上的不连续和在空间上的不连续会增大房屋的地震反应，因此此时应适当减小房屋高宽比以保证在地震作用下结构不会发生整体弯曲破坏。值得提出的是，在理解这些限制时应注意，规范中对配筋混凝土小型空心砌块房屋抗震设计要求仅适用于房屋高度不超过表5-25的配筋混凝土小型空心砌块抗震墙房屋。我国的规范规定既有技术方面的原因，也有政策方面的因素，因此如房屋的建造高度确实需要突破表5-25的规定，并不是说就一定不安全、不允许，而是可能会不经济、不合理。

配筋混凝土小型空心砌块抗震墙房屋适用的最大高度、最大高宽比　　表5-25

烈度	6度	7度	8度
最小墙厚(mm)	190	190	190
最大高度(m)	54	45	30
最大高宽比	5	4	3

5.5.1.3 抗震等级的确定

配筋混凝土小型空心砌块抗震墙房屋结构的抗震设计以及抗震构造措施的布置，应该按照抗震设防类别、房屋高度等因素区别对待，这是因为对于相同的结构体系、相同的结构可靠度而言，房屋的抗震设防烈度不同、房屋的高度不同，对房屋结构中各个构件的抗震要求也不同，如：在Ⅰ类场地土上的高层建筑的地震反应通常要比在Ⅳ类场地土上同样的高层建筑的地震反应要小得多；较高建筑要比较低建筑的地震反应大，位移延性的要求也较高。因此根据配筋混凝土小型空心砌块抗震墙房屋的抗震性能接近混凝土抗震墙结构的特点，在参照钢筋混凝土抗震墙房屋抗震设计要求基础上，《建筑抗震设计规范》依照建筑物的重要性分类、设防烈度和房屋的高度等因素来划分不同的抗震等级，以此在抗震计算和抗震构造措施上分别对待。

根据配筋混凝土小型空心砌块抗震墙的受力性能稍逊于混凝土抗震墙的特点，规范在确定其抗震等级时，对房屋的高度作了比混凝土抗震墙更严的规定。同时由于目前配筋混凝土小型空心砌块抗震墙房屋主要被使用在住宅房屋中，而且已有的试验研究也主要是针对这类房屋，因此《建筑抗震设计规范》仅对丙类建筑的抗震等级按表 5-26 作了规定，如果其他类别的建筑需采用配筋混凝土小型空心砌块抗震墙房屋结构，则应在专门试验或研究的基础上来确定其抗震等级和有关的计算及构造要求，确保房屋的使用安全。

配筋混凝土小型空心砌块抗震墙房屋的抗震等级 **表 5-26**

烈度	6 度		7 度		8 度	
高度(m)	≤24	>24	≤24	>24	≤24	>24
抗震等级	四	三	三	二	二	一

注：接近或等于高度分界时，宜结合房屋不规则性和场地、地基条件确定抗震等级。

5.5.1.4 抗震横墙的最大间距

房屋楼、屋盖平面内的刚度将影响各楼层地震作用在各抗侧力构件之间的分配，因此对房屋而言，不仅需要抗震横墙有足够的承载能力，而且楼屋盖需具有传递水平地震作用给横墙的水平刚度。由于一般配筋混凝土小型空心砌块抗震墙房屋主要用于较高的多层和小高层住宅房屋，其横向抗侧力构件就是抗震横墙，间距不会很大，因此《建筑抗震设计规范》在参照砌体结构房屋相关规定的基础上，规定了不同设防烈度下抗震横墙的最大间距，如表 5-27 所示，这样既保证楼、屋盖传递水平地震作用所需要的刚度要求，也能够满足抗震横墙布置的设计要求和房屋灵活分割的使用要求。

对于纵墙承重的房屋，其抗震横墙的间距仍同样应满足规定的要求，以使横向水平地震作用能够有效地传递给横墙。

配筋砌体抗震墙的最大间距 **表 5-27**

烈度	6 度	7 度	8 度
最大间距(m)	15	15	11

5.5.2 地震作用计算与抗震强度验算

如前所述，砌体结构房屋一般高度不高，房屋的整体刚度比较大，墙体的高宽比又比较小，在地震作用下墙体主要以剪切变形为主，因此砌体结构房屋的地震作用计算主要采用底部剪力法；而配筋混凝土小型空心砌块抗震墙房屋采用配筋的灌芯小砌块抗震墙结构，根据配筋混凝土小型空心砌块砌体墙片的反复荷载试验以及模型房屋的振动台试验等一系列研究成果，配筋混凝土小型空心砌块抗震墙的力学性能与钢筋混凝土抗震墙类似，为能够充分发挥钢筋混凝土小型空心砌块砌体结构的优点，配筋混凝土小型空心砌块抗震墙房屋主要用于高层和小高层的住宅房屋中。根据计算我们知道，较高层房屋的动力反应中除了第一振型对房屋有主要影响之外，其余高阶振型的影响往往不能忽略，在有些情况下甚至会起决定作用，因此在计算中应考虑前几阶振型的影响。另外，配筋混凝土小型空心砌块抗震墙在水平荷载作用下主要是弯曲变形，采用底部剪力法进行计算可能会带来较大的误差。因此通常采用振型分解法和有限元分析方法来进行配筋混凝土小型空心砌块抗震墙房屋的内力计算。可利用现有的结构设计计算软件进行配筋混凝土小型空心砌块抗震墙房屋的内力计算。

本节主要讨论：对于配筋混凝土小型空心砌块抗震墙房屋，按上述的结构计算分析方法，在已经计算得到地震作用下各墙段的内力以后，如何来进行墙片的抗震设计计算。

5.5.2.1　抗震计算的有关规定

1. 抗震验算范围

《建筑抗震设计规范》对配筋混凝土小型空心砌块抗震墙房屋的最大高度、最大高宽比、抗震横墙最大间距作了相应的规定，这主要是根据试验研究的结果和对房屋震害的认识经验所确定的基本要求，它反映了比较经济、合理的结构方案。因此规范允许对于抗震设防烈度为 6 度的配筋混凝土小型空心砌块抗震墙房屋在满足表 5-24 和表 5-25 中的有关规定及其他结构布置要求时，可以不做抗震验算。但对抗震设防烈度大于 6 度的房屋，由于地震对房屋的作用比较大，因此仍应按有关规定调整地震作用效应，进行抗震验算。

2. 抗震墙剪力设计值调整系数

根据大量的实例计算分析，在配筋混凝土小型空心砌块抗震墙房屋抗震设计计算中，抗震墙底部的荷载作用效应最大。由于钢筋混凝土抗震墙在水平荷载作用下弯曲破坏的变形要比剪切破坏的变形大很多，而且在弯矩作用下的塑性开展比较充分，属延性破坏，这对有效地耗散地震能量有利。因此应根据计算分析结果，对底部截面的组合剪力设计值采用剪力放大系数的形式进行调整，以使房屋的最不利截面得到加强，保证墙体的“强剪弱弯”。抗震墙底部加强部位是指高度不小于房屋总高度的 1/6 且不小于二层楼的高度，房屋总高度从室内地坪算起，但应保证±0.000 以下的墙体强度不小于±0.000 以上的墙体强度。抗震墙底部加强部位截面的组合剪力设计值按以下规定调整：

$$V=\eta_{vw}V_w \tag{5-22}$$

式中　V——抗震墙底部加强部位截面组合的剪力设计值；

η_{vw}——抗震墙底部加强部位截面组合的剪力计算值；

V_w——剪力增大系数。

规范根据房屋的抗震等级，规定了不同的剪力增大系数，以对应不同抗震等级房屋对抗震设计的不同要求。剪力增大系数的取值是抗震等级为一、二、三、四级的房屋，其剪力增大系数分别为 1.6、1.4、1.2 和 1.0。

3. 抗震墙截面组合的剪力设计值的规定

理论计算分析和试验研究结果表明，当混凝土构件的截面上要承受较大的剪应力时，容易发生突然的脆性破坏，这是在结构设计中必须注意避免的。因此配筋混凝土小型空心砌块抗震墙截面组合的剪力设计值应符合式（5-23）和式（5-24）的要求，如不能满足，则应加大抗震墙截面尺寸，以保证抗震墙在地震作用下有较好的变形能力，不至于发生脆性的剪切破坏。

剪跨比 $\lambda>2$

$$V\leqslant\frac{1}{\gamma_{RE}}(0.2f_{gc}b_wh_w) \tag{5-23}$$

剪跨比 $\lambda\leqslant2$

$$V\leqslant\frac{1}{\gamma_{RE}}(0.15f_{gc}b_wh_w) \tag{5-24}$$

式中 f_{gc}——灌芯小砌块砌体抗压强度设计值，满灌时可取2倍砌块砌体抗压强度设计值或按砌体规范计算；

b_w——抗震墙截面宽度；

h_w——抗震墙截面高度；

γ_{RE}——承载力抗震调整系数，取0.85。

剪跨比λ应由墙段截面组合的弯矩计算值M、对应的截面组合剪力计算值V及墙截面有效高度h_{w0}确定。

$$\lambda=\frac{M}{Vh_{w0}} \tag{5-25}$$

在验算配筋混凝土小型空心砌块抗震墙截面组合的剪力设计值时，如是底部加强部位应注意取用经剪力增大系数调整后的剪力设计值。

4. 有关连梁的计算规定

连梁是保证房屋整体性的重要构件，为了保证连梁与抗震墙节点处在弯曲破坏前不会出现剪切破坏，对跨高比大于2.5的连梁应采用受力性能较好的钢筋混凝土连梁，以确保连梁构件的“强剪弱弯”，其设计方法可参照《混凝土结构设计规范》的有关要求。

5.5.2.2　配筋混凝土小型空心砌块抗震墙截面的受剪承载力计算

配筋混凝土小型空心砌块抗震墙房屋的基本受力构件是配筋混凝土砌块墙体，根据房屋的内力分析可以知道，在包括水平地震作用及房屋的重力荷载、可变荷载等所有的荷载作用下，房屋的墙体主要承受弯矩、剪力和轴向力的共同作用。特别是在水平地震作用下，墙体的抗剪性能是整个房屋建筑抗震性能的关键。

1. 影响配筋混凝土小型空心砌块抗震墙墙体抗剪承载力的主要因素

影响配筋混凝土小型空心砌块抗震墙墙体抗剪承载力的因素主要有以下几点：墙体的形状、尺寸；剪跨比λ；灌芯砌体的抗压强度；竖向荷载，水平钢筋和垂直钢筋的配筋率等。

（1）墙体的形状、尺寸。墙体抗剪承载力受其尺寸大小的影响是显而易见的，在组成墙体的材料相同的情况下，尺寸越大其承载能力也越大。另外，在保证墙体腹板翼缘共同工作的前提下，在一定范围内增加墙体腹板的截面尺寸，能有效地提高墙体的抗剪承载能力。

（2）墙体的剪跨比λ。不管是钢筋混凝土构件还是砌体构件，剪跨比都是影响其抗剪性能的主要因素之一，对于配筋混凝土小型空心砌块抗震墙墙体，已有的试验研究也证明了墙体的剪跨比λ对抗剪强度有很大的影响。提高墙体的剪跨比λ即增加墙体的高度将会增加墙体所承受的弯矩，而墙体的抗剪强度在剪跨比在一定范围内变动时，随着剪跨比的加大而逐渐减小。

（3）砌体和灌芯混凝土的强度。配筋混凝土小型空心砌块抗震墙墙体的抗剪强度与灌芯砌体的抗压强度基本上呈正比关系，当砌体墙体抵抗水平荷载作用时，砌体本身的抗剪能力占整个墙片的抗剪能力的很大一部分。因此，当采用强度较高的砌体和灌芯混凝土砌筑墙体时，其抗剪承载能力也会相应地有较大的增加。

（4）竖向荷载。当墙体承受水平荷载作用时，如果有适当竖向荷载作用，则在墙体内的主拉应力轨迹线与水平轴的夹角变大，斜向主拉应力值降低，从而可以推迟斜裂缝的出现。竖向荷载的存在也使得斜裂缝之间的骨料咬合力增加，使斜裂缝出现后开展比较缓慢，从而提高墙体的抗剪能力。垂直荷载对墙片的抗剪能力有很大的影响，但并不是始终随着竖向荷载的增加而增加，当墙体的轴压比$\frac{N}{f_{cm}bh}\approx0.3\sim0.5$时，竖向荷载对墙体的抗剪强度影响最大，当轴压比超过此值时，墙体的破坏形态由剪切破坏转化为斜压破坏，反而使得墙体的抗剪承载能力下降。

（5）水平钢筋的配筋率。由于墙体开裂以后，配筋混凝土小型空心砌块抗震墙墙体的抗剪能力将大大削弱，而穿过斜裂缝的水平钢筋直接参与受拉，由墙体开裂面的骨料咬合及水平钢筋共同承担剪力，因此，水平钢筋的配筋率是影响墙体抗剪能力的主要因素之一。

（6）垂直钢筋的配筋率。许多研究成果认为，配置于墙体中的垂直钢筋可以有效地提高其抗剪能力，也有许多试验研究表明，垂直钢筋对墙体抗剪的贡献主要是由于销栓作用，以及墙体在配置一定数量的钢筋以后对原来墙体受力性能的改良，其有利作用实际上已计入在砌体的抗剪强度这一部分中。出于配筋对改善墙体受力性能的影响是多方面的，垂直钢筋提高墙体抗剪强度的机理比较复杂，因此就目前而言，将垂直钢筋的有利影响一并在砌体抗剪强度一项中统一考虑的方法是比较可行的。

2. 配筋混凝土小型空心砌块抗震墙截面的受剪承载力计算。

根据上述对影响配筋混凝土小型空心砌块抗震墙截面受剪承载力诸因素的研究、分析，《建筑抗震设计规范》规定，配筋混凝土小型空心砌块抗震墙截面受剪承载力计算应按下列公式验算：

$$V\leqslant\frac{1}{\gamma_{RE}}\left[\frac{1}{\lambda-0.5}(0.48f_{gv}b_{w}h_{wo}+0.1N)+0.72f_{yh}\frac{A_{sh}}{s}h_{w0}\right] \quad (5\text{-}26)$$

$$0.5V\leqslant\frac{1}{\gamma_{RE}}\left(0.72f_{yh}\frac{A_{sh}}{s}h_{w0}\right) \quad (5\text{-}27)$$

式中 λ——计算截面处的剪跨比$\lambda=M/Vh_{w}$，小于1.5时取1.5，大于2.2时取2.2；

N——抗震墙轴向压力设计值，取值不应大于$0.2f_{gc}b_{w}h_{w}$；

A_{sh}——同一截面的水平钢筋截面面积；

s——水平分布钢筋间距；

f_{gv}——灌芯小砌块砌体的抗压强度设计值，取$f_{gv}=0.2f_{gc}^{0.55}$，f_{gc}是灌芯小砌块砌体的抗压强度设计值，可按《砌体结构设计规范》中的规定值取用；

f_{yh}——水平分布钢筋抗拉强度设计值；

b_{w}、h_{w}——墙体截面厚度、高度；

h_{w0}——抗震截面有效高度；

γ_{RE}——承载力抗震调整系数，取0.85。

需要说明的是，式（5-27）是为了保证配筋混凝土小型空心砌块抗震墙具有良好的受力性能和延性，特别是在墙体开裂以后仍具有一定的承载能力，而规定了水平分布钢筋所承担的剪力不应小于截面组合的剪力设计值的一半，实际上是根据剪力设计值的大小，规定了水平分布钢筋的最小配筋率。

5.5.2.3 配筋混凝土小型空心砌块抗震墙截面的压弯承载力计算

1. 影响配筋混凝土小型空心砌块抗震墙截面的压弯承载力的因素

影响配筋混凝土小型空心砌块抗震墙墙片压弯承载能力的主要因素有墙体的尺寸和形状、垂直钢筋的配筋率、垂直压力的大小和位置以及灌芯砌体的抗压强度等，其中墙体的尺寸和形状与灌芯砌体的抗压强度对墙体承载能力的影响在前面已有论述，这里主要讨论垂直钢筋的配筋率、垂直压力的大小及位置的影响。

（1）竖向荷载及其作用位置。根据墙体内力分析结果，作用在墙体上的轴力和弯矩可以看作是在一个偏心处作用有一个竖向荷载。墙体在大偏心受压的情况下，随着竖向荷载的增加，墙体中增加的压应力抵消了部分由于弯矩作用所产生的拉应力，所以墙体的抗弯承载能力也相应地增加，而在小偏心受压的情况下，竖向荷载作用在墙体中产生的压应力与弯矩作用在墙体中产生的压应力相叠加，增加了墙体受压区的应力值，因此会降低墙体的抗弯承载能力，这和混凝土压弯构件类似。

（2）垂直钢筋的配筋率。当配筋混凝土小型空心砌块抗震墙墙体出现受拉裂缝以后，拉区灌芯混凝土退出工作，而由拉区的钢筋承担拉力，与灌芯混凝土受压区的合力组成抵抗矩来抵抗外弯矩，因此垂直钢筋的数量多少是影响墙体抗弯能力的主要因素之一，墙体的抗弯承载力与垂直钢筋的配筋率成正比，随着垂直钢筋配筋率的增大而增大。

（3）垂直钢筋的分布形式。按照弹性理论及平截面假定，当作用于墙体上的竖向荷载和垂直钢筋的配筋率相同时，在墙体两端集中配筋可以有效地提高抗弯能力，但是由于在实际工程中均匀配筋不仅有利于施工，也有利于改善墙体的抗剪性能和变形能力，所以一般采用均匀配筋的形式，而在墙体的端部加强配筋。

2. 配筋混凝土小型空心砌块抗震墙截面的压弯承载力计算

（1）《砌体结构设计规范》计算方法

根据国内外对配筋混凝土小型空心砌块砌体压弯承载能力的试验研究及分析、配筋混凝土小型空心砌块抗震墙在水平荷载和竖向荷载共同作用下的受弯破坏特征和钢筋混凝土剪力墙相似，主要是内灌芯砌体承受压力，而由墙内的垂直钢筋承受拉力，从而形成截面的抗力和抵抗矩来平衡外荷载。因此配筋混凝土小型空心砌块抗震墙在竖向荷载和弯矩作用下，随着截面受压区的高度不同、截面内竖向钢筋的受力情况也不同，在一定范围内会影响到截面的破坏形态。因此在进行配筋混凝土小型空心砌块抗震墙的压弯承载力计算时，就应区分墙体是属大偏心受压还是小偏心受压。

为了保证抗震墙在地震荷载作用下具有一定的承载能力和变形能力，应当对配筋混凝土小型空心砌块抗震墙墙体的轴压比进行适当的控制，以防止抗震墙发生脆性破坏。因此在进行压弯承载力计算时，首先应该验算配筋混凝土小型空心砌块抗震墙在重力荷载代表值作用下的轴压比，墙体的抗震等级为一级时不大于0.5，二、三级时不大于0.66；如不能满足轴压比要求，就应增加墙体的截面积。

假设配筋混凝土小型空心砌块抗震墙墙体的压弯承载力计算符合下列假定：

① 墙体截面在受力之前是个平面，在荷载作用下该截面仍保持是个平面，即墙体截面变形符合平截面假定，截面上任一点的应变是其离墙体中和轴距离的线性函数。

② 不考虑配筋混凝土小型空心砌块砌体中钢筋的粘结滑移效应，即认为抗震墙在荷载作用下钢筋与毗邻灌芯砌体的应变相同。

③ 灌芯砌体的抗拉强度要远小于其抗压强度，因此在进行压弯承载力计算时灌芯砌体的抗拉强度可以忽略不计。

④ 配筋混凝土小型空心砌块砌体受压的应力应变关系如下：

$\varepsilon_g \leqslant \varepsilon_{g0}$时

$$\sigma_g = f_g\left[1-\left(1-\frac{\varepsilon_g}{\varepsilon_{g0}}\right)\right]^2 \tag{5-28}$$

$\varepsilon_{g0} \leqslant \varepsilon_g \leqslant \varepsilon_{gcu}$时

$$\sigma_g = f_g \tag{5-29}$$

式中 ε_{g0}——恰好达到最大应力时灌芯砌体的压应变；

ε_{gcu}——灌芯砌体的极限压应变，对于压弯构件取 $\varepsilon_{gcu}=0.003$；

f_g——灌芯砌体的抗压强度。

⑤ 配筋混凝土小型空心砌块抗震墙房屋墙体内受拉钢筋的极限拉应变取 0.01，当计算钢筋拉应变大于 0.01 时，即认为墙体的受压区过小，弯曲曲率过大，截面实际已经破坏。

⑥ 按极限状态设计时，受压区灌芯砌体的应力图形可简化为等效的矩形应力图，其高度 X 可取等于按平截面假定所确定的中和轴受压区高度 X_c乘以 0.8，矩形应力图的应力取为配筋混凝土小型空心砌块砌体抗压强度设计值 f_g。

根据平截面假定，当墙体截面上的受拉钢筋刚好达到屈服和受压区灌芯砌体同时达到极限压应变时，截面处于大、小偏压的界限破坏状态，此时将受压区应力图形简化成矩形应力图的相对界限受压区高度 ξ_b 可按下式计算：

$$\xi_b = \frac{0.8}{1+\dfrac{f_y}{0.003E_s}} \tag{5-30}$$

式中 ξ_b——相对界限受压区高度；

f_y——钢筋设计强度；

E_s——钢筋弹性模量。

当 $x \leqslant \xi_b h_0$时，为大偏心受压。为简化计算，规范公式认为此时墙体的受压区加强端的钢筋均已达到受压屈服，受拉区加强端的钢筋也已达到受拉屈服，而且假定墙体内的分布钢筋均为受拉并已达到屈服，因此矩形墙体截面的大偏心受压承载力按下式计算：

由$\sum N=0$ 得

$$\sum N=0, N \leqslant \frac{1}{\gamma_{RE}}\left[f_R bx\left(h_0-\frac{x}{2}\right)+f_y' A_s'(h_0-a_s')-\sum f_{si}A_{si}\right] \tag{5-31}$$

由$\sum M=0$ 得

$$Ne_N \leqslant \frac{1}{\gamma_{RE}}\left[f_R bx\left(h_0-\frac{x}{2}\right)+f_y' A_s'(h_0-a_s')-\sum f_{si}S_{si}\right] \tag{5-32}$$

式中 N——作用于墙体上的轴向力设计值；

f_y、f_y'——墙体中受拉、受压主筋的强度设计值；

f_{si}——墙体中竖向分布钢筋的抗拉强度设计值；

A_s、A_s'——端部加强区竖向受拉、受压主筋的截面面积；

A_{si}——单根竖向分布钢筋的截面面积；

S_{si}——第 i 根竖向分布钢筋对端部加强区受拉主筋合力点的面积矩；

x——在压弯荷载作用下墙体的受压区高度；

h_0——墙体截面的有效高度，$h_0=h-a_s$；

a_s——墙体受拉区端部的加强区受拉钢筋合力点到最近端部外边缘的距离；

a_s'——墙体受压端部加强区受压钢筋合力点到最近端郊外边缘的距离；

e_N——轴向力作用点到加强区受拉主筋合力点的距离，

$$e_N=e+e_a+(\frac{h}{2}-a_s);$$

e_a——附加偏心距，$e_a=\frac{\beta^2 h}{2200}(1-0.22\beta)$；

β——墙体的高厚比。

当受压区高度 $x<2a_s'$时，可按下式简化计算：

$$Ne_N'=\frac{1}{\gamma_{RE}}[f_y A_s(h_0-a_s')] \quad (5\text{-}33)$$

式中　e_N'——轴向力作用点到加强区受压主筋合力点的距离，$e_N'=e+e_a-\left(\frac{h}{2}-a_s'\right)$。

当 $x>\xi_b h_0$时，为小偏心受压。当矩形截面墙体小偏心受压破坏时，截面上砌体的压应力图形与荷载作用位置以及配筋情况有关。荷载偏心距 e 较大时，墙体截面上会有小部分截面受拉，而大部分受压，破坏时压区边缘的灌芯砌体达到极限压应变，受压区的端部加强区钢筋基本上达到屈服强度，但受拉区的端部加强区钢筋一般没有达到屈服；当荷载偏心距 e 较小时，截面大部分受压或基本上全截面受压，在受压力大的一侧的钢筋能够达到屈服，而受压力小的一侧的钢筋不一定达到屈服，因此离受力作用点远端的加强区钢筋的应力大小与该点的应变有关。而且在小偏心受压计算中，认为墙体中的竖向分布钢筋对承载力的贡献较小，可以忽略不计，因此矩形墙体截面的小偏心受压承载力可按下式计算：

$$\sum N=0,\quad N\leqslant\frac{1}{\gamma_{RE}}[(f_g bx+f_y'A_s'-\sigma_g A_g)(h_0-a_s')] \quad (5\text{-}34)$$

$$\sum M=0,\quad Ne_N\leqslant\frac{1}{\gamma_{RE}}\left[f_g bx\left(h_0-\frac{x}{2}\right)+f_y'A_s'(h_0-a_s')\right] \quad (5\text{-}35)$$

$$\sigma_s=\frac{f_y}{\varepsilon_b-0.8}\left(\frac{x}{h_0}-0.8\right) \quad (5\text{-}36)$$

对于小偏心受压的矩形截面、对称配筋的墙体，也可近似地按下式来计算端部加强区钢筋的截面面积。

$$A_s=A_s'=\frac{\gamma_{RE}Ne_N-\xi(1-0.5\xi)f_g bh_0^2}{f_y'(h_0-a_s')} \quad (5\text{-}37)$$

此处相对受压区高度 ξ 按以下公式计算：

$$\xi=\frac{\gamma_{RE}N-\xi_b f_g bh_0}{\frac{\gamma_{RE}Ne_N-0.43f_g bh_0^2}{(0.8-\xi_b)(h_0-a_s')}+f_g bh_0}+\xi_b \quad (5\text{-}38)$$

对于 T 形和 L 形截面的偏心受压墙体，规范规定可以考虑翼缘的共同工作，按表5-28中的最小值作为翼缘的计算宽度。在计算中应分别考虑受压区在翼缘和在腹板两种情况。

T 形、L 形截面偏心受压构件翼缘计算宽度 b_f' **表 5-28**

考虑情况	T 形截面	L 形截面
按构件计算高度 H_0	$H_0/3$	$H_0/6$
按腹板间距 L 考虑	L	$L/2$
按翼缘厚度 h_f' 考虑	$b+12h_f'$	$b+6h_f'$
按翼缘的实际宽度 b_f' 考虑	b_f'	b_f'

除上述计算之外，还应满足按轴心受压砌体来验算墙体的抗压强度。

（2）实用精确计算方法

上述的规范计算公式相对比较简单，适合手算。但是，由于一般墙片的截面高度都比较大，受压区的高度可能比较小，也可能比较大，而且由于配筋混凝土小型空心砌块砌体的端部加强区一般有三个孔，加强区钢筋的合力点至墙端外边缘的距离大约有 300mm，因此规范在大偏压计算公式中认为，在墙片受压端部加强区内的钢筋全部达到抗压屈服强度，墙体内的分布钢筋全部达到受拉屈服强度，显然有些不太合理。在有些情况下，甚至会导致较大的计算误差。另外在小偏压砌体的计算中，由于离轴向力作用点远端加强区内的钢筋一般不会全部达到受压屈服，因此在实际计算中，要确定该部分钢筋合力点的位置还是比较困难的。

下面介绍一种相对比较精确的实用计算方法。

根据平截面假定，墙体上的任一根钢筋的应变均可根据变形协调的相似关系计算得到，旧钢筋的应力及性质由该处钢筋应变确定。如钢筋应变大于屈服应变，则钢筋应力即为屈服应力。按前述的基本假定，根据截面内力平衡条件可以计算得到配筋混凝土小型空心砌块砌体受压区截面高度 X_c，从而确定折算矩形应力图形的受压区高度 $X=0.8X_c$。当配筋混凝土小型空心砌块抗震墙房屋墙体的受压区折算高度 $X\leqslant\xi_b h_{w0}$ 时，为大偏心受压墙体；而当 $X>\xi_b h_{w0}$ 时，为小偏心受压墙体。当大偏心受压时，受拉区的钢筋（端部加强区）应该都能达到屈服，但受压区的钢筋（端部加强区）不一定都达到屈服，墙体内的分布钢筋也不一定都达到受拉屈服或受压屈服，而应根据截面的应变情况确定。因此，配筋混凝土小型空心砌块抗震墙房屋墙体大偏心受压的压弯承载力计算公式可以表达为：

$$N\leqslant\frac{1}{\gamma_{RE}}[f_g bx-\Sigma f_{yj}A_{sj}-\Sigma\sigma_k A_{sk}] \tag{5-39}$$

$$Ne\leqslant\frac{1}{\gamma_{RE}}\left[f_g bx\left(h_0-\frac{x}{2}\right)+\Sigma f_{yj}'S_{sj}+\Sigma\sigma_k S_{sk}\right] \tag{5-40}$$

式中 f_{yi}'、f_{yj}——第 i 根和第 j 根分布钢筋的抗压、抗拉强度；

A_{si}'、A_{sj}——第 i 根和第 j 根分布钢筋的截面积；

S_{si}、S_{sk}——第 i 根和第 k 根分布钢筋对受拉钢筋合力点的面积矩；

σ_k——第 k 根钢筋的应力，压为正，拉为负；

e——轴向力作用点到受拉钢筋合力点之间的距离；

a_s——墙体端部加强区（节点芯柱）受拉钢筋合力点到最近边缘的距离，一般取 $a_s=1.5b$；当 $4<h/b<6$ 时，可取 $a_s=b$；b 为墙体的厚度；

a_s'——墙体另一端部加强区（节点芯柱）受压钢筋合力点到最近边缘的距离，一般墙体采用对称配筋，因此可取 $a_s'=a_s$。

由于一般墙体的截面高度都比较大，在极限荷载状态下，离中和轴距离稍远的纵向钢筋都能达到屈服，或者即使没有达到屈服但对截面抵抗外荷载（外弯矩）仍有较大的贡献，因此在上述的基本假定以及计算公式中，不仅考虑了端部加强区纵向钢筋的作用，而且还根据平截面假定考虑了墙体内分布钢筋的作用。

如上所述，由于墙体内分布钢筋的应变和中和轴的位置有关，利用式（5-39）和式（5-40）无法直接求解，因此在具体计算配筋混凝土小型空心砌块抗震墙房屋墙体的压弯承载能力时，可采用试算法来进行计算，即先假定纵向钢筋的直径和间距以及受压区高度，然后按平截面假定来计算截面的内力，通过不断修正受压区高度及调整纵向钢筋的直径和间距使作用的荷载与内力达到平衡，这在计算机非常普遍的今天，可以很方便地实现。首先建立墙体的压弯承载力的计算简图如图 5-27 所示，计算方法可按下列步骤进行：

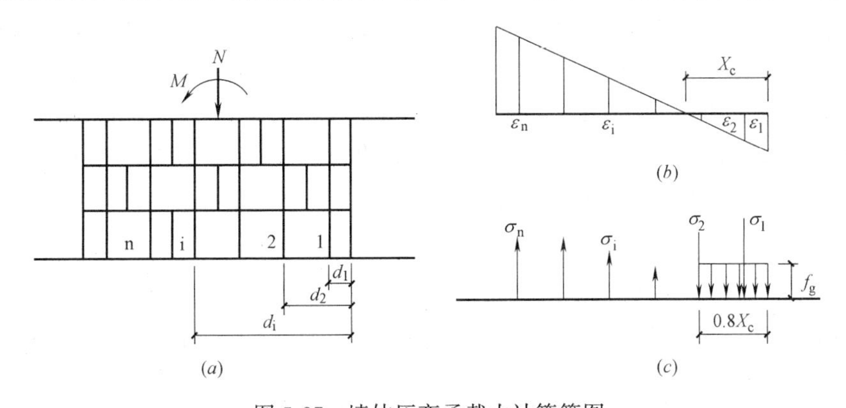

图 5-27　墙体压弯承载力计算简图

（a）墙体立面；（b）截面应变分布；（c）截面应力分布

① 假定受压区高度 X_c。

② 根据平截面假定计算每根钢筋应变 ε_{si}，如钢筋应变大于屈服应变 $\varepsilon_y=0.001675$（HRB335 钢），取钢筋应力 $\sigma_{si}=E_s\varepsilon_{si}=f_y$。其中 E_s、f_y 为钢筋的弹性模量、抗拉屈服强度。

③ 计算受拉钢筋承担的力的总和：

$$N_t = A_s E_s \sum_{i=1}^{n} \varepsilon_{si} \tag{5-41}$$

计算受压区钢筋和混凝土承担的力的总和：

$$N_c = 0.8X_c b f_g + A'_s E_s \sum_{j=1}^{m} \varepsilon'_{sj} \tag{5-42}$$

④ 逐步调整 X_c 使

$$N_c - N_t = N \tag{5-43}$$

⑤ 根据求出的混凝土受压区高度 X_c 确定折算矩形截面受压区高度 $X=0.8X_c$。

⑥ 计算混凝土受压区和各部分钢筋对中和轴力矩，即可得到在外荷载作用时截面能承担的弯矩设计值

$$M = b f_g X\left(X_s - \frac{X}{2}\right) + A'_s E_s \sum_{j=1}^{m} \varepsilon'_{sj}(X_s - d'_j) + A_s E_s \sum_{i=1}^{n} \varepsilon_{si}(d_i - X_c) \tag{5-44}$$

式（5-41）～式（5-44）中：

A_s、A_s'——受拉、受压钢筋的面积；

ε_{si}、ε_{sj}'——第 i 根受拉钢筋、第 j 根受压钢筋的应变；

d_i、d_j'——第 i 根受拉、第 j 根受压钢筋到墙体受压区边缘的距离。

当矩形截面墙体小偏心受压破坏时，截面上砌体的压应力图形与荷载作用位置以及配筋情况有关，当荷载偏心距 e 较大时，墙体截面上会有小部分截面受拉，而大部分受压，破坏时压区边缘的灌芯砌体达到极限压应变，压区钢筋基本上达到屈服强度，但受拉区钢筋一般没有达到屈服；当荷载偏心距 e 较小时，截面大部分受压或基本上全截面受压，在受压力大的一侧的钢筋能够达到屈服，而受压力小的一侧的钢筋不一定达到屈服，因此要想精确求解矩形截面墙体小偏心受压的承载力需要解析高次方程。为简化设计计算，对小偏心受压墙体的承载力可近似按以下方法进行验算。

在考虑地震作用时截面需要承担的弯矩为 $[M]=\gamma_{RE}N_e$，墙体截面的承载能力应该满足式（5-45）。由于一般墙体的截面积较大，因此在计算时可以先按构造要求假定受压钢筋的面积 A_s'，如果按式（5-45）计算不能满足等式要求，则应增加两端加强区（节点芯柱）钢筋的面积重新计算，但应注意此时钢筋的间距和面积都应符合配筋混凝土小型空心砌块抗震墙房屋墙体对竖向钢筋布置的构造要求。

$$[M]\leqslant A_s'f_y'(h_0-a_s')+\xi(1-0.5\varepsilon)f_gbh_0^2 \tag{5-45}$$

式中，相对受压区高度 ξ 按式（5-38）计算。

对于偏心距 e，可以参照混凝土偏心受压构件的计算方法进行计算：$e=e_i+\dfrac{h}{2}-a_s$，$e_i=e_0+e_a$，$e_0=M/N$，$e_a=0.12\,(0.3h_0-e_0)$；当 $e_0>0.3h_0$时，取 $e_a=0$。

或者也可以按式（5-45）直接求出受压钢筋的面积 A_s'，然后按构造要求布置墙体加强区内的纵向钢筋。

由于配筋混凝土小型空心砌块砌体各灌芯柱之间的连接主要靠砌块的搭接砌筑、水平钢筋和砌块水平槽内的通长混凝土连接件相连，因此 T 形截面和 L 形截面的腹板和翼缘之间的连接要明显弱于类似的整浇钢筋混凝土墙体。根据同济大学所做的配筋混凝土小型空心砌块砌体工字形截面和 Z 形截面墙体的压弯反复荷载试验，当墙体的翼缘宽度为腹板厚度的 3 倍（工字形截面）和 2 倍（Z 形截面）时，在竖向荷载和水平反复荷载作用下，虽然翼缘部分的钢筋仍能达到屈服，但在接近破坏时，翼缘和腹板的连接处会突然产生垂直通缝，翼缘和腹板的共同工作明显减弱。因此《砌体结构设计规范》参照《混凝土结构设计规范》的有关规定，可能高估了配筋混凝土小型空心砌块砌体翼缘和腹板的共同工作作用，从而使按规范设计的实际构件处于不安全状态。根据上述的试验结果和分析，在设计计算时，除非有可靠试验结果支持，否则对于配筋混凝土小型空心砌块砌体的 T 形截面和 L 形截面的翼缘计算宽度取值应慎重。

5.5.3 抗震构造措施

由于地震作用的不确定性、结构材料的离散性和抗震计算的相对不精确性，因此要对房屋进行合理的抗震设计，除了要有合理的结构布置、正确的抗震计算方法之外，还需要有必要的抗震构造措施，这是房屋结构在概念上进行抗震设计的内容之一。采取适当、合理的抗震构造措施，保证房屋的整体性，提高房屋的总体抗震能力，也是符合我国《建筑抗震设计规范》所提倡的“三水准、两阶段抗震设计”的准则。

由于配筋混凝土小型空心砌块抗震墙是利用在开有槽口的混凝土小型空心砌块墙的孔洞内布置钢筋、灌满混凝土后而形成整体的结构构件，其受力机制、截面的应力分布、承载力的计算方法都与传统的砖砌体结构有所不同。由于配筋混凝土小型空心砌块抗震墙房屋墙体中灌芯的孔洞相对较小，垂直钢筋又是单排布置，施工工艺也与传统施工方法不同，因此配筋混凝土小型空心砌块抗震墙房屋的抗震构造措施也与砖砌体房屋不同。

5.5.3.1　灌芯混凝土的要求

配筋混凝土小型空心砌块砌体的芯柱浇捣质量对墙体的受力性能影响很大，因此必须保证芯柱混凝土振捣密实，没有空洞。灌芯混凝土应采用坍落度在 22～25，流动性和和易性好，并与混凝土小砌块结合良好的自密实细石混凝土。另外，要有正确的施工方法，灌芯的施工质量才有保证。如混凝土的强度等级低于 C20，就很难配出施工性能能够满足灌芯要求的混凝土。

5.5.3.2　加强房屋整体性的构造要求

由于房屋的顶层受气候温度变化以及墙体材料收缩的影响较大，比较容易开裂，而房屋的底层则受地震作用的影响比较大，因此在配筋小型空心砌块房屋的顶层及墙段底部（高度不小于房屋高度的 1/6 且不小于两层），以及受力比较复杂的楼梯间和电梯间、端山墙、内纵墙的端开间等部位，应按加强部位配置水平和竖向钢筋。

楼、屋盖除了承受垂直荷载作用之外，还是传递水平地震作用，协调各墙段共同工作的重要结构构件，对整幢房屋的整体性影响很大。因此钢筋混凝土小型空心砌块抗震墙房屋的楼屋盖宜采用整体性好的现浇钢筋混凝土楼板，以使各抗侧力构件能够共同工作，充分发挥作用。只有抗震等级为四级时，可采用装配整体式钢筋混凝土楼盖。

同样，为保持房屋的整体性，提高房屋的抗震能力，配筋混凝土小型空心砌块抗震墙房屋的各楼层均应设置现浇钢筋混凝土圈梁，其混凝土强度等级应为砌块强度等级的两倍或以上，即圈梁的混凝土强度应不低于制作小型空心砌块的混凝土强度；当采用现浇楼盖时圈梁截面高度不宜小于 200mm，当采用装配整体式楼盖时板底圈梁截面高度不宜小于 120mm；其纵向钢筋直径不应小于砌体的水平分布钢筋直径，箍筋直径不应小于 ϕ8，间距不应大于 200mm。

配筋混凝土小型空心砌块抗震墙之间的连梁也是墙与墙传递荷载和内力以及协调变形的重要构件之一，其本身就应具有良好的受力性能和变形能力。因此对于跨高比大于 2.5 的连梁宜采用现浇钢筋混凝土连梁，其截面组合的剪力设计值、弯矩设计值和斜截面抗震受剪承载力、正截面抗震受弯承载力，均应符合《混凝土结构设计规范》对连梁的有关规定，其构造应符合下列要求：

1. 连梁的纵向钢筋锚入墙内的长度，一、二级不应小于 1.15 倍锚固长度，二级不应小于 1.05 倍锚固长度，四级不应小于锚固长度，且都不应小于 600mm。

2. 连梁的箍筋应沿梁全长设置，并应符合框架梁梁端的箍筋加密区的构造要求。

3. 顶层连梁的纵向钢筋锚固长度范围内，应设置间距不大于 200mm 的箍筋，直径与该连梁的箍筋直径相同。

4. 跨高比小于 2.5 的连梁，自梁顶面下 200mm 至梁底面上 200mm 的范围内应增没水平分布钢筋，其间距不大于 200mm，每层分布筋的数量，一级不少于 2Φ12，二～四级不少于 2Φ10；水平分布筋伸入墙内长度，不应小于 30 倍钢筋直径和 300mm。

5. 配筋混凝土小型空心砌块抗震墙的连梁内不宜开洞。需要开洞时应符合下列要求：

（1）在跨中梁高 1/3 处预埋外径不大于 200mm 的钢套管；

（2）洞口上下的有效高度不应小于 1/3 梁高，且不小于 200mm；

（3）洞口处应配置补强钢筋，并在洞边浇筑混凝土；

（4）被洞口削弱的截面应进行受剪承载力验算。

5.5.3.3　墙体内钢筋的构造布置

根据地震荷载的反复作用性质以及配筋混凝土小型空心砌块抗震墙房屋墙体的受力特性，抗震墙墙体宜采用对称配筋，墙肢或独立墙段端部加强区（节点芯柱）受压钢筋总面积 A_s'和另一端加强区受拉（或压应力较小一端）钢筋总面积 A_s宜相同，即 $A_s'=A_s$；墙内每一相竖向分布筋宜面积相同，均为 A_{sw}。根据试验研究结果，配筋混凝土小型空心砌块抗震墙房屋墙体中的竖向钢筋的直径和配筋率不应过小，也不宜过大。如竖向钢筋直径和配筋率太小，一旦墙体开裂，钢筋即刻达到屈服，起不到配筋改善墙体受力性能的效果，如竖向钢筋直径和配筋率太大，则直至墙体破坏，钢筋可能都不会达到屈服，同样也无法改善墙体的受力性能。因此竖向钢筋的最小直径不应小于 12mm，最大间距不应大于 600mm，在顶层和底层还应适当减小钢筋布置的间距。竖向钢筋的最小配筋率控制是抗震等级为一级的房屋所有部位均不小于 0.13%，二级的一般部位不小于 0.10%，加强部位不小于 0.13%，三、四级所有部位均不小于 0.10%。为了使墙体的受力比较均匀、减少施工误差以及减少墙体抗力的偏心影响，墙体内每道横向钢筋宜双排布置，最小直径为 8mm，最大间距为 600mm，在顶层和底层则不大于 400mm，横向钢筋的最小配筋率控制同纵向钢筋。这些构造措施都是为了保证房屋具有良好的整体性，墙体在开裂以后不至于立即丧失承载能力，而有适当的延性。

另外，在墙体端部加强筋和竖向分布筋宜采用同一强度等级钢筋，一般可采用 HRB335 级钢筋。根据配筋混凝土小型空心砌块抗震墙的施工特点，墙内的竖向钢筋无法绑扎搭接，钢筋应力只能靠混凝土空心小砌块孔洞内所浇灌的混凝土进行传递，因此墙内钢筋的搭接长度规定应该要严格一些。根据《建筑抗震设计规范》规定、墙内钢筋的搭接长度不应小于 48 倍钢筋的直径，锚固长度不应小于 42 倍钢筋的直径，以保证墙内纵向钢筋受力的连续性和有效性。

5.5.3.4　轴压比控制

试验研究表明，当墙体的轴压比较高时，墙体的受弯承载能力以及变形能力都会大幅度降低，墙体的破坏呈现明显的脆性性质，这是在结构的抗震设计中应该尽量避免的。因此，配筋混凝土小型空心砌块抗震墙在重力荷载代表值作用下的轴压比（重力荷载代表值与墙截面抗压承载能力之比）应控制在抗震等级为一级时不大于 0.5，二、三级时不大于 0.6，这就是为了保证在水平荷载和竖向荷载共同作用下配筋混凝土小型空心砌块砌体的延性和强度得到合理的发挥。

5.5.3.5　边缘构件的构造要求

配筋混凝土小型空心砌块抗震墙的边缘构件是指在墙体的两端设置有经过加强的区段。

根据试验研究结果，在配筋混凝土小型空心砌块抗震墙房屋结构中，墙片的边缘构件无论是在提高墙体的强度和变形能力方面的作用都是非常明显的，因此在一般情况配筋混凝土小型空心砌块抗震墙端部应设置长度不小于 2 倍墙厚的边缘构件，当轴压比大于 0.5 时，在墙端应设置长度不小于 3 倍墙厚的边缘构件。墙体边缘构件的配筋要求应符合表 5-29的要求。

配筋混凝土小型空心砌块抗震墙边缘构件的配筋要求　　表 5-29

抗震等级	边缘部位纵向钢筋最小量	一般部位纵向钢筋最小量	箍筋最小直径	箍筋最大间距
一	3Φ20	3Φ18	Φ8	200mm
二	3Φ18	3Φ16	Φ8	200mm
三	3Φ16	3Φ14	Φ8	200mm
四	3Φ14	3Φ12	Φ8	200mm

5.5.4　配筋混凝土小型空心砌块抗震墙房屋抗震设计实例

某十一层住宅楼，采用混凝土小型空心砌块配筋砌体短肢剪力墙结构体系，现浇钢筋混凝土楼盖。建筑层高为 2.8m，室内外高差 0.6m，混凝土小型空心砌块尺寸为 390mm×190mm×190mm，一～三层砌块强度为 MU20，砌筑砂浆强度为 M15，灌芯混凝土采用 C30。四层以上砌块强度为 MU10，砌筑砂浆强度为 M10，灌芯混凝土采用 C20。房屋单元的标准层平面图如图 5-28 所示。根据房屋建造要求和《建筑抗震设计规范》的有关规定，设计的抗震设防烈度为 7 度（设计基本地震加速度为 0.1g），设计地震分组为第三组，场地土类别 IV 类，建筑抗震重要性类别为丙类，建筑结构安全等级为二级，抗震等级为三级。试对该房屋的抗震墙进行抗震设计计算。

解：一、荷载资料

1. 屋面（无层顶水箱）	单位：kN/m^2
架空板	1.2
防水层	0.4
保温找坡	1.0
现浇板 h=110mm	2.8
板底粉刷	0.4
合计：	5.8
活荷载（不上人屋面）	0.7
2. 卧室、厅	
面层	1.0
现浇板 h=110mm	2.8
板底粉刷	0.4
合计：	4.2
活荷载	2.0
3. 厨房、厕所	
面层	

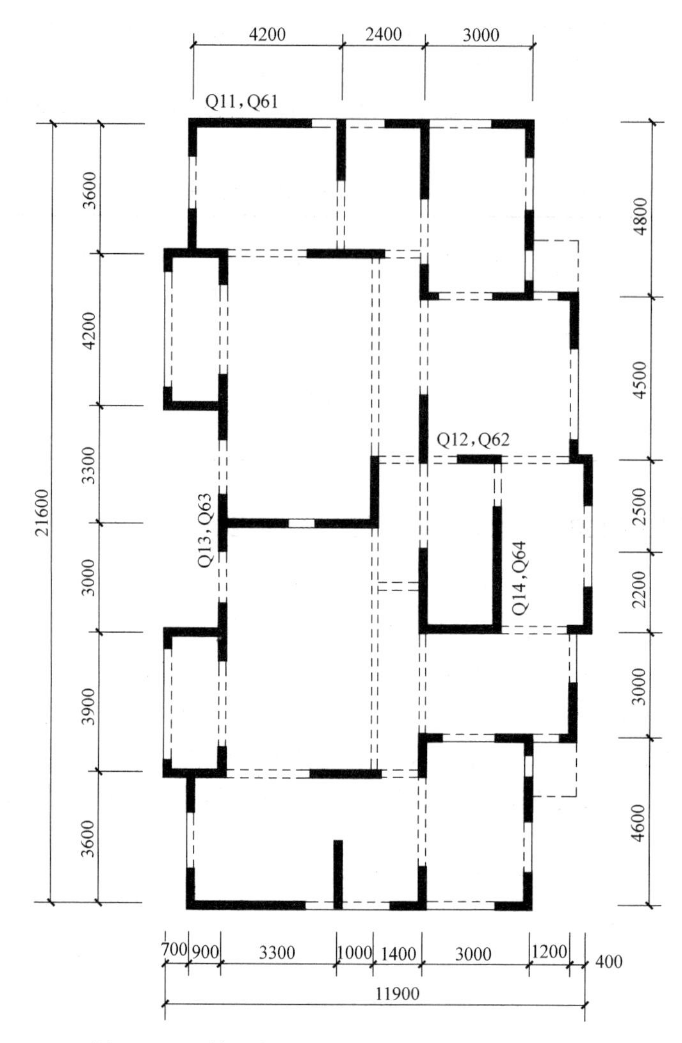

图 5-28　配筋混凝土小型空心砌块房屋单元平面图

现浇板 h=90mm　　2.3

板底粉刷　　0.4

合计：　　3.7

活荷载　　2.0

4. 楼梯

现浇板自重　　6.5（含两面粉刷）

活荷载　　1.5

5. 阳台（梁板式）

阳台板　　3.7

阳台栏杆、梁　　4.8kN/m

活荷载　　2.5

6. 墙体

190mm 厚小砌块灌实　　5.8（含两面粉刷）

190mm 厚小砌块不灌实	3.4（含两面粉刷）
空调楼板 $h=80$mm	2.0
面层（空调楼板）	1.0
板底粉刷（空调楼板）	0.4

二、抗震验算

1. 内力计算

本工程内力计算采用高层建筑结构空间有限元分析与设计软件（SATWE）进行计算，现根据计算结果摘录底层和六层各四片墙体的设计内力值如表 5-30 所示。

底层和六层各四片墙体的设计内力值 **表 5-30**

内力	一层墙体				六层墙体			
	Q11	Q12	Q13	Q14	Q61	Q62	Q63	Q64
N(kN)	1525.7	995.8	731.4	3206.3	318.6	528.6	453.1	1445.5
M(kN·m)	3426.6	212.9	389.7	3748.7	603.4	184.7	173.5	493.1
V(kN)	625.4	100.6	93.5	542.2	291.3	116.9	102.3	273.1

底层属于底部加强区，因此应对截面的组合剪力设计值进行调整，$V=\eta_{vw}V_w$，其中 η_{vw}为剪力增大系数，此处取 1.2。表中的截面剪力设计值已按规定进行了调整。

2. 墙片竖向钢筋布置假定

根据《建筑抗震设计规范》附录 F 中抗震构造措施的有关要求以及内力计算结果，以及本工程抗震等级为三级，竖向钢筋的最小配筋率为 0.10%，也即由Φ 12@600，因此先假定；当墙体轴压比没超过 0.5 时，墙端部 2 孔作为边缘构件预配 2Φ12，纵横墙交接处墙端部 3 孔作为边缘构件预配 3Φ12，当墙片轴压比超过 0.5 时，墙端部 3 孔作为边缘构件预配 3Φ16；底层加强区墙端边缘构件预配钢筋采用同样原则。墙内分布钢筋原则上按Φ 12@600 预配，所有纵筋均为 HRB335 级钢。墙体内最终竖向钢筋布置按计算结果调整。

3. 墙片水平钢筋布置假定

水平钢筋布置应满足大于 0.10%的最小配筋率及不小于 2Φ8@600 的要求，现水平钢筋预配为 2Φ8@200。

4. 配筋计算

选取六层墙片 Q62 进行配筋计算，已知内力：$N=528.6$kN，$M=184.7$kN·m，$V=116.9$kN，墙长 1000mm。为说明计算步骤，水平钢筋预配 2Φ8@600。

由《砌体结构设计规范》可以计算出砌块强度为 MU10，砂浆强度为 M10，灌芯混凝土为 C20 的灌芯小砌块砌体的抗压强度设计值 $f_{gc}=5.79$MPa

$$f_{gv}=0.2\times5.79^{0.55}=0.53\text{MPa}$$

$$h_0=h-200=800\text{mm}$$

$$\lambda=\frac{M}{Vh_0}=\frac{184.7}{116.9\times0.8}=1.97<2$$

$$\frac{1}{\gamma_{RE}}(0.15f_kbh)=\frac{1}{0.85}\times0.15\times5.79\times190\times1000\approx1974>V=116.9\text{kN}$$

截面尺寸满足要求。

$$N=116.9\text{kN}>0.2f_{g}bh=0.2\times5.79\times190\times1000\approx220.0\text{kN}$$

计算抗剪钢筋时取 $N=220.0\text{kN}$

$$A_{sh}=\frac{\gamma_{RE}-\frac{1}{\lambda-0.5}(0.48f_{gv}bh_0+0.1N)}{0.72f_{yh}h_0}s$$

$$=\frac{0.85\times116900-\frac{1}{1.97-0.5}\times(0.48\times0.53\times190\times800+0.1\times220000)}{0.72\times210\times800}\times600$$

$$=288\text{mm}^2$$

水平钢筋间距太大，调整钢筋间距为 200mm，则 $A_{sh}=96\text{mm}^2$，选 2Φ8@200，实配钢筋面积 $101\text{mm}^2>A_{sh}$，再验算水平钢筋配置是否满足下式要求：

$$\frac{1}{\gamma_{RE}}(0.72f_{yh}\frac{A_{sh}}{s}h_0)=\frac{1}{0.85}\times0.72\times210\times\frac{101}{200}\times800\approx71.9>0.5V=58.5\text{kN}$$

水平钢筋 2Φ8@200 满足计算和构造要求。

抗弯计算（按精确计算方法计算）

$$\xi_b=\frac{0.8}{1+\frac{f_y}{0.003E_s}}=\frac{0.8}{1+\frac{300}{0.003\times200000}}=0.533$$

配筋混凝土小砌块墙体大小偏心受压的相对界限受压区高度 $\xi_b=0.527$，其中配筋混凝土小型空心砌块砌体的极限压应变取 0.003，钢筋为 HRB335 级钢。$\xi\leqslant\xi_b$，为大偏心，否则为小偏心。

对于大偏心墙体构件，按平截面假定通过截面内力与荷载的平衡来计算纵向受弯钢筋所需的面积。在具体计算时可先假定受压区高度，然后通过试算逐步调整受压区高度，使之最后满足截面内力-荷载的平衡。

对于小偏心墙体构件，可按下式计算：

$$M=f'_yA'_s(h_0-a'_s)+\xi(1-0.5\xi)f_gbh_0$$

其中：$\xi=\dfrac{\gamma_{RE}N-\xi_bf_gbh_0}{\dfrac{\gamma_{RE}Ne-0.43f_gbh_0^2}{(0.8-\xi_b)(h_0-a'_s)}+f_gbh_0}+\xi_b$。

e 的取值与钢筋混凝土小偏心受压构件相同。

在计算墙内所需钢筋时，如原假定的Φ12 钢筋配置面积偏小不满足要求时，应首先增加墙体端部边缘构件的钢筋至允许的最大钢筋直径，再不满足则增加墙内分布钢筋的数量和面积，这样的设计计算顺序可以使得用钢量最为经济。

仍以六层的 Q62 墙体计算纵向受弯钢筋：

先假定受压区高度 X_c 为 400mm。

$\xi=\dfrac{0.8X_c}{h_0}=\dfrac{0.8\times400}{800}=0.4<\xi_b=0.533$，是大偏心受压。

根据平截面假定，可求得从左到右各竖向钢筋的应变分别为 0.00225、0.00075、0.00225、0.00375，对应的应力分别为：−310MPa、−150MPa、310MPa、310MPa。

截面内力的合力：

$$N_0=0.8\times400\times190\times5.79-(-310+2\times310-150)\times113.1$$
$$=333.9\text{kN}<\gamma_{RE}N=449.3\text{kN}$$

不平衡，需重新计算。再假定受压区高度为 500mm。

$\xi=0.5<\xi_b$，仍是大偏压。

根据平截面假定，可求得从左到右各竖向钢筋的应力分别为：－310MPa、－300MPa、300MPa、310MPa。

$$N_0=0.8\times500\times190\times5.79-(-310-300+310+300)\times113.1$$
$$=440\text{kN}<\gamma_{RE}N=449.3\text{kN}$$

将受压区高度在 500～510mm 中插值，重复上述计算，可得 $X_c\approx504$mm。对截面形心取矩，有以下计算墙体抗弯能力公式：

$$Ne_i\leqslant\frac{1}{\gamma_{RE}}\left[f_gXb\left(\frac{h}{2}-\frac{X}{2}\right)+\sum\sigma_sA_sX_i\right]$$

其中：$e_0=\dfrac{M}{N}=\dfrac{184.7}{528.6}=0.349\text{m}>0.3h_{w0}=0.3\times0.8=0.24\text{m}$

$e_a=0$，$e_i=e_0+e_a=349\text{mm}$，$X=0.8X_c=403\text{mm}$。

各根纵向钢筋应力从左到右分别为：－310MPa、－243MPa、232MPa、310MPa，至形心的距离 X_i 按实际情况取用。

$$\frac{1}{\gamma_{RE}}\left[f_gXb\left(\frac{h}{2}-\frac{X}{2}\right)+\sum\sigma_sA_sX_i\right]$$
$$=\frac{1}{0.85}\times\left[5.79\times403\times190\times\left(\frac{1000-403}{2}\right)+\right.$$
$$\left.+(310\times400+243\times200+232\times200+310\times400)\times113.1\right]$$
$$=201.3\text{kN}\cdot\text{m}>M=184.7\text{kN}\cdot\text{m}$$

墙体两端部各两孔插筋Φ 12 能够满足抗弯承载力要求。

其余墙体的详细计算步骤略。

5. 墙体荷载效应与抗力计算结果

根据计算结果，底层和六层各四片墙体的纵向钢筋配筋如图 5-29 所示，计算结果如表 5-31 所示。

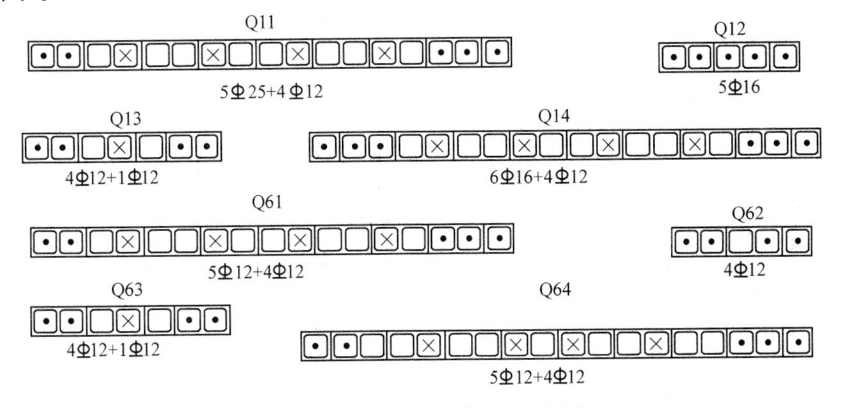

图 5-29　墙体竖向钢筋布置示意图

墙体荷载效应与抗力计算结果　　表 5-31

工况	楼层	墙片号	配筋		截面高度	墙片剪力设计 N（kN）	轴压比	相对受压区高度 ε	内力设计值		墙片抗力		备注
			竖向钢筋	水平钢筋					M（kN·m）	V（kN）	M（kN·m）	V（kN）	
第一次计算	一层	Q11	5 Φ 12+4 Φ 12	2 Φ 8@200	3400	1525.7	0.259	0.244	3426.6	625.4	2430.9	待调整	水平钢筋不符合(5.6)要求，纵筋需调整
		Q12	4 Φ 12		1000	943.4	0.545		255.9	100.6	待调整	待调整	轴压比>0.5，按规定布置钢筋布置
		Q13	4 Φ 12+1 Φ 12		1400	731.4	0.302	0.317	389.7	93.5	472.3	191.5	水平钢筋待优化
		Q14	5 Φ 12+4 Φ 12		3600	3206.3	0.515		3748.7	542.2	待调整	待调整	轴压比>0.5，按规定布置钢筋布置
	六层	Q61	5 Φ 12+4 Φ 12	2 Φ 8@200	3400	318.6	0.085	0.120	603.4	291.3	991.9	505.5	满足要求，水平钢筋布置由公式(5.6)控制
		Q62	4 Φ 12		1000	528.6	0.481	0.505	184.7	116.9	201.4	119.9	满足要求
		Q63	4 Φ 12+1 Φ 12		1400	453.1	0.294	0.320	173.5	102.3	330.5	211.7	水平钢筋待优化
		Q64	5 Φ 12+4 Φ 12		3600	1445.5	0.365	0.334	493.1	273.1	2187.2	590.4	水平钢筋待优化
最终计算结果	一层	Q11	5 Φ 25+4 Φ 12	2 Φ 10@200	3400	1525.7	0.259	0.244	3426.6	625.4	3413.8	751.1	满足要求
		Q12	5 Φ 16	2 Φ 8@200	1000	943.4	0.540	0.561	255.9	100.6	340.2	129.3	属小偏压构件，满足要求
		Q13	4 Φ 12+1 Φ 12	2 Φ 8@400	1400	731.4	0.302	0.317	389.7	93.5	472.4	137.9	满足要求
		Q14	6 Φ 16+4 Φ 12	2 Φ 8@200	3600	3206.3	0.515	0.456	3748.7	542.2	3925.9	535.6	剪力抗力小于设计剪力不超过 1.3%，满足要求
	六层	Q63	4 Φ 12+1 Φ 12	2 Φ 8@400	1400	453.1	0.294	0.320	173.5	102.3	330.5	158.1	满足要求
		Q64	5 Φ 12+4 Φ 12		3600	1445.5	0.365	0.334	493.1	273.1	2187.2	438.5	满足要求，水平钢筋布置由公式(5.6)控制

说明：1. 墙厚 t=190mm，层高 h=2.8m；

2. 灌芯混凝土小型砌块砌体抗压强度设计值：底层 f_g=9.11MPa，六层 f_g=5.79MPa；

3. 纵向钢筋为 HRB335，水平钢筋为 HPB300。

参考文献

［1］ 周德源，程才渊，吴明舜. 砌体结构抗震设计. 湖北：武汉理工大学出版社，2004

［2］ 国家标准. 建筑抗震设计规范 GB 50011—2010. 北京：中国建筑工业出版社，2010

［3］ 国家标准. 砌体结构设计规范 GB 50003—2011. 北京：中国建筑工业出版社，2011

［4］ 刘海卿. 建筑结构抗震与防灾. 北京：高等教育出版社，2010

第 6 章　多高层钢筋混凝土结构抗震设计

学习的目的和要求：

掌握多层及高层钢筋混凝土结构抗震设计的概念及基本设计方法。

学习内容：

1. 多层及高层钢筋混凝土结构的震害特点；
2. 多高层混凝土结构抗震设计的一般要求；
3. 框架内力与位移计算；
4. 钢筋混凝土框架结构构件设计。

重点与难点：

重点：框架内力与位移计算。

难点：钢筋混凝土框架结构构件设计。

本章要点：本章主要介绍了钢筋混凝土结构的震害特点及抗震设计的一般规定。在各类结构体系中，重点介绍了框架结构、抗震墙结构的抗震设计方法、设计过程等，对框架—抗震墙结构则仅介绍了其结构布置、抗震构造措施等要求。

多高层钢筋混凝土结构以其优越的综合性能在城市建设中得到了广泛的应用。在我国，大部分的多高层房屋建筑是用钢筋混凝土结构建造的，我国又是地震多发国家。因此，掌握多高层钢筋混凝土结构的抗震设计方法，显然是十分重要的。多层和高层钢筋混凝土结构体系主要有框架结构、抗震墙结构、框架—抗震墙结构、筒体结构和框架—筒体结构等。本章仅介绍常用的前三种多高层钢筋混凝土结构体系的抗震设计方法。

6.1　多高层钢筋混凝土结构的震害特点

在地震作用下，建筑物的破坏机理和过程是十分复杂的，迄今为止还不能完全用理论与计算分析加以解释。因此，要正确地进行多层和高层建筑的抗震设计，就必须总结各类建筑在历次大地震中的震害特点，从中吸取经验教训，这是十分重要的。

6.1.1　结构布置不合理而产生的震害

6.1.1.1 扭转破坏

如果建筑物的平面布置不当而造成刚度中心和质量中心有较大的不重合，或者结构沿竖向刚度有过大的突然变化，则极易使结构在地震时产生严重破坏。这是由于过大的扭转反应或变形集中而引起的。

唐山地震时，位于天津市的一幢平面为L形的建筑（图6-1），由于不对称而产生了强烈的扭转反应，导致离转动中心较远的东南角和东北角处严重破坏；东南角柱产生纵向裂缝，导致钢筋外露；东北角柱处梁柱节点的混凝土酥裂。

唐山地震时，一个平面如图6-2所示的框架厂房产生了强烈的扭转反应，导致第二层的十一根柱产生严重的破坏（图6-2）。该厂房的电梯间设置在房屋的一端，引起严重的刚度不对称。

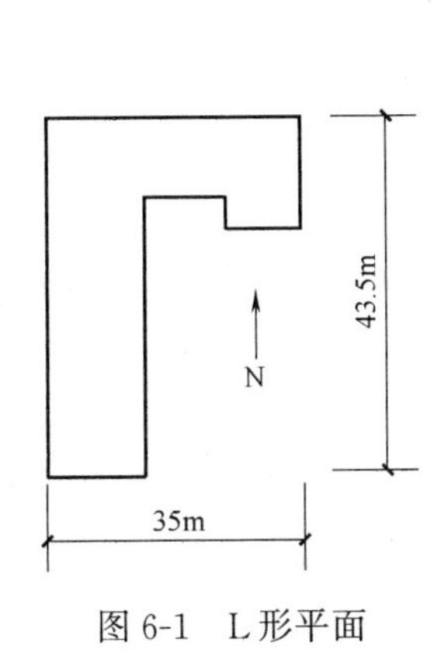

图6-1　L形平面

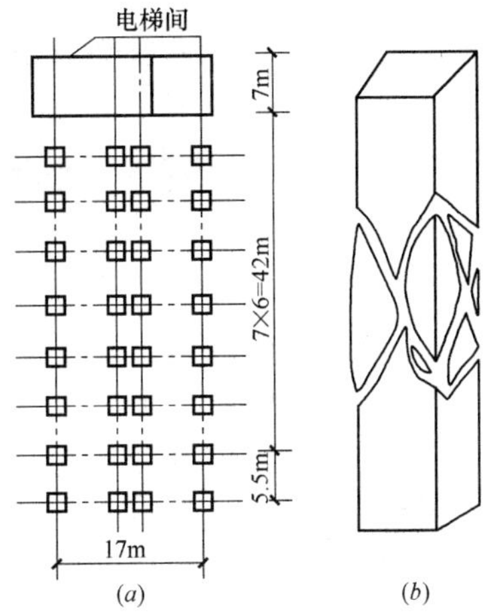

电梯间
7m
7×6=42m
5.5m
17m
(a)　(b)

图6-2　框架厂房平面和柱的破坏

6.1.1.2　薄弱层破坏

某结构的立面如图6-3所示，底部两层为框架，以上各层为钢筋混凝土抗震墙和框架，上部刚度比下部刚度大10倍左右。这种竖向的刚度突变导致地震时结构的变形集中在底部两层，使底层柱严重酥裂，钢筋压曲，第二层偏移达600mm。

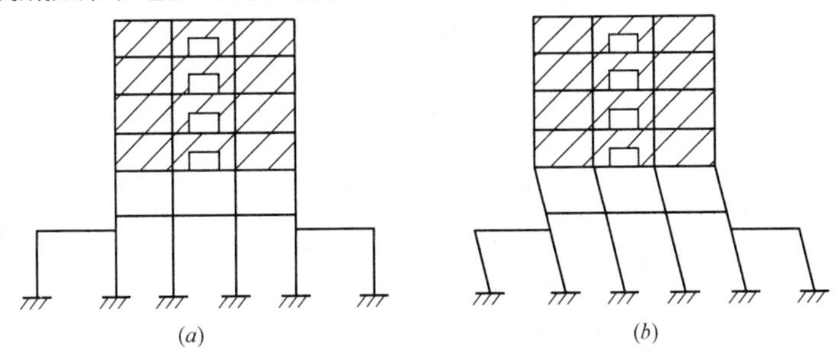

图6-3　底部框架结构的变形

（a）变形前；（b）变形后

震害调查表明，结构刚度沿高度方向的突然变化，会使破坏集中在刚度薄弱的楼层，对抗震是不利的。1995年阪神地震时，大量的20层左右的高层建筑在第5层处倒塌（图6-4），这是因为日本的旧抗震规范允许在第5层以上较弱。

具有薄弱底层的房屋，易在地震时倒塌。图6-5和图6-6示出了两种倒塌的形式。

6.1.1.3　应力集中

结构竖向布置产生很大的突变时，在突变处由于应力集中会产生严重震害。图6-7为在阪神地震时由应力集中而产生的震害。

图 6-4　高层建筑在第五层破坏严重

图 6-5　软弱底层房屋倒塌（倾倒）

图 6-6　软弱底层房屋底层完全倒塌

图 6-7　应力集中产生的震害

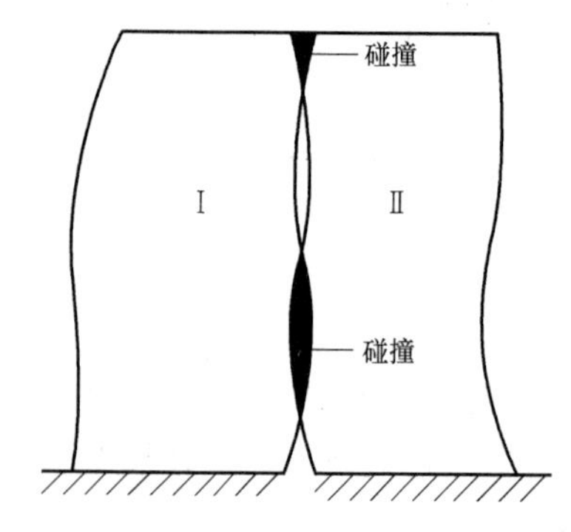

图 6-8　防震缝两侧结构单元的碰撞

6.1.1.4　抗震缝处碰撞

抗震缝如果宽度不够，其两侧的结构单元在地震时就会相互碰撞而产生震害（图 6-8）。例如唐山地震时，北京民航大楼抗震缝处的女儿墙被碰坏；北京饭店西楼伸缩缝处柱的外贴假砖脱落，内填充墙侧移达 50mm。在相同条件下，缝宽达 600mm 的北京饭店东楼则未出现碰撞引起的震害。

6.1.1.5　共振效应引起的震害

在 1976 唐山地震中，位于塘沽地区（烈度为 8 度）的 7～10 层框架结构，因其自振周期（0.6～1.0s）与该场地土（海滨）的自振周期（0.6～1.0s）相一致，发生共振，导致该类框架破坏严重。

在 1985 年墨西哥城地震中，由于该地区表土冲积层很厚，地震波的主要周期为 2s，这与 10～15 层建筑物的自振周期相近，因而导致这类建筑物产生较大程度的破坏。

6.1.2 框架结构的震害

6.1.2.1 整体破坏形式

框架的整体破坏形式按破坏性质可分为延性破坏和脆性破坏，按破坏机制可分为梁铰机制（强柱弱梁型）和柱铰机制（强梁弱柱型），见图 6-9。梁铰机制即塑性铰出现在梁端，此时结构能经受较大的变形，吸收较多的地震能量。柱铰机制即塑性铰出现在柱端，此时结构的变形往往集中在某一薄弱层，整个结构变形较小。

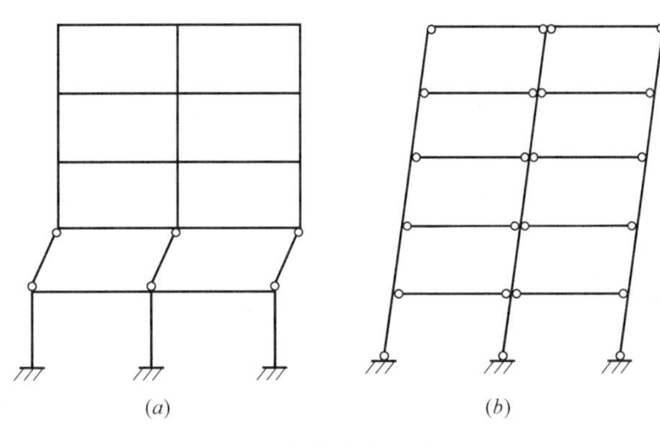

图 6-9 框架结构的变形

（a）柱铰机制；（b）梁铰机制

6.1.2.2 局部破坏形式

1. 构件塑性铰处的破坏。构件在受弯和受压破坏时会出现这种情况。在塑性铰处，混凝土会发生严重剥落，并且钢筋会向外鼓出。框架柱的破坏一般发生在柱的上下端，以上端的破坏更为常见。其表现形式为混凝土压碎，纵筋受压屈曲（图 6-10 和图 6-11）。

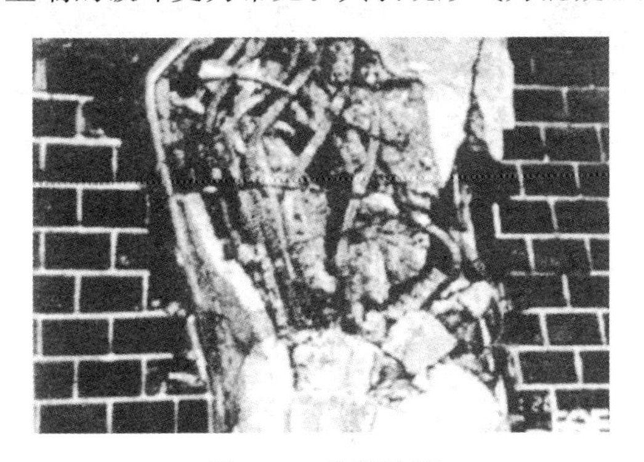

图 6-10 柱的破坏

图 6-11 柱的破坏

2. 构件的剪切破坏。当构件的抗剪强度较低时，会发生脆性的剪切破坏（图 6-12）。

3. 节点的破坏。节点的配筋或构造不当时，会出现十字交叉裂缝形式的典型剪切破坏（图 6-13），后果往往较严重。节点区箍筋过少或节点区钢筋过密都会引起节点区的破坏。

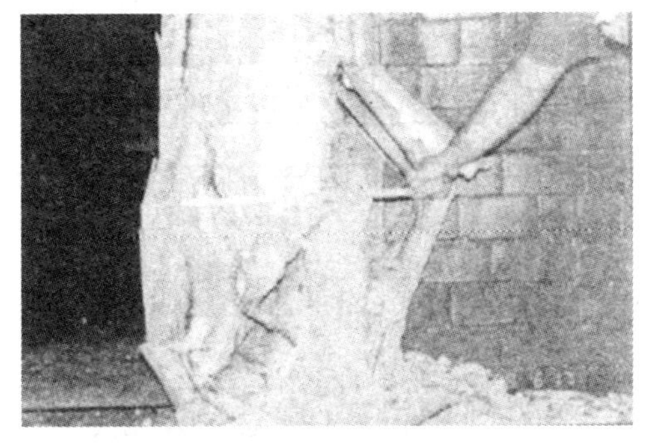

图 6-12 柱的剪切破坏

图 6-13 节点的破坏

4. 短柱破坏。柱子较短时，剪跨比过小，刚度较大，柱中的地震剪力也较大，容易导致柱的脆性剪切破坏（图 6-14）。

5. 填充墙的破坏。

6. 柱的轴压比过大时使柱处于小偏心受压状态。

7. 钢筋的搭接不合理，造成搭接处破坏。

6.1.3 具有抗震墙的结构的震害（抗震墙和框架—抗震墙结构）

震害调查表明，抗震墙结构的抗震性能是较好的，震害一般较轻。高层结构抗震墙的破坏有以下一些类型：(1) 抗震墙的底部发生破坏，表现为受压区混凝土的大片压碎剥落，钢筋压屈（图 6-15）。(2) 墙体发生剪切破坏（图 6-16）。(3) 抗震墙墙肢之间的连梁产生剪切破坏（图 6-17）。墙肢之间是抗震墙结构的变形集中处，故连梁很容易产生破坏。

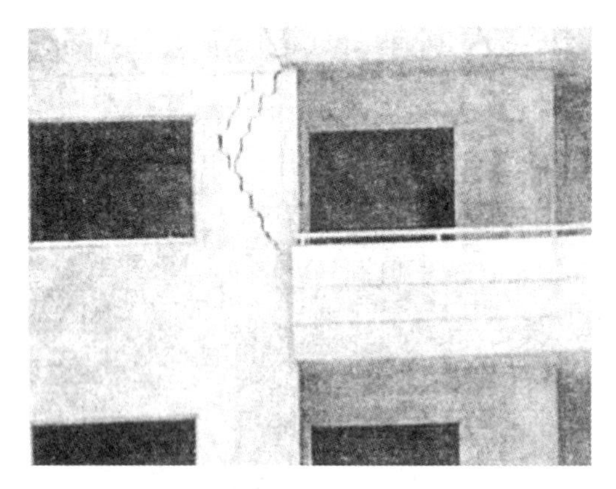

图 6-14 短柱破坏

图 6-15 抗震墙的破坏

图 6-16 抗震墙的剪切破坏

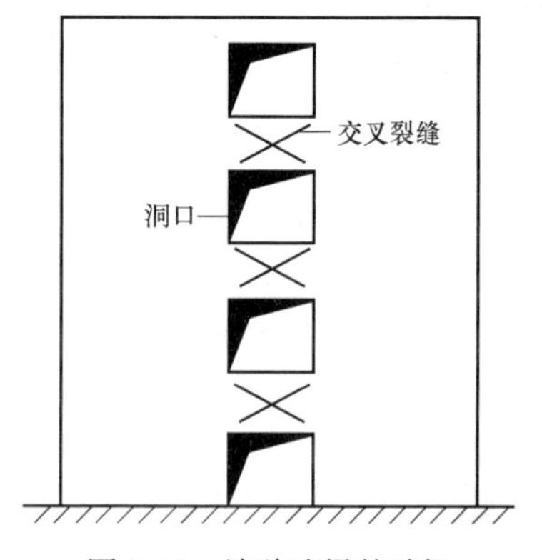

图 6-17 墙肢连梁的破坏

6.2 抗震设计的一般要求

抗震设计除了计算分析及采取合理的构造措施外，掌握正确的概念设计尤为重要。《抗震规范》GB 50011—2010 中的有关规定体现了多高层钢筋混凝土结构房屋抗震设计的一般要求。

6.2.1 抗震等级

抗震等级是确定结构构件抗震计算（指内力调整）和抗震措施的标准，根据设防烈度、房屋高度、建筑类别、结构类型及构件在结构中的重要程度来确定。抗震等级的划分考虑了技术要求和经济条件，随着设计方法的改进和经济水平的提高，抗震等级亦将相应调整。抗震等级共分为四级，它体现了不同的抗震要求，其中一级抗震要求最高。

高层钢筋混凝土结构房屋的建筑类别按其重要性分为甲、乙、丙、丁四类，在确定其抗震等级时应分别考虑其设防烈度。丙类建筑的抗震等级宜按表 6-1 划分；抗震设防类别为甲、乙、丁三类的建筑应按前述应第 1 章抗震设防分类和设防标准的规定调整后再按表 6-1 划分，其中，8 度乙类建筑高度超过表 6-1 规定的范围时，应经专门研究采取比一级更为有效的抗震措施。

由表 6-1 中可见，在同等设防烈度和房屋高度的情况下，对于不同的结构类型，其次要抗侧力构件抗震要求可低于主要抗侧力构件，即抗震等级低些。如框架抗震墙结构中的框架，其抗震要求低于框架结构中的框架；相反，其抗震墙则比抗震墙结构有更高的抗震要求。框架—抗震墙结构中，当抗震墙部分承受的地震倾覆力矩不大于结构总地震倾覆力矩的 50%，考虑到此时抗震墙的刚度较小，其框架部分的抗震等级应按框架结构划分。

表 6-1 现浇钢筋混凝土房屋的抗震等级

<table>
<tr><td rowspan="2" colspan="3">结构类型</td><td colspan="7">烈度</td></tr>
<tr><td colspan="2">6</td><td colspan="2">7</td><td colspan="2">8</td><td>9</td></tr>
<tr><td rowspan="3">框架结构</td><td colspan="2">高度(m)</td><td>≤30</td><td>>30</td><td>≤30</td><td>>30</td><td>≤30</td><td>>30</td><td>≤25</td></tr>
<tr><td colspan="2">框架</td><td>四</td><td>三</td><td>三</td><td>二</td><td>二</td><td>一</td><td>一</td></tr>
<tr><td colspan="2">剧场、体育馆等大跨度公共建筑</td><td colspan="2">三</td><td colspan="2">二</td><td colspan="2">一</td><td>一</td></tr>
<tr><td rowspan="3">框架—抗震墙结构</td><td colspan="2">高度(m)</td><td>≤60</td><td>>60</td><td>≤60</td><td>>60</td><td>≤60</td><td>>60</td><td>≤50</td></tr>
<tr><td colspan="2">框架</td><td>四</td><td>三</td><td>三</td><td>二</td><td>二</td><td>一</td><td>一</td></tr>
<tr><td colspan="2">抗震墙</td><td colspan="2">三</td><td colspan="2">二</td><td colspan="2">一</td><td>一</td></tr>
<tr><td rowspan="2">抗震墙结构</td><td colspan="2">高度(m)</td><td>≤80</td><td>>80</td><td>≤80</td><td>>80</td><td>≤80</td><td>>80</td><td>≤60</td></tr>
<tr><td colspan="2">抗震墙</td><td>四</td><td>三</td><td>三</td><td>二</td><td>二</td><td>一</td><td>一</td></tr>
<tr><td rowspan="2">部分框支抗震墙结构</td><td colspan="2">抗震墙</td><td>三</td><td>二</td><td colspan="2">二</td><td>一</td><td rowspan="2">不宜采用</td><td rowspan="2">不应采用</td></tr>
<tr><td colspan="2">框支层框架</td><td colspan="2">二</td><td>二</td><td>一</td><td>一</td></tr>
<tr><td rowspan="4">筒体</td><td rowspan="2">框架—核心筒</td><td>框架</td><td colspan="2">三</td><td colspan="2">二</td><td colspan="2">一</td><td>一</td></tr>
<tr><td>核心筒</td><td colspan="2">二</td><td colspan="2">二</td><td colspan="2">一</td><td></td></tr>
<tr><td rowspan="2">筒中筒</td><td>外筒</td><td colspan="2">三</td><td colspan="2">二</td><td colspan="2">一</td><td>一</td></tr>
<tr><td>内筒</td><td colspan="2">三</td><td colspan="2">二</td><td colspan="2">一</td><td>一</td></tr>
<tr><td rowspan="2">板柱—抗震墙</td><td colspan="2">板柱的柱</td><td colspan="2">三</td><td colspan="2">二</td><td colspan="2">一</td><td rowspan="2">不应采用</td></tr>
<tr><td colspan="2">抗震墙</td><td colspan="2">二</td><td colspan="2">二</td><td colspan="2">二</td></tr>
</table>

注：1. 建筑场地为Ⅰ类时，除 6 度外可按表内降低一度所对应的抗震等级采取抗震构造措施，但相应的计算要求不应降低；

2. 接近或等于高度分界时，应结合房屋不规则程度及场地、地质条件适当确定抗震等级。

6.2.2 结构选型及布置

6.2.2.1 合理选择结构体系

多层和高层钢筋混凝土结构体系包括框架结构、抗震墙结构、框架—抗震墙结构、筒体结构和框架—筒体结构等。

框架结构的特点是结构自身重量轻，适合于要求房屋内部空间较大、布置灵活的场合。整体重量的减轻能有效减小地震作用。如果设计合理，框架结构的抗震性能一般较好，能达到很好的延性。但同时由于侧向刚度较小，地震时水平变形较大，易造成非结构构件的破坏。结构较高时，过大的水平位移引起的 $p\text{-}\Delta$ 效应也较大，从而使结构的损伤更为严重，故框架结构的高度不宜过高。框架结构中的砖填充墙常常在框架仅有轻微损坏时就发生严重破坏，但设计合理的框架仍具有较好的抗震性能。在地震区，纯框架结构可用于 12 层（40m 高）以下、体形较简单、刚度较均匀的房屋，而对高度较大、设防烈度较高、体系较复杂的房屋，及对建筑装饰要求较高的房屋和高层建筑，应优先采用框架—抗震墙结构或抗震墙结构。

抗震墙结构是由钢筋混凝土墙体承受竖向荷载和水平荷载的结构体系。具有整体性能好、抗侧移刚度大和抗震性能好等优点，且该类结构无突出墙面的梁、柱，可降低建筑层高，充分利用空间，特别适合于 20、30 层的多高层住宅、旅馆等建筑。缺点是具有大面积的墙体限制了建筑物内部平面布置的灵活性。

在抗震墙结构中，为满足在底层设商店等大空间的需要，常把底部一至几层改为框架结构或框架抗震墙结构，称之为底部大空间抗震墙结构。这种结构的抗震性能较差，故须对其高度和底部抗侧移刚度进行限制。

框架—抗震墙结构的特点是在一定程度上克服了纯框架和纯抗震墙结构的缺点，发挥了各自的长处。刚度较大，自重较轻，平面布置较灵活，并且结构的变形较均匀。抗震性能较好，多用于 10～20 层办公楼和旅馆建筑。

此外，还有筒体结构、巨型框架结构和悬索结构等。

各种结构体系适用的最大高度见表 6-2。对平面和竖向均不规则的结构或Ⅳ类场地上的结构，适用的最大高度应适当降低。

在选择结构体系时，应尽量使其基本周期错开地震动卓越周期，一般房屋的基本自振周期应比地震动卓越周期大 1.5～4.0 倍，以避免共振效应。自振周期过短，即刚度过大，会导致地震作用增大，增加结构自重及造价；若自振周期过长，即结构过柔，则结构会发生过大变形。一般地讲，高层房屋建筑基本周期的长短与其层数成正比，并与采用的结构体系密切相关。就结构体系而言，采用框架体系时周期最长，框架—抗震墙次之，抗震墙体系最短，设计时应采用合理的结构体系并选择适宜的结构刚度。

楼盖在其平面内的刚度应足够大，以使水平地震力能通过楼盖平面进行分配和传递。因此，应优先选用现浇楼盖，其次是装配整体式楼盖，最后才是装配式楼盖。抗震规范（GB 50011—2010）规定，框架—抗震墙和板柱抗震墙结构中，抗震墙之间无大洞口的楼、屋盖的长宽比不宜超过表 6-3 中规定的数值；超过时，应考虑楼盖平面内变形的影响。

钢筋混凝土高层建筑的最大适用高度　　　表 6-2

结构体系		烈度			
		6	7	8	9
框架		60	55	45	25
框架—抗震墙		130	120	100	50
抗震墙	全部落地	140	120	100	60
	部分框支	120	100	80	不应采用
筒 体	框架—核心筒	150	140	100	70
	筒中筒	180	160	120	80
板柱—抗震墙		40	35	30	不应采用

注：1. 房屋高度指室外地面到主要屋面板板顶的高度（不包括局部凸出屋顶部分）；
2. 框架核心筒结构指周边稀柱与框架核心筒组成的结构；
3. 部分框支抗震墙结构指首层或底部两层框支抗震墙结构；
4. 乙类建筑可按本地区抗震设烈度确定适用的最大高度；
5. 超过表内高度的房屋，应进行专门研究和论证采取有效的加强措施。

6.2.2.2　结构平面布置

结构的平面布置是指在结构平面图上布置柱和墙的位置以及楼盖的传力方式。从抗震的角度看，最主要的是使结构平面的质量中心和刚度中心相重合或尽可能靠近，以减小结构的扭转反应。因为地震引起的惯性力作用在楼层平面的质量中心，而楼层平面的抗力则作用在其刚度中心，二者的作用线不重合时就会产生扭矩，其值等于二者作用线之间的距离乘以楼层惯性力的值。因此，结构平面应在 xy 两个正交方向对称、均匀。且平面布置应使得平面作为一个截面有尽可能大的抗扭刚度，以抵抗事实上难以完全避免的扭矩。

因此，结构的平面布置宜简单、对称和规则。且不宜采用角部重叠的平面图形或细腰平面图形。在框架结构和抗震墙结构中，框架和抗震墙均应双向设置，柱中线与抗震墙中线、梁中线与柱中线之间的偏心距不宜大于柱宽的 1/4，以避免偏心对节点核心区和柱产生扭转的不利影响。

抗震墙之间楼屋盖的最大长宽比　　　表 6-3

楼、屋盖类别	烈度			
	6	7	8	9
现浇、叠合梁板	4.0	4.0	3.0	2.0
装配式楼盖	3.0	3.0	2.5	不宜采用
框支层现浇梁板	2.5	2.5	2.0	不宜采用

框架结构中，砌体填充墙在平面和竖向的布置宜均匀对称，避免形成薄弱层或短柱。砌体填充墙宜与梁柱轴线位于同一平面内，与柱有可靠连接。一、二级框架的围护墙和隔墙，宜采用轻质墙或与框架柔性连接的墙板；二级且层数不超过 5 层、三级且层数不超过 8 层和四级的框架结构，可考虑使用普通烧结砖填充墙，但应符合《抗震规范》中有关抗震墙之间楼屋盖长宽比的规定及框架—抗震墙结构中抗震墙设置的要求。

高层建筑（8 层及 8 层以上）的平面中 L 不宜过长（图 6-18），突出部分长度 l 宜减小，四角处宜采取加强措施。图 6-18 中，L 和 l 的值宜满足表 6-4 的要求。

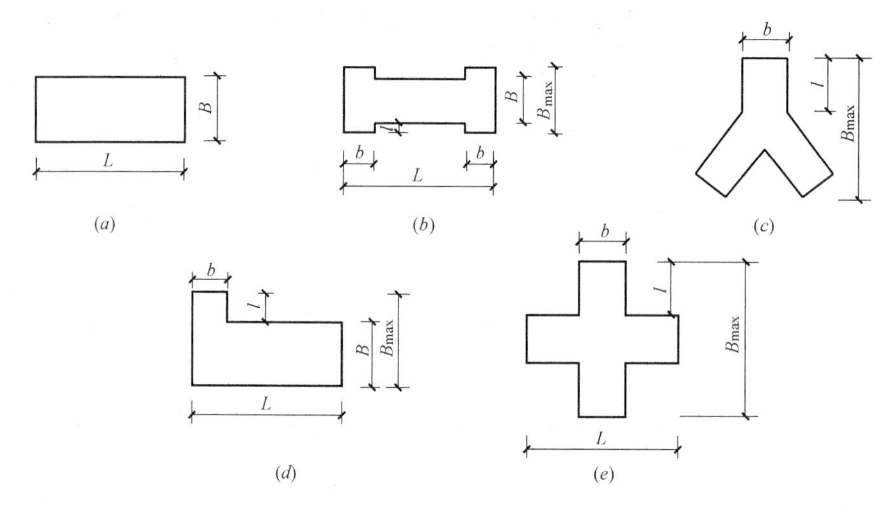

图 6-18 高层建筑平面

(a) 一形；(b) 工形；(c) Y形；(d) L形；(e) 十形

6.2.2.3 结构竖向布置

结构沿竖向（铅直方向）应尽可能均匀且少变化，使结构的刚度沿竖向均匀。如结构沿竖向需变化，则宜均匀变化，避免沿竖向刚度的突变。在用防震缝分开的结构单元内，不应有错层和局部加层，同一楼层应在同一标高内。

为使结构有较好的整体刚度，结构高度 H 和宽度 B 的比值不宜超过表 6-5 所列的限值。

用地下室顶板作为上部结构的嵌固部位时，应避免在地下室顶板开设大洞口，并且，顶板厚度不宜小于 180mm，混凝土强度等级不宜低于 C30，并应采用双层双向配筋，且每个方向的配筋率不应小于 0.25%。地下室结构的侧向刚度不宜小于相邻上部结构侧向刚度的 2 倍，地下室柱的纵向钢筋面积，除应满足计算要求外，不宜少于地上一层对应柱纵筋面积的 1.2 倍；地上一层的柱、墙底部应符合加强部位的有关要求。

L、l 的限值表　　表 6-4

设防烈度	L/B	l/b	L/B_{max}
6 度和 7 度	≤6.0	≤2.0	≤0.35
8 度和 8 度	≤5.0	≤1.5	≤0.30

抗震墙之间楼、屋盖的长宽比　　表 6-5

楼、屋盖类别	烈度			
	6	7	8	9
现浇、叠合梁板	4.0	4.0	3.0	2.0
装配式楼盖	3.0	3.0	2.5	不宜采用
框支层现浇梁板	2.5	2.5	2.0	不宜采用

6.2.2.4 结构的屈服机制

多高层钢筋混凝土结构房屋的屈服机制可分为总体机制（图 6-19a）、楼层机制（图

6-19*b*）及由这两种机制组合而成的混合机制。总体机制表现为所有横向构件屈服而竖向构件除根部外均处于弹性，结构总体围绕根部作刚体转动。楼层机制则表现为仅竖向构件屈服而横向构件处于弹性。结构为总体机制，在承载力基本保持稳定的条件下，持续的变形而不倒塌，能最大限度地耗散地震能量，是理想的破坏机制。为实现总体机制，应防止塑性铰在某些关键构件上出现，尽量迫使塑性铰在其他构件合理出现，并且对某些关键构件的关键部位采取加强措施，尽量避免或推迟塑性铰的出现。

对于框架结构，理想的屈服机制是让框架梁首先出现塑性铰，形成梁铰机制（图6-19*a*），以吸收和耗散地震能量，防止塑性铰出现在柱上（除底层柱根部外），形成耗能性差的柱铰机制（图 6-19*b*）。为此，应合理选择构件尺寸和配筋，体现“强柱弱梁”，“强剪弱弯”等设计原则。梁、柱的受剪承载力应大于构件弯曲破坏时相应产生的剪力，框架节点核心区的受剪承载力应不低于与其连接的构件达到屈服超强时引起的核心区剪力，以防止剪切破坏。对于装配式框架结构的连接，应能保持结构的整体性。应采取有效措施避免剪切破坏、锚固破坏、焊接断裂和混凝土压碎等的脆性破坏。要控制柱子的剪压比和轴压比，加强对混凝土的约束，提高构件、特别是预期首先屈服部位的变形能力，以增加结构延性。

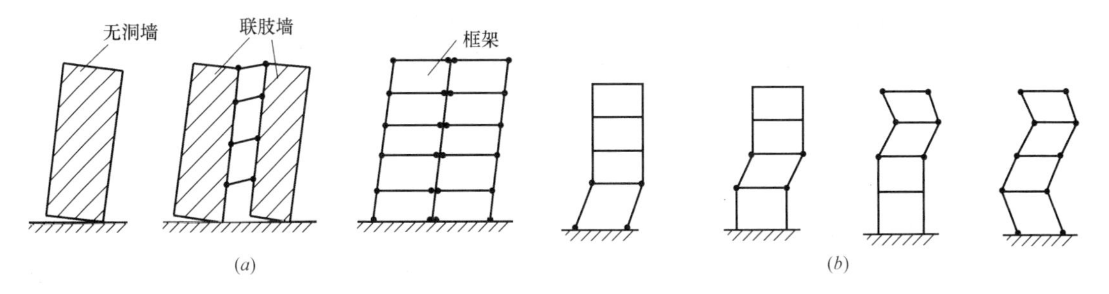

图 6-19　屈服机制

（*a*）总体机制；（*b*）楼层机制

6.2.2.5　基础抗震设计

由于罕遇地震作用下多数结构将进入非弹性状态，所以对基础的抗震设计要求是：在保证上部结构抗震耗能机制的条件下，基础结构能将上部结构屈服机制形成后的最大作用（包括弯矩、剪力及轴力）传到基础，此时基础结构仍处于弹性。

单独柱基础适用于层数不多、地基土质较好的框架结构。交叉梁带形基础以及筏形基础适用于层数较多的框架。《抗震规范》规定，当框架结构有下列情况之一时，宜沿两主轴方向设置基础系梁：

（1）一级框架和Ⅳ类场地的二级框架；

（2）各柱基承受的重力荷载代表值差别较大；

（3）基础埋置较深，或各基础埋置深度差别较大；

（4）地基主要受力层范围内存在软弱黏性土层、液化土层和严重不均匀土层。

沿两主轴方向设置基础系梁的目的是加强基础在地震作用下的整体工作，以减少基础间的相对位移和由于地震作用引起的柱端弯矩，以及基础的转动等。

抗震墙结构以及框架—抗震墙结构的抗震墙基础应具有足够的抗转动能力，否则一方面会影响上部结构的屈服，使位移增大，另一方面将影响框架—抗震墙结构的侧力分配关系，将使框架所分配的侧力增大。因此，当按天然地基设计时，最好采用整体性较好的基础结构并有相应的埋置深度。抗震墙结构和框架—抗震墙结构，当上部结构的重量和刚度分布不均匀时，宜结合地下室采用箱形基础以加强结构的整体性。当表层土质较差时，为了充分利用较深的坚实土层，减少基础嵌固程度，可以结合以上基础类型采用桩基。

6.2.2.6 防震缝的设置

平面形状复杂时，宜用防震缝划分成较规则、简单的单元。但对高层建筑宜尽可能不设缝。伸缩缝和沉降缝的宽度应符合防震缝的要求。

当需要设置防震缝时，其最小宽度应符合下列要求：(1) 框架结构房屋的防震缝宽度，当高度不超过 15m 时可采用 70 mm；超过 15m 时，6 度、7 度、8 度和 9 度相应每增加高度 5m、4m、3m 和 2m，宜加宽 20mm。(2) 框架—抗震墙结构房屋的防震缝宽度可采用上述对框架结构规定数值的 70%，抗震墙结构房屋的防震缝宽度可采用上述对框架规定数值的 50%，且均不宜小于 70mm。(3) 防震缝两侧结构体系不同时，防震缝宽度应按需要较宽的规定采用，并可按较低房屋高度计算缝宽。(4) 8 度、9 度框架结构房屋防震缝两侧结构高度、刚度或层高相差较大时，可在缝两侧房屋的尽端沿全高设置垂直于防震缝的抗撞墙，每一侧抗撞墙的数量不应少于两道，宜分别对称布置，墙肢长度可不大于一个柱距。框架和抗撞墙的内力应按考虑和不考虑抗撞墙两种情况分别进行分析，并按不利情况取值。抗撞墙在防震缝一端的边柱，箍筋应沿房屋全高加密。

6.2.3 材料

按抗震要求设计的混凝土结构的材料应符合下列要求：

6.2.3.1 混凝土的强度等级

抗震等级为一级的框架梁、柱、节点核心区、框支梁、框支柱不应低于 C30；构造柱、芯柱、圈梁及其他各类构件不应低于 C20。并且，混凝土结构的强度等级，在 9 度时不宜超 C60，在 8 度时不宜超过 C70。

6.2.3.2 普通钢筋的强度等级

纵向受力钢筋宜采用 HRB335 级和 HRB400 级热轧钢筋；箍筋宜采用 HPB300、HRB335 和 HRB400 级热轧钢筋。普通钢筋宜优先采用延性、韧性和可焊性较好的钢筋。对一、二级抗震等级的框架结构，其普通纵向受力钢筋的抗拉强度实测值与屈服强度实测值的比值不应小于 1.25；屈服强度实测值与强度标准值的比值不应大于 1.3。

在施工中，当需要以强度等级较高的钢筋代替原设计中的纵向受力钢筋时，应按照钢筋受拉承载力相等的原则换算，并应满足正常使用极限状态和抗震构造的要求。

6.3 混凝土框架结构的抗震设计

6.3.1 框架结构的设计要点

框架结构应设计成双向梁柱体系。主体结构除个别部位外，不应采用铰接。在抗震设计时，一般只需且必须对结构纵、横两个主轴方向进行抗震计算。

抗震设计的框架不宜采用单跨框架。

梁和柱的中线宜重合，以使传力直接，减小由于偏心过大而带来的不利影响。当梁柱中心线不能重合时，在计算中应考虑偏心对梁柱节点核心区受力和构造的不利影响，以及梁荷载对柱子的偏心影响。框架柱的截面高度和宽度均不宜小于300mm。应注意避免形成短柱（柱净高与截面高度之比小于4的柱）。

在竖向非地震作用的其他荷载作用下，可用调幅法来考虑框架梁的塑性内力重分布。对现浇框架，调幅系数取0.8～0.9；对装配整体式框架，调幅系数取0.7～0.8。无论对水平地震作用引起的内力还是对竖向地震作用引起的内力均不应进行调幅。

框架结构按抗震设计时，不应采用部分由砌体墙承重之混合形式。框架结构中的楼、电梯间及局部出屋顶的电梯机房、楼梯间、水箱间等，应采用框架承重，不应采用砌体墙承重。

6.3.2 水平地震作用的计算

一般情况下，可在建筑结构的两个主轴方向分别考虑水平地震作用，各方向的水平地震作用应全部由该方向抗侧力框架结构来承担。

计算多层框架结构的水平地震作用时，一般应以防震缝所划分的结构单元作为计算单元，在计算单元各楼层重力荷载代表值的集中质点G_i设在楼屋盖标高处。对于高度不超过40m、质量和刚度沿高度分布比较均匀的框架结构，可采用底部剪力法按第四章的公式分别求出计算单元的总水平地震作用标准值F_{EK}、各层的水平地震作用标准值F_i和顶部附加水平地震作用标准值ΔF_n。

手算可以采用顶点位移法来计算结构基本周期。计入ψ_T的影响，则基本周期T_1可按下列公式计算：

$$T_1 = 1.7\psi_T\sqrt{u_T} \tag{6-1}$$

式中 ψ_T——考虑非结构墙体刚度影响的周期折减系数，当采用实砌体填充墙时取0.6～0.7；当采用轻质墙、外挂墙板时取0.8；

u_T——假想结构顶点位移（m），即假想把集中在各层楼层处的重力荷载代表值G_i作为水平荷载，仅考虑计算单元全部柱的侧移刚度$\sum D$，按弹性方法所求得的结构顶点位移。

应该指出，对于有突出于屋面的屋顶间（电梯间、水箱间）等的框架结构房屋，假想结构顶点位移u_T指主体结构顶点的位移。因此，突出屋面的屋顶间的顶面不需设质点G_{n+1}，而将其并入主体结构屋顶集中质点G_n内。

当已知第i层的水平地震作用标准值F_j和ΔF_n，则第j层的地震剪力V_i按下式计算：

$$V_i = \sum_{j=i}^{n} F_j + \Delta F_n \tag{6-2}$$

按式（6-2）求得第i层地震剪力V_i后，再按各层各柱的侧移刚度求其分担的水平地震剪力标准值。一般将砖填充墙仅作为非结构构件，不考虑其抗侧力作用。

6.3.3 框架内力和位移计算

6.3.3.1 水平地震作用下框架内力的计算

目前，在工程计算中，常采用反弯点法和D值法（改进的反弯点法）。反弯点法适用于层数较少，梁柱线刚度比大于 3 的情况，计算比较简单。D 值法近似地考虑了框架节点转动对侧移刚度和反弯点高度的影响，比较精确，得到广泛应用。

6.3.3.2　竖向荷载作用下框架内力的计算

竖向荷载下框架内力近似计算可采用分层法和弯矩二次分配法。

由于钢筋混凝土结构具有塑性内力重分布性质，在竖向荷载下可以考虑适当降低梁端弯矩，进行调幅，以减少负弯矩钢筋的拥挤现象。对于现浇框架，调幅系数 β 可取 0.8～0.9；装配整体式框架由于节点的附加变形，可取 β=0.7～0.8。将调幅后的梁端弯矩叠加简支梁的弯矩，则可得到梁的跨中弯矩。

支座弯矩调幅降低后，梁跨中弯矩应相应增加，且调幅后的跨中弯矩不应小于简支情况下跨中弯矩的 50%。如图 6-20，跨中弯矩为：

$$M_4=M_3+\left[\frac{1}{2}(M_1+M_2)-\frac{1}{2}(\beta M_1+\beta M_2)\right] \tag{6-3}$$

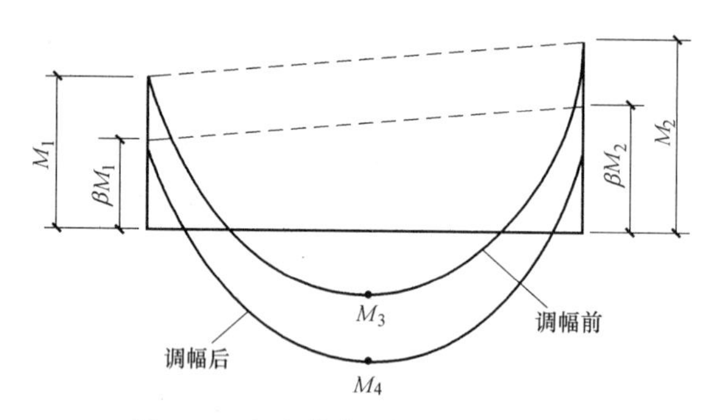

图 6-20　竖向荷载下的梁端弯矩调幅

据统计，国内高层民用建筑重量约为 12～15kN/m^2，其中活载约为 2kN/m^{2}左右，所占比例较小，可按全部满载布置。这样，可不考虑框架的侧移，以简化计算。当活载较大时，可将跨中弯矩乘以 1.1～1.2 系数加以修正，以考虑活载不利布置对跨中弯矩的影响。

6.3.3.3　内力组合

通过框架内力分析，获得了在不同荷载作用下产生的构件内力标准值。进行结构设计时，应根据可能出现的最不利情况确定构件内力设计值，进行截面设计。在框架抗震设计时，一般应考虑以下两种基本组合：

（1）地震作用效应与重力荷载代表值效应的组合

抗震设计第一阶段的任务，是在多遇地震作用下使结构有足够的承载力。此时，除地震作用外，还认为结构受到重力荷载代表值和其他活荷载的作用。当只考虑水平地震作用与重力荷载代表值时，其内力组合设计值 S 可写成：

$$S=1.2S_{GE}+1.3S_{Eh} \tag{6-4}$$

式中　S_{GE}——相应于水平地震作用下由重力荷载代表值效应的标准值；

S_{Eh}——水平地震作用效应的标准值。

（2）竖向荷载效应，包括全部恒载与活载的组合

无地震作用时，结构受到全部恒载和活载的作用。考虑到全部竖向荷载一般比重力荷载代表值要大，且计算承载力时不引入承载力抗震调整系数。这样，就有可能出现在正常竖向荷载下所需的构件承载力要大于水平地震作用下所需要的构件承载力的情况。因此，应进行正常竖向荷载作用下的内力组合，这种组合有可能对某些截面设计起控制作用。对于这种组合，根据《建筑结构荷载规范》GB 50009—2001，其荷载效应组合的设计值 S 应从下列两种组合值中取最不利值：

由活荷载效应控制的组合：

$$S=1.2S_{GE}+1.3S_{Eh} \tag{6-5a}$$

由恒荷载效应控制的组合：

$$S=1.35S_G+1.4\psi_c S_Q \tag{6-5b}$$

式中 S_G——由恒荷载产生的内力的标准值；

S_Q——由活荷载产生的内力的标准值；

ψ_c——活荷载组合值系数，对楼屋盖均布活荷载一般取0.7。

在上述两种荷载组合中，取最不利情况作为截面设计用的内力设计值。当需要考虑竖向地震作用或风荷载作用时，其内力组合设计值可参照有关规定。

6.3.3.4 位移计算

1. 多遇地震作用下层间弹性位移的计算

多遇地震作用下，框架结构的层间弹性位移，应满足下式的要求：

$$\Delta u_e \leqslant [\theta_e]h \tag{6-6}$$

式中 h——层高；

Δu_e——多遇地震作用标准值产生的层间弹性位移，求此值时，水平地震作用应采用多遇地震时的地震影响系数，各作用分项系数均应采用1.0；在计算构件刚度D值时，采用构件弹性刚度；

$[\theta_e]$——层间弹性位移角限值，取1/550。

对于装配整体式框架，考虑节点刚度降低对侧移的影响，应将计算所得的Δu_e增加20%。

计算层间位移的一般步骤是：

① 计算梁、柱线刚度；

② 计算柱侧移刚度D_j及$\sum_{j=1}^{n} D_j$；

③ 确定结构的基本自振周期T_1；

④ 由第四章查得设计反应谱特征周期T_g，确定α_1；

⑤ 计算结构底部剪力F_{EK}标准值；

⑥ 按式（6-2）计算楼层剪力V_i；

⑦ 求层间弹性位移：

$$\Delta u_e = \frac{V_j}{\sum_{j=1}^{n} D_j} \tag{6-7}$$

⑧ 按式（6-6）验算层间弹性位移是否满足限制条件。

2. 罕遇地震作用下层间弹塑性位移的计算

研究表明，结构进入弹塑性阶段后变形主要集中在薄弱层。因此，《抗震规范》规定，对于楼层屈服承载力系数ξ_y小于0.5的框架结构，尚须进行罕遇地震作用下层间弹塑性变形的验算。包括确定薄弱层位置、薄弱层层间弹塑性位移计算和验算是否满足弹塑性位移限制等，分述如下：

1）结构薄弱层位置的确定：

对于结构自振周期小于0.8～1.0s的多高层框架结构，薄弱层一般位于底层；对于不均匀结构往往在受剪承载力相对较弱的楼层，一般可选取 2～3 处薄弱层进行验算。为了反映结构的均匀性，这里引入楼层屈服承载力系数 ξ_y，其定义是：按构件实际配筋和材料强度标准值计算的楼层受剪承载力与该层弹性地震剪力（按罕遇地震作用）之比，即

$$\xi_{yi}=\frac{V_{yi}}{V_{ei}} \tag{6-8}$$

式中 ξ_{yi}——第 i 层的屈服承载力系数；

V_{yi}——第 i 层的楼层受剪承载力；

V_{ei}——罕遇地震作用下，第 i 层的弹性剪力。

注意，此时要采用罕遇地震的地震影响系数 α_{max} 来求 α_1。

按式（6-8），可计算出各楼层的屈服承载力系数 ξ_y，如若 $\xi_y \geqslant 1$，则表示该层处于或基本处于弹性状态；如若 $\xi_y \leqslant 1$，则意味着该楼层进入屈服愈深，破坏的可能性也愈大。而楼层屈服承载力系数最小者 $\xi_{y\min}$ 即为结构薄弱层。

2）楼层屈服承载力的确定：

为了计算 ξ_{yi}，需要先确定楼层屈服承载力 V_{yi}。而楼层屈服承载力的大小与楼层的破坏机制有关。具体方法如下：

①计算梁、柱的极限抗弯承载力。计算时，应采用构件实际配筋和材料的强度标准值，不应用材料强度设计值，并可近似地按下列公式计算：

梁：

$$M_{bu}=A_s f_{yk}(h_0-\alpha_s') \tag{6-9}$$

柱：当轴压比小于 0.8 或 $N_G/f_{ck}b_c h_c \leqslant 0.5$ 时，

$$M_{cu}=A_s f_{yk}(h_{c0}-\alpha_s')+0.5N_{hc}\left(1-\frac{N}{b_c h_c f_{ck}}\right) \tag{6-10}$$

式中 f_{yk}——钢筋强度标准值；

f_{ck}——混凝土轴心抗压强度标准值；

N——考虑地震组合时相应于设计弯矩的轴力，一般可取重力荷载代表值作用下的轴力 N_G（分项系数取 1.0）；

b_c、h_c、h_{c0}——柱截面的宽度、高度、有效高度。

② 计算柱端截面有效受弯承载力 $\widetilde{M}$。此时，可根据节点处梁、柱极限抗弯承载力的不同情况，来判别该柱的可能破坏机制，确定柱端的有效受弯承载力。

a. 当 $\sum M_{cu}<\sum M_{bu}$ 时，为强梁弱柱型（图 6-21a），则柱端有效受弯承载力可取该截面的极限受弯承载力，即：

$$\widetilde{M}_{c,i+1}^{l}=M_{cu,i+1}^{l} \tag{6-11}$$

$$\widetilde{M}_{c,i}^{u}=M_{cu,j}^{u} \tag{6-12}$$

b. 当 $\sum M_{bu}<\sum M_{cu}$ 时，为强柱弱梁型（图 6-21b），节点上、下柱端都未达到极限受弯承载力。此时，柱端有效受弯承载力可根据节点平衡按柱线刚度将 $\sum M_{bu}$ 按比例分配，但不大于该截面的极限受弯承载力，即

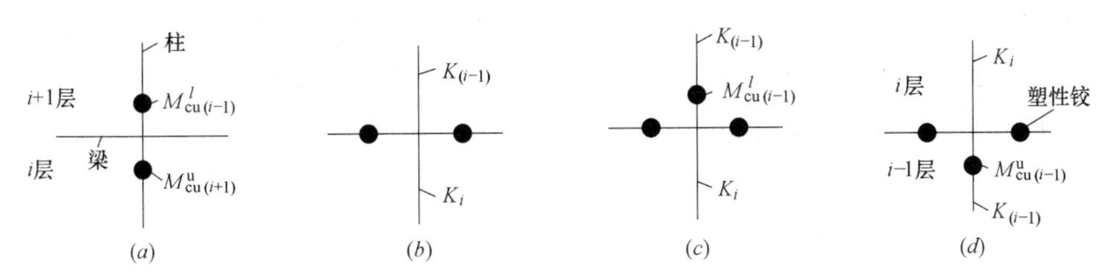

图 6-21　框架节点破坏机制的几种情况

$$\left.\begin{array}{l}\widetilde{M}^{l}_{c,i+1}=\sum M_{bu}\dfrac{K_{i+1}}{K_i+K_{i+1}}\\ M^{l}_{cu,i+1}\end{array}\right\}\text{两者中较小者}\tag{6-13a}$$

$$\left.\begin{array}{l}\widetilde{M}^{l}_{c,i}=\sum M_{bu}\dfrac{K_{i+1}}{K_i+K_{i+1}}\\ M^{l}_{cu,i}\end{array}\right\}\text{两者中较小者}\tag{6-13b}$$

c. 当$\sum M_{bu}<\sum M_{cu}$，而且一柱端先达到屈服（图 6-21c）。此时，另一柱端的有效受弯承载力可按上、下柱线刚度比例求得，但不大于该截面的极限受弯承载力，即：

$$\widetilde{M}^{l}_{c,i+1}=M^{l}_{cu,i+1}\tag{6-14a}$$

$$\left.\begin{array}{l}\widetilde{M}^{l}_{c,i}=\sum M^{l}_{cu,i+1}\dfrac{K_i}{K_{i+1}}\\ M^{u}_{cu,i}\end{array}\right\}\text{两者中较小者}\tag{6-14b}$$

当如图 6-21（d）所示时

$$\left.\begin{array}{l}\widetilde{M}^{l}_{c,i}=\sum M^{u}_{cu,i-1}\dfrac{K_i}{K_{i-1}}\\ M^{l}_{cu,i}\end{array}\right\}\text{两者中较小者}\tag{6-15a}$$

$$\widetilde{M}^{u}_{c,i-1}=M^{u}_{cu,i-1}\tag{6-15b}$$

式中　M_{bu}——梁端极限受弯承载力；

M_{cu}——柱端极限受弯承载力；

$\sum M_{bu}$——节点左、右梁端逆时针或顺时针方向截面极限受弯载力之和；

$\sum M_{cu}$——节点上、下柱端顺时针或逆时针方向截面极限受弯承载力之和；

$\widetilde{M}^{u}_{c,i}$，$\widetilde{M}^{u}_{c,i+1}$，$\widetilde{M}^{u}_{c,i-1}$——第 i 层，$i+1$ 层，$i-1$ 层梁底截面有效受弯承载力；

$\widetilde{M}^{l}_{c,i}$，$\widetilde{M}^{l}_{c,i+1}$，$\widetilde{M}^{l}_{c,i-1}$——第 i 层，$i+1$ 层，$i-1$ 层柱底截面有效受弯承载力；

K_i，$K_{i+1}K_{i-1}$——第 i 层，$i+1$ 层，$i-1$ 层柱线刚度。

需要说明的是，对于上述（c）的情况，如何判别其中某一柱端已经达到屈服，这要从上、下柱端的极限抗弯承载力的相对比较以及上、下柱端所分配到弯矩的相互比较加以确定。一般规定是，某一柱端极限抗弯承载力较小或所分配到的柱端弯矩较大者，可认为先行屈服。

③计算第 i 层 j 根柱的受剪承载力 V_{yij}：

$$V_{yij}=\frac{\widetilde{M}_{cij}^{u}+\widetilde{M}_{cij}^{l}}{H_{ni}} \tag{6-16}$$

式中　H_{ni}——第 i 层的净高，可由层高量减去该层上、下梁高的 1/2 求得。

④计算第 i 层的楼层屈服承载力 V_{yi}

将第 i 层各柱的屈服承载力相加即得：

$$V_{yi}=\sum_{j=1}^{n}V_{yij} \tag{6-17}$$

3）薄弱层的层间弹塑性位移计算

统计表明，薄弱层的弹塑性位移一般不超过该结构顶点的弹塑性位移。而结构顶点的弹塑性位移与弹性位移之间有较为稳定的关系。经过大量分析表明，对于不超过 12 层且楼层刚度无突变的框架结构和填充墙框架结构可采用简化计算方法，即薄弱层的层间的弹塑性位移可用层间位移乘以弹塑性位移增大系数而得：

$$\Delta u_{p}=\eta_{p}\Delta u_{e} \tag{6-18}$$

式中　Δu_{e}——罕遇地震作用下按弹性分析的层间位移；

η_{p}——弹塑性位移增大系数，与结构的均匀程度和层数有关；当薄弱层的屈服承载力系数 $\xi_{y,min}$不小于相邻层该系数平均值 $\bar{\xi}_{y}$的 80%时，可视为沿高度分布均匀的结构，当 $\xi_{y,min}$不大于时 0.5 $\bar{\xi}_{y}$时，则视为不均匀结构，按第 4 章表 4-1 内相应数值的 1.5 倍采用；其他情况可采用内插法取得；

Δu_{p}——层间弹塑性位移。

4）层间弹塑性位移验算

在罕遇地震作用下，根据试验及震害经验，多层框架及填充墙框架的层间弹塑性位移应符合下式要求：

$$\Delta u_{p}\leqslant[\theta_{p}]h \tag{6-19}$$

式中　$[\theta_{p}]$——层间弹塑性位移角限值，取 1/50；当框架控的轴压比小于 0.40 时，可提高 10%；当柱沿全高加密箍筋并达到规范规定的体积配箍率的上限值时可提高 20%，但累计不超过 25%；

h——薄弱层的层高。

综上所述，按简化方法验算框架结构在罕遇地震作用下，层间弹塑性位移的一般步骤是：

① 按梁、柱实际配筋计算各构件极限抗弯承载力，并确定楼层屈服承载力 V_{yi}。

② 按罕遇地震作用下的地震影响系数最大值 α_{max}，计算楼层的弹性地震剪力和层间弹性位移 Δu_{e}。

③ 计算楼层屈服承载力系数 ξ_{yi}，并找出薄弱层。

④ 计算薄弱层的层间弹塑性位移 $\Delta u_{\mathrm{p}}=\eta_{\mathrm{p}}\Delta u_{\mathrm{e}}$。

⑤ 验算层间位移角限值。满足 $\theta_{\mathrm{p}}=\frac{\Delta u_{\mathrm{p}}}{h}\leqslant[\theta_{\mathrm{p}}]$。

6.3.4 框架柱的截面设计与构造

6.3.4.1 框架柱的设计原则

柱是框架中最主要的承重构件，同时受压、受弯并受剪，构件变形能力不如以弯曲作用为主的梁。框架柱必须有足够的承载力和一定的延性，以保证框架结构具有较好的抗震性能。框架柱的设计必须遵循以下原则：

(1) 强柱弱梁，使柱尽量不出现塑性铰。

(2) 在弯曲破坏之前不发生剪切破坏，使柱有足够的抗剪能力。

(3) 控制柱的轴压比不要太大。

(4) 加强约束，配置必要的约束箍筋。

6.3.4.2 框架柱内力设计值的调整

通过内力组合得出的设计内力，还需进行调整以保证梁端的破坏先于柱端的破坏（强柱弱梁的原则）、弯曲破坏先于剪切破坏（强剪弱弯的原则）、构件的破坏先于节点的破坏（强节点弱构件的原则）。

1. 根据“强柱弱梁”原则的调整

“强柱弱梁”图 6-22 的概念就是在强烈的地震作用下，结构发生大的水平位移进入非弹性阶段时，为使框架仍有承受竖向荷载的能力而避免结构倒塌，要求塑性铰首先在梁上形成，避免塑性铰在柱上形成，形成梁铰机制。

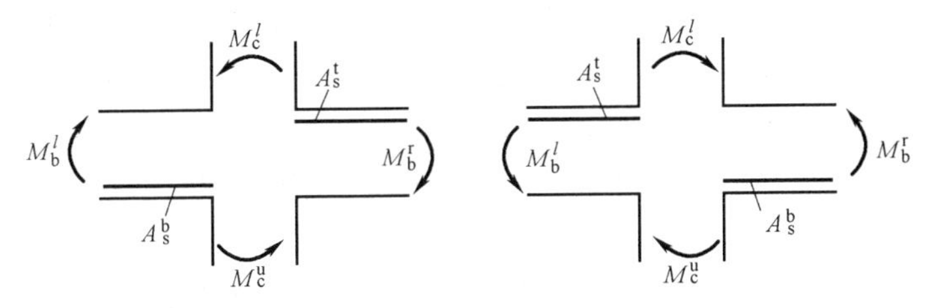

图 6-22 强柱弱梁示意图

根据“强梁弱柱”原则进行调整的思路是：对同一节点，使其在地震作用组合下，柱端的弯矩设计值略大于梁端的弯矩设计值或抗弯能力。

抗震设计时，四级框架柱的柱端弯矩设计值可直接取考虑地震作用组合的弯矩设计值；一、二、三级框架的梁柱节点处，除顶层柱和轴压比小于 0.15 者外，柱端考虑地震作用组合的弯矩设计值应符合下式要求：

$$\sum M_{\mathrm{c}}=\eta_{\mathrm{c}}\sum M_{\mathrm{b}} \tag{6-20a}$$

9 度抗震设计的结构和一级框架结构尚应符合：

$$\sum M_{\mathrm{c}}=1.2\sum M_{\mathrm{bua}} \tag{6-20b}$$

式中 η_{c}——柱端弯矩增大系数，抗震等级为一、二、三级时分别取 1.4，1.2 和 1.1；

$\sum M_{\mathrm{c}}$——节点上、下柱端顺时针或逆时针方向截面组合的弯矩设计值之和；上、下柱端弯矩设计值，一般情况可按弹性分析所得弯矩之比分配到上、下柱端；

$\sum M_b$——同一节点左、右梁端逆时针或顺时针方向截面组合的弯矩设计值之和；

$\sum M_{bua}$——同一节点左、右梁端逆时针或顺时针方向实配的正截面抗震受弯承载力所对应的弯矩之和，可根据相应的实际配筋面积（计入受压钢筋面积）和材料强度标准值并考虑抗震调整系数 γ_{RE}计算，即

$$M_{bua} \approx \frac{1}{\gamma_{RE}} f_{yk} A_s^a (h_{b0} - a'_s) \tag{6-21}$$

当反弯点不在柱的层高范围时，柱端弯矩设计值可直接乘以柱端弯矩增大系数 η_c。

对于轴压比小于 0.15 的柱，包括顶层柱，因其具有与梁相近的变形能力，故可不必满足上述要求。

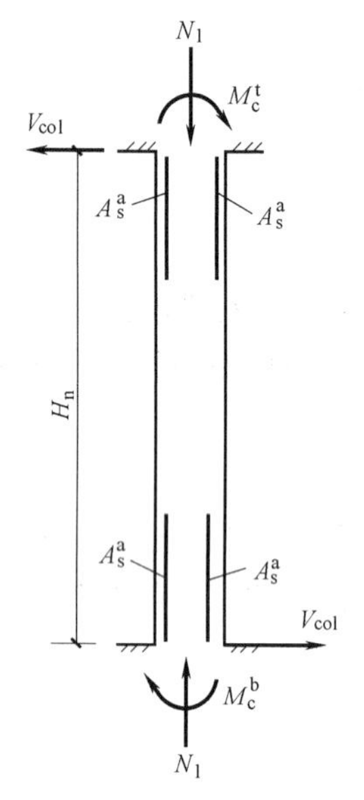

图 6-23 梁柱端部截面的受力

试验表明，即使满足上述强柱弱梁的计算要求，要完全避免柱中出现塑性铰也是很困难的。对于某些柱端，特别是底层柱的底端将会出现塑性铰。因为地震时柱的实际反弯点会偏离柱的中部，使柱的某一端承受的弯矩很大，超过了极限抗弯能力。另外，地震作用可能来自任意方向，柱双向偏心受压会降低柱的承载力，而楼板钢筋参加工作又会提高梁的受弯承载力。国内外研究表明，要真正达到强柱弱梁的目的，柱与梁的极限受弯承载力之比要求在 1.60 以上。而按《抗震规范》设计的框架结构这个比值大约为 1.25。因此，按式（6-20）设计时只能取得在同一楼层中部分为梁铰、部分为柱铰以及不致在柱上、下两端同时出现铰的混合机制。故对框架柱的抗震设计还应采取其他措施，如限制轴压比和剪压比，加强柱端约束箍筋等。

试验研究还表明，框架底层柱根部对整体框架延性起控制作用，柱脚过早出现塑性铰将影响整个结构的变形及耗能能力。随着底层框架梁铰的出现，底层柱根部弯矩亦有增大趋势。为了延缓底层根部铰的发生，使整个结构的塑化过程得以充分发展，并且底层柱计算长度和反弯点有更大的不确定性，故应当适当加强底层柱的抗弯能力。为此，《抗震规范》要求一、二、三级框架的底层柱底截面的组合弯矩设计值应分别乘以增大系数 1.50、1.25 和 1.15。

根据上述各项要求所确定的组合弯矩设计值，即可进行柱正截面承载力验算。此时，承载力设计值应按《混凝土结构设计规范》GB 50010—2010 计算，但应注意，其承载力设计值应除以承载力抗震调整系数。

2. 根据“强剪弱弯”原则的调整

为保证框架柱在弯曲破坏之前不发生剪切破坏，设计时将柱的剪力值适当放大，以实现柱的“强剪弱弯”。根据“强剪弱弯”原则进行调整的思路是：对同一杆件，使其在地震作用组合下，剪力设计值略大于按设计弯矩或实际抗弯承载力及梁上荷载反算出的剪力（图 6-23）。

抗震设计的框架柱、框支柱端部截面的剪力设计值，一、二、三级应按下式计算；四级时可直接取考虑地震作用组合的剪力设计值。

$$V_c = \eta_{vc}(M_c^b + M_c^t)/H_n \tag{6-22a}$$

9 度抗震设计的结构和一级框架结构尚应符合：

$$V_c=1.2(M_{cua}^b+M_{cua}^t)/H_n \tag{6-22b}$$

式中　　η_{vc}——柱端剪力增大系数，一、二、三级分别取 1.4，1.2，和 1.1；

H_n——柱的净高；

M_c^t、M_c^b——柱上、下柱端顺时针或逆时针方向截面组合的弯矩设计值，应符合式（6-20）的规定；

$\sum M_{cua}^t$，$\sum M_{cua}^b$——柱上、下柱端顺时针或逆时针方向实配的正截面抗震受弯承载力所对应的弯矩之和，可根据相应的实际配筋面积、材料强度标准值所确定和重力荷载代表值产生的轴向压力设计值并考虑抗震调整系数计算。

考虑到地震扭转效应的影响明显，《抗震规范》规定，一、二、三级框架的角柱，经本书上述调整后的柱端组合弯矩值、剪力设计值尚应乘以不小于 1.10 的增大系数。

6.3.4.3　框架柱剪压比限值

剪压比是截面上平均剪应力与混凝土轴心抗压强度设计值的比值，V/f_cbh_0表示，用以说明截面上承受名义剪应力的大小。

试验表明，在一定范围内增加箍筋可以提高构件的受剪承载力。但作用在构件上的剪力最终要通过混凝土来传递。如果剪压比过大，混凝土就会过早地产生脆性破坏，而箍筋未能充分发挥作用。因此必须限制剪压比，实质上也就是构件最小截面尺寸的限制条件。

考虑地震作用组合的矩形截面的框架柱（$\lambda>2$，λ 为柱的剪跨比），其截面组合剪力设计值应符合下列要求：

$$V_c\leqslant\frac{1}{\gamma_{RE}}(0.2\beta_cf_cb_ch_0) \tag{6-23}$$

对于端柱（$\lambda\leqslant2$），应满足：

$$V_c\leqslant\frac{1}{\gamma_{RE}}(0.15\beta_cf_cb_ch_0) \tag{6-24}$$

6.3.4.4　柱斜截面受剪承载力

试验证明，在反复荷载下，框架柱的斜截面破坏有斜拉、斜压和剪压等几种破坏形态。当配箍率能满足一定要求时，可防止斜拉破坏；当截面尺寸满足一定要求时，可防止斜压破坏。而对于剪压破坏，应通过配筋计算来防止。

研究表明，影响框架柱受剪承载力的主要因素除混凝土强度外尚有：剪跨比、轴压比和配箍特征值（$\rho_{sv}f_y/f_c$）等。剪跨比越大，受剪承载力越低。轴压比小于 0.4 时，由于轴向压力有利于骨料咬合，可以提高受剪承载力；而轴压比过大时混凝土内部产生微裂缝，受剪承载力反而下降。在一定范围内，配箍越多，受剪承载力也会提高。在反复荷载下，截面上混凝土反复开裂和剥落，混凝土咬合作用有所削弱，这将引起构件受剪承载力的降低。与单调加载相比，在反复荷载下的构件受剪承载力要降低 10%～30%，而箍筋承载力未见明显下降。因此，取混凝土受剪承载力为非抗震设计时的 60%，按《混凝土结构设计规范》GB 50010—2010 规定，框架柱斜截面受剪承载力按下式计算：

$$V_c\leqslant1/\gamma_{RE}\left(\frac{1.05}{\lambda+1}f_tbh_0+f_{yv}A_{sh}h_0/s+0.056N\right) \tag{6-25}$$

式中 f_t——混凝土轴心抗拉强度设计值；

λ——框架柱的计算剪跨比，取 $\lambda=M/(Vh_0)$；此处，M 宜取柱上、下端考虑地震作用组合的弯矩设计值的较大值，V 取与 M 对应的剪力设计值，h_0 为柱截面有效高度；当框架结构中的框架柱的反弯点在柱的层高范围内时，可取 $\lambda=H_n/(2h_0)$，此处，H_n 为柱净高；当 $\lambda<1$ 时，取 $\lambda=1.0$；当 $\lambda>3$ 时，取 $\lambda=3.0$；

N——考虑地震作用组合的柱轴向压力设计值，当 $N>0.3f_cA$ 时，取 $N=0.3f_cA$；

γ_{RE}——抗震承载力调整系数，取 0.85；

A_{sh}——同一截面内各肢水平箍筋的全部截面面积；

S——箍筋间距。

当考虑地震作用组合的框架柱出现拉力时，其余截面抗震受剪承载力应符合下式规定：

$$V_c \leqslant 1/\gamma_{RE}[1.05f_tbh_{c0}/(\lambda+1)+f_{yv}A_{sv}h_0/s-0.2N] \tag{6-26}$$

当式（6-26）右边括号内的计算值小于 $f_{yv}A_{sv}h_0/s$，取等于 $f_{yv}A_{sv}h_0/s$，且 $f_{yv}A_{sv}h_0/s$ 不应小于 $0.36f_tbh_0$。

6.3.4.5 柱的轴压比限值

轴压比 μ_N 是指有地震作用组合的柱组合轴压力设计值与柱的全截面面积和混凝土轴心抗压强度设计值乘积的比值，以 $\frac{N}{b_ch_cf_c}$ 表示。轴压比是影响柱破坏形态和延性的主要因素之一。试验表明，柱的位移延性随轴压比增大而急剧下降。尤其在高轴压比条件下，箍筋对柱的变形能力的影响越来越不明显。随轴压比的大小，柱将呈现两种破坏形态，即混凝土压碎而受拉钢筋并未屈服的小偏心受压破坏，和受拉钢筋首先屈服具有较好延性的大偏心受压破坏。框架柱的抗震设计一般应控制在大偏心受压破坏范围。因此，必须控制轴压比。

确定轴压比限值的依据是试验研究和理论分析。由界限破坏可知（图 6-24），此时受拉钢筋屈服，同时混凝土也达到极限压应变（$\xi_{cu}=0.0033$），则受压区相对高度系数 ξ_b 为：

$$\xi_b=\frac{x_b}{h_{c0}}=\frac{0.0033}{0.0033+\dfrac{f_{yk}}{E_s}} \tag{6-27}$$

对于 HPB300、HRB 335 级钢筋，ξ_b 分别为 0.97 和 0.85。对称配筋，且承受轴压力标准值 N_k 的作用，利用平衡条件可得受压区高度 x：

$$x=\frac{N_k}{\alpha_1 f_{ck}b_c}=0.8\xi_bh_{c0} \tag{6-28}$$

由式（6-28），改写为按轴压力设计值和混凝土轴心受压强度设计值计算，则：

$$\frac{N}{f_cb_ch_c}=0.8\xi_b\left(\frac{N}{N_k}\right)\left(\frac{f_{ck}}{f_{ck}}\right)\left(\frac{f_{ck}}{f_c}\right)\left(\frac{h_{c0}}{h_c}\right)=1.30\xi_b \tag{6-29}$$

对于 HPB300、HRB335 级钢筋，ξ_b 分别为 0.97 和 0.85，这是对称配筋柱大小偏心受压状态的轴压比分界值。

在此基础上，综合考虑不同抗震等级的延性要求，对于考虑地震作用组合的各种柱轴

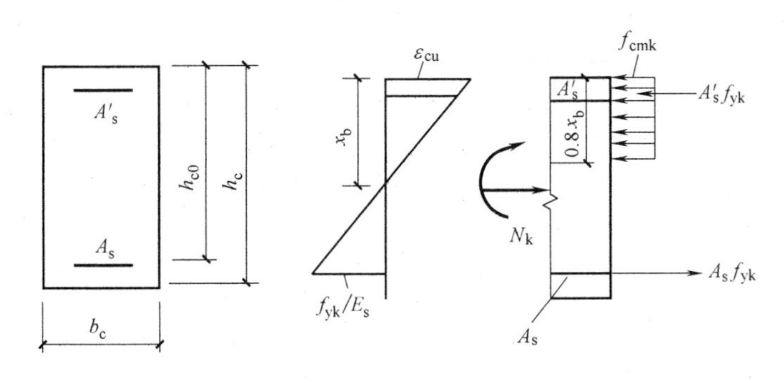

图 6-24　界限破坏时的受力情况

压比限值见表 6-6。

柱轴压比限值　　**表 6-6**

类　别	抗　震　等　级		
	一	二	三
框架柱	0.7	0.8	0.9
短柱($\lambda \leqslant 1.5$)	0.65	0.75	0.85

《抗震规范》规定，建造于Ⅳ类场地且较高的高层建筑，柱轴压比限值应适当减小；剪跨比 λ 小于 1.5 的柱，轴压比限值应专门研究并采取特殊构造措施；沿柱全高采用井字复合箍且箍筋肢距不大于 200mm、间距不大于 100mm、直径不小于 12mm，或沿柱全高采用复合螺旋箍、螺旋间距不大于 100mm、箍筋肢距不大于 200mm、直径不大于 12mm，轴压比限值均可增加 0.10；上述两种箍筋的配箍特征值均应按增大的轴压比由表 6-6 来确定。柱轴压比不应大于 1.05。对于Ⅳ类场地上较高的高层建筑，轴压比限值应适当减小。

6.3.4.6　柱中箍筋的构造要求

震害表明，框架柱的破坏主要集中在柱端 1.0～1.5 倍柱截面高度范围内。1979 年美国加州地震中，有一幢 6 层框架，底层柱地面上一段未加密柱箍，发生破坏。因此，应采用加密箍筋的措施来约束柱端。加密箍筋可以有三方面作用：第一，承担柱子剪力；第二，约束混凝土，可提高混凝土抗压强度，更主要的是提高变形能力；第三，为纵向钢筋提供侧向支承，防止纵筋压曲。试验表明，当箍筋间距小于 6～8 倍柱纵筋直径时，在受压混凝土压溃之前，一般不会出现钢筋压曲现象。

试验资料表明，在满足一定位移的条件下，约束箍筋的用量随轴压比的增大而增大，大致呈线性关系。为经济合理地反映箍筋含量对混凝土的约束作用，直接引用配箍特征值。为了避免配箍率过小，还规定了最小体积配箍率。《抗震规范》规定，柱箍筋加密区的体积配箍率应符合下列要求：

$$\rho_v \geqslant \lambda_v f_c / f_{yv} \tag{6-30}$$

式中　ρ_v——柱箍筋加密区的体积配箍率，一级不应小于 0.8%，二级不应小于 0.6%，三、四级不应小于 0.4%；计算复合箍的体积配箍率时，应扣除重叠部分的箍筋体积；

f_c——混凝土轴心抗压强度设计值；强度等级低于 C35 时，应按 C35 计算；

f_{yv}——箍筋或拉筋抗拉强度设计值，超过 360N/mm²时，应取 360N/mm²计算；

λ_v——最小配箍特征值，宜按表 6-7 采用。

柱箍筋加密区的箍筋最小配箍特征值 **表 6-7**

抗震等级	箍筋形式	轴压比								
		≤0.3	0.4	0.5	0.6	0.7	0.8	0.9	1.0	1.05
一	普通箍、复合箍	0.10	0.11	0.13	0.15	0.17	0.20	0.23		
一	螺旋箍、复合或连续复合矩形螺旋箍	0.08	0.09	0.11	0.13	0.15	0.18	0.21		
二	普通箍、复合箍	0.08	0.09	0.11	0.13	0.15	0.17	0.19	0.22	0.24
二	螺旋箍、复合或连续复合矩形螺旋箍	0.06	0.07	0.09	0.11	0.13	0.15	0.17	0.20	0.22
三	普通箍、复合箍	0.06	0.07	0.09	0.11	0.13	0.15	0.17	0.20	0.22
三	螺旋箍、复合或连续复合矩形螺旋箍	0.05	0.06	0.07	0.09	0.11	0.13	0.15	0.18	0.20

注：1. 普通箍指单个矩形箍和单个圆形箍；复合箍是指由矩形、多边形、圆形箍或拉筋组成的箍筋；复合螺旋箍指由螺旋箍与矩形、多边形、圆形箍或拉筋组成的箍筋；连续复合箍是指全部复合螺旋箍为同一根钢筋加工而成的箍筋。

2. 剪跨比不大于 2 的柱宜采用复合螺旋箍或井字复合箍，其体积配筋率不小于 1.2%，9 度时不应小于 1.5%。

柱的箍筋加密范围，应按下列规定采用：

① 柱端，取截面高度（圆柱直径），柱净高的 1/6 和 500mm 三者的最大值。

② 底层柱，柱根不小于柱净高的 1/3；当有刚性地面时，除柱端外尚应取刚性地面上下各 500mm。

③ 剪跨比不大于 2 的柱和因设置填充墙等形成的柱净高与柱截面高度之比不大于 4 的柱，取全高。

④ 框支柱，取全高。

⑤ 一级及二级框架的角柱，取全高。

柱端加密区的箍筋最大间距，箍筋最小直径应符合表 6-8 要求：

抗震设计时，柱中箍筋还应满足下列要求：

① 箍筋应为封闭式，其末端应做成 135°弯勾且弯勾末端平直段长度不应小于 10 倍的箍筋直径，且不应小于 75mm。

② 箍筋加密区的箍筋肢距，一级不宜大于 200mm，二、三级不宜大于 250mm 和 20 倍箍筋直径的较大值，四级不宜大于 300mm。且每隔一根纵向钢筋宜在两个方向有箍筋约束；采用拉筋组合箍时，拉筋宜靠纵向钢筋并勾住封闭箍。

③ 柱非加密区的箍筋，其体积配箍率不宜小于加密区的一半；其箍筋间距，不应大于 10 倍纵向钢筋直径，三、四级不应大于 15 倍纵向钢筋直径。

6.3.4.7 柱中纵筋的构造要求

根据国内外 270 余根柱的试验资料，发现柱屈服位移角大小主要由受拉钢筋配筋率支配，并且大致随配筋率线性增大。

柱端箍筋加密区的构造要求　　表 6-8

抗震等级	加密区长度	箍筋最大间距(采用较小值)(mm)	箍筋最小直径(mm)
一	h_c、$\frac{H_n}{6}$、500中的最大值	$6d$,100	10
二		$8d$,100	8
三		$8d$,150(柱根 100)	8
四		$8d$,150(柱根 100)	6(柱根 8)

注：1. d 为柱纵筋最小直径；柱根指框架底层柱的嵌固部位；
2. 当二级框架柱的箍筋直径不小于 10mm 且箍筋肢距不大于 200mm 时，除柱根外最大间距应允许采用 150mm，三级框架柱的截面尺寸不大于 400mm 时箍筋最小直径允许采用 6mm；四级框架柱剪跨比不大于 2 时，箍筋直径不应小于 8mm；
3. 剪跨比不大于 2 的柱，箍筋间距不应大于 100mm。

为了避免地震作用下柱过早进入屈服，并获得较大的屈服变形，必须满足柱全部纵向钢筋的配筋率不应小于表 6-9 的数值，且柱截面每一侧纵向钢筋配筋率不小于 0.2%；对Ⅳ类场地且较高的高层建筑，表中数值应增加 0.1%。

柱纵向钢筋最小总配筋率（%）　　表 6-9

抗震等级	一	二	三	四
框架中、边柱	1.0	0.8	0.7	0.6
框架角柱	1.2	1.0	0.9	0.8

注：1. Ⅳ类场地土上较高的高层建筑，按表中数值增加 0.1 采用；
2. 采用 HRB400 级热轧钢筋时应允许减少 0.1，混凝土强度等级高于 C60 时应增加 0.1。

框架柱纵向钢筋的最大总配筋率也应受到限制。过大的配筋率容易产生粘结破坏并降低柱的延性。因此，柱总配筋率不应大于 5%。按一级抗震等级设计且剪跨比不大于 2 的柱，单侧纵向受拉钢筋配筋率不宜大于 1.2%，并应沿柱全高采用复合箍筋，以防止粘结型剪切破坏。截面尺寸大于 400mm 的柱，纵向钢筋间距不宜大于 200mm。边柱、角柱在地震作用组合产生小偏心受拉时，柱内纵筋总截面面积应比计算值增加 25%。柱纵向钢筋的绑扎接头应避开柱端的箍筋加密区。柱纵筋宜对称配置。

纵向受拉钢筋的最小锚固长度按下列各式采用：

一、二级抗震等级　　$l_{aE}=1.15l_a$　　(6-31a)

三级抗震等级　　$l_{aE}=1.05l_a$　　(6-31b)

四级抗震等级　　$l_{aE}=1.00l_a$　　(6-31c)

式中　l_a——非抗震设计时纵向受拉钢筋的锚固长度。按《混凝土结构设计规范》GB 50010—2010 的有关规定取用；

l_{aE}——抗震设计纵向受拉钢筋的锚固长度。

当采用搭接接头时，纵向受拉钢筋的搭接长度 l_{lE}应按下式确定：

$$l_{lE}=\zeta l_{aE} \tag{6-32}$$

式中　l_{lE}——抗震设计时纵向受拉钢筋的搭接长度；

ζ——纵向受拉钢筋搭接长度修正系数，位于同一连接区段内受拉钢筋搭接接头面积百分率小于等于 25%时取 1.2，50%时取 1.4，100%时取 1.6。

【例题 6-1】 已知某框架中柱见图 6-25，抗震等级二级。轴向压力组合设计值、柱端组合弯矩设计值分别为 N=2710kN、M=730kN·m。选用柱截面 500mm×600mm，采用对称配筋，经配筋计算后每侧 5 ⌀ 25。梁截面 300mm×750mm，层高 4.2m。混凝土强度等级 C30，主筋 HRB335 级钢筋，箍筋 HPB300 级钢筋。试对此框架柱进行抗震设计。

【解】

1. 强柱弱梁验算

二级抗震，要求节点处梁柱端组合弯矩设计值应符合：

$$\sum M_c \geqslant 1.2\sum M_b$$

本例近似假定，已知的 M_c^t、M_c^b、和 $\sum M_b$ 亦分别在节点上、下柱端截面组合弯矩设计值和节点左、右梁端截面组合弯矩设计值之和，则

$$\sum M_c = M_c^t + M_c^b = 770 + 730 = 1500 > 1.2 \times \sum M_b$$
$$= 1.2 \times 900 = 1080\text{kN}\cdot\text{m}(\text{可})$$

2. 斜截面受剪承载力

（1）剪力设计值

$$V_c = 1.2 \times \frac{M_c^t + M_c^b}{H_n}$$
$$= 1.2 \times \frac{770+730}{4.2-0.75} = 1.2 \times \frac{1500}{3.45} = 521.74\text{kN}$$

（2）剪压比应满足

$$V_c \leqslant \frac{1}{\gamma_{RE}}(0.2f_c b_c h_{c0})$$

$$\frac{1}{\gamma_{RE}}(0.2f_c b_c h_{c0}) = \frac{1}{0.85}(0.2\times14.3\times500\times560)$$
$$= 942.12\text{kN} > 521.74\ (\text{可})$$

（3）混凝土受剪承载力 V_c

$$V_c = \frac{1.05}{\gamma+1} f_c b_c h_{c0} + 0.056\text{N}$$

由于柱反弯点在层高范围内，取 $\lambda = \frac{H_n}{2h_{c0}} = \frac{3.45}{2\times0.560} = 3.08 > 3.0$，取 $\lambda = 3.0$

$$N = 2710000\text{N} > 0.3f_c b_c h_{c0} = 0.3\times14.3\times500\times560 = 1201200\text{N}$$

故 N=1201.20kN

（4）所需箍筋

$$V_c \leqslant \frac{1}{\gamma_{RE}}\left[\frac{1.05}{\lambda+1}f_t b h_0 + f_{yv}\frac{A_{sh}}{S}h_0 + 0.56\text{N}\right]$$

$$521740 = \frac{1}{0.85}\left[217372.2 + 210\times\frac{A_{sh}}{S}\times560\right]$$

$$\frac{A_{sh}}{S} = 1.92\text{mm}^2/\text{mm}$$

对柱端加密区尚应满足：$s < 8d$（8 × 25 = 200mm）并且＜100mm，取较小者，s=100mm

则需 $A_{sh} = 100\times1.92 = 192\text{mm}^2$

选用 ϕ10，4 肢箍，得 $A_{sh} = 4\times78.5 = 314\text{mm}^2 > 192\text{mm}^2$（可）

对非加密区，仍选用上述箍筋，而 $s=150\text{mm}$；$A_{sh}=150\times2.31=315\text{mm}^2\approx314\text{mm}^2$；未能满足斜截面受剪承载力要求（图 6-25$a$）。

3. 轴压比验算

$$\mu_N=\frac{N}{f_c b_c h_c}=\frac{2710000}{14.3\times500\times600}=0.63<0.80(\text{可})$$

4. 体积配筋率

根据 $\mu_N=0.63$，由表 5-4 得 $\lambda_V=0.136$，采用井字复合配筋，其配筋率为：

$$\rho_{SV}=\frac{n_1A_{s1}l_1+n_2A_{s2}l_2}{A_{cor}\cdot S}=\frac{4\times78.5\times450+4\times78.5\times550}{(450\times550)\times100}$$

$$=1.27\%>\lambda_V\frac{f_C}{f_{yv}}=0.136\times\frac{14.3}{210}=0.93\%\ (\text{尚可})$$

5. 柱端加密区 l_0

$$l_0=h_c=660\text{mm}$$

$$H_n/6=3450/6=575\text{mm}$$

取较大者，$l_0=600\text{mm}$

6. 其他

纵向钢筋的总配筋率、间距和箍筋肢距也都能满足《抗震规范》的要求，验算从略。

6.3.5 框架梁的截面设计与构造

6.3.5.1 框架梁的设计原则

如前所述，框架结构的合理屈服机制是在梁上出现塑性铰。但在梁端出现塑性铰后，随着反复荷载的循环作用，剪力的影响逐渐增加，剪切变形相应加大。因此，既允许塑性铰在梁上出现，还要防止由于梁筋屈服渗入节点而影响节点核心区的性能，这就是对梁端抗震设计的要求。具体来说，即：

（1）梁形成塑性铰后仍有足够的受剪承载力；

（2）梁纵筋屈服后，塑性铰区段应有较好的延性和耗能能力；

（3）妥善地解决梁纵筋锚固问题。

6.3.5.2 框架梁内力设计值的调整

为了使梁端有足够的受剪承载力，应充分估计框架梁端实际配筋达到屈服并产生超强时有可能产生的最大剪力，实现“强剪弱弯”。为此，对一、二、三级框架梁端部截面组合的剪力设计值应按下式调整；四级时可直接考虑取地震作用组合的剪力设计值。

$$V_b=\eta_{vb}\frac{M_b^l+M_b^r}{l_n}+V_{Gb}\tag{6-33}$$

一级框架结构及 9 度时尚应符合：

$$V_b=1.1\frac{M_{bua}^l+M_{bua}^r}{l_n}+V_{Gb}\tag{6-34}$$

式中 M_b^l，M_b^r——梁左、右端顺时针或逆时针方向截面组合的弯矩设计值；当抗震等级为一级且梁两端均为负弯矩时，绝对值较小一端的弯矩应取零；

M_{bua}^l，M_{bua}^r——梁左、右端逆时针或顺时针方向实配的正截面抗震受弯承载力所对应

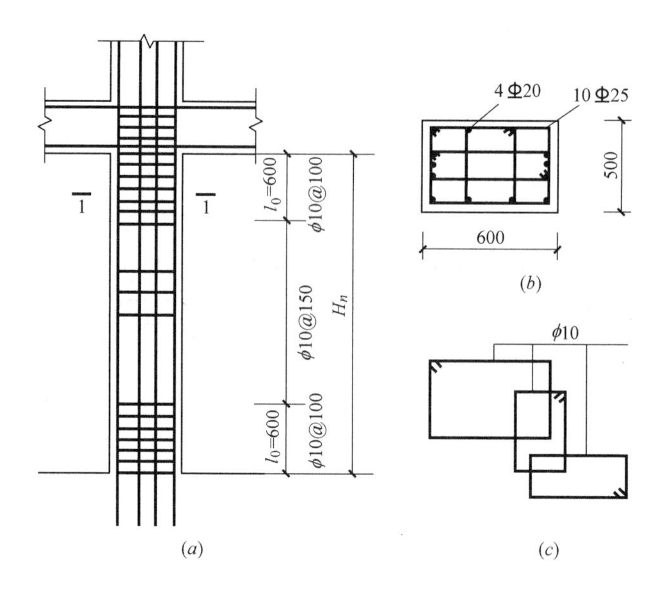

图 6-25 柱配筋图

(a) 立面图；(b) 1—1 剖面图；(c) 箍筋形式

的弯矩值，可根据相应的实际配筋面积（计入受压钢筋面积）和材料强度标准值并考虑抗震调整系数计算；

η_{vb}——梁剪力增大系数，一级取 1.3，二级取 1.2，三级取 1.1；

l_n——梁的净跨；

V_{Gb}——考虑取地震作用组合的重力荷载代表值，9 度时还应包括竖向地震作用标准值作用下，按简支梁分析的梁端截面剪力设计值。

6.3.5.3 框架梁剪压比限值

梁塑性铰区的截面剪应力大小对梁的延性、耗能及保持梁的刚度和承载力有明显影响。根据反复荷载下配箍率较高的梁剪切试验资料，其极限剪压比平均值约为 0.24。当剪压比大于 0.30 时，即使增加配箍，也容易发生斜压破坏。因此，各抗震等级的框架梁端部截面组合的剪力设计值均应符合下列条件：跨高比大于 2.5 的梁的受剪斜截面符合式（6-23）的规定，跨高比不大于 2.5 的梁的受剪斜截面符合式（6-24）的规定。

6.3.5.4 梁斜截面受剪承载力

与非抗震设计类似，梁的受剪承载力可归结为由混凝土和抗剪钢筋两部分组成。但是反复荷载作用下，混凝土的抗剪作用将有明显的削弱。其原因是梁的受压区混凝土不再完整，斜裂缝的反复张开与闭合，使骨料咬合作用下降，严重时混凝土将剥落。根据试验资料，反复荷载下梁的受剪承载力比静载下约低 20%～40%。《混凝土结构设计规范》规定，对于矩形、T 形和 I 字形截面的一般框架梁，斜截面受剪承载力应按下式验算：

一般框架梁：

$$V_b \leqslant \frac{1}{\gamma_{RE}}\left(0.42 f_t b h_0 + 1.25 f_{yv} \frac{A_{sv}}{s} h_0\right) \tag{6-35}$$

式中 f_{yv}——箍筋抗拉强度设计值；

A_{sv}——同一截面箍筋各肢的全部截面面积；

γ_{RE}——抗震承载力调整系数，一般取 0.85；对于一、二级框架短梁，可取 1.0。

集中荷载作用下（包括有多种荷载，其中集中荷载对节点边缘产生的剪力值占总剪力值的 75%以上的情况）的框架梁：

$$V_b \leqslant \frac{1}{\gamma_{RE}}\left(\frac{1.05}{\lambda+1}f_t b h_0 + f_{yv}\frac{A_{sv}}{s}h_0\right) \tag{6-36}$$

式中 λ——验算截面的剪跨比，$\lambda=a/h_0$，当 $\lambda<1.5$ 时，取 $\lambda=1.5$；当 $\lambda>3$ 时，取 $\lambda=3.0$；

a——集中荷载作用点到支座的距离。

6.3.5.5 提高梁延性的措施

承受地震作用的框架梁，除了保证必要的受弯和受剪承载力外，更重要的是要具有较好的延性，使梁端塑性铰得到充分开展，以增加变形能力，耗散地震能量。

试验和理论分析表明，影响梁截面延性的主要因素有梁的截面尺寸、纵向钢筋配筋率、剪压比、配箍率、钢筋和混凝土的强度等级等。

在地震作用下，梁端塑性铰区混凝土保护层容易剥落。如果梁截面宽度过小则截面损失比例较大，故一般框架梁宽度不宜小于 200mm。为了对节点核心区提供约束以提高节点受剪承载力，梁宽不宜小于柱宽的 1/2。狭而高的梁不利混凝土约束，也会在梁刚度降低后引起侧向失稳，故梁的高宽比不宜大于 4。另外，梁的塑性铰区发展范围与梁的跨高比有关，当跨高比小于 4 时，属于短梁，在反复弯剪作用下，斜裂缝将沿梁全长发展，从而使梁的延性及承载力急剧降低。所以，抗震规范规定，梁净跨与截面高度之比不宜小于 4。

《混凝土结构设计规范》GB 50010—2010 规定，纵向受拉钢筋配筋不应小于表 6-10 的数值。

试验表明，当纵向受拉钢筋配筋率很高时，梁受压区的高度相应加大，截面上受到的压力也大。在弯矩达到峰值时，弯矩-曲率曲线很快出现下降（图 6-26）；当低配筋率时，达到弯矩峰值后能保持相当长的水平段，这样大大提高了梁的延性和耗散能量的能力。因此，梁的变形能力随截面混凝土受压区的相对高度 ξ 的减小而增大。当 $\xi=0.20\sim0.50$

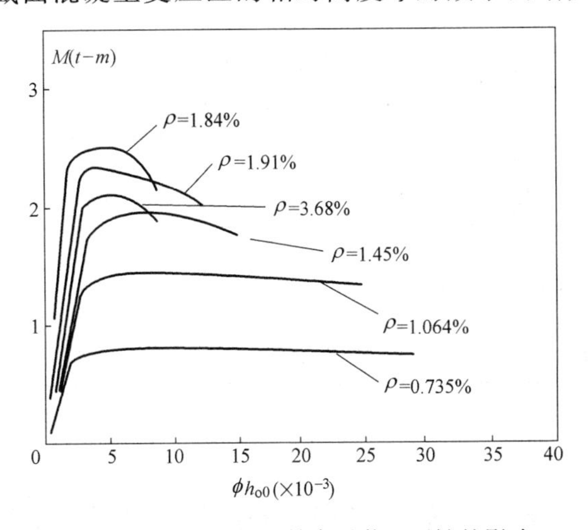

图 6-26 纵向受拉配筋率对截面延性的影响

时，梁的位移延性可达3～4。控制梁受压区高度，也就控制了梁的纵向钢筋配筋率。《抗震规范》规定，一级框架梁ξ不应大于0.25，二级框架梁ξ不应大于0.35，且梁端纵向受拉钢筋的配筋率均不应大于2.5%。限制受拉配筋是为了避免剪跨比较大的梁在未达到延性要求之前，梁端下部受压区混凝土过早达到极限压应变而破坏。

框架梁纵向受拉钢筋的最小配筋百分率（%）　　表6-10

抗震等级	梁中位置	
	支座	跨中
一级	0.4和$80f_t/f_y$中的较大者	0.3和$65f_t/f_y$中的较大者
二级	0.3和$65f_t/f_y$中的较大者	0.25和$55f_t/f_y$中的较大者
三、四级	0.25和$55f_t/f_y$中的较大者	0.2和$45f_t/f_y$中的较大者

另外，梁端截面上纵向受压钢筋与纵向受拉钢筋保持一定的比例，对梁的延性也有较大的影响。其一，一定的受压钢筋可以减小混凝土受压区高度；其二，在地震作用下，梁端可能会出现正弯矩，如果梁底面钢筋过少，梁下部破坏严重，也会影响梁的承载力和变形能力。所以在梁端箍筋加密区，受压钢筋面积和受拉钢筋面积的比值，一级不应小于0.5，二、三级不应小于0.3。在计算该截面受压区高度x时，由于受压筋在梁铰形成时呈现不同程度的压曲失效，一般可按受压筋面积的60%且不大于同截面受拉筋的30%考虑。

与框架柱类似，在梁端预期塑性铰区段加密箍筋以约束混凝土，也可提高梁的变形能力，增加延性。《抗震规范》对梁端加密区范围的构造要求所作的规定详见表6-11。《抗震规范》还规定，当梁端纵向受拉钢筋配筋率大于2%时，表6-11中箍筋最小直径数值应增大2mm；加密区箍筋肢距，一级不宜大于200mm和20倍箍筋直径的较大者，二、三级不宜大于250mm和20倍箍筋直径的较大值，四级不宜大于300mm。纵向钢筋每排多于4根时，每隔一根宜用箍筋或拉筋固定。

考虑到地震弯矩的不确定性，梁顶面和底面应有通长钢筋。对于一、二级抗震等级，梁上、下的通长钢筋不应小于2ϕ14且分别不少于梁顶面和底面纵向钢筋中较大截面面积的1/4，三、四级则不应少于2ϕ12。

在梁端和柱端的箍筋加密区内，不宜设置钢筋接头。

梁端箍筋加密区的构造要求　　表6-11

抗震等级	加密区长度（取较大值）	箍筋最大间距（取三者中的较小值）	箍筋最小直径（mm）	沿梁全长箍筋配筋率（%）
一	$2h_b$，500mm	$6d$，$h_b/4$，100mm	10	$0.3f_t/f_{yv}$
二	$1.5h_b$，500m	$8d$，$h_b/4$，100mm	8	$0.28f_t/f_{yv}$
三	$1.5h_b$，500m	$8d$，$h_b/4$，150mm	8	$0.26f_t/f_{yv}$
四	$1.5h_b$，500m	$8d$，$h_b/4$，150mm	6	$0.26f_t/f_{yv}$

注：d为纵向钢筋直径，h_b为梁高。

6.3.5.6 梁筋锚固

在反复荷载作用下，钢筋与混凝土的粘结强度将发生退化，梁筋锚固破坏是常见的脆性破坏形式之一。锚固破坏大大降低梁截面后期受弯承载力和节点刚度。当梁端截面的底面钢筋面积比顶面钢筋面积相差较多时，底面钢筋更容易产生滑动，应设法防止。

梁筋的锚固方式一般有两种：直线锚固和弯折锚固。在中柱常用直线锚固，在边柱常用 90°弯折锚固。

试验表明，直线筋的粘结强度主要与锚固长度、混凝土抗拉强度和箍筋数量等因素有关，也与反复荷载的循环次数有关。反复荷载下粘结强度退化率约为 0.75 左右。因此，可在单调加载的受拉筋最小锚固长度 l_a 的基础上增加一个附加锚固长度 Δl_a，以满足抗震要求。附加锚固长度 Δl_a 可用下式计算：

$$\Delta l = l_a\left(\frac{1}{0.75}-1\right) \tag{6-37}$$

弯折锚固可分水平锚固段和弯折锚固段两部分（图 6-27）。试验表明，弯折筋的主要持力段是水平段。只是到加载后期，水平段发生粘结破坏、钢筋滑移量相当大时，锚固力才转移由弯折段承担。弯折段对节点核心区混凝土有挤压作用，因而总锚固力比只有水平段要高。但弯折段较短时，其弯折角度有增大趋势，造成节点变形大幅增加。若无足够的箍筋约束或柱侧面混凝土保护层较弱都将使锚固破坏。因此，弯折段长度不能太短，一般要有 15d 左右（d 为纵向钢筋直径）。另外，如无适当的水平段长度，只增加弯折段的长度对提高粘结强度并无显著作用。

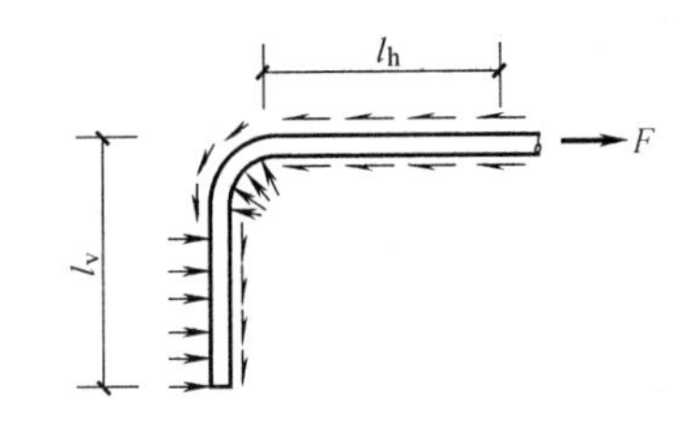

图 6-27　梁筋弯折锚固

根据试验结果，《抗震规范》规定：框架梁纵向钢筋在边柱节点的锚固长度应按式（6-31）计算。除满足式（6-31）外，梁筋尚应伸过节点中心线不少于 5d。当梁筋在节点内水平锚固长度 $l_h \geqslant l_{aE}$ 时，应沿柱外边弯折，并满足以下要求（图 6-28）：

$$l_h \geqslant 0.4 l_{aE} \tag{6-38}$$

$$l_v \geqslant 15d \tag{6-39}$$

在中柱，框架梁的上部钢筋应贯穿中柱节点。为防止纵筋的过大滑移，梁内贯通中柱的每根纵筋直径，一、二级均不宜大于该方向柱截面高度的 1/20。当不能满足上述要求时宜在柱轴线附近增加特殊锚固措施（如帮条、锚板等）。梁的下部钢筋伸入中柱节点的锚固长度也不应小于 5d。当钢筋宜径较大时，可在梁筋端部沿 45°弯起 6d 以改善锚固。

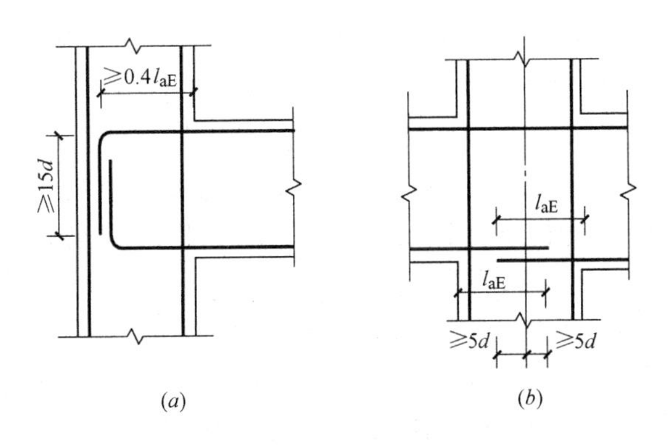

图 6-28　梁筋锚固

（a）边柱节点；（b）中柱节点

对框架顶层的边柱，除梁筋锚固外，还有柱纵向钢筋的锚固问题。由于顶层柱节点的柱梁弯矩相等、方向相反，一般情况下，梁端正弯矩（张开弯矩）较负弯矩（闭合弯矩）要小。此时，梁的正弯矩钢筋锚固要求可与中间层的边柱相同，对柱正弯矩钢筋，若所需锚固长度小于梁高，仍应伸到柱顶切断；若所需锚固长度大于梁高，则应在伸到柱顶后水平弯折并满足锚固长度要求。

《混凝土结构设计规范》GB 50010—2010 关于框架顶层梁与柱的纵向受力钢筋在节点规定区锚固和搭接的规定如下：

（1）框架顶层端节点处，柱外侧纵向钢筋可沿节点外边和梁上边与梁上部纵向钢筋搭接连接（图 6-29*a*），搭接长度不应小于 $1.5l_{aE}$，且伸入梁内的柱外侧纵向钢筋截面面积不宜少于柱外侧全部纵向钢筋截面面积的 65%，其中不能伸入梁内的外侧柱纵向钢筋，宜沿柱顶伸至柱内边；当该柱筋位于顶部第一层时，伸至柱内边后，宜向下弯折不小于 $8d$ 后截断（图 6-29*b*）；当该柱筋位于顶部第二层时，可伸至柱内边后截断，此外，d 为外侧柱纵筋直径；当有现浇板且现浇板混凝土强度等级不低于 C20、板厚不小于 80mm 时，梁宽范围外的柱纵筋可伸入板内，其伸入长度与伸入梁内的柱纵筋相同。梁上部纵筋应伸至柱外边并向下弯折到梁底标高。应该指出，此处为钢筋 100%搭接，其搭接长度修正系数略减（由 1.6 减为 1.5），是因为梁柱搭接钢筋在搭接长度内均有 90°弯折，这种弯折对搭接传力较有效。采用这种搭接做法，节点处的负弯矩塑性铰将出现在柱端。这种搭接做法梁纵筋不伸入柱内，有利于施工。

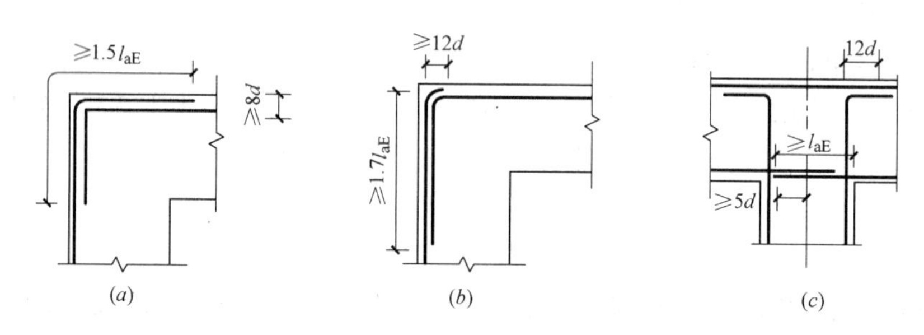

图 6-29　框架顶层梁和柱的纵向受力钢筋的节点区的锚固和搭接

（*a*）端节点（一）；（*b*）端节点（二）；（*c*）中间节点

当梁、柱配筋率较高时，顶层端节点处的梁上部纵筋和柱外侧纵筋的搭接连接也可沿柱外边设置（图 6-29*b*），搭接长度不应小于 $1.7l_{aE}$，其中柱外侧纵筋应伸至柱顶，并向内弯折，弯折段的水平投影长度不宜小于 $12d$，这一钢筋搭接方案的优点是：柱顶水平纵向钢筋数量较少（只有梁筋），便于自上而下浇筑混凝土。

梁上部纵筋及柱外侧纵筋在顶层端节点上角处的弯弧内半径，当钢筋直径 $d \leqslant 25$mm 时，不宜小于 $6d$；当钢筋直径 $d > 25$mm 时，不宜小于 $8d$。当梁上部纵筋配筋率大于 1.2%时，弯入柱外侧的梁上部纵筋除应满足以上搭接长度外，宜分两批截断，其截断点之间的距离不宜小于 $20d$，d 为梁上部钢筋直径。

梁下部钢筋在顶层端节点中的锚固措施与中间层端节点处梁下部纵筋的锚固措施相同，柱内侧纵筋在顶层端节点中的锚固措施要求可适当放宽，但柱内侧纵筋应伸至柱顶。

（2）框架顶层中间节点处，柱纵向钢筋应伸至柱顶。当采用直线锚固方式时，其自梁底边算起的锚固长度应不小于 l_{aE}，当直线段锚固长度不足时，该纵筋伸到柱顶后可向内弯折，弯折前的锚固段竖向投影长度不应小于 $0.5l_{aE}$，弯折后的水平投影长度取 $12d$；当屋盖为现浇混凝土且板的混凝土强度不低于 C20、板厚不小于 80mm，也可向外弯折，弯折后的水平投影长度取 $12d$（图 6-29c）。对一、二级抗震等级，贯穿顶层中间节点的梁上部纵筋的直径，不宜大于柱在该方向截面尺寸的 1/25。梁下部纵筋在顶层中间节点中的锚固措施与梁下部纵筋在中间层中间节点处的锚固措施相同。

【例题 6-2】 已知梁端组合弯矩设计值如图 6-30 所示。抗震等级为一级。梁截面尺寸 300mm×750mm。A 端实配负弯矩钢筋 7 Φ 25（$A'_s=3436\text{mm}^2$），正弯矩钢筋 4 Φ 22（$A_s^b=1520\text{mm}^2$）。混凝土强度等级 C30，主筋 HRB335 级钢筋，箍筋用 HPB300 级钢筋。对此框架梁进行抗震设计。

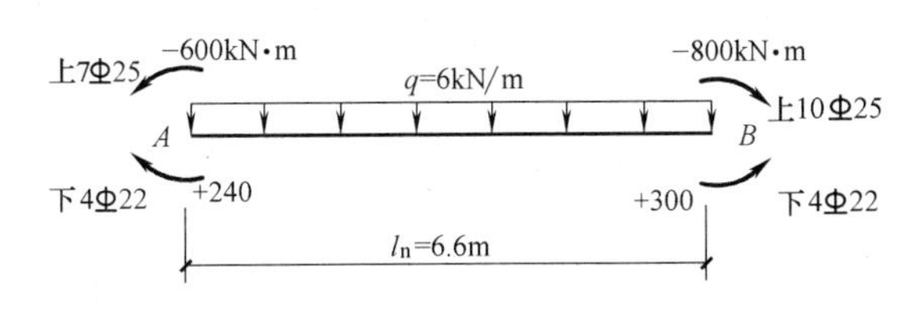

图 6-30 梁端组合弯矩设计值

【解】

1. 梁端受剪承载力

(1) 剪力设计值，由式（6-33）

一级抗震

$$V_b=\eta_{vb}\frac{M_b^l+M_b^r}{l_n}+\frac{1.2}{2}ql_n$$

$$\eta_{vb}=1.3$$

由梁端弯矩按逆时针方向计算时，

$$V_b=1.30\times\frac{600+300}{6.6}+1.2\times\frac{1}{2}\times6\times6.6=1.30\times\frac{900}{6.6}+23.760=201.03\text{kN}$$

当梁端弯矩按顺时针方向计算时，

$$V_b=1.30\times\frac{800+240}{6.6}+1.2\times\frac{1}{2}\times6\times6.6=1.30\times\frac{1040}{6.6}+23.760=228.61\text{kN}$$

由式（6-34）

$$V_b=1.1\frac{M_{bua}^l+M_{bua}^r}{l_n}+\frac{1.2}{2}ql_n$$

当梁端弯矩按逆时针方向计算时，可得：

$$M_{bua}^l=\frac{1}{0.75}\times335\times3436\times(750\text{-}60)=1059\text{kN}\cdot\text{m}$$

$$M_{bua}^r=\frac{1}{0.75}\times335\times1520\times(750\text{-}40)=482\text{kN}\cdot\text{m}$$

$$V_b=1.1\times\frac{1059+482}{6.6}+1.2\times\frac{1}{2}\times6\times6.6=280.59\text{kN}$$

当梁端弯矩按顺时针方向计算时，可得：

$$M_{bua}^{l}=482\text{kN}\cdot\text{m}$$

$$M_{bua}^{r}=\frac{1}{0.75}\times335\times1520\times(750-60)=1513\text{kN}\cdot\text{m}$$

$$V_{b}=1.1\times\frac{482+1513}{6.6}+1.2\times\frac{1}{2}\times6\times6.6=356.26\text{kN}$$

（2）剪压比

$$\frac{1}{\gamma_{RE}}(0.2f_{c}bh_{0})=\frac{1}{0.85}(0.2\times14.3\times300\times710)=716.68\text{kN}>356.26\text{kN}(\text{可})$$

（3）斜截面受剪承载力

混凝土受剪承载力为：

$$V_{c}=0.42f_{t}bh_{0}=0.42\times14.3\times300\times710=127.93\text{kN}$$

需要箍筋

$$356260=\frac{1}{0.85}\left(127930+1.25f_{yv}\frac{A_{sh}}{S}h_{0}\right)$$

所以 $$\frac{A_{sv}}{s}=\frac{0.85\times356260-127930}{1.25\times210\times710}=0.94\text{mm}^{2}/\text{mm}$$

梁端加密区，$S=6d(6\times25=150\text{mm})$、$\frac{1}{4}h_{b}\left(\frac{1}{4}\times750=187\text{mm}\right)$或 100mm

三者中的最小值，所以取 $S=100$mm，则 $A_{sv}=0.94\times100=94.0\text{mm}^{2}$

选 $\phi10$，4 肢，$A_{sv}=314\text{mm}^{2}>94\text{mm}^{2}$（满足要求）

2. 验算配筋率

一级抗震 $\rho_{sv}\geqslant0.3f_{t}/f_{yv}$

中部加密区，取 $S=200$mm

$$\rho_{sv}=\frac{A_{sv}}{bs}=\frac{314}{300\times200}=0.52\%>0.3\times1.43/210=0.2\%(\text{可})$$

3. 梁筋锚固

由《混凝土结构设计规范》，得

$$l_{a}=\alpha\frac{f_{y}}{f_{t}}\text{d}=0.14\times\frac{300}{1.43}\times25=734.27=845\text{mm}$$

一级抗震要求锚固长度 $l_{aE}=1.15l_{a}=1.15\times734.27=845\text{mm}$

水平锚固段要求 $l_{h}\geqslant0.4l_{aE}=0.4\times845=340\text{mm}$

弯折段要求 $l_{h}\geqslant15d=15\times25=375\text{mm}$

4. 梁端箍筋加密区长度

$$l_{0}=2.0h_{b}=2\times750=1500\text{mm}$$

5. 柱截面高度

$h_{c}=500$mm，中柱梁负钢筋直径 d 为 25mm，则 $d\ngtr h_{c}/20$，满足要求；梁负钢筋锚入边柱水平长度为 470mm>340mm，满足要求。

梁配筋构造图（图 6-31）中，纵向钢筋的布置和切断点的确定应符合《混凝土结构设计规范》GB 50010—2010 有关规定的要求。

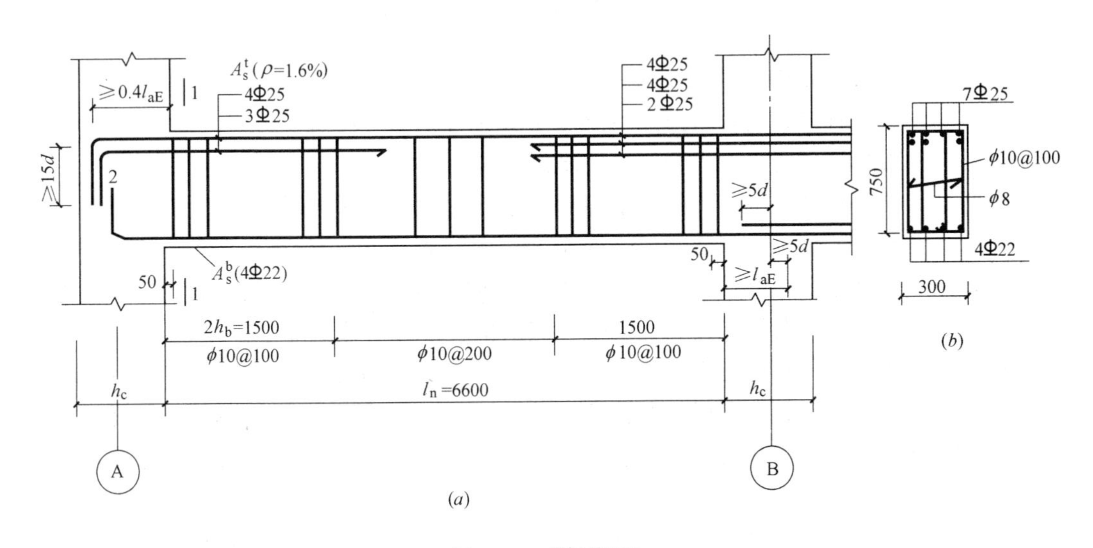

图 6-31　梁配筋图

（a）立面图；（b）1—1 剖面图

6.3.6　框架节点的截面设计与构造

6.3.6.1　框架节点的设计原则

国内外大地震的震害表明，钢筋混凝土框架节点都有不同程度的破坏。严重的会引起整个框架倒塌。节点破坏后的修复也比较困难。

框架节点破坏的主要形式是节点核心区剪切破坏和钢筋锚固破坏。根据节点的设计要求，框架节点的设计原则是：

（1）节点的承载力不应低于其连接件（梁、柱）的承载力；

（2）多遇地震时，节点应在弹性范围内工作；

（3）罕遇地震时，节点承载力的降低不得危及竖向荷载的传递；

（4）节点配筋不应使施工过分困难。

为此，对框架节点要进行受剪承载力验算，并采取加强约束等构造措施。

6.3.6.2　节点剪力设计值的调整

节点核心区是指框架梁与框架柱相交的部位。节点核心的受力状态是很复杂的，主要是承受压力和水平剪力的组合作用。图 6-32 表示在地震水平作用和竖向荷载的共同作用下，节点核心区所受到的各种力。作用于节点的剪力来源于梁柱纵向钢筋的屈服甚至超强。对于强柱型节点，水平剪力主要来自框架梁，也包括一部分现浇板的作用。

为保证节点的承载力不应低于其连接件（梁、柱）的承载力，在确定节点剪力设计值时，应根据不同的抗震等级，做以下调整：

一、二级框架梁柱节点核心区组合的剪力设计值按下式计算：

设防烈度为 9 度的结构以及一级抗震等级的框架结构：

$$V_j=\frac{1.15\sum M_{bua}}{h_{b0}-a_s'}\left(1-\frac{h_{b0}-a_s'}{H_c-h_b}\right) \tag{6-40}$$

其他情况

$$V_j=\frac{\eta_{jb}\sum M_b}{h_{b0}-a'_s}\left(1-\frac{h_{b0}-a'_s}{H_c-h_b}\right) \tag{6-41}$$

式中 V_j——梁柱节点核心区组合的剪力设计值；

h_{b0}——截面有效高度，节点两侧梁高不等时可采用平均值；

a'_s——梁受压钢筋合力点至受压边缘的距离；

H_c——柱的计算高度，可采用节点上、下柱反弯点之间的距离；

η_{jb}——节点剪力增大系数，一级取 1.35，二级取 1.2；

$\sum M_b$——节点左、右梁端逆时针或顺时针方向截面组合的弯矩设计值之和；一级时节点左、右梁端均为负弯矩，绝对值较小的弯矩应取零；

$\sum M_{bua}$——节点左、右梁端逆时针或顺时针方向实配的正截面抗震受弯承载力所对应的弯矩之和，根据实配钢筋面积（计入受压钢筋）和材料强度标准值确定。

计算框架顶层梁柱节点核心区组合的剪力设计值时，式（6-40）、式（6-41）中括号项取消。

抗震等级为三、四级时，核心区剪力较小，一般不需计算，节点箍筋可按构造要求设置。

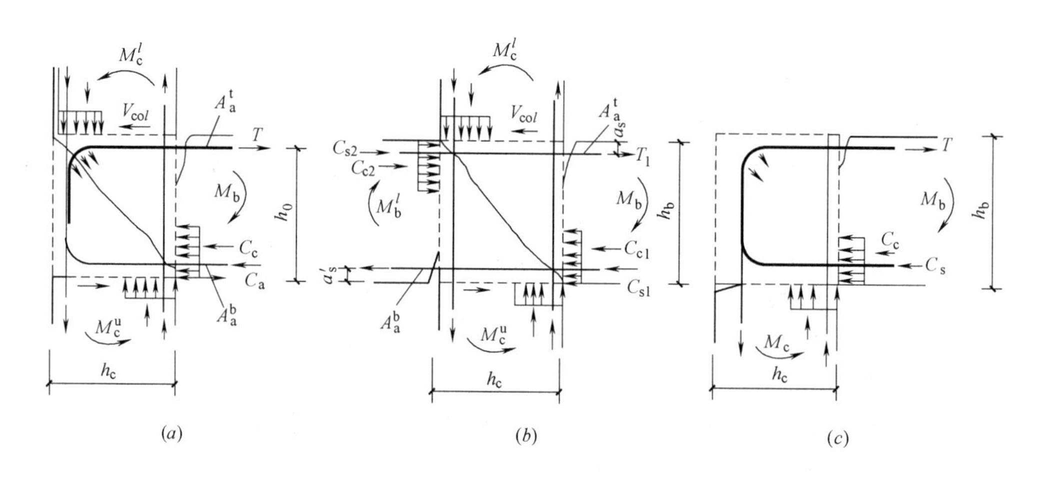

图 6-32 框架节点区受力示意

（a）边柱节点；（b）中柱节点；（c）顶层边柱节点

6.3.6.3 节点剪压比限值

为了防止节点核心区混凝土斜压破坏，同样要控制剪压比不得过大。但节点核心区周围一般都有梁的约束，抗剪面积实际比较大，故剪压比限值可放宽，一般应满足：

$$V_j\leqslant\frac{1}{\gamma_{RE}}(0.30\eta_j f_c b_j h_j) \tag{6-42}$$

式中 η_j——节点约束影响系数；楼板现浇，梁柱中线重合，节点四边有梁，梁宽不小于该侧柱宽的 1/2，且正交方向梁高度不小于框架梁高度的 3/4 时，取 $\eta_j=1.5$；9 度时宜采用 1.25；其他情况均取 1.0；

b_j——节点截面有效验算宽度；

h_j——节点核心区的截面高度，可采用验算方向的柱截面有效高度，即 $h_j=h_c$；

γ_{RE}——抗震承载力调整系数，取0.85。

6.3.6.4 节点受剪承载力

试验表明，节点核心区混凝土初裂前，剪力主要由混凝土承担，箍筋应力很小，节点受力状态类似一个混凝土斜压杆，节点核心区出现交叉斜裂缝后，剪力由箍筋与混凝土共同承担，节点受力类似于桁架。

框架节点的受剪承载力可以由混凝土和节点箍筋共同组成。影响受剪承载力的主要因素有：柱轴向力、直交梁的约束、混凝土强度和节点配箍情况等。

试验表明，与柱相似，在一定范围内，随着柱轴向压力的增加，不仅能提高节点的抗裂度，而且能提高节点极限承载力。另外，垂直于框架平面的直交梁如具有一定的截面尺寸，对核心区混凝土将具有明显的约束作用，实质上是扩大了受剪面积，因而也提高了节点的受剪承载力。《抗震规范》规定，现浇框架节点的受剪承载力按下式计算：

$$V_j \leqslant \frac{1}{\gamma_{RE}}\left[1.1\eta_j f_t b_j h_j + 0.5\eta_j N\frac{b_j}{b_c} + f_{yv}A_{svj}\frac{h_{b0}-a_s'}{s}\right] \tag{6-43a}$$

设防烈度为9度时

$$V_j \leqslant \frac{1}{\gamma_{RE}}\left[0.9\eta_j f_t b_j h_j + f_{yv}A_{svj}\frac{h_{b0}-a_s'}{s}\right] \tag{6-43b}$$

式中 N——考虑地震作用组合的节点上柱底部轴向压力设计值，当$N>0.5f_c b_c h_c$时，取$N=0.5f_c b_c h_c$；

f_t——混凝土轴心抗拉强度设计值；

f_{yv}——箍筋的抗拉强度设计值；

A_{svj}——核心区有效验算宽度范围内同一截面各肢箍筋全部截面面积；

s——箍筋间距。

6.3.6.5 节点截面有效宽度

在式（6-43）中，$b_c h_c$为柱截面面积，$b_j h_j$为节点截面受剪的有效面积。二者有时并不完全相等。其中节点截面有效宽度b_j应视梁柱的轴线是否重合等情况，分别按下列公式确定：

1）当梁柱轴线重合且梁宽b不小于该侧柱宽1/2时，b_j可视为与b_c相等（图6-33a）。即

$$b_j = b_c \tag{6-44a}$$

2）当梁柱轴线重合但梁宽b小于该侧柱宽1/2时，可采用下列二者的较小值，即

$$\left.\begin{aligned} b_j &= b_c \\ b_j &= b + 0.5h_c \end{aligned}\right\}\text{取较小者} \tag{6-44b}$$

3）当梁柱轴线不重合时，如偏心距e较大，则梁传到节点的剪力将偏向一侧，这时节点有效宽度b_j将比b_c为小（图6-33b）。因此要求偏心距不应大于$1/4b_c$，此时，b_j取下式和式（6-44b）中的较小值：

$$b_j = 0.5(b_b + b_c) + 0.25h_c - e \tag{6-44c}$$

6.3.6.6 节点构造

为保证节点核心区的抗剪承载力，使框架梁、柱纵向钢筋有可靠的锚固条件，对节点核心区混凝土进行有效的约束，节点核心区内箍筋的最大间距和最小直径应满足柱端加密

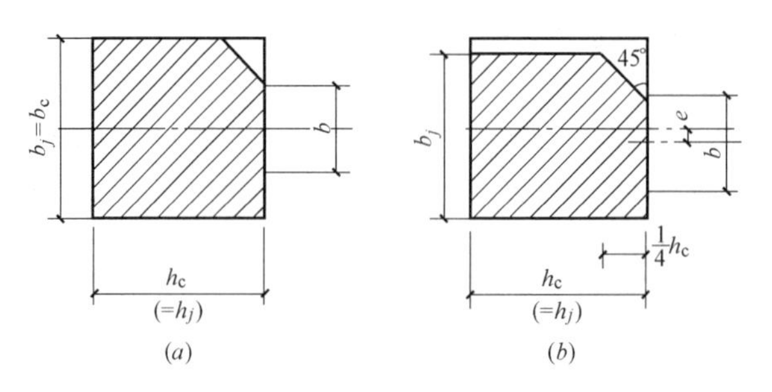

图 6-33 节点截面有效宽度

(a) 梁柱轴线重合；(b) 梁柱轴线偏心

区的构造要求；另一方面，核心区内箍筋的作用与柱端有所不同，为便于施工，适当放宽构造要求。《抗震规范》规定，框架节点核心区箍筋的最大间距和最小直径宜按表 6-8（即柱端箍筋加密区的构造要求）采用，一、二、三级框架节点核心区配箍特征值分别不宜小于 0.12、0.10 和 0.08，且体积配箍率分别不宜小于 0.6%、0.5%和 0.4%。剪跨比不大于 2 的框架节点核心区配箍特征值不宜小于核心区上、下柱端的较大配箍特征值。

6.4 框架—抗震墙结构的抗震设计

6.4.1 框架—抗震墙结构的设计要点

框架—抗震墙结构应设计成双向抗侧力体系。框架和抗震墙均应双向布置。柱中线与抗震墙中线、梁中线与柱中线之间偏心距不宜大于柱宽的 1/4。抗震墙的榀数不宜过少，每榀的刚度不宜过大，且宜分布均匀，对称布置并尽可能沿建筑平面的周边布置。

框架—抗震墙结构中的抗震墙设置，宜符合下列要求：

1）抗震墙宜贯通房屋全高，且横向与纵向的抗震墙宜相连。

2）抗震墙宜设置在墙面不需要开大洞口的位置。

3）房屋较长时，刚度较大的纵向抗震墙不宜设置在房屋的端开间。

4）抗震墙洞口宜上下对齐；洞边距端柱不宜小于 300mm。

5）一、二级抗震墙的洞口连梁，跨高比不宜大于 5，且梁截面高度不小于 400mm。

框架—抗震墙结构中的抗震墙基础和部分框支抗震墙结构的落地抗震墙基础，应有良好的整体性和抗转动的能力。

框架—抗震墙结构采用装配式楼、屋盖时，应采取措施保证楼、屋盖的整体性及其与抗震墙的可靠连接；采用配筋现浇面层加强时，厚度不宜小于 50mm。

6.4.2 地震作用的计算

对于规则的框架—抗震墙结构，与框架结构相同，作为一种近似计算，可采用底部剪力法按第四章的公式分别求出计算单元的总水平地震作用标准值 F_{EK}、各层的水平地震作用标准值 F_i 和顶部附加水平地震作用标准值 ΔF_n。可采用顶点位移法公式（6-1）来计算框架—抗震墙结构的基本周期，其中：假想结构顶点位移 u_T 应为假想地把集中各层楼层处的重力荷载代表值 G_i 按等效原则化为均匀水平荷载，考虑非结构墙体刚度影响的周期

折减系数 ψ_T 采用 0.7～0.8。

6.4.3 内力与位移计算

6.4.3.1 框架—抗震墙的共同工作特性

框架—抗震墙结构是通过刚性楼盖使钢筋混凝土框架和抗震墙协调变形共同工作的。对于纯框架结构，柱轴向变形所引起的倾覆状的变形影响是次要的。由 D 值法可知，框架结构的层间位移与层间总剪力成正比，因层间剪力自上而下越来越大，故层间位移也是自上而下越来越大，这与悬臂梁的剪切变形相一致，故称为剪切型变形。对于纯抗震墙结构，其在各楼层处的弯矩等于外荷载在该楼面标高处的倾覆力矩，该力矩与抗震墙纵向变形的曲率成正比，其变形曲线凸向原始位移，这与悬臂梁的弯曲变形相一致，故称为弯曲型变形。当框架与抗震墙共同工作时，二者变形必须协调一致，在下部楼层，抗震墙位移较小，它使得框架必须按弯曲型曲线变形，使之趋于减少变形，抗震墙协助框架工作，外荷载在结构中引起的总剪力将大部分由抗震墙承受；在上部楼层，抗震墙外倾，而框架内收，协调变形的结果是框架协助抗震墙工作，顶部较小的总剪力主要由框架承担，而抗震墙仅承受来自框架的负剪力。上述共同工作结果对框架受力十分有利，其受力比较均匀。故其总的侧移曲线为弯剪型，见图 6-34。

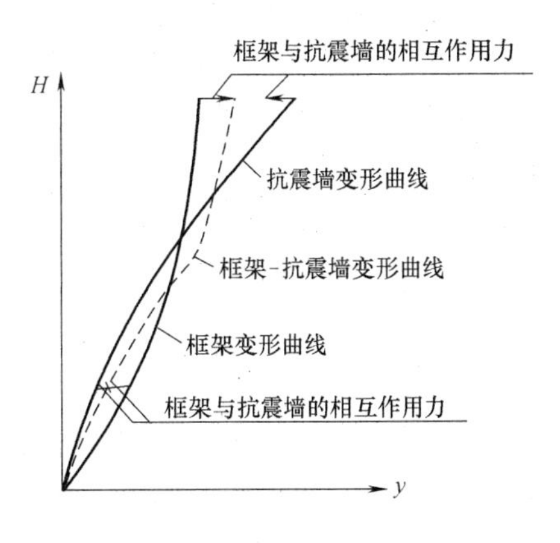

图 6-34　侧移曲线

6.4.3.2 内力与位移计算方法

框架—抗震墙结构在水平荷载作用下的内力与位移计算方法可分为电算法和手算法。采用电算法时，先将框架—抗震墙结构转换为壁式框架结构，然后来用矩阵位移法借助计算机进行计算，其计算结果较为准确。手算法，即微分方程法，该方法将所有框架等效为综合框架，所有抗震墙等效为综合抗震墙，所有连梁等效为综合连梁，并把它们移到同一平面内，通过自身平面内刚度为无穷大的楼盖的连接作用而协调变形共同工作。

框架—抗震墙结构是按框架和抗震墙协同工作原理来计算的，计算结果往往是抗震墙承受大部分荷载，而框架承受的水平荷载则很小。工程设计中，考虑到抗震墙的间距较大，楼板的变形会使中间框架所承受的水平荷载有所增加；由于抗震墙的开裂、弹塑性变形的发展或塑性铰的出现，使得其刚度有所降低，致使抗震墙和框架之间的内力分配中，框架承受的水平荷载亦有所增加；另外，从多道抗震设防的角度来看，框架作为结构抗震的第二道防线（第一道防线是抗震墙），也有必要保证框架有足够的安全储备。故框架—抗震墙结构中，框架所承受的地震剪力不应小于某一限值，以考虑上述影响。为此，《抗震规范》规定，规则的框架—抗震墙结构中，任一层框架部分按框架和抗震墙协同工作分析的地震剪力，不应小于结构底部总地震剪力的 20%或框架部分各层按协同工作分析的地震剪力最大值 1.5 倍二者的较小值。即

（1）对于 $V_f \geqslant 0.2V_0$ 的楼层，该层框架部分的地震剪力取 V_f；

（2）对于 $V_f < 0.2V_0$ 的楼层，该层框架部分的地震剪力应取 $0.2V_0$ 和 $1.5V_{fmax}$ 二者的

较小值，即

$$V_{f}=\min(0.2F_{EK},1.5V_{fmax}) \tag{6-45}$$

式中 V_f——对应于地震作用标准值且未经调整的各层框架承担的地震总剪力；

V_0——对应与地震作用标准值的结构底部的总地震剪力；

V_{fmax}——对应于地震作用标准值且未经调整的各层框架承担的地震总剪力的最大值。

6.4.4 截面设计与构造措施

6.4.4.1 截面设计的原则

框架—抗震墙结构的截面设计，框架部分按框架结构第 6.3 节进行，抗震墙部分按抗震墙结构第 6.5 节进行设计。

周边有梁柱的抗震墙（包括现浇柱、预制梁的现浇抗震墙），当抗震墙与梁柱有可靠连接时，柱可作为抗震墙的翼缘，截面设计按第 6.5 节所述的抗震墙墙肢进行设计。主要的竖向受力钢筋应配置在柱截面内。抗震墙上的框架梁不必进行专门的截面设计计算，钢筋可按构造配置。

6.4.4.2 构造措施

框架—抗震墙结构的抗震构造措施除采用框架结构和抗震墙结构的有关构造措施外，还应满足下列要求：

（1）截面尺寸

抗震墙墙板厚度不应小于 160mm 且不应小于层高的 1/20，底部加强部位的抗震墙厚度不应小于 200mm 且不应小于层高的 1/16，抗震墙的周边应设置梁（或暗梁）和端柱组成的边框。柱端截面宜与同层框架柱相同，并应满足对框架柱的要求。墙的中线与端柱中心宜重合，当抗震墙的中线与柱的中线不能重合时，在计算时应考虑偏心对梁柱节点核心区受力和构造的不利影响。

（2）分布钢筋

抗震墙墙板中竖向和横向分布钢筋的配筋率均不应小于 0.25%，并应至少双排布置，各排分布钢筋之间应设置拉筋，拉筋间距不应大于 600mm，直径不应小于 6mm。

（3）端柱箍筋

当抗震墙在门洞边形成独立端柱时，端柱全高的箍筋宜符合框架柱箍筋加密区的构造要求。

6.5 抗震墙结构的抗震设计

抗震墙结构的抗震设计包括下列内容：按抗震设计的一般要求进行抗震墙的结构布置外，进行抗震墙结构的抗震计算，最后进行抗震墙的截面设计与构造。

6.5.1 抗震墙结构的抗震要点

应避免仅单向有抗震墙的结构布置形式。墙肢截面宜简单、规则，侧向刚度不宜过大。双肢墙的墙肢不宜出现小偏心受拉的情况。

抗震墙结构中的抗震墙设置，应符合下列要求：

1）较长的抗震墙宜开设洞口，将一道抗震墙分成较均匀的若干墙段（包括小开洞墙及联肢墙），洞口连梁的跨高比宜大于6，各墙段的高宽比不应小于2。这主要是使构件（抗震墙和连梁）有足够的弯曲变形能力。

2）墙肢截面的高度沿结构全高不应有突变；抗震墙有较大洞口时，以及一、二级抗震墙的底部加强部位，洞口宜上下对齐。

3）部分框支抗震墙结构的框支层，其抗震墙的截面面积不应小于相邻非框支层抗震墙截面面积的50%；框支层落地抗震墙间距不宜大于24m。底部两层框支抗震墙结构的平面布置尚宜对称，且宜设抗震筒体。

房屋顶层、楼梯间和抗侧力电梯间的抗震墙、端开间的纵向抗震墙和端山墙的配筋应符合关于加强部位的要求。单肢墙和联肢墙的底部加强区的高度可取墙肢总高度的1/8和墙肢截面长度二者的较大值，且不大于15m；连梁跨高比小于5的联肢墙，底部加强区的高度宜适当增加。部分框支抗震墙结构的落地抗震墙底部加强部位的高度，可取框支层加上框支层以上二层的高度及墙肢总高度的1/8且不大于15m二者的较大值。

6.5.2 抗震墙结构的抗震计算原则

对于规则的抗震墙结构，仍采用与框架—抗震墙结构类似的水平地震作用近似计算方法，本节不再详述。但按顶点位移法计算结构体系基本周期公式中考虑非结构墙体刚度影响的周期折减系数ψ_T取1.0。为了确定单片抗震墙的等效刚度，对于洞口比较均匀的抗震墙，可根据其洞口大小、洞口位置及其对抗震墙的减弱情况区分为整体墙、整体小开口墙、联肢墙和壁式框架等几种类型，采用相应的公式进行计算。根据不同类型各片抗震墙等效刚度所占楼层总刚度的比例，把总水平地震作用分配到各片抗震墙，再进行倒三角形分布或倒三角形分布、均匀分布与顶点集中力组合的水平地震作用下各类墙体的内力和位移计算，最终求得各墙体中墙肢的内力（弯矩、剪力、轴力）和连梁的内力（弯矩、剪力）。

6.5.3 抗震墙的截面设计

6.5.3.1 墙肢

1. 墙肢（或整体墙）正截面承载力计算

为了迫使塑性铰发生在抗震墙的底部，以增加结构的变形和耗能能力，应加强抗震墙上部的受弯承载力，同时对底部加强区采取提高延性的措施。为此，《抗震规范》规定，一级抗震墙中的底部加强部位及以上一层，应按墙肢底部截面组合弯矩设计值采用；其他部位，墙肢截面的组合弯矩设计值应乘以增大系数，其值可采用1.2。

抗震墙墙肢在竖向荷载和水平荷载作用下属偏心受力构件，它与普通偏心受力柱的区别在于截面高度大、宽度小，有均匀的分布钢筋。因此，截面设计时应考虑分布钢筋的影响并进行平面外的稳定验算。

偏心受压墙肢可分为大偏压和小偏压两种情况。当发生大偏压破坏时，位于受压区和受拉区的分布钢筋都可能屈服。但在受压区，考虑到分布钢筋直径小，受压易屈曲，因此设计中可不考虑其作用。受拉区靠近中和轴附近的分布钢筋，拉应力较小，可不考虑，而设计中仅考虑距受压区边缘$1.5x$（x为截面受压区高度）以外的受拉分布钢筋屈服。当发生小偏压破坏时，墙肢截面大部分或全部至压，因此可认为所有分布钢筋均受压易屈曲或部分受拉但应变很小而忽略其作用，故设计时可不考虑分布筋的作用，即小偏压墙肢的计算方法与小偏压柱完全相同，但须验算墙体平面外的稳定。大、小偏压墙肢的判别可采用与大、小偏压柱完全相同的判别方法。

矩形、T形、I形偏心受压墙肢的正截面受压承载力可按下列公式计算（图6-35）：

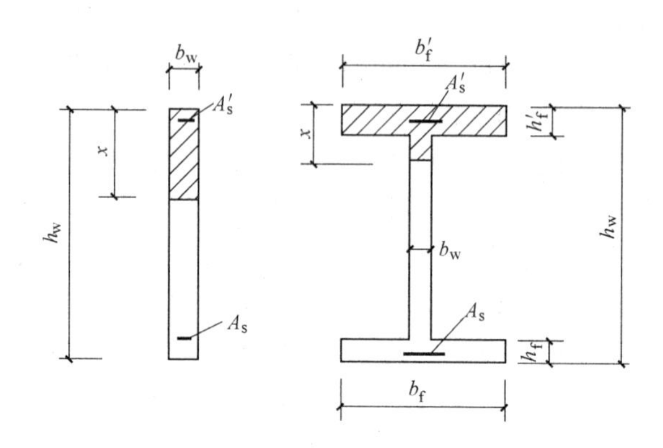

图6-35　抗震墙截面

$$N\left(e_0+h_{w0}-\frac{h_w}{2}\right)\leqslant\frac{1}{\gamma_{RE}}[A_s'f_y'(h_{w0}-a_s')-M_{sw}+M_c] \tag{6-46}$$

当 $x>h_f'$ 时

$$N_c=\alpha_1 f_c b_w x+\alpha_1 f_c(b_f'-b_w)h_f' \tag{6-47a}$$

$$M_c=\alpha_1 f_c b_w x\left(h_{w0}-\frac{x}{2}\right)+\alpha_1 f_c(b_f'-b_w)h_f'\left(h_{w0}-\frac{h_f'}{2}\right) \tag{6-47b}$$

当 $x\leqslant h_f'$ 时

$$N_c=\alpha_1 f_c b_w x_f \tag{6-48a}$$

$$M_c=\alpha_1 f_c b_f' x\left(h_{w0}-\frac{x}{2}\right) \tag{6-48b}$$

当 $x\leqslant\xi_b h_{w0}$ 时

$$\sigma_s=f_y \tag{6-49a}$$

$$N_{sw}=(h_{w0}-1.5x)b_w f_{yw}\rho_w \tag{6-49b}$$

$$M_{sw}=\frac{1}{2}(h_{w0}-1.5x)^2 b_w f_{yw}\rho_w \tag{6-49c}$$

当 $x>\xi_b h_{w0}$ 时

$$\sigma_s=\frac{f_y}{\xi_b-\beta_1}\left(\frac{x}{h_{w0}}-\beta_1\right) \tag{6-50a}$$

$$N_{sw}=0 \tag{6-50b}$$

$$M_{sw}=0 \tag{6-50c}$$

式中　γ_{RE}——抗震承载力调整系数，取为0.85；

N_c——受压区混凝土受压合力；

M_c——受压区混凝土受压合力对端部受拉钢筋合力点的力矩；

σ_s——受拉区钢筋应力；

N_{sw}——受拉区分布钢筋受拉合力；

M_{sw}——受拉区分布钢筋受拉合力对端部受拉钢筋合力点的力矩；

f_y、f'_y、f_{yw}——抗震墙端部受拉、受压钢筋和墙体竖向分布钢筋强度设计值；

α_1、β_1——计算系数，当混凝土强度等级不超过C50时分别取1.0、0.8；

f_c——混凝土轴向抗压强度设计值；

e_0——偏心距，$e_0=M/N$；

h_{w0}——抗震墙截面有效高度，$h_{w0}=h_w-a'_s$；

a'_s——抗震墙受压区端部钢筋合力点到受压区边缘的距离，一般取$a'_s=b_w$；

ρ_w——抗震墙竖向分布钢筋配筋率；

ξ_b——界限相对受压区高度。

偏心受拉墙肢分为大偏拉和小偏拉两种情况。当发生大偏拉破坏时，其受力和破坏特征同大偏压，故可采用大偏压的计算方法；当发生小偏拉破坏时，墙肢全截面受拉，混凝土不参与工作，其抗侧能力和耗能能力都很差，不利于抗震，因此应避免使用。

矩形截面受拉墙肢的正截面承载力，建议按下列近似公式计算：

$$N\leqslant\frac{1}{\gamma_{RE}}\frac{1}{\dfrac{1}{N_{ou}}+\dfrac{e_0}{M_{wu}}} \tag{6-51}$$

其中

$$N_{ou}=2A_sf_y+A_{sw}f_{yw} \tag{6-52a}$$

$$M_u=A_sf_y(h_{w0}-a'_s)+A_{sw}f_{yw}\frac{h_{w0}-a'_s}{2} \tag{6-52b}$$

式中 A_{sw}——抗震墙腹板竖向分布钢筋的全部截面面积。

2. 墙肢（或整体墙）斜截面承载力计算

对于抗震墙底部加强部位，《抗震规范》规定，其截面组合的剪力设计值，当抗震等级为一、二、三级时应乘以下列增大系数，以防止墙底塑性铰区在弯曲破坏前发生剪切脆性破坏，即通过增大墙底剪力的方法来满足“强剪弱弯”的要求；四级抗震时，可不乘以增大系数。

$$V=\eta_{vw}V_w \tag{6-53a}$$

9度时尚应符合

$$V=1.1\frac{M_{wua}}{M}V_w \tag{6-53b}$$

式中 η_{vw}——剪力增大系数，一级取1.6，二级取1.4，三级取1.2；

M_{wua}——抗震墙底部实配的正截面抗震承载力所对应的弯矩值，可根据实际配筋面积和材料强度标准值和轴向力并考虑承载力抗震调整系数等计算；有翼墙时应计入两侧各一倍翼墙厚度范围内的纵向钢筋；

V——抗震墙底部截面组合的剪力设计值；

V_w——抗震墙底部截面组合的剪力计算值；

M_w——抗震墙底部截面组合的弯矩计算值。

其他部位，则均采用计算截面组合的剪力设计值。

为避免墙肢混凝土被压碎而发生斜压脆性破坏，根据《抗震规范》，抗震墙墙肢截面尺寸应符合下式要求：

当剪跨比 $\lambda>2.5$ 时，

$$V\leqslant\frac{1}{\gamma_{RE}}(0.2\beta_c f_c bh_{w0}) \tag{6-54a}$$

当剪跨比 $\lambda\leqslant2.5$ 时，

$$V\leqslant\frac{1}{\gamma_{RE}}(0.15\beta_c f_c bh_{w0}) \tag{6-54b}$$

式中 V——墙肢端部截面组合的剪力设计值。

抗震墙的斜截面受剪承载力包括墙肢混凝土、横向钢筋和轴向力的影响等三方面的抗剪作用。试验表明，反复荷载作用下，抗震墙的抗剪性能比静载下的抗剪性能降低15%～20%。

偏心受压墙肢斜截面受剪承载力按下列公式计算：

$$V\leqslant\frac{1}{\gamma_{RE}}\left[\frac{1}{\lambda-0.5}\left(0.4f_t b_w h_{w0}+0.1N\frac{A_w}{A}\right)+0.8f_{yh}\frac{A_w}{s}h_{w0}\right] \tag{6-55}$$

式中 N——抗震墙的轴向压力设计值，当 $N>0.2f_c bh$ 时，取 $N=0.2f_c bh$；

λ——计算截面的剪跨比 $\lambda=M/Vh_0$。当 $\lambda>2.2$ 时，取 $\lambda=2.2$；当 $\lambda<1.5$ 时，取 $\lambda=1.5$；此处，M 为与剪力设计值相应的弯矩值设计值，当计算截面与墙底之间的距离小于 $h_0/2$ 时，λ 应按距墙底 $h_0/2$ 处的弯矩值与剪力值计算。

偏心受拉墙肢斜截面受剪承载力按下列公式计算：

$$V\leqslant\frac{1}{\gamma_{RE}}\left[\frac{1}{\lambda-0.5}(0.4f_t b_w h_{w0}-0.1N\frac{A_w}{A})+0.8f_{yh}\frac{A_w}{s}h_{w0}\right] \tag{6-56}$$

当公式（6-56）右边方括号内的计算值小于 $0.8f_{yv}\frac{A_{sh}}{s}h_0$ 时，取等于 $0.8f_{yv}\frac{A_{sh}}{s}h_0$。

通过上述斜截面受剪承载力的计算，来避免墙肢发生剪压破坏。而墙肢的斜拉破坏，可通过满足水平分布钢筋 ρ_{min} 和竖筋锚固来避免。

3. 抗震墙水平施工缝的受剪承载力验算

抗震墙的施工，是分层浇筑混凝土的，因而层间留有水平施工缝。唐山地震震害调查和抗震墙结构模型试验表明，水平施工缝在地震中容易开裂，为避免墙体受剪后沿水平施工缝滑移，应验算水平施工缝的受剪承载力。

按一级抗震等级设计的抗震墙水平施工缝处竖向钢筋的截面面积应符合下列要求：

当施工缝承受轴向压力时

$$V_w\leqslant\frac{1}{\gamma_{RE}}(0.6f_y A_s+0.8N) \tag{6-57a}$$

当施工缝承受轴向拉力时

$$V_w\leqslant\frac{1}{\gamma_{RE}}(0.6f_y A_s-0.8N) \tag{6-57b}$$

式中 N——考虑地震作用组合的水平施工缝的轴向力设计值；

A_s——水平施工缝处全部竖向钢筋截面面积，包括竖向钢筋、附加竖向插筋以及边缘构件（不包括两侧翼墙）纵向钢筋的总截面面积。

4. 双肢抗震墙

通常，双肢抗震墙在竖向荷载和水平荷载作用下，一个墙肢处于偏心受压状态，而另一墙肢则处于偏心受拉状态。试验表明，受拉墙肢开裂后，其刚度降低将导致发生内力重分布，即偏拉墙肢的抗剪能力迅速降低，而偏压墙肢的内力有所加大。为保证墙肢有足够的承载力，《抗震规范》规定，当任一墙肢全截面平均出现拉应力且处于大偏心受拉状态时，另一墙肢组合的剪力设计值应乘以增大系数 1.25。

6.5.3.2　连梁

1. 连梁内力的调整

抗震墙在水平荷载作用下，其连梁内通常产生很大的剪力和弯矩。由于连梁的宽度往往较小（通常与墙厚相同），这使得连梁的截面尺寸和配筋往往难以满足设计要求，即存在连梁截面尺寸不能满足剪压比限值、纵向受拉钢筋超筋、不满足斜截面受剪承载力要求等问题。若加大连梁截面尺寸，则因连梁刚度的增加而导致其内力也增加。根据设计经验，可采用下列方法来处理：

1）在满足结构位移限制的前提下，适当减小连梁高度，从而使连梁的剪力和弯矩迅速减小。

2）加大洞口宽度以增加连梁的跨度，也即减小连梁刚度。

3）考虑水平力作用下，连梁由于开裂而导致其刚度降低的现象，采用刚度折减系数 β（β 不宜小于 0.50）。

4）为保证抗震墙“强墙弱梁”的延性要求，当联肢抗震墙中某几层连梁的弯矩设计值超过其最大受弯承载力时，可降低这些部位的连梁弯矩设计值，并将其余部位的连梁弯矩设计值相应提高，以满足平衡条件。经调整的连梁弯矩设计值，可均取为最大弯矩连梁调整前弯矩设计值的 80%，见图 6-36，必要时可提高墙肢的配筋，以满足极限平衡条件。

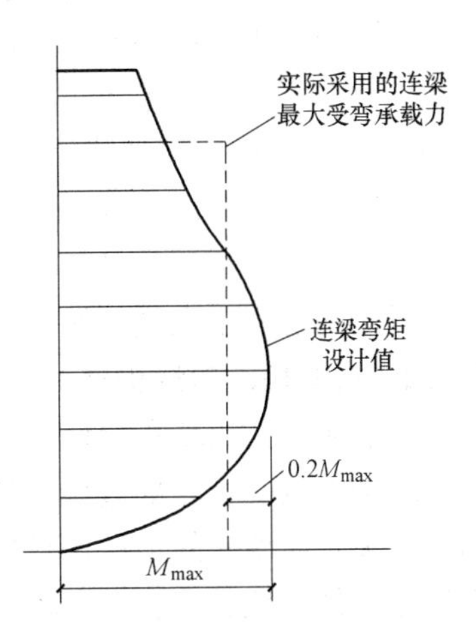

图 6-36　联肢抗震墙连梁的弯矩设计值

2. 连梁斜截面受剪承载力计算

1）剪力设计值

根据强剪弱弯的要求，对于抗震墙中跨高比大于 2.5 的连梁，其端部截面组合的剪力设计值同框架梁的剪力设计值取法，见式（6-33）、式（6-34）。

2）剪压比限值

试验表明，连梁跨高比对连梁的破坏形态和延性有重要影响。当跨高比大于 2.5 时，多为受弯破坏，延性较大；当跨高比小于 1.5 时，则多发生剪切破坏，延性低。因此，要求连梁的跨高不小于 1.5。

为避免连梁过早出现斜裂缝而导致斜压破坏，连梁的截面尺寸应符合下列要求：

跨高比大于 2.5 时

$$V_b \leqslant \frac{1}{\gamma_{RE}}(0.20 f_c b_b h_{b0}) \tag{6-58a}$$

跨高比不大于 2.5 时

$$V_b \leqslant \frac{1}{\gamma_{RE}}(0.15 f_c b_b h_{b0}) \tag{6-58b}$$

3）斜截面受剪承载力计算

跨高比大于 2.5 时

$$V_b \leqslant \frac{1}{\gamma_{RE}}(0.42 f_t b_b h_{b0} + f_{yv}\frac{A_{sv}}{s}h_{b0}) \tag{6-59a}$$

跨高比不大于 2.5 时

$$V_b \leqslant \frac{1}{\gamma_{RE}}(0.38 f_t b_b h_{b0} + 0.9 f_{yv}\frac{A_{sv}}{s}h_{b0}) \tag{6-59b}$$

6.5.4 构造要求

6.5.4.1 截面尺寸和混凝土强度等级

一、二级抗震等级的抗震墙的厚度，不应小于层高或剪力墙无支长度的 1/20 且不应小于 160mm；底部加强部位的墙厚，不应小于层高或剪力墙无支长度的 1/16，且不应小于 200mm。当墙端无端柱或翼墙时，墙厚不宜小于层高的 1/12；其他部位尚不应小于层高的 1/15，且不应小于 180mm。按三、四级抗震等级设计的抗震墙厚度，不应小于 140mm，且不应小于层高的 1/25。

抗震墙的混凝土强度等级不应低于 C20。

6.5.4.2 抗震墙的边缘构件

试验表明，抗震墙在周期反复荷载作用下的塑性变形能力，与截面纵向钢筋的配筋、端部边缘构件范围、端部边缘构件内纵向钢筋及箍筋的配置，以及截面形状、截面轴压比等因素有关，而墙肢的轴压比是更重要的影响因素。当轴压比较小时，即使在墙端部不设约束边缘构件，抗震墙也具有较好的延性和耗能能力；而当轴压比超过一定值时，不设约束边缘构件的抗震墙，其延性和耗能能力降低。因此，《混凝土结构设计规范》GB 50010—2010 规定，一、二级抗震等级的抗震墙各墙肢应沿全高设置翼墙、端柱或暗柱等边缘构件，暗柱的截面范围为 1.5～2 倍的抗震墙底部加强部位在重力荷载代表值作用下，墙肢轴压比 N/f_cA 不宜超过表 6-12 的限值。

墙肢轴压比限值　　表 6-12

抗震等级(设防烈度)	一级(9 度)	一级(8 度)	二级
轴压比限值	0.4	0.5	0.6

注：抗震墙墙肢轴压比 N/f_cA 中 A 为墙肢截面面积。

为了保证墙肢底部塑性铰区的延性性能以及耗能能力，《混凝土结构设计规范》GB 50010—2010 规定，抗震墙两端及洞口两侧应设置边缘构件，并应符合下面要求：一、二级抗震等级的抗震墙结构和框架—抗震墙结构中的抗震墙，在重力荷载代表值作用下，当墙肢底截面轴压比大于表 6-13 值时，其底部加强部位及其以上一层墙肢应按规定设置约束边缘构件，以提供足够的约束；当小于表 6-13 值时，宜按规定设置构造边缘构件，以提供适度约束。

一、二级抗震等级抗震墙结构和框架—抗震墙结构中的一般部位抗震墙以及三、四级抗震等级抗震墙结构和框架—抗震墙结构的抗震墙，应按规定设置构造边缘构件。

抗震墙设置构造边缘构件的最大轴压比　　表 6-13

抗震等级(设防烈度)	一级(9 度)	一级(8 度)	二级
轴压比	0.1	0.2	0.3

抗震墙端部设置的约束边缘构件（端柱、暗柱、翼墙和转角墙）应符合下列要求（图6-37）：约束边缘构件的长度 l_c 及配箍特征值 λ_v 宜满足表 6-14 的要求，箍筋的配置范围及相应的配箍特征值 λ_v 和 $\lambda_v/2$ 的区域如图 6-37 所示，其体积配箍率 ρ_v 应按下式计算：

$$\rho_v = \lambda_v \frac{f_c}{f_{yv}} \tag{6-60}$$

一、二级抗震等级抗震墙约束边缘构件的纵向钢筋的截面面积，对暗柱，分别不应小于约束边缘构件沿墙肢长度 l_c 和墙厚 b_w 乘积的 1.2%、1.0%；对端柱、翼墙和转角墙分别不应小于图 6-37 中阴影部分面积的 1.2%、1.0%。

抗震墙端部设置的构造边缘构件（端柱、暗柱、翼墙和转角墙）的范围，应按图 6-38采用，构造边缘构件的纵向钢筋除应满足受弯承载力计算要求外，应符合表 6-14 的要求。

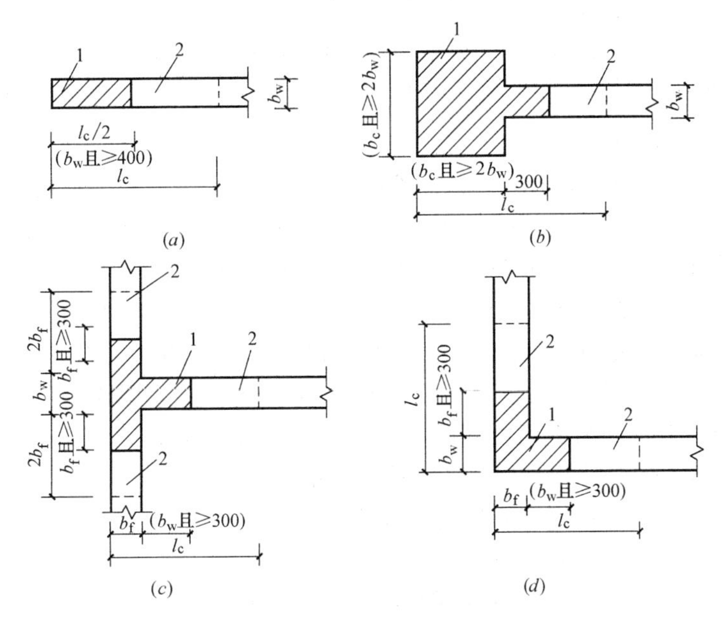

图 6-37　抗震墙的约束边缘构件（单位 mm）

（a）暗柱；（b）端柱；（c）翼墙；（d）转角墙

1—配箍特征值为 λ_v 的区域；2—配箍特征值为 $\lambda_v/2$ 的区域

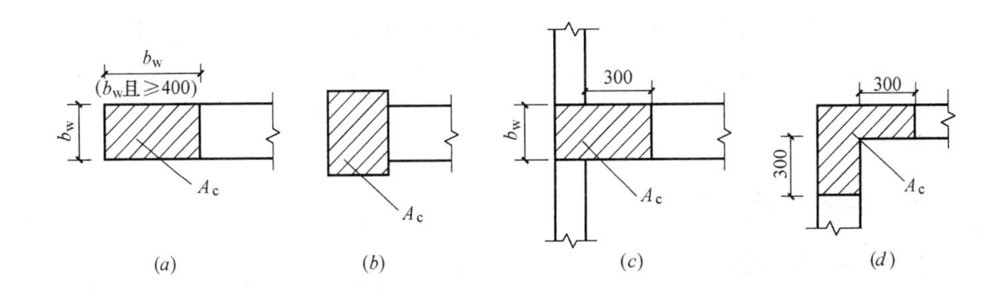

图 6-38　抗震墙的构造边缘构件（单位 mm）

（a）暗柱；（b）端柱；（c）翼墙；（d）转角墙

构造边缘构件的构造配筋要求 **表 6-14**

抗震等级	底部加强部位			其他部位		
	纵向钢筋最小配筋量	箍筋、拉筋		纵向钢筋最小配筋量	箍筋、拉筋	
		最小直径(mm)	最大间距(mm)		最小直径(mm)	最大间距(mm)
一	$0.01A_c$ 和 6 根直径为 16mm 的钢筋的较大者	8	100	$0.008A_c$ 和 6 根直径为 14mm 的钢筋的较大者	8	150
二	$0.008A_c$ 和 6 根直径为 14mm 的钢筋的较大者	8	150	$0.006A_c$ 和 6 根直径为 12mm 的钢筋的较大者	6	200
三	$0.005A_c$ 和 6 根直径为 12mm 的钢筋的较大者	6	150	$0.004A_c$ 和 6 根直径为 12mm 的钢筋的较大者	6	200
四	$0.005A_c$ 和 4 根直径为 12mm 的钢筋的较大者	6	200	$0.004A_c$ 和 4 根直径为 12mm 的钢筋的较大者	6	200

注：1. A_c为图 6-38 中所示的阴影面积；
2. 对其他部位，拉筋的水平间距不应大于纵向钢筋间距的 2 倍，转角处宜设置箍筋；
3. 当端柱承受集中荷载时，应满足框架柱配筋要求。

6.5.4.3 墙身分布钢筋

墙身分布钢筋包括竖向和横向分布钢筋。试验表明，当分布钢筋配筋率低于 0.1%时，抗震墙出现脆性破坏；配筋率低于 0.25%时，抗震墙会产生明显的温度裂缝。故分布钢筋除应满足承载力计算要求外，还必须满足最小配筋率要求。

《高层建筑混凝土结构技术规程》JGJ 3—2010 规定：竖向和水平分布钢筋，不应采用单排配筋。当截面厚度 b_w不大于 40mm 时，可采用双排配筋；当 b_w大于 400mm，但不大于 700mm 时，宜采用三排配筋；当 b_w大于 700mm 时，宜采用四排配筋。受力钢筋可均匀分布成数排。各排分布钢筋之间的拉结间距不应大于 600mm，直径不应小于 6mm，在底部加强部位，约束边缘构件以外的拉接筋间距尚应适当加密。

抗震墙竖向、横向分布钢筋的配筋，应符合表 6-15 的要求。且抗震墙竖向、横向分布钢筋的直径不宜大于墙厚的 1/10。

抗震墙分布钢筋配筋要求 **表 6-15**

抗震等级	最小配筋率(%)	最大间距(mm)	最小直径(mm)
一、二、三	0.25	300	8
四	0.20		

横向分布钢筋在端部的锚固要求和端部边缘构件的约束箍筋与纵筋配置如图 6-39 所示。横向分布钢筋的在墙内和转角处的连接和构造分别见图 6-40 和图 6-41。

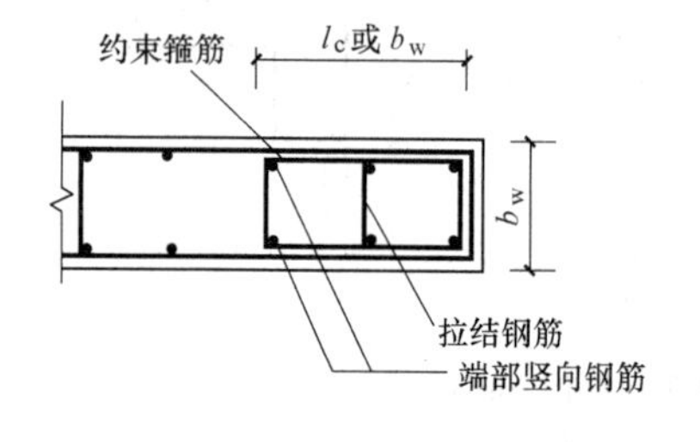

图 6-39 抗震墙墙肢端部配筋

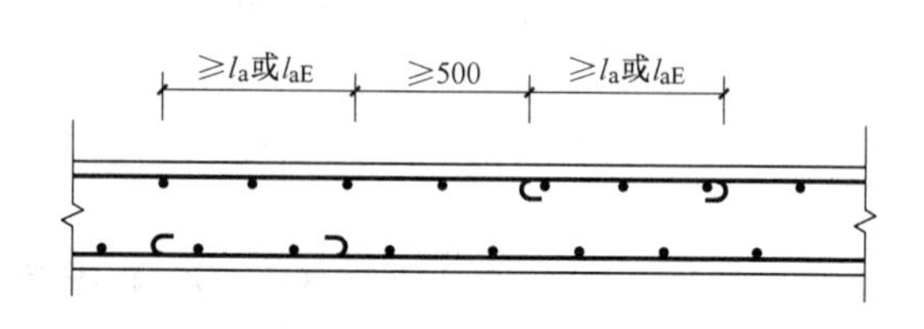

图 6-40 墙内水平分布筋的搭接

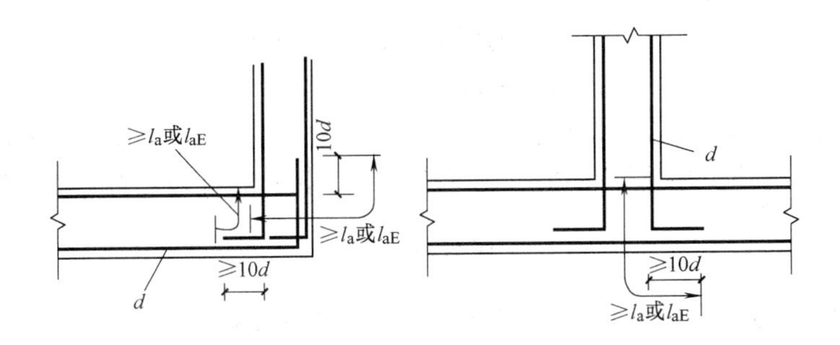

图 6-41　转角处水平分钢筋的连接

6.5.4.4　连梁构造

连梁上下水平钢筋伸入墙内的长度不应小于 l_a。

连梁沿梁全长箍筋的构造要求应按框架梁端加密区箍筋构造要求采用。

顶层连梁的纵向钢筋锚固长度范围内，应设置间距小于 150mm 的构造箍筋，其直径同该连梁的箍筋直径。

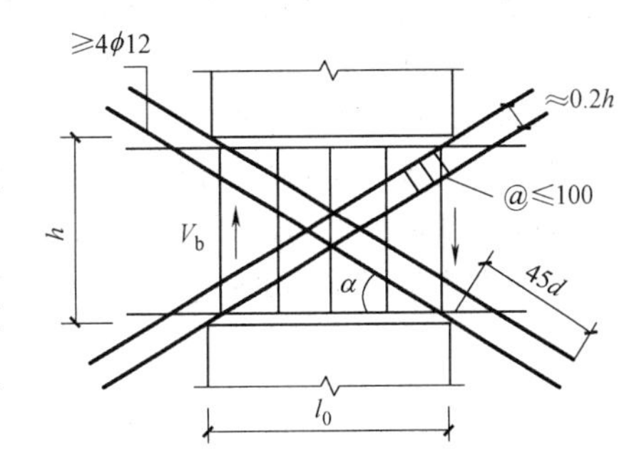

图 6-42　配交叉斜筋的连接

一、二级抗震墙跨高比不大于 2 且墙厚不小于 200mm 时，除普通箍筋外宜另设斜向交叉构造斜筋以改善连梁的延性。每个方向的斜筋面积按下式计算（图 6-42）

$$A_s = \frac{V_b}{2f_y \sin\alpha} \tag{6-61}$$

此外，需对墙体上非连续小洞口补强，对穿过连梁的管道应预埋套管。

6.6　高强混凝土结构的抗震设计要求

为了保证结构的延性，高强混凝土结构所采用的混凝土等级应符合普通混凝土结构的抗震设计要求，在 9 度时不宜超 C60，在 8 度时不宜超过 C70。

采用高强混凝土时，除满足普通混凝土结构相应抗震构造措施之外，还应满足：

（1）框架梁端纵向受拉钢筋的配筋率不宜大于 3%（采用 HRB335 级钢筋时）和 2.6%（采用 HRB400 级钢筋时）。梁端箍筋加密区的箍筋最小直径应比普通混凝土梁的最小直径增大 2mm。

（2）柱的轴压比限值宜按下列规定采用：不超过 C60 混凝土的柱可与普通混凝土柱相同；C65～C70 混凝土的柱宜比普通混凝土柱减小 0.05；C65～C80 混凝土的柱应比普通混凝土柱减小 0.10。

（3）当混凝土强度等级大于 C60，柱纵向钢筋的最小总配筋率应比普通混凝土柱增大 0.1%。

（4）柱加密区的箍筋宜采用复合箍、复合螺旋箍或连续复合矩形螺旋箍。最小配箍特征值宜按下列规定采用：

1）轴压比不大于0.6时，宜比普通混凝土柱大0.02；

2）轴压比大于0.6时，宜比普通混凝土柱大0.03。

高强混凝土抗震墙，可参照普通混凝土抗震墙进行设计，但当混凝土强度等级大于C60时，约束边缘构件的配箍特征值宜比平均轴压比相同的普通混凝土墙增加0.02%。

复习思考题

1. 什么是刚度中心？什么是质量中心？应如何处理好二者的关系？
2. 钢筋混凝土结构抗震等级划分的依据是什么？有何意义？
3. 为什么要限制框架柱的轴压比？
4. 抗震设计为什么要尽量满足“强柱弱梁”、“强剪弱弯”的原则？如何满足这些原则？
5. 框架结构在什么部位应加密箍筋？有何作用？
6. 对水平地震作用产生的弯矩可以调幅吗？为什么？
7. 框架节点核心区应满足哪些抗震设计要求？
8. 确定抗震墙等效刚度的原则是什么？其中考虑了哪些因素？
9. 分析框架抗震墙结构时，用到了哪些假定？

第7章　钢结构抗震设计

学习的目的和要求：

掌握多高层钢结构房屋的抗震设计的相关知识。

学习内容：

1. 多高层钢结构的主要震害特征；
2. 多高层钢结构房屋的选型与结构布置；
3. 多高层钢结构房屋的抗震计算要求和抗震构造要求。

重点与难点：

重点：多高层钢结构房屋的抗震计算要求和抗震构造要求。
难点：多高层钢结构房屋的抗震计算要求。

7.1　钢结构震害特征及抗震设计

7.1.1　钢结构震害特征

钢材基本上属各向同性的均质材料，具有轻质高强、延性好的性能，是一种很适宜于建造抗震结构的材料。在地震作用下，钢结构房屋由于钢材的材质均匀，强度易于保证，因而结构的可靠性大；轻质高强的特点，使钢结构房屋的自重轻，从而结构所受的地震作用减小；良好的延性性能，使钢结构具有很大的变形能力，即使在很大的变形下仍不致倒塌，从而保证结构的抗震安全性。但是，钢结构房屋如果设计与制造不当，在地震作用下，可能发生构件的失稳和材料的脆性破坏及连接破坏，而使其优良的材料性能得不到充分的发挥，结构未必具有较高的承载力和延性。

一般说来，钢结构房屋在强震作用下在强度方面是足够的，而且由于钢结构具有良好的延性，钢结构房屋的震害要较钢筋混凝土结构房屋的震害小得多。根据震害调查，一些多层钢结构房屋，即使在设计时并没有考虑抗震，在强震下强度仍足够，但其侧向刚度一般不足，以致窗户及隔墙受到破坏。在世界历次强震中，钢结构的多层及高层建筑，只要是合理进行设计、制造和安装的，均未发生倒塌。钢结构单层厂房，根据我国震害调查，在9度地区承重结构本身均无任何破坏。

钢结构在地震作用下虽极少整体倒塌，但常发生局部破坏，如梁、柱的局部失稳与整体失稳，交叉支撑的破坏，节点的破坏等。钢结构建筑的倒塌和钢柱的脆性断裂，以及支撑屈曲和数量较多的梁柱节点破坏，已引起了工程界的重视，并进行了相应的研究。根据震害发生位置，钢结构的震害主要分为节点连接的破坏、构件的破坏以及结构的整体倒塌三种形式。

1. 节点连接的破坏

（1）框架梁柱节点区的破坏

诺斯里奇地震时，H形截面的梁柱节点的典型破坏形式。大多数节点破坏发生在梁端下翼缘处的柱中，这可能是由于混凝土楼板与钢梁共同作用，使下翼缘应力增大，而下翼缘与柱的连接焊缝又存在较多缺陷造成的。焊缝连接处保留施焊时设置的衬板，造成下翼缘坡口熔透焊缝的根部不能清理和补焊，在衬板和柱冀缘板之间形成了一条“人工缝”，在该处形成的应力集中促进了脆性破坏的发生，这可能是造成破坏的重要施工工艺原因。

（2）支撑连接的破坏

在多次地震中都出现过支撑与节点板连接的破坏或支撑有效的连接的破坏。支撑是框架—支撑结构中最主要的抗侧力部分，一旦地震发生，它将首当其冲承受水平地震作用，如果某层的支撑发生破坏，将使该层成为薄弱楼层，造成严重后果。采用螺栓连接的支撑破坏形式包括支撑截面削弱处的断裂、节点板端部剪切滑移破坏以及支撑杆件螺孔间剪切滑移破坏。

2. 构件的破坏

（1）支撑杆件的整体失稳、局部失稳和断裂破坏

在框架—支撑结构中，这种破坏形式是非常普遍的现象。支撑杆件可近似看成两端简支轴心受力构件，在风荷载和多遇地震作用下，保持弹性工作状态，只要设计得当，一般不会失去整体稳定。在罕遇地震作用下，中心支撑构件会受巨大的往复拉压作用，一般都会发生整体失稳现象，并进入塑性屈服状态，耗散能量。但随着拉压循环次数的增多，承载力会发生退化现象。支撑在压力作用下一旦失去稳定，就会变成压弯杆，承载力迅速下降，并在杆中央部位形成塑性铰。当随后承受拉力作用时，由于存在残余的塑性弯曲变形，受拉刚度很小，只有形成反向塑性铰后，支撑的抗拉刚度才逐渐恢复，直至全截面受拉屈服。长细比大的支撑，整体失稳后的承载力退化要比长细比小的严重得多。

当支撑构件的组成板件宽厚比较大时，往往伴随着整体失稳出现板件的局部失稳现象，进而引发低周疲劳和断裂破坏，这在以往的震害中并不少见。试验研究表明，要防止板件在往复塑性应变作用下发生局部失稳，进而引发低周疲劳破坏，必须对支撑板件的宽厚比进行限制，且应比塑性设计的还要严格。

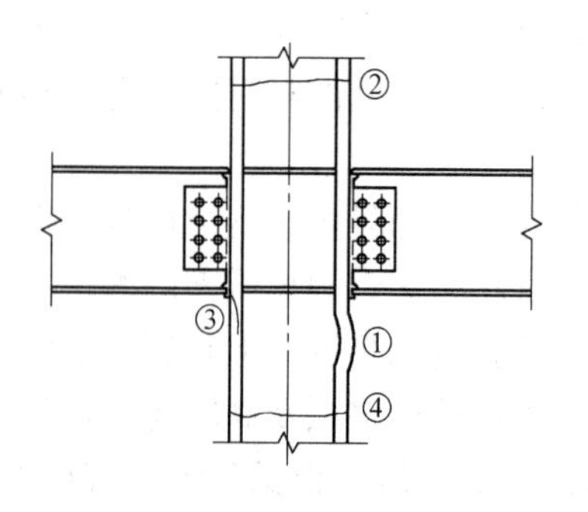

图 7-1　框架柱的主要破坏形式
①翼缘屈曲；②拼接处的裂缝；
③翼柱缘的层状撕裂；
④柱的脆性断裂

（2）钢材脆性断裂

钢材在低温地区容易造成脆性破坏，因而这种震害经常出现在高纬度地区的建筑结构当中。我国目前这种形式的破坏并不多见，但是2008年初发生在我国中部地区的大范围雪灾、冰灾，曾导致没有进行负温冲击韧性要求的输电塔发生过此类破坏。

3. 结构的倒塌破坏

目前，这种形式的震害尚不多见，仅有的几例主要是因为结构基础产生问题。

钢结构框架震害的主要特征见图 7-1～图 7-4（注：图引自与《土木工程抗震设计》第一版，周云、宗兰、张文芳等，科学出版社，2005 年 9 月)。

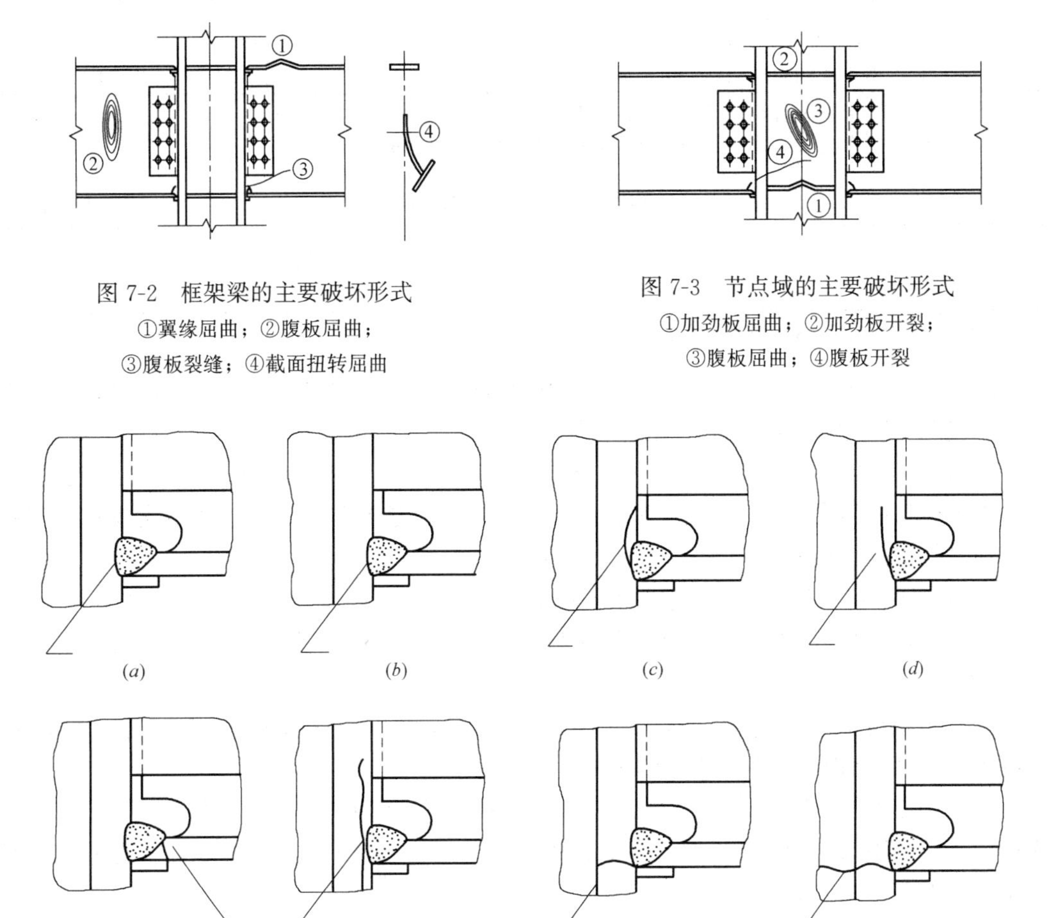

图 7-2　框架梁的主要破坏形式

①翼缘屈曲；②腹板屈曲；

③腹板裂缝；④截面扭转屈曲

图 7-3　节点域的主要破坏形式

①加劲板屈曲；②加劲板开裂；

③腹板屈曲；④腹板开裂

图 7-4　梁柱节点的主要破坏形式

(*a*) 焊缝与柱翼缘完全撕裂；(*b*) 焊缝与柱翼缘部分撕裂；(*c*) 柱翼缘完全撕裂；

(*d*) 柱翼缘部分撕裂；(*e*) 焊趾处翼缘断裂；(*f*) 柱翼缘层状撕裂；

(*g*) 柱翼缘断裂；(*h*) 柱翼缘和腹板部分断裂

7.1.2　钢结构抗震要求

7.1.2.1　钢结构最大高度及最大高宽比的抗震要求

本章适用的钢结构民用房屋的结构类型和最大高度应符合表 7-1 的规定，平面和竖向均不规则或建造于Ⅳ类场地的钢结构适用的最大高度应适当降低。钢结构民用房屋的最大高宽比不宜超过表 7-2 的规定。

7.1.2.2　钢结构结构布置的抗震要求

1. 钢结构房屋应根据地震烈度，结构类型和房屋高度采用不同的地震作用效应调整系数，并采取不同的抗震构造措施。

钢结构房屋适用的最大高度（m） **表 7-1**

结构类型	6,7 度	8 度	9 度
框架	110	90	50
框架—支撑(抗震墙板)	220	200	140
筒体(框筒 筒中筒 桁架筒 束筒)和巨型框架	300	260	180

注：1. 房屋高度指室外地面到主要屋面板板顶高度（不包括局部突出屋顶部分）；
2. 超过表内高度的房屋，应进行专门研究和论证采取有效的加强措施。

钢结构民用房屋适用的最大高宽比 **表 7-2**

烈度	6、7	8	9
最大高宽比	6.5	6.0	5.5

注：计算高宽比的高度从室外地面算起。

2. 钢结构房屋宜避免采用本规范规定的不规则建筑结构方案，不设防震缝，需要设置防震缝时，缝宽应不小于相应钢筋混凝土结构房屋的 1.5 倍。

3. 不超过 12 层的钢结构房屋可采用框架结构、框架支撑结构或其他类型，超过 12 层的钢结构房屋烈度在 8、9 度时宜采用偏心支撑带竖缝抗震墙板。内藏钢支撑抗震墙板或其他消能支撑及筒体结构。

4. 采用框架—支撑结构时应符合下列规定（支撑布置可参照图 7-5、图 7-6）：

（1）支撑框架在两个方向的布置宜基本对称，支撑框架之间楼盖的长宽比不宜大于 3。

（2）不超过 12 层的钢结构宜采用中心支撑，有条件时也可采用偏心支撑等消能支撑，超过 12 层的钢结构采用偏心支撑框架时，顶层可采用中心支撑。

（3）中心支撑框架宜采用交叉支撑也可采用人字支撑或单斜杆支撑，不宜采用 K 形支撑，支撑的轴线应交汇于梁柱构件轴线的交点。确有困难时，偏离中心不应超过支撑杆件宽度，并应计入由此产生的附加弯矩。

（4）偏心支撑框架的每根支撑应至少有一端与框架梁连接，并在支撑与梁交点和柱之间或同一跨内另一支撑与梁交点之间形成消能梁段。

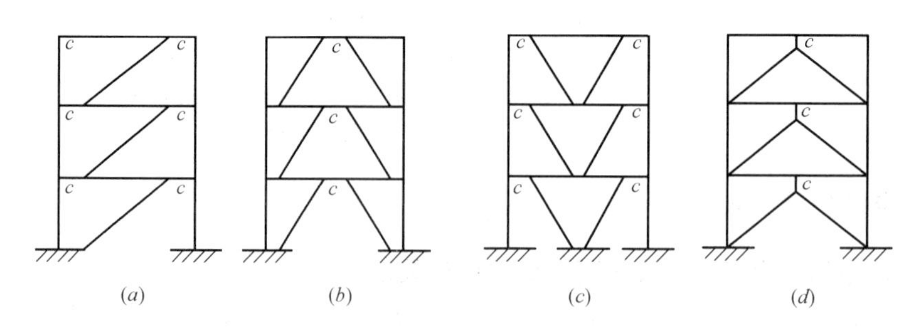

图 7-5 中心支撑类型

(*a*) 交叉支撑；(*b*) 单斜杆支撑；(*c*) 人字支撑；(*d*) K 形支撑

5. 钢结构的楼盖宜采用压型钢板现浇钢筋混凝土组合楼板或非组合楼板，对不超过 12 层的钢结构尚可采用装配整体式钢筋混凝土楼板，亦可采用装配式楼板或其他轻型楼盖，对超过 12 层的钢结构必要时可设置水平支撑。

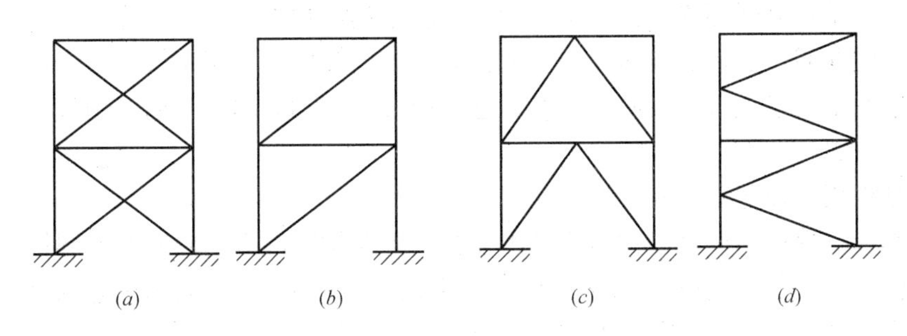

图 7-6 偏心支撑类型

(a) D形偏心支撑；(b) K形偏心支撑；(c) V形偏心支撑；(d) 人字形偏心支撑

采用压型钢板钢筋混凝土组合楼板和现浇钢筋混凝土楼板时，应与钢梁有可靠连接；采用装配式、装配整体式或轻型楼板时，应将楼板预埋件与钢梁焊接或采取其他保证楼盖整体性的措施。

6. 超过 12 层的钢框架—筒体结构在必要时可设置由筒体外伸臂或外伸臂和周边桁架组成的加强层。

7.1.3 钢结构常用的抗震结构类型及支撑

钢结构的抗震结构体系主要有框架体系、框架—支撑（剪力墙板）体系、筒体体系（框筒、筒中筒、桁架筒、束筒等）或巨型框架体系。其中各种抗震结构体系大都包含相应的支撑体系。支撑体系的布置由建筑要求及结构功能来确定，一般布置在端框架中、电梯井周围等处。

（1）框架体系

框架体系是由沿纵横方向的多榀框架构成及承担水平荷载的抗侧力结构，它也是承担竖向荷载的结构，这类结构的抗侧力能力主要决定于梁柱构件和节点的强度与延性，故节点常采用刚性连接节点。其支撑体系一般沿高度设置在同一柱网内，有的甚至在高度较高的地方（例如顶层）设置支撑，但此类支撑仅仅起到辅助构造作用，对整体建筑的侧移没有太多贡献。

（2）框架—支撑体系

框架—支撑体系是在框架体系中沿结构的纵、横两个方向均匀布置一定数量的支撑所形成的结构体系。在框架—支撑体系中，框架是剪切型结构，底部层间位移大；支撑架为弯曲型结构，底部层间位移小，两者并联，可以明显减小建筑物下部的层间位移。因此，在相同的侧移限值标准的情况下，框架—支撑体系可以用于比框架体系更高的房屋。

（3）框架—剪力墙板体系

框架—剪力墙板体系是以钢框架为主体，并配置一定数量的剪力墙板。由于剪力墙板可以根据需要布置在任何位置上，布置灵活。另外剪力墙板可以分开布置，两片以上剪力墙并联体较宽，从而可减小抗侧力体系等效高宽比，提高结构的抗侧移刚度和抗倾覆能力。剪力墙板从抗震功能上分主要有以下 3 种类型：

① 钢板剪力墙板

钢板剪力墙板一般需采用厚钢板，其上下两边缘和左右两边缘可分别与框架梁和框架柱连接，一般采用高强螺栓连接。钢板剪力墙板承担沿框架梁、柱周边的剪力，不承担框架梁上的竖向荷载。非抗震设防及按 6 度抗震设防的建筑，采用钢板剪力墙可不设置加劲肋。按 7 度及 7 度以上抗震设防的建筑，它采用带纵向和横向加劲肋的钢板剪力墙，但加劲肋宜两面设置。

②内藏钢板支撑剪力墙板（图 7-7）

内藏钢板支撑剪力墙是以钢板为基本支撑，外包钢筋混凝土墙板的预制构件。内藏钢板支撑可做成中心支撑也可做成偏心支撑，但在高烈度地区，宜采用偏心支撑。预制墙板仅在钢板支撑斜杆的上下端节点处与钢框架梁相连，除该节点部位外，与钢框架的梁或柱均不相连，留有间隙，因此，内藏钢板支撑剪力墙仍是一种受力明确的钢支撑。由于钢支撑有外包混凝土，故可不考虑平面内和平面外的屈曲。墙板对提高框架结构承载能力和刚度，以及在强震时吸收地震能量方面均有正面作用。

③ 带竖缝剪力墙板（图 7-8）

普通整块钢筋混凝土墙板由于初期刚度过高，地震时首先斜向开裂，发生脆性破坏而退出工作，造成框架超载而破坏，为此提出了一种带竖缝的剪力墙板，它在墙板中设有若干条竖缝，将墙板分割成一系列延性较好的壁柱。多遇地震时，墙板处于弹性阶段，侧向刚度大，墙板如同由壁柱组成的框架，板承担水平剪力。罕遇地震时，墙板处于弹塑性阶段而在壁柱上产生裂缝，壁柱屈服后刚度降低，变形增大，起到耗能减震的作用。

（4）筒体体系

筒体结构体系因其具有较大刚度，有较强的抗侧力能力，能形成较大的使用空间，对于超高层建筑是一种经济有效的结构形式。根据筒体的布置、组成、数量的不同，筒体结构体系可分为框架筒、桁架筒、筒中筒及束筒等体系。各类筒体结构中，支撑的布置原则和剪力墙结构中的布置原则大致相近或相同。

（5）巨型框架体系

巨型框架体系是由柱距较大的立体桁架梁柱及立体框架梁构成。立体桁架梁应沿纵横向布置，并形成一个空间桁架层，在两层空间桁架层之间设置次框架结构，以承担空间桁架层之间的各层楼面荷载，并将其通过次框架结构的柱子传递给立体格架梁及立体桁架柱。这种体系能在建筑中提供特大空间，它具有很大的刚度和强度。同样，其支撑建立在次框架结构中，但是仅仅起到辅助作用，类似于框架结构中布置的一些构造支撑的作用。

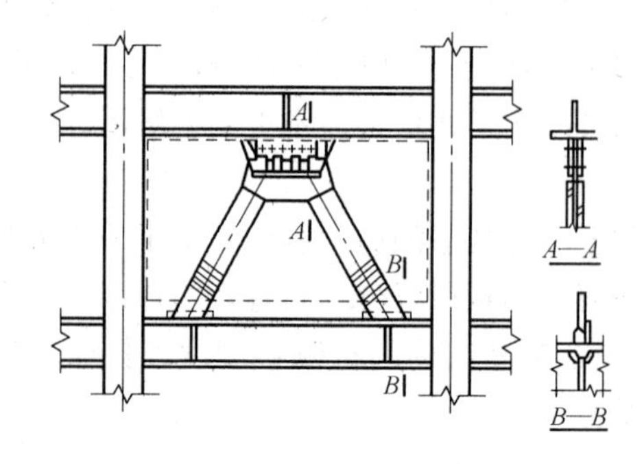

图 7-7　内藏钢板抗震墙板与框架的连接

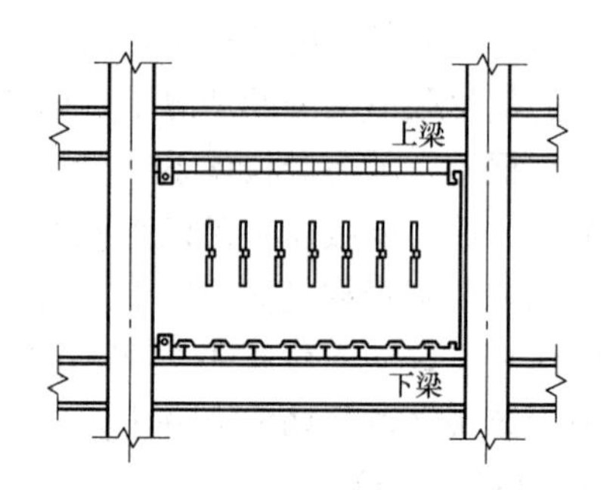

图 7-8　带竖缝抗震墙板与框架连接

7.2 多高层钢结构抗震设计

多层钢结构房屋一般多采用框架体系和框架—支撑体系，根据工程情况可设置或不设置地下室，当设置地下室，房屋一般较高，钢结构宜延伸至地下室。框架—支撑结构体系的竖向支撑宜采用中心支撑，有条件时也可采用偏心支撑等耗能支撑。中心支撑宜采用交叉支撑，也可采用人字形支撑或单斜杆支撑。有抽柱的结构，宜适当增加相近楼层、屋面的水平支撑并在相邻柱间设置竖向支撑。

7.2.1 多层钢结构抗震设计

7.2.1.1 多层钢结构的抗震计算

1. 地震作用与作用效应

对多层钢结构进行抗震验算时，一般只考虑水平地震作用，并在结构的两个主轴方向分别验算，各方向的水平地震作用应全部由该方向的抗震构件承担。水平地震作用可采用底部剪力法或振型分解反应谱法进行计算。计算时，在多遇地震下，阻尼比可采用0.035；在罕遇地震下，阻尼比可采用0.05。

厂房重力荷载代表值和组合系数，除符合前述规定外，尚应符合下列规定：

（1）楼面检修荷载不应小于4kN/m^2，荷载组合值系数可取0.4；

（2）成品或原料堆积楼面荷载取值按实际采用，荷载组合值系数取为0.8；

（3）设备和料斗内的物料充满度按实际运行状态取用，当物料为间断加料时，物料重力荷载的组合值系数取0.8；

（4）管道内物料重力荷载按实际运行状态取用，组合值系数取为1.0。

震害调查表明，设备或材料的支承结构破坏，将危及下层的设备和人身安全，所以直接支承设备和料斗的构件及其连接，除振动设备计算动力荷载外，尚应计入其重力支承构件及连接的地震作用。设备与料斗对支撑构件及其连接的水平地震作用，可按下式确定：

$$F=\alpha_{\max}\lambda G_{eq} \tag{7-1}$$

$$\lambda=1.0+H_z/H_0 \tag{7-2}$$

式中 F——设备或料斗重心处的水平地震作用标准值；

$\alpha_{\max}$——水平地震影响系数最大值；

G_{eq}——设备或料斗的重力荷载代表值；

λ——放大系数；

H_z——基础至设备或料斗重心的距离。

2. 多层钢结构房屋的抗震构造措施

（1）框架柱、支撑的长细比与构件的板件宽厚比

多层框架柱的长细比，6～8度时，不应大于120 $\sqrt{235/f_{ay}}$，9度时不应大于100 $\sqrt{235/f_{ay}}$，中心支撑受压杆件的长细比，6、7度时不宜大于150 $\sqrt{235/f_{ay}}$，8、9度时不宜大于120 $\sqrt{235/f_{ay}}$。

（2）厂房楼层的水平支撑

水平支撑的作用主要是传递水平地震作用和风荷载，控制柱的计算长度和保证结构构件安装时的稳定。

当各榀框架水平刚度相差较大、竖向支撑又不规则时，应按要求设置楼层水平支撑，其构造宜符合下列规定：

① 水平支撑可设在次梁底部，但支撑杆端部应同时连接于楼层纵、横梁的腹板和梁的下翼缘；

② 楼层水平支撑的布置应与竖向支撑位置相协调；

③ 楼层轴线上的梁可作为水平支撑系统的弦杆，斜杆与弦杆夹角宜在30°～60°之间；

④ 在柱网区格内次梁承受较大的设备荷载时，应增设刚性系杆，将设备重力的地震作用传到水平支撑弦杆（轴线上的梁）或节点上。

（3）厂房纵向柱间支撑

厂房纵向柱间支撑能有效提高厂房的纵向抗震能力，其布置应符合下列要求：

① 纵向柱间支撑宜设置于柱列中部附近；

② 纵向柱间支撑可设置在同一开间内，并在同一柱间上下贯通；

③ 屋面的横向水平支撑和顶层的柱间支撑，宜设置在厂房单元端部的同一柱间内；当厂房单元较长时，应每隔3～5个柱间设置一道。

（4）连接节点的要求

多层框架梁与柱的连接，除6度外应采用刚性连接，其连接构造应符合有关规定，其中的扇形切角改用圆弧切角。框架上下柱接头宜设在楼板上方1.3m附近，上下柱对接接头的焊接应采用全熔透焊缝。

采用压型钢板的钢筋混凝土组合楼板和现浇或装配整体式钢筋混凝土板时，应与钢梁有可靠连接。采用装配式、装配整体式或轻型楼板时，应将楼板预埋件与钢梁焊接或采取其他保证楼盖整体性的措施。

多层厂房钢框架与支撑的连接可采用焊接或高强度螺栓连接。

3. 多层钢结构房屋的内力计算

平面布置较规则的多层框架，其横向框架的计算宜采用平面计算模型，当平面不规则且楼盖为刚性楼盖时，宜采用空间计算模型；厂房的纵向框架的计算，一般可按柱列法计算，当各柱列纵向刚度差别较大的楼盖为刚性楼盖时，宜采用空间整体计算模型。

进行地震作用效应计算时，宜采用将质量集中于各楼层的层间计算模型，同时按不同围护结构考虑其自振周期的折减系数ϕ。当为轻质砌块及悬挂预制墙板时，ϕ取0.9；当为重砌体外包时，ϕ取0.85；当为重砌体墙嵌砌时，ϕ取0.8。对所有围护墙一般只计入质量，不考虑其刚度及抗震共同工作。当设备或支承设备的结构与厂房共同工作时，其水平地震作用计算时，应计入设备及其支承结构的刚度，地震作用效应按设备或支承设备结构与厂房结构侧移刚度的比例分配。

多层框架的横向框架计算一般宜采用专门软件的计算机方法，当对层数不多的框架采用手算方法时，其竖向荷载作用下的内力效应可用近似的分层法计算，水平荷载作用下的内力效应可采用半刚架法、改进反弯点法（D值法）等近似方法计算。

计算层间位移时，框架—支撑结构可不计入梁柱节点域剪切变形的影响，但腹板厚度不宜小于梁、柱截面高度之和的1/70。

7.2.1.2 钢结构在地震作用下的内力调整

为了体现钢结构抗震设计中多道设防、强柱弱梁原则以及保证结构在大震作用下按照理想的屈服形式屈服，抗震规范通过调整结构中不同部分的地震效应或不同构件的内力设计值，即乘以一个地震作用调整系数或内力增大系数来实现。

1. 结构不同部分的剪力分配

抗震设计的其中一条原则就是多道设防，对于框架—支撑结构这种双重抗侧力体系结构，不但要求支撑、内藏钢支撑钢筋混凝土墙板等这些抗侧力构件具有一定的刚度和强度，还要求框架部分还有一定独立的承担抗侧力能力，以发挥框架部分的二道设防作用。

2. 框架—中心支撑结构构件内力设计值调整

在钢框架—中心支撑结构中，斜杆轴线偏离梁柱轴线交点不超过支撑杆件的宽度时，仍可按中心支撑框架分析，但应考虑支撑偏离对框架梁造成的附加弯矩。当结构的抗侧力构件采用人字形支撑或 V 形支撑时，支撑的内力设计值应乘以增大系数 1.5。

3. 框架—偏心支撑结构构件内力设计值调整

为了使按塑性设计的偏心支撑框架具有其特有的优良抗震性能，在屈服时按所期望的变形机制变形，即其非弹性变形主要集中在各消能梁段上，其设计思想是：在小震作用下，各构件处于弹性状态：在大震作用下，消能梁段纯剪切屈服或同时梁端发生弯曲屈服，其他所有构件除柱底部形成弯曲铰以外其他部位均保持弹性。为了实现上述设计目的，关键要选择合适的消能梁段的长度和梁柱支撑截面，即强柱、强支撑和弱消能梁段。

为此规范规定，偏心支撑框架构件的内力设计值应通过乘以增大系数进行调整。

（1）支撑斜杆的轴力设计值，应取与支撑斜杆相连接的消能梁段达到受剪承载力时支撑斜杆轴力与增大系数的乘积。增大系数的取值对 8 度或 8 度以下设防的结构不小于 1.4，9 度设防时不应小于 1.5。

（2）位于消能梁段同一跨的框架梁内力设计值，应取消能梁段达到受剪承载力时的框架梁内力与增大系数的乘积。增大系数的取值对 8 度或 8 度以下设防的结构不小于 1.5，9 度设防时不应小于 1.6。

（3）框架柱的内力设计值，应取消能梁段达到受剪承载力时柱的内力与增大系数的乘积。增大系数的取值对 8 度或 8 度以下设防的结构不小于 1.5，9 度设防时不应小于 1.6。

4. 其他构件的内力调整问题

对框架梁，可不按柱轴线处的内力而按梁端内力设计。钢结构转换层下的钢框架柱，其内力设计值应乘以增大系数，增大系数可取为 1.5。

7.2.2 高层钢结构抗震设计

7.2.2.1 高层钢结构的抗震计算

1. 地震作用计算

（1）结构自振周期

对于质量及刚度沿高度分布比较均匀的高层钢结构，基本自振周期可按顶点位移法计算。考虑结构构件的影响，式中的修正系数 ξ_t 此处取 0.9。

在初步设计时，基本周期可按经验公式（7-3）估算：

$$T_l = 0.1n \tag{7-3}$$

式中　n——建筑物层数（不包括地下部分和屋顶小塔楼）。

（2）设计反应谱

钢结构在弹性阶段的阻尼比为0.02，小于一般结构的阻尼比0.05，使地震反应增大。根据研究，阻尼比为0.02的单质点弹性体系。其地震的加速度反应将比阻尼比为0.05时提高约35%，故在高层钢结构的设计中，水平地震影响系数曲线中的下降段衰减指数应为$\gamma=0.95$，倾斜段的斜率为$\eta_1=0.024$，而水平地震影响系数最大值取阻尼比0.05时η_2的1.34倍的值，其值应按表7-3取用。

高层钢结构抗震设计水平地震影响系数最大值 α_{max}　　**表 7-3**

烈度	6度	7度	8度	9度
α_{max}	0.054	0.107	0.215	0.429

（3）底部剪力计算

采用底部剪力法计算水平地震作用时，结构总水平地震作用等效底部剪力标准值。

2. 地震作用下内力与位移计算

（1）多遇地震作用下

结构在第一阶段多遇地震作用下的抗震设计中，其地震作用效应采取弹性方法计算。可根据不同情况，采用底部剪力法、振型分解反应谱法以及时程分析法等方法。

在多遇地震作用下的分析，框架—支撑（剪力墙板）体系中，框架部分承担的地震剪力不得小于结构底部总剪力的25%。在结构平面的两个主轴方向计算地震效应时，角柱和两个方向的支撑或剪力墙所共有的柱构件，其设计内力应提高30%。

高层钢结构在进行内力和位移计算时，对于框架、框架—支撑、框架—剪力墙板及框筒等结构常采用矩阵位移法，但计算时应考虑梁、柱弯曲变形，并应考虑梁柱节点域的剪切变形对侧移的影响。对于筒体结构，可将其按位移相等原则转化为连续的竖向悬臂筒体，采用有限条法对其进行计算。

在预估杆件截面时，内力和位移的分析可采用近似力法。在水平荷载作用下，框架结构可采用D值法进行简化计算；框架—支撑（剪力墙）结构可简化为平面抗侧力体系，分析时将所有框架合并为总框架，所以竖向支撑（剪力墙）合并为总支撑（剪力墙），然后进行协同工作分析。此时，可将总支撑（剪力墙）当作一悬臂梁。

（2）罕遇地震作用下

高层钢结构第二阶段的抗震验算应采用时程分析法对结构进行弹塑性时程分析，其结构计算模型可以采用杆系模型、剪切型模型、剪弯型模型或剪弯协同工作模型。在采用杆系模型分析时，柱、梁的恢复力模型可采用二折线型，其滞回模型可不考虑刚度退化。钢支撑和耗能梁段等构件的恢复力模型，应按杆件特性确定。采用层模型分析时，应采用计入有关构件弯曲、轴向力、剪切变形影响的等效层剪切刚度，层恢复力模型的骨架曲线可采用动力弹塑性方法进行计算，并可简化为二折线或三折线，并尽量与计算所得骨架曲线接近。在对结构进行静力弹塑性计算时，应同时考虑水平地震作用与重力荷载。构件所用材料的屈服强度和极限强度应采用标准值。对新型、特殊的杆件和结构，其恢复力模型宜通过试验确定。分析时结构的阻尼比可取0.05，并应考虑二阶段效应对侧移的影响。

3. 构件的内力组合与设计原则

(1) 内力组合

在抗震设计中，一般高层钢结构可不考虑风荷载及竖向地震的作用，但对于高度大于60m的高层钢结构须考虑风荷载的作用，在9度区尚须考虑竖向地震的作用。

(2) 设计原则

框架梁、柱截面按弹性设计。设计时应考虑到结构在罕遇地震作用下允许出现塑性变形，但须保证这一阶段的延性性能，使其不致倒塌。要注意防止梁、柱在塑性变形时发生整体和局部失稳，故梁、柱板件的宽厚比应不超过其在塑性设计时的限值。同时，将框架设计成强柱弱梁体系，使框架在形成倒塌机构时塑性铰只出现在梁上而柱子除柱脚截面外保持为弹性状态，以使得框架具有较大的耗能能力；也要考虑到塑性铰出现在柱端的可能性而采取构造措施，以保证其强度。这是因为框架在重力荷载和地震作用的共同作用下反应十分复杂，很难保证所有塑性铰出现在梁上，且由于构件的实际尺寸、强度以及材性常与设计取值有相当出入，当梁的实际强度大于柱时，塑性铰将转移至柱。此外，还需要考虑支撑失稳后的行为。

4. 侧移控制

在小震下（弹性阶段），过大的层间变形会造成非结构构件的破坏，而在大震下（弹塑性阶段），过大的变形会造成结构的破坏或倒塌，因此，应限制结构的侧移，使其不超过一定的数值。

在多遇地震下，高层钢结构的层间位移标准值应不超过层高的1/250。结构平面端部构件的最大侧移不得超过质心侧移的1.3倍。

在罕遇地震下，高层钢结构的层间侧移不应超过层高的1/70，同时结构层间侧移的延性比对于纯框架、偏心支撑框架、中心支撑框架、有混凝土剪力墙的钢框架应分别大于3.5、3.0、2.5和2.0。

7.2.2.2 计算要点

1. 钢结构应按本节规定调整地震作用效应，其层间变形应符合规范有关规定，构件截面和连接的抗震验算时，应符合现行有关结构设计规范的要求，但其非抗震的构件连接的承载力设计值应除以规范规定的承载力抗震调整系数。

2. 钢结构在多遇地震下的阻尼比对不超过12层的钢结构可采用0.035，对超过12层的钢结构可采用0.02在罕遇地震下的分析阻尼比可采用0.05。

3. 钢结构在地震作用下的内力和变形分析

(1) 钢结构应按《抗震设计规范》3.6.3条规定计入重力二阶效应。对框架梁，可不按柱轴线处的内力而按梁端内力设计；对工字形截面柱，宜计入梁柱节点域剪切变形；对结构侧移的影响中心支撑框架和不超过12层的钢结构，其层间位移计算可不计入梁柱节点域剪切变形的影响。

(2) 钢框架—支撑结构的斜杆可按端部铰接杆计算，框架部分按计算得到的地震剪力应乘以调整系数，达到不小于结构底部总地震剪力的25%和框架部分地震剪力最大值1.8倍二者的较小者。

(3) 中心支撑框架的斜杆轴线偏离梁柱轴线交点不超过支撑杆件的宽度时，仍可按中心支撑框架分析，但应计及由此产生的附加弯矩；人字形和V形支撑组合的内力设计值应乘以增大系数，其值可采用1.5。

（4）偏心支撑框架构件的内力设计值应按下列要求调整：

① 支撑斜杆的轴力设计值，应取与支撑斜杆相连接的消能梁段达到受剪承载力时支撑斜杆轴力与增大系数的乘积，其值在8度及以下时不应小于1.4，9度时不应小于1.5。

② 位于消能梁段同一跨的框架梁内力设计值，应取消能梁段达到受剪承载力时框架梁内力与增大系数的乘积，其值在8度及以下时不应小于1.5，9度时不应小于1.6 。

③ 框架柱的内力设计值，应取消能梁段达到受剪承载力时柱内力与增大系数的乘积，其值在8度及以下时不应小于1.5，9度时不应小于1.6。

（5）内藏钢支撑抗震墙板和带竖缝抗震墙板应按有关规定计算，带竖缝钢筋混凝土墙板可仅承受水平荷载产生的剪力，不承受竖向荷载产生的压力（内藏钢支撑抗震墙板和带竖缝抗震墙板一般形式如图7-7、图7-8所示）。

（6）钢结构转换层下的钢框架柱，地震内力应乘以增大系数，其值可采用1.5。

7.2.2.3　钢框架结构抗震构造措施

1. 框架柱的长细比应符合下列规定：

（1）不超过12层的钢框架柱的长细比，在6～8度时不应大于$120\sqrt{\frac{235}{f_{ay}}}$，9度时不应大于$100\sqrt{\frac{235}{f_{ay}}}$。

（2）超过12层的钢框架柱的长细比应符合表7-4的规定。

超过12层框架的柱长细比限值　　**表7-4**

烈度	6度	7度	8度	9度
长细比	120	80	60	60

注：表列数值适用于Q235钢，采用其他牌号钢材时，应乘以$\sqrt{\frac{235}{f_{ay}}}$。

2. 框架梁、柱板件宽厚比应符合下列规定：

（1）不超过12层框架的梁、柱板件宽厚比应符合表7-5的要求。

不超过12层框架的梁柱板件宽厚比限值　　**表7-5**

	板件名称	7度	8度	9度
柱	工字形截面翼缘外伸部分	13	12	11
	箱形截面壁板	40	36	36
	工字形截面腹板	52	48	44
梁	工字形截面和箱形截面翼缘外伸部分	11	10	9
	箱形截面翼缘在两腹板间的部分	36	32	30
	工字形截面和箱形截面腹板			
	($N_b/A_f<0.37$)	$85\sim120N_b/A_f$	$80\sim110N_b/A_f$	$72\sim100N_b/A_f$
	($N_b/A_f\geqslant0.37$)	40	39	35

注：表列数值适用于Q235钢，采用其他牌号钢材时，应乘以$\sqrt{\frac{235}{f_{ay}}}$。

（2）超过12层框架梁、柱板件宽厚比应符合表7-6的规定。

超过 12 层框架的梁柱板件宽厚比限值 **表 7-6**

板件名称		6 度	7 度	8 度	9 度
柱	工字形截面翼缘外伸部分	13	11	10	9
	工字形截面腹板	43	43	43	43
	箱形截面壁板	39	37	35	33
梁	工字形截面和箱形截面翼缘外伸部分	11	10	9	9
	箱形截面翼缘在两腹板间的部分	36	32	30	30
	工字形截面和箱形截面腹板	$85\sim120\ N_b/A_f$	$80\sim110\ N_b/A_f$	$72\sim100\ N_b/A_f$	$72\sim100\ N_b/A_f$

注：表列数值适用于 Q235 钢，采用其他牌号钢材时，应乘以$\sqrt{\frac{235}{f_{ay}}}$。

3. 梁柱构件的侧向支承应符合下列要求：

（1）梁柱构件在出现塑性铰的截面处，其上下翼缘均应设置侧向支承。

（2）相邻两支承点间的构件长细比，应符合国家标准《钢结构设计规范》GB 50017—2014 关于塑性设计的有关规定。

4. 梁与柱的连接构造应符合下列要求：

（1）梁与柱的连接宜采用柱贯通型。

（2）柱在两个互相垂直的方向都与梁刚接时，宜采用箱形截面。当仅在一个方向刚接时，宜采用工字形截面并将柱腹板置于刚接框架平面内。

（3）工字形截面柱（翼缘）和箱形截面柱与梁刚接时应符合规范给出的要求，有充分依据时也可采用其他构造形式。

① 梁翼缘与柱翼缘间应采用全熔透坡口焊缝；8 度乙类建筑和 9 度时应检验 V 形切口的冲击韧性，其恰帕冲击韧性在－20℃时不低于 27J。

② 柱在梁翼缘对应位置设置横向加劲肋，且加劲肋厚度不应小于梁翼缘厚度。

③ 梁腹板宜采用摩擦型高强度螺栓通过连接板与柱连接；腹板角部宜设置扇形切角，其端部与梁翼缘的全熔透焊缝应隔开。

④ 当梁翼缘的塑性截面模量小于梁全截面塑性截面模量的 70%时，梁腹板与柱的连接螺栓不得少于两列，当计算仅需一列时，仍应布置两列，且此时螺栓总数不得少于计算值的 1.5 倍。

⑤ 8 度场地和 9 度时宜采用能将塑性铰自梁端外移的骨形连接。

（4）框架梁采用悬臂梁段与柱刚性连接时，悬臂梁段与柱应预先采用全焊接连接，梁的现场拼接可采用翼缘焊接腹板螺栓连接或全部螺栓连接。

（5）箱形截面柱在与梁翼缘对应位置设置的隔板应采用全熔透对接焊缝与壁板相连，工字形截面柱的横向加劲肋与柱翼缘应采用全熔透对接焊缝连接，与腹板可采用角焊缝连接。

5. 梁与柱刚性连接时，柱在梁翼缘上下各 500mm 的节点范围内，柱翼缘与柱腹板间或箱形柱壁板间的连接焊缝应采用坡口全熔透焊缝。

6. 框架柱接头宜位于框架梁上方 1.3m 附近。上下柱的对接接头应采用全熔透焊缝，柱拼接接头上下各 100mm 范围内，工字形截面柱翼缘与腹板间及箱形截面柱角部壁板间的焊缝应采用全熔透焊缝。

7. 超过 12 层钢结构的刚接柱脚宜采用埋入式，6、7 度时也可采用外包式。

7.2.2.4 钢框架-中心支撑结构抗震构造措施

1. 当中心支撑采用只能受拉的单斜杆体系时，应同时设置不同倾斜方向的两组斜杆，且每组中不同方向单斜杆的截面面积在水平方向的投影面积之差不得大于10%。

2. 中心支撑杆件的长细比和板件宽厚比应符合下列规定：

（1）支撑杆件的长细比不宜大于表7-7的限值。

钢结构中心支撑杆件长细比限值　　表7-7

类型		6、7度	8度	9度
不超过12层	按压杆计算	150	120	120
	按拉杆计算	200	150	150
超过12层		120	90	60

注：表列数值适用于Q235钢，采用其他牌号钢材时，应乘以$\sqrt{\frac{235}{f_{ay}}}$。

（2）支撑杆件的板件宽厚比不应大于表7-8规定的限值。采用节点板连接时应注意节点板的强度和稳定。

钢结构中心支撑板件宽厚比限值　　表7-8

板件名称	不超过12层			超过12层			
	7度	8度	9度	6度	7度	8度	9度
翼缘外伸部分	13	11	9	9	8	8	7
工字形截面腹板	33	30	27	25	23	23	21
箱形截面腹板	31	28	25	23	21	21	19
圆管外径与壁厚比				42	40	40	38

注：表列数值适用于Q235钢，采用其他牌号钢材时，应乘以$\sqrt{\frac{235}{f_{ay}}}$。

3. 中心支撑节点的构造应符合下列要求：

（1）超过12层时，支撑宜采用轧制H型钢制作，两端与框架可采用刚接构造，梁柱与支撑连接处应设置加劲肋；8、9度采用焊接工字形截面的支撑时，其翼缘与腹板的连接宜采用全熔透连续焊缝。

（2）支撑与框架连接处，支撑杆端宜做成圆弧。

（3）梁在其与V形支撑或人字支撑相交处，应设置侧向支承；该支承点与梁端支承点间的侧向长细比（λ_y）以及支承力，应符合国家标准《钢结构设计规范》GB 50017—2014关于塑性设计的规定。

（4）不超过12层时，若支撑与框架采用节点板连接，应符合国家标准《钢结构设计规范》GB 50017—2017关于节点板在连接杆件每侧有不小于30°夹角的规定；支撑端部至节点板嵌固点在沿支撑杆件方向的距离（由节点板与框架构件焊缝的起点垂直于支撑杆轴线的直线至支撑端部的距离）不应小于节点板厚度的2倍。

另外，值得强调的是，框架中心支撑结构的框架部分，当房屋高度不高于100m且框架部分承担的地震作用不大于结构底部总地震剪力的25%时，8、9度的抗震构造措施可按框架结构降低一度的相应要求采用，其他抗震构造措施应符合对框架结构抗震构造措施的规定。

7.2.2.5 钢框架-偏心支撑结构抗震构造措施

偏心支撑框架消能梁段的钢材屈服强度不应大于345MPa。消能梁段及与消能梁段同一跨内的非消能梁段，其板件的宽厚比不应大于表 7-9 规定的限值。

偏心支撑框架梁板件宽厚比限值 表 7-9

板件名称		宽厚比限值
翼缘外伸部分		8
腹板	当 $N_b/A_f \leq 0.14$ 时	$90[1-1.65N/(A_f)]$
	当 $N_b/A_f > 0.14$ 时	$33[2.3-N/(A_f)]$

注：表列数值适用于 Q235 钢，采用其他牌号钢材时，应乘以$\sqrt{\frac{235}{f_{ay}}}$。

偏心支撑框架的支撑杆件的长细比不应大于 $120\sqrt{\frac{235}{f_{ay}}}$，支撑杆件的板件宽厚比不应超过国家规范《钢结构设计规范》GB 50017—2014 规定的轴心受压构件在弹性设计时的宽厚比限值。

消能梁段与柱的连接应符合下列要求：

1. 消能梁段与柱连接时，其长度不得大于 $1.6M_p/V_p$。

2. 消能梁段翼缘与柱翼缘之间应采用坡口全熔透对接焊缝连接，消能梁段腹板与柱之间应采用角焊缝连接；角焊缝的承载力不得小于消能梁段腹板的轴向承载力、受剪承载力和受弯承载力。

3. 消能梁段与柱腹板连接时，消能梁段翼缘与连接板间应采用坡口全熔透焊缝；消能梁段腹板与柱间应采用角焊缝，角焊缝的承载力不得小于消能梁段腹板的轴向承载力、受剪承载力和受弯承载力。

消能梁段两端上下翼缘应设置侧向支撑，支撑的轴力设计值不得小于消能梁段翼缘轴向承载力设计值（翼缘宽度、厚度和钢材受压承载力设计值三者的乘积）的 6%，即 $0.06b_f t_f f$。

偏心支撑框架梁的非消能梁段上下翼缘应设置侧向支撑，支撑的轴力设计值不得小于梁翼缘轴向承载力的 2%，即 $0.02b_f t_f f$。

框架-偏心支撑结构的框架部分，当房屋高度不高于 100m 且框架部分承担的地震作用不大于结构底部总地震剪力的 25%时，8、9 度的抗震构造措施可按框架结构降低一度的相应要求采用；其他抗震构造措施应符合对框架结构抗震构造措施的规定。

7.3 高柔、大跨度钢结构抗震设计

7.3.1 高耸钢结构抗震设计要点

规范采用的设计方法是《建筑结构设计统一标准》所规定的、以概率理论为基础的极限状态设计方法，并交代承载能力及正常使用两种极限状态的概念。

规范划分高耸结构安全等级时，只划分为一、二两个安全等级。这是考虑到高耸结构一般均用于广播通信、能源工业及能源输送等方面，不论平时或战时，其破坏后果的严重性均较大的缘故。

1. 承载能力极限状态

(1)《建筑结构设计荷载规范》GB 50009—2012 给出了承载能力基本组合设计表达式，

及各类荷载的相应分项系数值。对偶然组合则只指明建立其设计表达式时的一般原则。

（2）对于在传统设计中采用不同荷载组合方式的各类高耸结构，规范通过宏观校准归纳，分别以风荷载、裹冰荷载、安装检修荷载、温度作用作为第一可变荷载给定其余参与组合的可变荷载的组合值系数。

2. 正常使用极限状态

（1）对于正常使用极限状态规范按荷载（作用）的持久性从理论上给出短期及长期效应组合。但由于研究得还不多，目前仍可用过去的方法进行计算。

（2）规范根据过去的设计经验，给出一般高耸结构的正常使用极限状态的控制条件（即限值），但当工艺或使用上有特殊要求时可参照各专业设计规范规程的规定采用。

7.3.2 大跨度钢结构抗震设计要点

当进入20世纪后，一些大型公共建筑的出现，又促使大跨度结构向前探索，此时由于各种高强、轻质新材料的出现，以及结构理论的进步，都为大跨度结构的发展创造了充分的条件，并在探索大跨度结构体系方面，积累了不少经验。

目前产生了：梁肋体系、桁架体系、拱结构体系、薄壁空间结构体系、空间网架结构体系、悬索结构、悬挂结构、张力结构等形式。由于大跨度结构跨度大，屋架质量分布大等特点，故大跨度结构抗震要求特殊提出了考虑竖向地震效应的要求。

1. 考虑竖向地震效应

对于平板型网架屋盖和跨度大于24m屋架的竖向地震作用标准值，可取其重力荷载代表值与竖向地震作用系数的乘积。竖向地震作用系数可按表7-10选用。

竖向地震作用系数 **表 7-10**

结构类型	烈度	场地类别		
		Ⅰ	Ⅱ	Ⅲ、Ⅳ
平板型网架、钢屋架	8	不考虑	0.08	0.10
	9	0.15	0.15	0.20
钢筋混凝土屋架	8	0.10	0.13	0.13
	9	0.20	0.25	0.25

用反应谱法、时程分析法等进行过的竖向地震反应分析表明，对平板型网架和大跨度屋架的各主要杆件，竖向地震内力和重力荷载下的内力比，彼此相差一般不太大，并随烈度和场地条件而异。而且，当结构自振周期大于场地反应谱特征周期时，随跨度的增大，比值反而有所下降。为了简化，在表7-10中略去了跨度的影响。

长悬臂和其他大跨度结构的竖向地震作用标准值，烈度8度和9度时分别取该结构、构件的重力荷载代表值的10%和20%。

2. 水平地震效应

这些方面和前述其他结构基本相同，这里就不再赘述。

7.4 高层钢结构建筑抗震设计方法的发展

为了获得高层钢结构抗震设计的一些根据，专业人员被迫采用下列两个方法之一，或是这两个方法的某种形式的结合。一个方法就是：取一假定的地面运动，对结构进行动力分析，应用工程方面的知识把荷载分配到适当的抗力构件上，然后确定抵抗这些荷载的构件及其节点的尺寸。可在弹性的基础上或在弹塑性基础上进行这样的计算。这个方法有若干困难。第一，我们没有一次关于我们的大建筑物所坐落的那类地基的强地震或大地震的地面运动记录。第二，虽然对建筑物的反应和控制反应的各种参数进行了大量研究，但所有这些工作的研究对象都是良好的、规则的、简化了的构件。很少或甚至没有对模拟真正建筑物的物理模型或数学模型进行研究，模拟中包括建筑物的扭转运动、其整个垂直高度上的刚度或荷载的变化、其抗力构件的不连续性以及很多其他的实际因素。第三，没有研究在各种动力荷载下不同构件的相对刚度。最后，我们对于地震荷载下结构构件的物理性能的了解，还有很大差距。

设计所依据的另一方法是：以过去的结构效能为根据。因为在旧金山的那些高达 19 层的主要建筑物成功地经受住了 1906 年的地震。这些效能良好的高层结构都是钢框架，具有延性很好的节点，构件延性很好。观察这些结构的实际变形能力并试图使之与将来的设计联系起来，就是这种方法的思路。具体的说，先根据试验所得的变形能力，然后按照以《抗震规范》规定的力设计高层建筑中构件尺寸，加之运用经过良好设计得到的高层建筑物中的节点，就可能使框架的延伸率就整体而言，扩大到初步计算中 8～10 倍，甚至更大。但是，过去的整体剪力墙在地震中开裂、吸能，但仍然保持稳定；而现代钢结构高层建筑，则代之以框架，虽然它具有自由的、非结构性的幕墙，隔墙甚至添加支撑来保证结构防止破坏，这是与传统抗震完全不相同的结构类型。因此，把过去的这些旧的结构效能加以引申作为我们现在的结构设计依据可能导致失败，至少以此作为唯一的方法是错误的。

复习思考题

1. 钢结构在地震中的破坏有何特点？
2. 在高层钢结构的抗震设计中，为何宜采用多道抗震防线？
3. 偏心支撑框架体系有何优缺点？
4. 高层钢结构抗震设计中所采用的反应谱作何修正？为什么？
5. 高层钢结构在第一阶段设计和第二阶段设计验算中，阻尼比有何不同？
6. 高层钢结构抗震设计中，“强柱弱梁”的设计原则是如何实现的？
7. 高层钢结构的构件设计，为什么要对板件的宽厚比提出更高的要求？
8. 支撑长细比大小对高层钢结构的动力反应有何影响？
9. 在多遇地震作用下，支撑斜杆的抗震验算如何进行？
10. 抗震设防的高层钢结构连接节点最大承载力应满足什么要求？
11. 梁的侧向支撑有什么作用？应如何进行设计？
12. 偏心支撑的耗能梁段的腹板加劲肋应如何设置？
13. 多层钢结构厂房的结构体系应满足哪些要求？
14. 什么情况下要设置楼层水平支撑？它起什么作用？
15. 多层钢结构厂房沿纵向设置的柱间支撑起什么作用？如何设置？

第 8 章　隔震与消能减震设计

学习的目的和要求：

掌握隔震减震的相关知识。

学习内容：

1. 结构减隔震技术的工作机理；
2. 常用的减隔震装置；
3. 减隔震技术的适用条件。

重点与难点：

重点：结构减隔震技术的工作机理。
难点：结构减隔震设计。

8.1　概　　述

8.1.1　建筑结构抗震设计思想的演化与发展

由地震震源产生的地震力，通过一定途径传递到建筑物所在场地，引起结构的地震反应。一般来说，建筑物的地震位移反应沿高度从下向上逐级加大，而地震作用效应则自上而下逐级增加。当建筑结构某些部分的地震作用超过该部分所能承受的力时，结构就将产生破坏。

传统建筑的抗震设防目标常被形象化地表述为“坏而不倒”，在现行建筑抗震设计规范中又将这一设防目标具体化为“小震不坏”、“中震可修”、“大震不倒”三水准设防模式。为了达到这一目标，要求结构构件具有相当的承载力和塑性变形能力。这种设计思想实际是采用“疲劳战术”，即是依靠建筑物本身的结构构件的承载力和塑性变形能力，来抵抗地震作用和吸收地震能量，其抵御地震作用立足于“抗”。传统建筑物基础固结于地面，犹如一个地面地震反应的“放大器”，地震时建筑物受到的地震作用由底向上逐渐放大，从而引起结构构件的破坏，建筑内的人员也会感到强烈的震动。为了保证建筑物的安全，必然加大结构构件的设计承载力，从而耗用材料多，然而地震作用是一种惯性力，建筑物的构件断面大，所用材料多，质量大，同时受到地震作用也增大，故此很难在经济和安全之间找到一个平衡点。

另一方面，在抗震设计的早期，人们曾企图将结构物设计为“刚性结构体系”。这种体系的结构地震反应接近地面地震运动，一般不发生结构强度破坏。但这样做的结果必然导致材料的浪费，大量的一般结构将成为碉堡。作为刚性结构体系的对立体系，人们还设想了“柔性结构体系”，即通过大大减小结构物的刚性来避免结构与地面运动发生共振，从而减轻地震作用。但是，这种结构体系在地震动作用下结构位移过大，在较小的地震时即可能影响结构的正常使用，同时，将各类工程结构都设计为柔性结构体系，实践上也存在困难。长期的抗震工程实践证明：将一般结构物设计为“延性结构”是适宜的。通过适当控制结构物的刚度与强度，使结构构件在强烈地震时进入非弹性状态后仍具有较大的延性，从而可以通过塑性变形消耗地震能量，使结构物至少保证“坏而不倒”，这就是对“延性结构体系”的基本要求。在现代抗震设计中，实现延性结构体系设计是土木工程师所追求的抗震基本目标。

然而，延性结构体系的结构，仍然是处于被动地抵御地震作用的地位。对于多数建筑物，当遭遇相当于当地基本烈度的地震袭击时，结构即可能进入非弹性破坏状态，从而导致建筑物装修与内部设备的破坏，引发一些次生灾害，造成人员伤亡及巨大的经济损失。对于某些生命线工程（如电力、通信部门的核心建筑），结构及内部设备的破坏可以导致生命线网络的瘫痪，所造成的损失更是难以估量。所以，随着现代化社会的发展，各种昂贵设备在建筑物内部配置的增加，延性结构体系的应用也有了一定的局限性。面对新的社会要求，各国地震工程学家一直在寻求新的结构抗震设计途径。以隔震、减震、制振技术为特色的结构控制设计理论与实践，为结构抗震设计提供了重大的突破和崭新的舞台。

8.1.2 建筑结构隔震技术简介

迄今为止，有文献说明的最早提出基础隔震概念的学者是日本的河合浩藏，他在1881年提出的做法是先在地基上横竖交错放几层圆木，圆木上做混凝土基础，再在上面盖房，以削弱地震能量向建筑物的传递。

1906年，德国的Jacob Bechtold提出要采用基础隔震技术以保证建筑物安全的建议。1909年，英国的医生卡兰特伦次J. A提出了另外一种隔震方案，即在基础与上部建筑间铺一层滑石或云母，当地震时建筑物滑动，以隔离地震。这几种隔震方案均是在地震工程学尚未出现或萌芽时期提出的，虽不完全合理、可靠，但概念上具备了隔震系统的基本要素。

1921年，日本东京建成的帝国饭店可能是最早的隔震建筑，该建筑地基为2～4m厚的硬土层，下面为18～21m的软泥土层。设计人F. L怀特用密集的短桩穿过表层硬土，插到软泥土层底部，巧妙地利用软泥土层作为“隔震垫”。这种设计思想当时引起了极大的争论和关注。但在1923年的关东大地震中该建筑保存完好，而其他建筑则普遍严重破坏。

虽然当时隔震理论的概念已经比较清晰，但限于当时的理论和技术水平，基础隔震技术应用的可能性及优越性还未能被人们充分认识和了解。随着近几十年来地震工程和工程抗震学的发展，大量强震记录的积累，大型实验设备的研制成功，特别是实用隔震元件的开发取得了重大进展，基础隔震技术已渐渐从理论探索、试验研究阶段，到了示范应用和推广使用的阶段。

现代基础隔震技术是以叠层钢板橡胶支座和聚四氟乙烯摩擦板的应用为标志的。20世纪60年代中后期，新西兰、日本、美国等多地震的国家对隔震技术投入大量人力物力，开展了深入、系统的研究，取得了很大的成果。20世纪70年代，新西兰学者R.I.Skiner等率先开发出了可靠、经济、实用的铅芯橡胶隔震垫，大大推动了隔震技术的实用化进程。

现代最早的隔震建筑大概是南斯拉夫的贝斯特洛奇小学，采用天然橡胶隔震垫。1984年在新西兰建成的四层威廉·惠灵顿大楼，是世界上首座采用铅芯橡胶垫做隔震元件的建筑物。目前，已有30多个国家在开展隔震研究，至少建成500余座隔震建筑，其中包括一般建筑如办公楼、住宅和重要的建筑如指挥中心、生命线工程、核电站及桥梁等。

我国学者李立早在20世纪60年代开始关注基础隔震理论的探索，从20世纪70年代末到80年代初进行了砂砾摩擦滑移隔震的工程试点。进入20世纪80年代中后期，隔震技术逐渐受到重视。我国近年来对房屋基础隔震减震技术的研究、开发和工程试点方面的重点也从摩擦滑移隔震机构转到叠层橡胶垫机构。随着研究的深入，质优价廉的叠层橡胶垫产品的推出，叠层橡胶垫隔震系统已成为隔震技术应用的主流，目前国内80%以上的隔震建筑均采用橡胶垫作为隔震元件。通过开展试点工程和扩大应用的工作，国内已建成隔震建筑200余万平方米，分布全国20多个省、市，基本上覆盖了中国高烈度区。

目前，国内外已有一些隔震建筑经受了地震的考验。其中最突出的是在1994年美国洛杉矶北岭地震和1995年日本神户大地震中，隔震建筑显示了令人惊叹的隔震效果，经受了强震的检验。美国南加州大学医院是一栋体型复杂房屋，采用铅芯橡胶垫隔震技术，1991年建成。在1994年1月6.8级北岭地震中经受了强烈地震的考验，震后照常履行医疗救护任务。地震时地面加速度为0.49g，而屋顶加速度仅为0.27g，衰减系数为1.8。而另一家按常规高标准设计的医院，地面加速度为0.82g，顶层加速度高达2.31g，放大倍数为2.8。1995年1月日本7.2级阪神地震中，震区内有两座隔震建筑均未遭受破坏。其中一座是邮政省计算中心，主要采用铅芯橡胶垫和钢阻尼器。初步结果表明，最大地面加速度为0.40g，而第6层的最大加速度为0.13g，衰减系数为3.10。此外，这次地震中采用铅芯橡胶垫隔震的6座桥梁均表现极佳。经过这两次强地震的考验，隔震技术的可靠性和优越性进一步为人们认识和承认。

8.1.3 建筑结构消能减震技术简介

消能减震技术是指在结构物某些部位（如支撑、剪力墙、节点、联结缝或连接件、楼层空间、相邻建筑间、主附结构间等）设置消能（阻尼）装置（或元件），通过消能（阻尼）装置产生摩擦、弯曲（或剪切，扭转）弹塑（或黏弹）性滞回变形耗能来耗散或吸收地震输入结构中的能量，以减小主体结构地震反应，从而避免结构产生破坏或倒塌，达到减震抗震的目的。装有消能（阻尼）装置的结构称为消能减震结构。

消能减震技术因其减震效果明显，构造简单，造价低廉，适用范围广，维护方便等特点越来越受到国内外学者的重视。近年来，国内外的学者对已有耗能器的可靠性和耐久性、新型耗能器的开发、耗能器的恢复力模型、耗能减震结构的分析与设计方法、耗能器的试点应用等方面做了大量的实验研究。耗能减震技术既适用于新建工程，也适用于已有建筑物的抗震加固、改造；既适用于普通建筑结构，也适用于抗震生命线工程。至今开展结构减震技术研究的国家达20多个，实际应用工程已超过300多个。

在美国，1972年竣工的纽约世界贸易中心大厦就安装有约10000个黏弹性阻尼器，西雅图哥伦比亚大厦（77 层）、匹兹堡钢铁大厦（64 层）等许多工程都采用了该项技术。位于加利福尼亚州的一栋 4 层饭店为柔弱底层结构，采用流体阻尼器进行抗震加固后，使其在保持原有风格的基础上，达到了抗震规范要求。1994 年美国新 SanBermardino 医疗中心也应用了黏滞阻尼器，共安装了 233 个阻尼器。

日本是结构控制技术应用发展较快的国家，实际工程已超过百项，其中均采用了不同的耗能装置或控制技术。日本 Omiya 市 31 层的 Sonic 办公大楼共安装了 240 个摩擦阻尼器；东京的日本航空公司大楼使用了高阻尼性能油阻尼器（HiDAM）；东京代官山的一座高层采用了黏滞阻尼墙装置进行抗震设计。在加拿大，Pall 型摩擦阻尼器已被用于近 20 栋新建建筑和抗震加固工程中。新西兰、墨西哥和法国、意大利等其他欧洲国家也已将该技术用于工程实践中。

我国的学者和工程设计人员也正致力于该技术的研究与工程实用。现在摩擦耗能器已被用于十余座单层、多层工业厂房和办公楼中，沈阳市政府的办公楼已采用摩擦耗能器进行了抗震加固，北京饭店和北京火车站也使用黏性阻尼器进行加固，以减小结构的振动反应。

随着各国在消能减震体系方面研究的深入，许多国家相继制定了相应的消能减震结构设计、施工规范或规程。我国新颁布的《建筑结构抗震设计规范》GB 50011—2010 增加了隔震和消能减震方面的相关内容，以加速该项技术在我国的实施进程。

8.2 隔 震 设 计

8.2.1 建筑结构隔震的概念与原理

在建筑物基础与上部结构间设置隔震装置（或系统）形成隔震层，把上部结构与基础隔离开来，利用隔震装置来隔离或耗散地震能量，以避免或减少地震能量向上部结构传输，从而减少建筑物的地震反应，实现地震时隔震层以上主体结构只发生微小的相对运动和变形，使建筑物在地震作用下不损坏或倒塌，这种抗震方法称之为房屋基础隔震。图 8-1 为隔震结构的模型图。隔震系统一般由隔震器、阻尼器等构成，它具有竖向刚度大、水平刚度小、能提供较大阻尼的特点。

隔震结构与传统抗震结构在地震作用下的反应对比示意图 8-2。由于隔震装置的水平刚度远远小于上部结构的层间水平刚度，所以，上部结构在地震中的水平变形，从传统抗震结构的“放大晃动型”变为隔震结构的“整体平动型”；从激烈的、由下到上不断放大的晃动变为只做长周期的、缓慢的、整体水平平动；从有较大的层间变形变为只有很微小的层间变形，从而保证上部结构在强震中仍处于弹性状态。

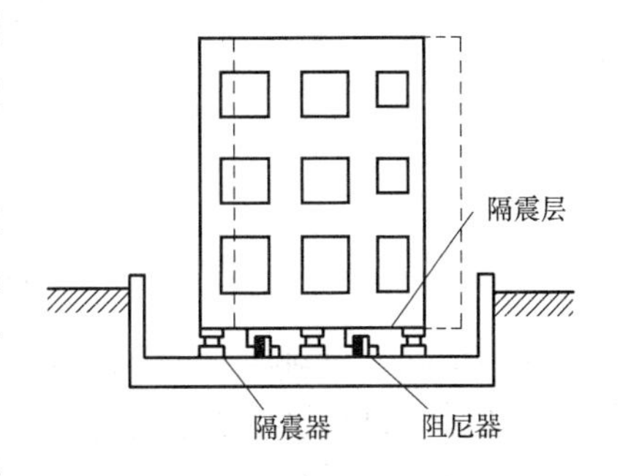

图 8-1 隔震结构的模型图

基础隔震的原理可用建筑物的地震反应谱来说明，图 8-3 (*a*)，(*b*) 分别为普通建筑物的加速度反应谱（acceleration response spectrum）和位移反应

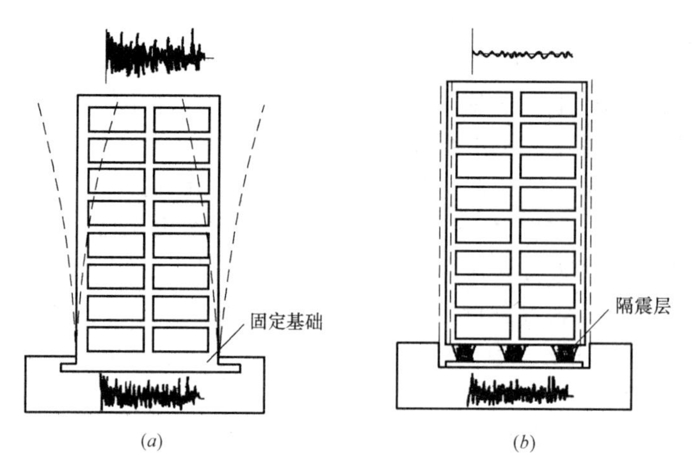

图 8-2 隔震结构与传统抗震结构的反应对比
（a）传统结构（放大晃动型）；（b）隔震结构（整体平动型）

谱（displacement response spectrum）。从图 8-3 中可以看出，建筑物的地震反应取决于自振周期和阻尼特性两个因素。一般中低层钢筋混凝土或砌体结构建筑物刚度大、周期短，基本周期（T_0）正好与地震动卓越周期相近，所以，建筑物的加速度反应比地面运动的加速度放大若干倍，而位移反应则较小，如图 8-3 中 A 点所示。采用隔震措施后，建筑物的基本周期（T_1）大大延长，避开了地面运动的卓越周期，使建筑物的加速度反应大大降低，若阻尼保持不变，则位移反应增加，如图 8-3 中 B 点所示。由于这种结构的反应以第一振型为主，整个上部结构像一个刚体一样运动，上部结构各层自身的相对位移很小，保持整体平动型的运动方式。若增大结构的阻尼，则加速度反应继续减小，位移反应得到明显抑制，如图 8-3 中 C 点所示。

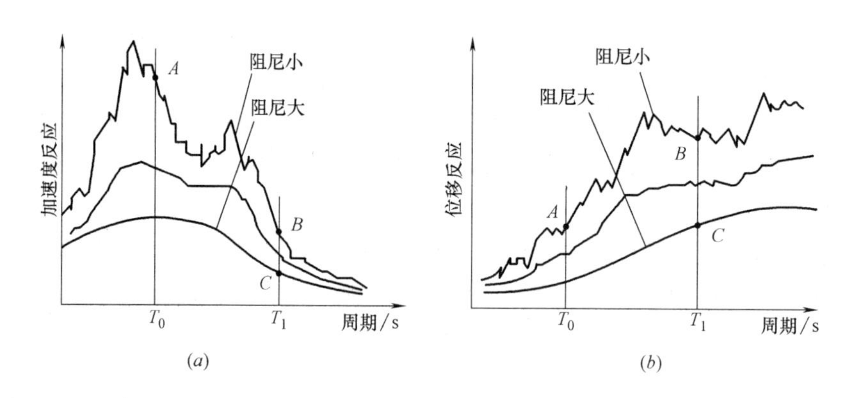

图 8-3 结构反应谱曲线
（a）加速度反应谱；（b）位移反应谱

综上所述，基础隔震的原理就是通过设置隔震装置系统形成隔震层，延长结构的周期，适当增加结构的阻尼，使结构的加速度反应大大减小，同时使结构的位移集中于隔震层，上部结构像刚体一样，自身相对位移很小，结构基本上处于弹性工作状态，从而使建筑物不产生破坏或倒塌。

8.2.2 隔震建筑结构的特点

抗震设计的原则是在多遇地震作用下，建筑物基本不产生损坏；在罕遇地震作用下，建筑物允许产生破坏但不倒塌。按传统抗震设计的建筑物，不能避免地在地震时产生强烈晃动，当遭遇强烈地震时，虽然可以保证人身安全，但不能保证建筑物及其内部昂贵的设备与设施的安全，而且建筑物由于严重破坏常常不可修复而无法继续使用，如图 8-4（*a*）所示，如果用隔震结构就可以避免这类情况发生（图 8-4*b*），隔震结构通过隔震层的集中大变形和所提供的阻尼将地震能量隔离或耗散，使地震能量不能向上部结构全部传输，因而，上部结构的地震反应大大减小，振动减轻，结构不产生破坏或轻微破坏，人员安全和财产安全均可以得到保证。

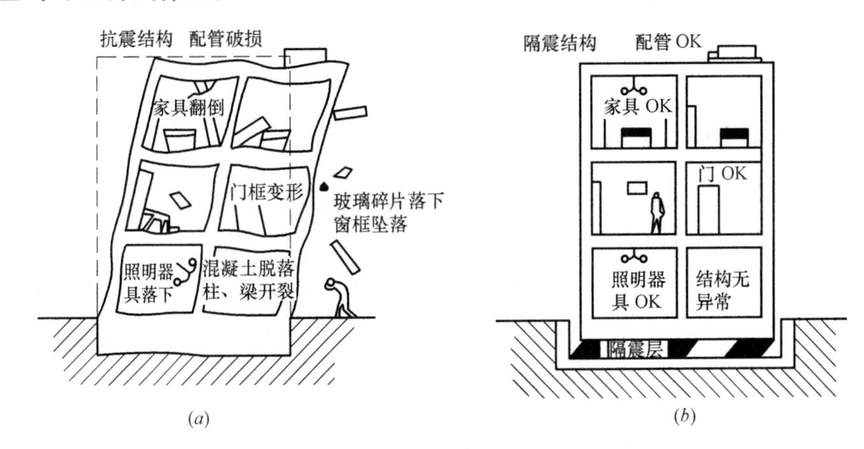

图 8-4 传统抗震房屋与隔震房屋在地震中的情况对比

（*a*）传统抗震房屋—强烈晃动；（*b*）隔震房屋—轻微晃动

与传统抗震结构相比，隔震结构具有以下优点：

1）提高了地震时结构的安全性。

2）上部结构设计更加灵活，抗震措施简单明了。

3）防止内部物品的振动、移动、翻倒，减少了次生灾害。

4）防止非结构构件的损坏。

5）抑制了振动时的不舒适感，提高了安全感和居住性。

6）可以保持室内机械、仪表、器具等的使用功能。

7）震后无需修复，具有明显的社会和经济效益。

8）经合理设计，可以降低工程造价。

8.2.3 隔震建筑结构的适用范围

隔震体系通过延长结构的自振周期来减小结构的水平地震作用，其隔震效果与结构的高度和体型、结构的刚度与变形情况、场地条件等因素有关。在选择隔震方案时，应考虑以下因素：

1）隔震技术对体型基本规则的低层和多层建筑比较有效，对高层建筑的效果不大。隔震经验表明，不隔震时结构基本周期小于 1.0s 的建筑采用隔震方案效果最佳。

2）根据橡胶隔震支座抗拉性能差的特点，需限制非地震作用的水平荷载，结构的变形特点需符合剪切变形为主的要求，即高度不超过40m可采用底部剪力法计算的结构，以利于结构的整体稳定性。对高宽比大的结构，需进行整体倾覆验算，防止支座压屈或出现拉应力。

3）选用隔震方案时，建筑场地宜为Ⅰ、Ⅱ、Ⅲ类，并应选用稳定性好的基础类型。国外对隔震工程的许多考察发现：硬土场地较适合于隔震房屋，软弱土场地滤掉了地震波的中高频分量，延长结构的周期，将增大而不是减小其地震反应。

4）为保证隔震结构具有可靠的抗倾覆能力，风荷载和其他非地震作用的水平荷载标准值产生的总水平力不宜超过结构总重力的10%。

就使用功能而言，隔震结构可用于：医院、银行、保险、通信、警察、消防、电力等重要建筑；首脑机关、指挥中心以及放置贵重设备、物品的房屋；图书馆和纪念性建筑；一般工业与民用建筑等。

8.2.4 隔震系统的组成与类型

隔震系统一般由隔震器、阻尼器、地基微震动与风反应控制装置等部分组成。在实际应用中，通常可使几种功能由同一元件完成，以方便使用。

隔震器的主要作用是：一方面在竖向支撑整个建筑物的重量；另一方面在水平向具有弹性，能提供一定的水平刚度，延长建筑物的基本周期，以避开地震动的卓越周期，降低建筑物的地震反应。同时，隔震器还能提供较大的变形能力和自复位能力；阻尼器的主要作用是：吸收或耗散地震能量，抑制结构产生大的位移反应，同时在地震终了时帮助隔震器迅速复位；地基微震动与风反应控制装置的主要作用是：增加隔震系统的初期刚度，使建筑物在风荷载或轻微地震作用下保持稳定。

常用的隔震器有叠层橡胶支座（rubber bearing）、螺旋弹簧支座（helical bearing）、摩擦滑移支座（rubbing sliding bearing）等。目前国内外应用最广泛的是叠层橡胶支座，它又可分为普通橡胶支座（normal rubber bearing）、铅芯橡胶支座（lead laminated rubber bearing）、高阻尼橡胶支座（high-damping rubber bearing）等。

常用的阻尼器有弹塑性阻尼器（elasto-plastic damper），黏弹性阻尼器（viscoelastic damper），黏滞阻尼器（viscous damper），摩擦阻尼器（friction damper）等。

常用的隔震系统主要有：叠层橡胶支座隔震系统（rubber-bearing base isolated system），摩擦滑移加阻尼器隔震系统（sliding-damper base isolation system），摩擦滑移摆隔震系统（friction pendulum isolation system）等。

8.2.5 建筑结构隔震装置

目前，隔震系统形式多样，各有其优缺点，并且都在不断的发展。其中叠层橡胶支座隔震系统技术相对成熟、应用最为广泛。尤其是铅芯橡胶支座和高阻尼橡胶支座系统，由于不用另附阻尼器，施工简便易行，在国际上十分流行。我国《建筑抗震设计规范》GB 50011—2010（2016年版）和《夹层橡胶垫隔震技术规程》CECS 126—2001仅针对橡胶隔震支座给出有关的设计要求，因此下面以叠层橡胶支座为主介绍各类隔震装置。

1. 叠层橡胶支座

叠层橡胶支座是由薄橡胶板和薄钢板分层交替叠合，经高温高压硫化粘结而成，如图8-5所示。由于在橡胶层中加入若干块薄钢板，并且橡胶层与钢板紧密粘结，当橡胶支座承受竖向荷载时，橡胶层的横向变形会受到上下钢板的约束，使橡胶支座具有很大的竖向承载力和刚度。当橡胶支座承受水平荷载时，受到钢板的限制，橡胶层的相对位移大大减小，使橡胶支座可达到很大的整体侧移而不致失稳，并且保持较小的水平刚度（竖向刚度的1/500～1/1000）。因此，叠层橡胶支座是一种竖向刚度大、竖向承载力高、水平刚度较小、水平变形能力大的隔震装置。橡胶支座形状可分为圆形、方形或矩形，一般多为圆形，因为圆形与方向无关。支座中心一般设有圆孔，以使硫化过程中橡胶支座所受到的热量均匀，从而保证产品质量。

根据叠层橡胶支座中使用的橡胶材料和是否加有铅芯，叠层橡胶支座可分为普通叠层橡胶支座、高阻尼叠层橡胶支座、铅芯叠层橡胶支座。

（1）普通叠层橡胶支座

普通叠层橡胶支座是采用拉伸较强、徐变较小、温度变化对性能影响不大的天然橡胶制作而成。这种支座具有高弹性、低阻尼的特点。图8-6所示为其滞回曲线。为取得所需的隔震层的滞回性能（hysteresis behavior），普通叠层橡胶支座必须和阻尼器配合使用。

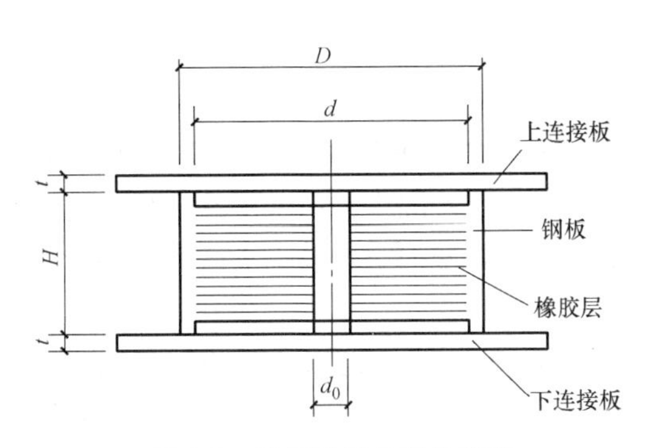

图8-5　叠层橡胶支座的构造

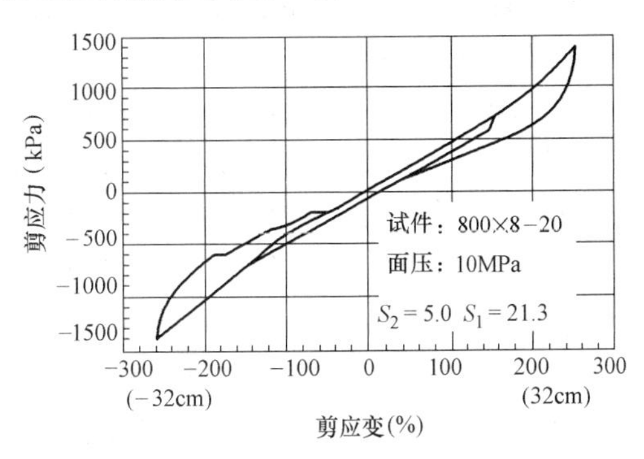

图8-6　普通叠层橡胶支座的滞回曲线

（2）高阻尼叠层橡胶支座

高阻尼叠层橡胶支座是采用特殊配制的具有高阻尼的橡胶材料制作而成，其形状与普通叠层橡胶支座相同。图8-7为该类支座的滞回曲线。

（3）铅芯叠层橡胶支座

铅芯叠层橡胶支座是在叠层橡胶支座中部圆形孔中压入铅而成。由于铅具有较低的屈服点和较高的塑性变形能力，可使铅芯叠层橡胶支座的阻尼比达到20%～30%。图8-8为铅芯叠层橡胶支座的滞回曲线。铅芯具有提高支座的吸能能力，确保支座有适度的阻尼，同时又具有增加支座的初始刚度，控制风反应和抵抗微震的作用。铅芯橡胶支座既具有隔震作用，又具有阻尼作用，因此可单独使用，无需另设阻尼器，使隔震系统的组成变得比较简单，可以节省空间，在施工上也较为有利，因此应用非常广泛。

2. 聚四氟乙烯支座

聚四氟乙烯支座是一种滑动摩擦隔震体系，其工作原理是：用聚四氟乙烯作为结构和支承面之间摩擦滑动层的涂层，并提供预定的摩擦系数，在轻微地震时，结构在静摩擦力

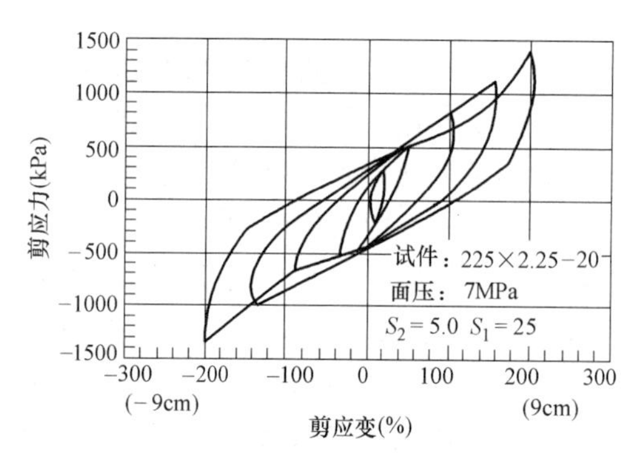

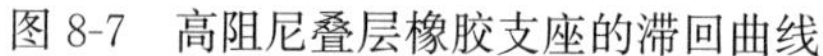
图 8-7 高阻尼叠层橡胶支座的滞回曲线

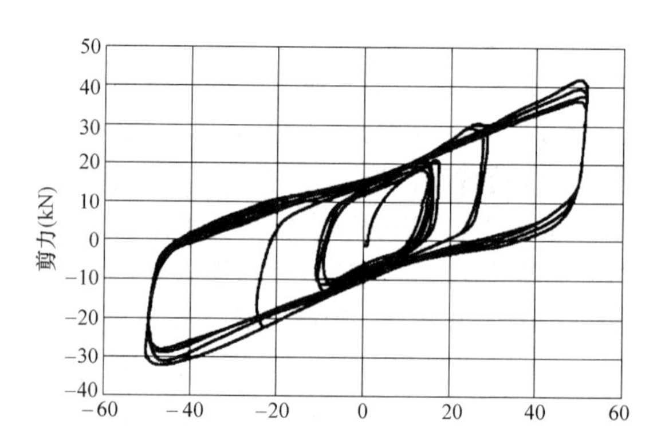

图 8-8 铅芯叠层橡胶支座的滞回曲线

作用下仍能固结在支承上，而当强震发生时，静摩擦力被克服，结构和支承面之间发生摩擦滑移，从而有效地控制地面传到上部结构的地震作用，减少结构的地震响应。试验研究表明，滑动速度以及竖向压力的大小对聚四氟乙烯支座的摩擦系数影响较大。而当滑动速度增加到一定值时，滑动摩擦系数不受滑动速度的影响。

纯滑动摩擦隔震体系的最大优点是它对输入地震波的频率不敏感，隔震范围较广泛，但这种装置不易控制上部结构与隔震装置间的相对位移。

3. 滚子隔震装置

滚子隔震主要有滚轴隔震和滚珠隔震两种。

滚柱隔震是在基础与上部结构之间设置上、下两层彼此垂直的滚轴，滚轴在椭圆形的沟槽内滚动，因而该装置具有自己复位的能力。滚珠（球）隔震：由于滚珠（球）可在平面上任意方向滚动，故不像滚柱支座需要双排滚子，只要来用滚珠轴承盘或大型滚球作为支座即可，它比滚柱隔震显得更为简便。

图 8-9 所示为一个滚珠隔震装置，在一个直径为 50cm 的高光洁度的圆钢盘内，安放 400 个直径为 0.97cm 的钢珠。钢珠用钢箍圈住，不致散落，上面再覆盖钢盘。该装置已用于墨西哥城内一座五层钢筋混凝土框架结构的学校建筑中，安放在房屋底层柱脚和地下室柱顶之间。为保证不在风载下产生过大的水平位移，在地下室采用了交叉钢拉杆风稳定装置。

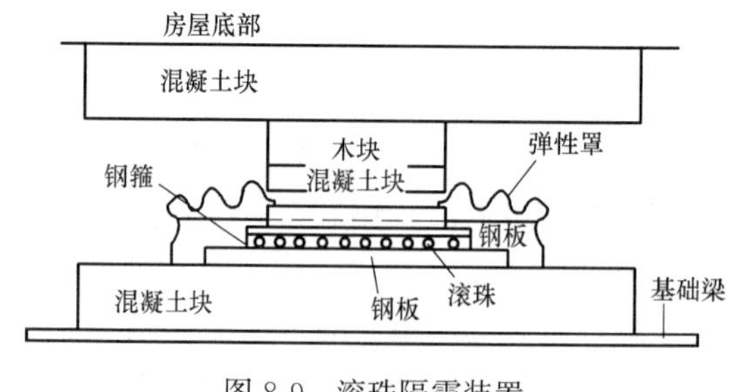

图 8-9 滚珠隔震装置

4. 回弹滑动隔震装置

为了解决滑动隔震系统上部结构与滑动装置之间位移过大的问题，20 世纪 80 年代末国外提出了回弹滑动隔震系统。该系统由一组重叠放置又相互滑动的带孔四氟薄板和一个中央橡胶核、若干个卫星橡胶核组成，如图 8-10 所示。四氟薄板间的摩擦力对结构起着风控制和抗地基微振动的作用。当结构受较低水平力激励时，摩擦力能阻止结构与支承间的相对运动。当地基震动超过一定程度后，即水平荷载超过静摩擦力时，结构与支座接触面开始滑动，橡胶核发生变形，提供向平衡位置的恢复力，而地震能量的相当一部分被四氟薄板间的摩擦所消耗。

回弹滑动隔震装置是靠橡胶核提供向平衡位置的恢复力，以控制过大的相对位移，而通过摩擦来消耗地震能量，因此具有两者的优点。通过调整四氟乙烯板之间的摩擦系数和中央橡胶核的直径能达到较好的隔震性能。

5. 摩擦摆隔震装置

摩擦摆隔震装置是依靠重力复位的滑动摩擦隔震机构，如图 8-11 所示。当摩擦摆隔震体系支承的上部结构在地震作用下发生微小摆动时，摩擦阻尼消耗地震能量，从而达到减震的效果。控制摩擦锤开始摆动的初始力的大小取决于摩擦面的材料。当地震力低于初始力时，摩擦摆隔震体系同普通非隔震体系相同，结构按非隔震周期振动。一旦地震力大于初始力，结构的动力反应受摩擦摆隔震体系控制，结构以摩擦摆隔震体系的周期振动。

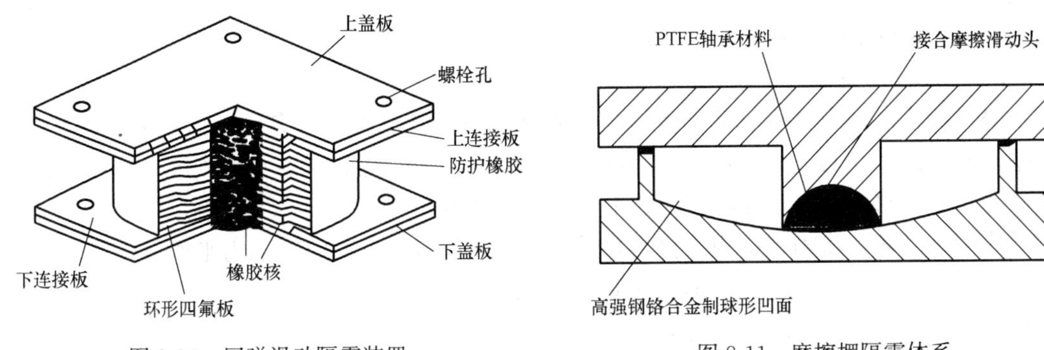

图 8-10　回弹滑动隔震装置　　图 8-11　摩擦摆隔震体系

8.2.6　隔震建筑结构设计

1. 隔震方案选择

隔震结构主要用于高烈度地区或使用功能有特别要求的建筑，符合以下各项要求的建筑可采用隔震方案：

1）不隔震时，结构基本周期小于 1.0s 的多层砌体房屋、钢筋混凝土框架房屋等。

2）体型基本规则，且抗震计算可采用底部剪力法的房屋。

3）建筑场地宜为Ⅰ、Ⅱ、Ⅲ类，并应选用稳定性较好的基础类型。

4）风荷载和其他非地震作用的水平荷载不宜超过结构的总重力的 10%。

隔震建筑方案的采用，应根据建筑抗震设防类别、设防烈度、场地条件、建筑结构方案和建筑使用要求，进行技术、经济可行性综合比较分析后确定。对于不满足以上要求时，应进行详细的结构分析并采取可靠的措施。体型复杂或有特殊要求的结构采用隔震方案时，宜通过模型试验后确定。

2. 隔震层设置原则

隔震层设置在结构第一层以下的部位称为基础隔震，当隔震层位于第一层及以上时称为层间隔震，其结构体系的特点与普通基础隔震结构有较大差异，隔震层以下的结构设计计算也更复杂，本书不做介绍。

基础隔震中橡胶隔震支座宜设置在受力较大的位置，间距不宜过大，其规格、数量和分布应根据竖向承载力、侧向刚度和阻尼的要求通过计算确定。隔震层在罕遇地震下应保持稳定，不宜出现不可恢复的变形。隔震支座应进行竖向承载力的验算和罕遇地震下水平位移的验算。

隔震层的布置应符合下列的要求：

1）隔震层可由隔震支座、阻尼装置和抗风装置组成。阻尼装置和抗风装置可与隔震支座合为一体，亦可单独设置。必要时可设置限位装置。

2）隔震层刚度中心宜与上部结构的质量中心重合。

3）隔震支座的平面布置宜与上部结构和下部结构的竖向受力构件的平面位置相对应。

4）同一房屋选用多种规格的隔震支座时，应注意充分发挥每个橡胶支座的承载力和水平变形能力。

5）同一支承处选用多个隔震支座时，隔震支座之间的净距应大于安装操作所需要的空间要求。

6）设置在隔震层的抗风装置宜对称、分散地布置在建筑物的周边或周边附近。

3. 动力分析模型

隔震结构的动力分析模型可根据具体情况采用单质点模型、多质点模型或空间模型。对基础隔震体系，其上部结构的层间侧移刚度通常远大于隔震层的水平刚度，地震中结构体系的水平位移主要集中在隔震层，上部结构只作水平整体平动，因此可近似地将上部结构看作一个刚体，将隔震结构简化为单质点模型进行分析，此时其动力平衡方程为

$$M\ddot{x}+C_{\mathrm{eq}}\dot{x}+K_{\mathrm{h}}x=-M\ddot{x}_{\mathrm{g}} \tag{8-1}$$

式中 M——上部结构的总质量；

C_{eq}——隔震层的等效阻尼系数；

K_{h}——隔震层的水平动刚度；

x，$\dot{x}$，$\ddot{x}$——上部刚体相对于地面的位移、速度和加速度；

$\ddot{x}_{\mathrm{g}}$——地面运动的加速度。

如果需要分析上部结构的细部地震反应，可以采用多质点模型或空间分析模型，它们可视为在常规结构分析模型底部加入隔震层简化模型的结果。图 8-12 为隔震结构的多质点模型计算简图，将隔震层等效为具有水平刚度 K_{h}、等效黏滞阻尼比 ζ_{eq}的弹簧。K_{h} 与 ζ_{eq}分别由下面公式计算：

$$K_{\mathrm{h}}=\sum K_i \tag{8-2}$$

$$\zeta_{\mathrm{eq}}=\frac{\sum K_i\zeta_i}{K_{\mathrm{h}}} \tag{8-3}$$

式中 K_i——第 i 个隔震支座的水平动刚度；

ζ_i——第 i 个隔震支座的等效粘滞阻尼比。

当隔震层有单独设置的阻尼器时，式（8-2）、式（8-3）中应包括阻尼器的等效刚度和相应的阻尼比。

当上部结构的质心与隔震层的刚度中心不重合时，应计入扭转变形的影响。另外，隔震层顶部的梁板结构，对钢筋混凝土结构应作为其上部结构的一部分进行计算和设计。

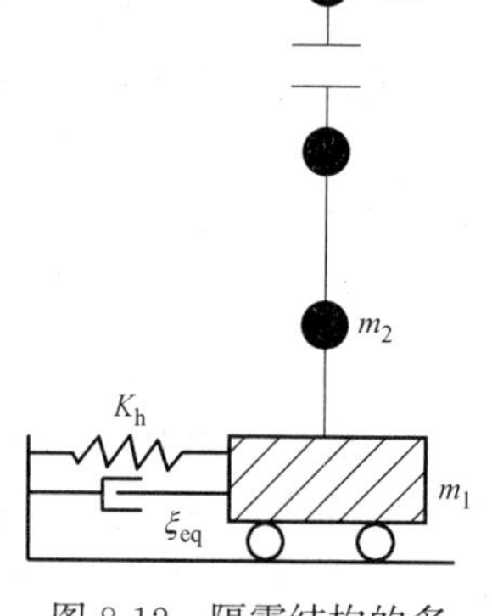

图 8-12 隔震结构的多质点模型计算简图

4. 隔震层上部结构的抗震计算

隔震层上部结构的抗震计算可采用时程分析法或底部剪力

法。采用时程分析法计算时，计算简图可采用剪切型结构模型。输入地震波的反应谱特性和数量，应符合规范的有关要求。计算结果宜取其平均值。

采用底部剪力法时，隔震层以上结构的水平地震作用，沿高度可采用矩形分布，但应对反应谱曲线的水平地震影响系数最大值进行折减，即乘以“水平向减震系数”。由于隔震支座并不隔离竖向地震作用，因此竖向地震影响系数最大值不应折减。确定水平地震作用的水平向减震系数应按下列规定确定：

1）一般情况下，水平向减震系数应通过结构隔震与非隔震两种情况下各层最大层间剪力的比值按表 8-1 确定。隔震与非隔震两种情况下的层间剪力计算，宜采用多遇地震作用下的时程分析。水平向减震系数的取值不宜低于 0.25，且隔震后结构的总水平地震作用不得低于非隔震结构在 6 度设防时的总水平地震作用。

层间剪力最大比值与水平向减震系数的对应关系 **表 8-1**

层间剪力最大比值	0.53	0.35	0.26	0.18
水平向减震系数	0.75	0.50	0.38	0.25

2）对于砌体及与其基本周期相当的结构，水平向减震系数可采用下述方法简化计算：

① 砌体结构的水平向减震系数可根据隔震后整个体系的基本周期按下式确定：

$$\psi=\sqrt{2}\eta_2\left(\frac{T_{gm}}{T_1}\right)^{\gamma} \tag{8-4}$$

② 与砌体结构周期相当的结构，其水平向减震系数可根据隔震后整个体系的基本周期按下式确定：

$$\psi=\sqrt{2}\eta_2\left(\frac{T_g}{T_1}\right)^{\gamma}\left(\frac{T_0}{T_g}\right)^{0.9} \tag{8-5}$$

式中 ψ——水平向减震系数；

η_2——地震影响系数的阻尼调整系数；

γ——地震影响系数的曲线下降段衰减指数；

T_{gm}——砌体结构采用隔震方案时的设计特征周期，根据本地区所属的设计地震分组确定，但小于 0.4s 时应按 0.4s 采用；

T_g——特征周期；

T_0——非隔震结构的计算周期，当小于特征周期时应采用特征周期的数值；

T_1——隔震后体系的基本周期：对砌体结构，不应大于 2.0s 和 5 倍特征周期值的较大值；对与砌体结构周期相当的结构，不应大于 5 倍特征周期值。

砌体结构及与其基本周期相当的结构，隔震后体系的基本周期可按下式计算：

$$T_1=2\pi\sqrt{\frac{G}{K_h g}} \tag{8-6}$$

式中 G——隔震层以上结构的重力荷载代表值；

K_h——隔震层的水平动刚度，按式（8-2）确定；

g——重力加速度。

5. 隔震层的设计与计算

（1）隔震层的竖向受压承载力验算

橡胶隔震支座的压应力既是确保橡胶隔震支座在无地震时正常使用的重要指标，也是直接影响橡胶隔震支座在地震作用时其他各种力学性能的重要指标。它是设计或选用隔震支座的关键因素。在永久荷载和可变荷载作用下组合的竖向平均压应力设计值，不应超过表 8-2 的规定，在罕遇地震作用下，不宜出现拉应力。

橡胶隔震支座平均应力限值　　**表 8-2**

建筑类别	甲类	乙类	丙类
平均应力限值(MPa)	10	12	15

注：1. 对需验算倾覆的结构，平均压应力应包括水平地震作用效应。
2. 对需进行竖向地震作用计算的结构，平均压应力设计值应包括竖向地震作用效应。
3. 当橡胶支座的第二形状系数（有效直径与各橡胶层总厚度之比）小于 5.0 时，应降低平均压应力限值；直径小于 300mm 的支座，其平均压应力限值对丙类建筑为 12MPa。

规定隔震支座中不宜出现拉应力，主要是考虑以下因素：

1）橡胶受拉后内部出现损伤，降低了支座的弹性性能。

2）隔震支座出现拉应力，意味着上部结构存在倾覆危险。

3）橡胶隔震支座在拉伸应力下滞回特性实物实验尚不充分。

（2）抗风装置

抗风装置应按下式要求进行验算：

$$\gamma_w V_{wk} < V_{rw} \tag{8-7}$$

式中　V_{rw}——抗风装置的水平承载力设计值；当抗风装置是隔震支座的组成部分时，取隔震支座的水平屈服荷载设计值；当抗风装置单独设置时，取抗风装置的水平承载力，可按材料屈服强度设计值确定；

γ_w——风荷载分项系数，采用 1.4；

V_{wk}——风荷载作用下隔震层的水平剪力标准值。

（3）隔震支座在罕遇地震作用下的水平位移验算

隔震支座在罕遇地震作用下的水平位移应满足下式要求：

$$u_i \leqslant [u_i] \tag{8-8}$$

$$u_i = \beta_i u_c \tag{8-9}$$

式中　u_i——罕遇地震作用下，第 i 个隔震支座考虑扭转的水平位移；

$[u_i]$——第 i 个隔震支座的水平位移限值；对橡胶隔震支座，不宜超过该支座橡胶直径的 0.55 倍和支座橡胶总厚度 3.0 倍二者中的较小值；

u_c——罕遇地震下隔震层质心处或不考虑扭转的水平位移；

β_i——隔震层扭转影响系数。

6. 建筑基础及隔震层以下结构的设计

隔震层以下结构（包括地下室）的地震作用和抗震验算，应采用罕遇地震下隔震支座底部的竖向力、水平力和力矩进行计算。基础抗震验算和地基处理仍应按原设防烈度进行，甲、乙类建筑的抗液化措施可按提高一个液化等级确定，直到全部消除液化沉陷。

7. 隔震结构的构造措施

（1）隔震层的构造要求

隔震层应由隔震支座、阻尼器和为地基微震动与风荷载提供初刚度的部件组成，必要时，宜设置防风锁定装置。隔震支座和阻尼器的连接构造，应符合下列要求：

1）多层砌体房屋的隔震层位于地下室顶部时，隔震支座不宜直接放置在砌体墙上，并应验算砌体的局部承压。

2）隔震支座和阻尼器应安装在便于维护人员接近的部位。

3）隔震支座与上部结构，基础结构之间的连接件，应能传递支座的最大水平剪力。

4）外露的预埋件应有可靠的防锈措施。预埋件的锚固钢筋应与钢板牢固连接；锚固钢筋的锚固长度应大于 20 倍锚固钢筋直径，且不应小于 250mm。

隔震建筑应采取不阻碍隔震层在罕遇地震发生大变形的措施。上部结构的周边应设置防震缝，缝宽不宜小于各隔震支座在罕遇地震下的最大水平位移值的 1.2 倍。上部结构（包括与其相连的任何构件）与地面（包括地下室和与其相连的构件）之间，宜设置明确的水平隔离缝；当设置水平隔离缝确有困难时，应设置可靠的水平滑移垫层。在走廊、楼梯、电梯等部位，应无任何障碍物。

穿过隔震层的设备管、配线应采用柔性连接等适应隔震层的罕遇地震水平位移的措施；采用钢筋或刚架接地的避雷设备，应设置跨越隔震层的接地配线。

（2）隔震层顶部梁板体系的构造要求

为了保证隔震层能够整体协调工作，隔震层顶部应设置平面内刚度足够大的梁板体系。隔震层顶部梁板的刚度和承载力，宜大于一般楼面梁板的刚度和承载力。应采用现浇或装配整体式混凝土板。现浇板厚度不宜小于 140mm；配筋现浇面层厚度不应小于 50mm。隔震支座上方的纵横梁应采用现浇钢筋混凝土结构。

隔震支座附近的梁柱受力状态复杂，地震时还会受冲切，因此，应考虑冲切和局部承压，加密箍筋并根据需要配置网状钢筋。

（3）上部结构的主要构造要求

丙类建筑中隔震层以上结构的抗震措施，当水平向减震系数为 0.75 时不应降低非隔震时的有关要求；水平向减震系数不大于 0.50 时，可适当降低非隔震时的要求，但与抵抗竖向地震作用有关的抗震构造措施不应降低。

8.3 建筑结构消能减震设计

8.3.1 建筑结构消能减震原理

结构消能减震技术是在结构的抗侧力构件中设置消能部件，当结构承受地震作用时，消能部件产生弹塑性滞回变形，吸收并消耗地震输入结构中的能量，以减少主体结构的地震响应，从而避免结构的破坏或倒塌，达到减震控震的目的。装有消能装置的结构称为消能减震结构。

消能减震的原理可以从能量的角度来描述，如图 8-13 所示，结构在地震中任意时刻的能量方程为：

传统抗震结构：

$$E_{in}=E_v+E_k+E_c+E_s \tag{8-10}$$

消能减震结构：

$$E_{in}=E_v+E_k+E_c+E_s+E_d \tag{8-11}$$

式中 E_{in}——地震过程中输入结构体系的能量；

E_v——结构体系的动能；

E_k——结构体系的弹性应变能（势能）；

E_c——结构体系本身的阻尼耗能；

E_s——结构构件的弹塑性变形（或损坏）消耗的能量；

E_d——消能（阻尼）装置或耗能元件耗散或吸收的能量。

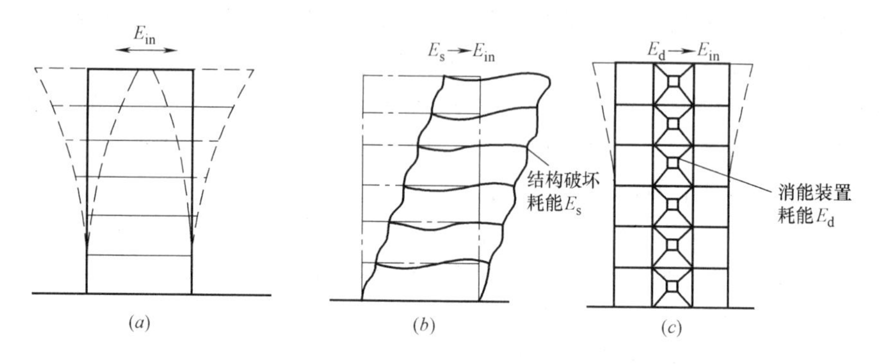

图 8-13 结构能量转换途径对比

(a) 地震输入；(b) 传统抗震结构；(c) 消能建筑结构

在上述能量方程中，E_v 和 E_k 仅仅是能量转换，不产生耗能。E_c 只占总能量的很小部分（约 5%左右），可以忽略不计。在传统的抗震结构中，主要依靠 E_s 消耗输入结构的地震能量。但结构构件在利用其自身弹塑性变形消耗地震能量的同时，构件本身将遭到损伤甚至破坏。而在消能减震结构体系中，消能（阻尼）装置或元件在主体结构进入塑性状态前首先进入耗能工作状态，充分发挥耗能作用，消耗掉输入结构体系的大量地震能量，使结构本身需消耗的能量很少，这意味着结构反应将大大减小，从而有效地保护了主体结构，使其不再受到损伤或破坏。试验表明，消能装置可消耗地震总输入能量的 90%以上。

由于消能减震结构具有减震机理明确、减震效果显著、安全可靠、经济合理、适用范围广等特点，目前已被成功用于工程结构的减震控制中。

8.3.2 消能减震结构的特点和适用范围

消能减震结构体系与传统抗震结构体系相对比，具有下述特点：

(1) 安全性。传统抗震结构体系实质上是把结构本身及主要承重构件（柱、梁、节点等）作为“消能”构件。按照传统抗震设计方法，允许结构本身及构件在地震中出现不同程度的损坏。由于地震烈度的随机变化性和结构实际抗震能力设计计算的误差，结构在地震中的损坏程度难以控制；特别是出现超烈度强地震时，结构难以确保安全。

消能减震结构体系由于特别设置非承重的消能构件（消能支撑、消能剪力墙等）或消能装置，它们具有较大的消能能力，在强地震中能率先消耗结构的地震能量，迅速衰减结构的地震反应，并保护主体结构免遭损坏，确保结构在强地震中的安全。

另外，消能构件（或装置）属“非结构构件”，即非承重构件，其功能仅是在结构变形过程中发挥消能作用，而不承担结构的承载作用。即它对结构的承载能力和安全性不构成影响和威胁，所以消能减震结构体系是一种安全可靠的结构减震体系。

（2）经济性。传统抗震结构采用“硬抗”地震的途径，通过加强结构、加大构件断面、加多配筋等途径提高抗震性能，因而抗震结构的造价大大提高。消能减震结构是通过“柔性消能”的途径以减少结构地震反应，因而可以减少剪力墙的设置，减小构件断面，减少配筋，而其抗震安全度反而提高。据国内外工程应用总结资料，采用消能减震结构体系比采用传统抗震结构体系，可节约结构造价5%～10%。若用于旧有建筑结构的耐震性能改造加固，消能减震加固方法比传统抗震加固方法，节省造价10%～30%。

（3）技术合理性。传统抗震结构体系是通过加强结构，提高侧向刚度以满足抗震要求的。但结构越加强，刚度越大，地震作用（荷载）也越大。消能减震结构则是通过设置消能构件或装置，使结构在出现变形时能大量且迅速消耗地震能量，保护主体结构在强地震中的安全。结构越高、越柔、跨度越大，消能减震效果越显著。因而，消能减震技术必将成为高强轻质材料的高柔结构（超高层建筑、大跨度结构及桥梁等）设计时选用的合理新方法。

由于消能减震结构体系有上述优越性，所以多被应用于下述结构：

（1）高层建筑，超高层建筑；

（2）高柔结构，高耸塔架；

（3）大跨度桥梁；

（4）柔性管道、管线（生命线工程）；

（5）旧有高柔建筑或结构物的抗震（或抗风）性能的改善提高。

8.3.3 消能减震装置

消能减震装置的种类很多，根据耗能机制的不同可分为摩擦耗能器、金属弹塑性耗能器、黏弹性阻尼器和黏滞阻尼器等；根据耗能器耗能的依赖性可分为速度相关型（如黏弹性阻尼器和黏滞阻尼器）和位移相关型（如摩擦耗能器和金属弹塑性耗能器）等。本书从耗能机制的角度分别介绍各类阻尼器的原理和性能。

1. 摩擦耗能器

摩擦耗能器是根据摩擦做功而耗散能量的原理而设计的。目前已有多种不同构造的摩擦耗能器，图8-14为广泛应用的Pall摩擦耗能器的构造示意图。Pall摩擦耗能器由摩擦滑动节点和四根链杆组成。摩擦滑动节点由两块带有长孔的钢板通过高强螺栓连接而成，

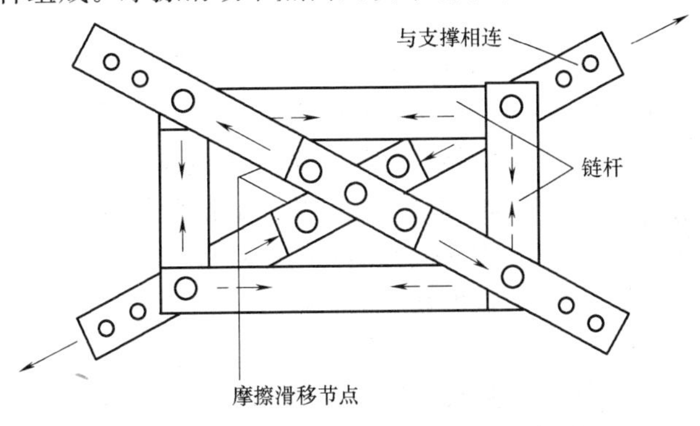

图8-14　Pall摩擦耗能器的构造示意图

钢板之间可夹设摩擦材料或是对接触面做摩擦处理来调节摩擦系数，通过松紧节点螺栓来调节钢板间的摩擦力，四周的链杆起连接和协调变形的作用。

在风荷载和小震作用下，摩擦耗能支撑不产生滑动，主体结构处于弹性状态，摩擦耗能支撑相当于普通支撑仅为结构提供足够的抗侧刚度，满足其正常使用要求；在中震或大震作用下（根据设计确定），摩擦耗能支撑在主体结构构件屈服之前，按预定滑动荷载产生滑移，提供了依靠摩擦耗散能量的机制，同时由于摩擦耗能器滑移时只承担固定的荷载，即摩擦耗能器发生滑动后摩擦力保持不变，其余荷载仍由结构来承担，这时在结构的其他楼层间将发生力的重分配促使其他所有的摩擦耗能器产生滑移共同耗能，地震能量大部分由摩擦耗能支撑消耗，主体结构只承担一小部分的能量，从而避免或延缓主体结构产生明显的非弹性变形，保护主体结构在强震中免遭破坏。

摩擦耗能支撑在滑移过程中不仅消耗了大量地震能量，而且在滑动过程中还改变了原结构的自振频率和基本振型，减小了结构的振幅，避免了结构的共振或准共振效应，进一步避免结构产生严重破坏。

从耗能机制上看，摩擦耗能器属位移相关型耗能装置，耗能器必须产生一定的滑动位移才能有效耗能。因此，对于摩擦耗能结构，在地震作用下合理的位移控制是十分关键的，这样既保证摩擦耗能器产生滑动摩擦，以消耗地震能量，减少结构的反应，同时又不使主体结构因过大的变形而产生损伤或破坏，保护主体结构的安全。目前，摩擦耗能减震结构体系已被广泛、成功地应用于“柔性”工程结构物的减震，一般来说，结构越高、刚度越柔、跨度越大，耗能减震效果越显著。因此，摩擦耗能器较多地应用于以下结构体系：

（1）中高层建筑；

（2）单层或多层工业厂房；

（3）钢结构，高耸塔架；

（4）超高层巨型建筑结构；

（5）大跨度结构；

（6）旧有高柔建筑或结构物的加固改造。

2. 金属弹塑性耗能器

金属弹塑性耗能器是利用金属的弹塑性变形来消耗地震输入的能量。金属弹塑性耗能器的材料主要包括钢材、铅和形状记忆合金等。目前以钢弹塑性耗能器和铅挤压耗能器应用较为广泛。

软钢具有较好的屈服后性能，利用其进入弹塑性范围后的良好滞回特性，目前已研究开发了多种耗能装置，如加劲阻尼（ADAS）装置、锥形钢耗能器、圆环（或方框）钢耗能器、双环耗能器、加劲圆环耗能器、低屈服点钢耗能器等。这类耗能器具有滞回性能稳定、耗能能力大、长期可靠并不受环境与温度影响的特点。

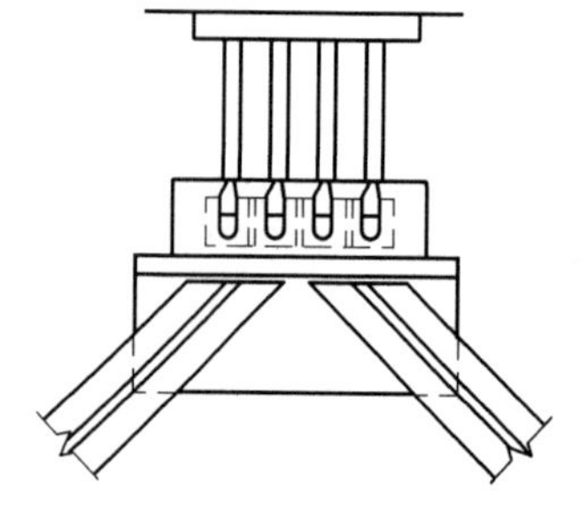

图 8-15　加劲阻尼装置结构示意图

加劲阻尼装置是由数块相互平行的 X 形或三角形钢板通过定位件组装而成的耗能减震装置，如图 8-15 所示。它一般安装在人字形支撑顶部和框架梁之间，在地震作用下，框架层间相对变形引起装置顶部相对于底部的水平运动，使钢板产生弯曲屈服，利用弹塑性滞回变形耗散地震能量。

铅是一种结晶金属，具有密度大、熔点低、塑性好、强度低等特点，发生塑性变形时晶格被拉长或错动，一部分能量将转换为热量，另一部分能量为促使再结晶而消耗，使铅的结构和性能恢复至变形前的状态。铅的动态恢复与再结晶过程在常温下进行，耗时短且无疲劳现象，因此具有稳定的耗能能力。图 8-16 为利用铅挤压产生塑性变形耗散能量的原理制成的阻尼器。此外，还有利用铅产生剪切或弯剪塑性滞回变形耗能原理制成的铅剪切耗能器，U 形铅耗能器等。

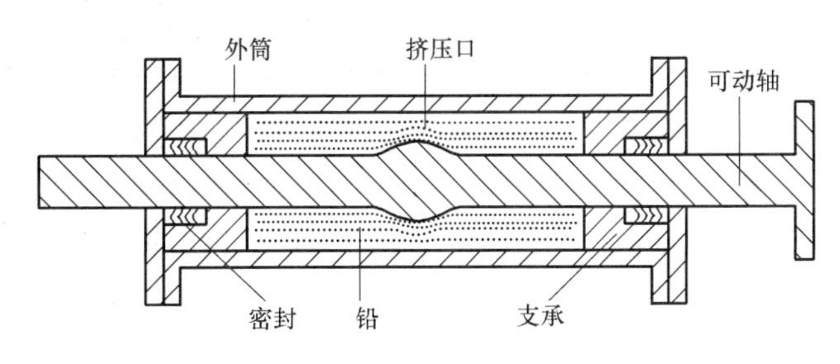

图 8-16　铅挤压耗能器

一般而言，金属耗能器可用于各种类别及外形的建筑结构。金属耗能器既可用于现有建筑的抗震加固和震损结构的抗震加固与修复，又可用于新建建筑。当用于现有建筑抗震加固和震损结构抗震加固修复时，可获得比传统抗震加固法更好的经济性和有效性。当用于新建筑时，若保持相同的可靠度，采用金属耗能器，可大大减小主体结构构件的截面尺寸，获得更好的经济效益。当新建建筑依照现行设计标准增加耗能器，将大大提高结构的抗震可靠度。相对于其他类型的耗能器，金属耗能器有较大的耗能能力，它更适合用于巨型结构的消能减震。

3. 黏弹性阻尼器

黏弹性阻尼器主要依靠黏弹性材料的滞回耗能特性，给结构提供附加刚度和阻尼，减小结构的动力反应，以达到减震（振）的目的。典型黏弹性阻尼器如图 8-17 所示，它由两个 T 形钢板夹一块矩形钢板组成，T 形约束钢板与中间钢板之间夹有一层黏弹性材料，在反复轴向力作用下，T 形约束钢板与中间钢板生相对运动，使黏弹性材料产生往复剪切滞回变形，以吸收和耗散能量。

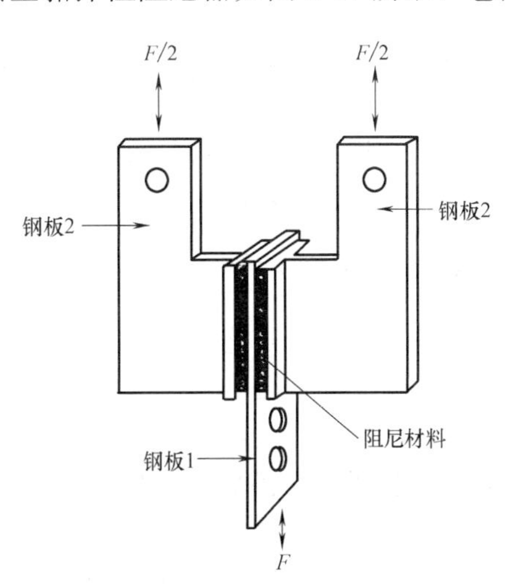

图 8-17　典型黏弹性阻尼器示意图

黏弹性阻尼器通常安装在主体结构两点间相对位移较大处，由于在地震或强风作用下两点间产生往复的相对位移，因此，耗能（阻尼）器也作往复运动，从而带动黏弹性阻尼材料变形而耗散结构中的能量；黏弹性阻尼器还可以安装在互联结构和多结构联系体系中，利用结构之间或主体结构与附属结构之间的相对位移，使耗能器产生耗能。

黏弹性阻尼器性能可靠、构造简单、制作方便，它能给结构提供刚度和较大的阻尼；它的力与位移滞回曲线近似于椭圆形，耗能能力强，能够有效减小建筑物的风振及地震反应；具有广泛的工程适用性。

与位移相关型阻尼器相比，它们在所有振动条件下都能进行耗能，即使在较小的振动条件下，也能够进行耗能。它不像金属耗能装置和摩擦耗能装置那样需要有较大的相对位移才能发生屈服变形或克服摩擦力以发挥它们的耗能作用。所以黏弹性阻尼器既能同时用于结构的地震和风振控制，又避免了其他耗能（阻尼）器存在的耗能器初始刚度如何与结构侧移刚度相匹配的问题。

黏弹性阻尼器可应用于层数较多、高度较大、水平刚度较小、水平位移较明显的多层、高层、超高层建筑和桥梁、管线、塔架、高耸结构、大跨度结构等。结构越高、越柔，跨度越大，减震耗能效果越明显。黏弹性阻尼器既可用于结构的抗风减震中，又可用于结构的抗震减震中；既可用于建筑结构中，又可用于塔桅结构、桥梁结构中，还适用于抗震生命线工程；既可用于新建工程中，又可用于震损结构的加固及震后修复工程中。

4. 黏滞阻尼器

黏滞阻尼器，它一般由缸体、活塞和黏性液体所组成，如图 8-18 所示。缸体筒内装有黏性液体，液体常为硅油或其他黏性流体，活塞上开有小孔。当活塞在缸体内做往复运动时，液体从活塞上的小孔通过，对活塞和缸体的相对运动产生阻尼，从而消耗振动能量。黏性液体阻尼器为速度相关型耗能器，其滞回曲线近似为椭圆。

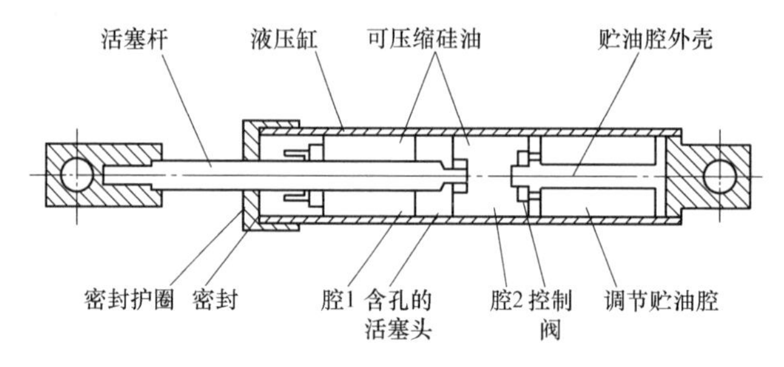

图 8-18　黏滞阻尼器示意图

黏滞阻尼器的性能和质量取决于制造工艺、精度和油料的质量。目前常用的油料是硅油，适当控制油料的黏度可以设计制造出不同性能的阻尼器。国外已有各种定型产品。黏滞阻尼器对中小地震也具有隔震效果，从小振幅到大振幅都能产生阻尼力。此外，它不具有方向性，机构比较简单。

8.3.4　消能减震构件

结构耗能减震是把结构的某些非承重构件设计成耗能构件，或在结构的某些部位（节点或联结）安装耗能装置。在风荷载或轻微地震时，这些耗能装置仍处于弹性状态，结构具有足够的侧向刚度以满足正常使用要求。在强地震发生时，随着结构受力和变形的增大，这些耗能装置将率先进入非弹性变形状态，即耗能状态，产生较大的阻尼，大量消耗输入结构的地震能量，减小结构的地震反应，保护主体结构在强地震中免遭破坏。

这里的耗能构件是指通过各种构造处理，或将剪切耗能构件变成滞回环面积较大的弯曲耗能构件，或设定的构件某部位在地震作用下首先进入塑性以加大耗能，使主体结构分担的地震能量减小，从而减小结构地震反应等。目前研究应用的消能减震构件如下。

1. 耗能支撑

1）将消能器用于支撑中可形成各种耗能支撑，如交叉支撑、斜撑支撑、K 形支撑等（图 8-19）。

2）在交叉支撑处，利用金属屈服阻尼器的原理，将软钢做成钢框或钢环，形成耗能方框支撑或耗能圆框支撑（图 8-20）。

3）将高强螺栓-钢板摩擦阻尼器用于支撑构件，形成摩擦耗能支撑（图 8-21）。

4）利用支撑与梁段的塑性变形消耗地震能量的耗能偏心支撑（图 8-22）。

5）在耗能偏心支撑基础上发展起来的耗能隅撑（图 8-23）。

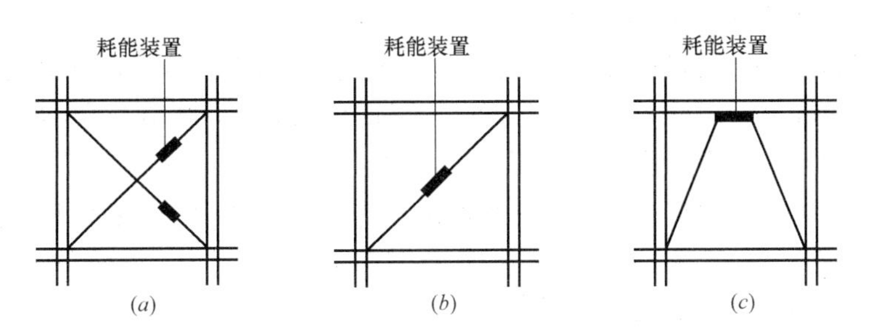

图 8-19　耗能支撑

（a）交叉支撑；（b）斜撑支撑；（c）K 形支撑

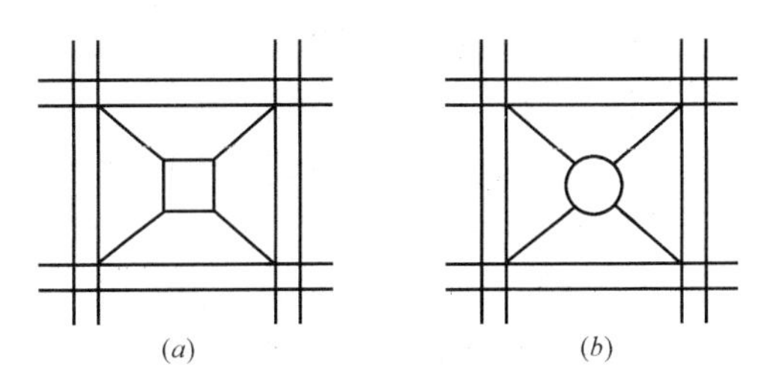

图 8-20　耗能框支撑

（a）耗能方框；（b）耗能圆框

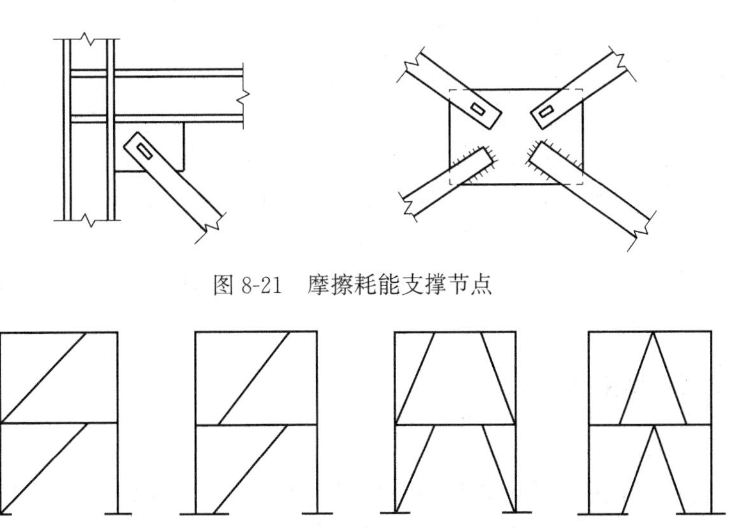

图 8-21　摩擦耗能支撑节点

图 8-22　耗能偏心支撑

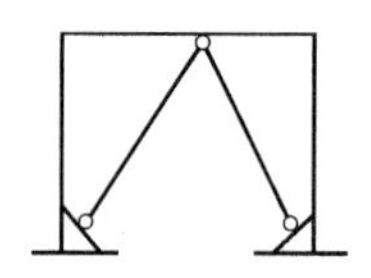
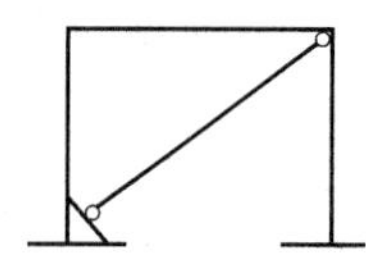
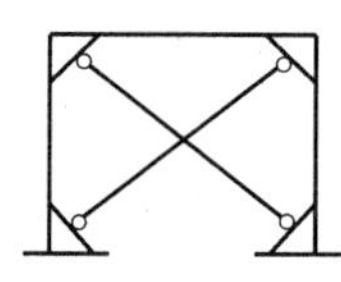
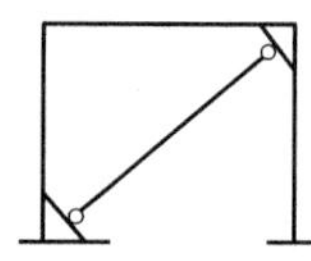

图 8-23　耗能隅撑

2. 耗能抗震墙

前面所述各种阻尼器或其原理，有些可用于抗震墙上。此外，还有利用混凝土预制墙体与其周边框架安装部分的构造处理及墙体与周边框架间隙的处理方法等，以控制作用于抗震墙的剪力大小，增大抗震墙的变形能力，以便耗散地震能量。

（1）利用黏弹性材料吸收能量。

一个典型的例子就是将抗震墙做成注入高分子树脂的钢板墙，这种钢板墙可由三层钢板或五层钢板构成，每层钢板厚 10mm。以三层钢板墙为例，中间一层钢板上端固定于框架梁底面，下端自由，而外侧两块钢板上端自由、下端固定于下一层框架梁顶面上。利用夹于钢板间的高黏滞阻尼材料，抑制钢板间的相互错动，从而达到耗散地震能量，减小结构侧移的目的。

（2）利用材料的塑性性质。

① 通过钢板将混凝土预制墙板与框架相连时，强震下有可能发生两种破坏。一种是连接钢板的弹性或塑性压屈，另一种是混凝土的主拉应力引起的开裂或压溃。设计时，要避免第二种情况的发生，充分利用钢板的挠曲特性。

② 利用抗震墙与周边框架间填充材料（如高强度砂浆）的缓冲效果或通过墙两侧及墙上端的分布筋与周边框架相连，在强震时使墙周边出现非弹性错动来耗散地震能量。也有采用预制钢筋混凝土平缝墙，即将预制墙上、下端用高强度螺栓通过连接板与钢梁相连，在该墙的半高处设置一道水平缝，缝宽约 20mm。强震时，通过上、下墙体在水平缝处的相对错动，使连接上、下墙板的分布钢筋产生弯曲而耗能。

③ 改变墙体的变形性能。如采用在钢筋混凝土抗震墙中设置若干竖向窄缝，或合理采用开口墙，将一块单纯发生剪切变形的墙体变成若干并列壁柱的弯曲变形的墙体，以改善墙体破坏时的韧性，提高墙体的变形能力。

3. 容损构件和容损结构

在强震作用下，为使承重的主体结构保持弹性，一般采用弹性变形量较大的结构材料；而作为抗震构件，则采用富有塑性变形能力的结构材料，以便吸收地震能量。也就是说，当强震发生时，只允许以后可替换的某些抗震构件破坏，而不允许主体承重结构破坏。按这种指导思想设计的结构，称为容损结构。采用这种结构，在强震后不但主体结构可以再利用，而且人们的生命安全也能得到保证。这里所述的容损结构是通过采用两种不同性能的材料加以实现的。

8.3.5　消能减震结构设计

1. 消能部件的设置

消能减震结构应根据罕遇地震作用下的预期结构位移控制要求，设置适当的消能部件，消能部件可由消能器及斜支撑、填充墙、梁或节点等组成。图 8-24 为消能器的几种设置形式。消能减震结构中的消能部件应沿结构的两个主轴力方向分别设置，消能部件宜设置在层间变形较大的位置，其数量和分布应通过综合分析合理确定。

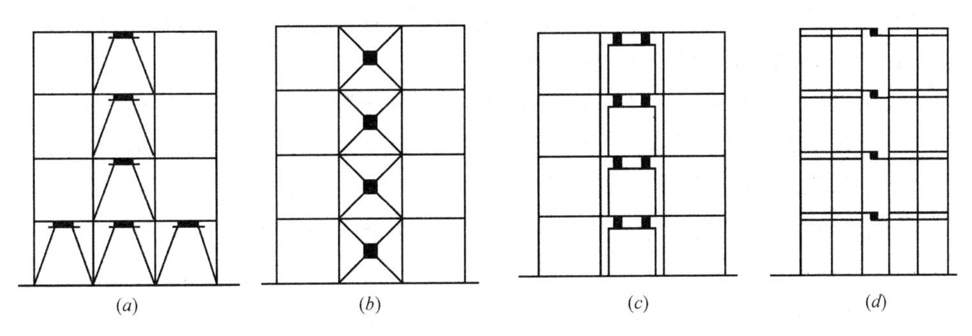

图 8-24　消能器在结构中的设置

2. 消能部件的性能要求

消能部件应满足下列要求：

1）消能器应具有足够的吸收和耗散地震能量的能力和恰当的阻尼；消能部件附加给结构的有效阻尼比宜大于 10%，超过 20%时宜按 20%计算。

2）消能部件应具有足够的初始刚度，并满足下列要求：

速度线性相关型消能器与斜撑，填充墙或梁组成消能部件时，该部件在消能器消能方向的刚度应符合下式要求：

$$K_d \geqslant (6\pi/T_1)C_V \tag{8-12}$$

式中　K_d——支承构件在消能器方向的刚度；

C_V——消能器的线性阻尼系数；

T_1——消能减震结构的基本自振周期。

位移相关型消能器与斜撑，填充墙或梁组成消能部件时，该部件恢复力滞回模型的参数宜符合下列要求：

$$\Delta U_{py}/\Delta U_{sy} \leqslant 2/3 \tag{8-13}$$

$$(K_p/K_s)(\Delta U_{py}/\Delta U_{sy}) \geqslant 0.8 \tag{8-14}$$

式中　K_p——消能部件在水平方向的初始刚度；

ΔU_{py}——消能部件的屈服位移；

K_s——设置消能部件的结构层间刚度；

ΔU_{sy}——设置消能部件的结构层间屈服位移。

3）消能器应具有优良的耐久性能，能长期保持其初始性能。

4）消能器构造应简单，施工方便，易维护性好。

5）消能器与斜支撑、填充墙、梁或节点的连接，应符合钢构件连接或钢与钢筋混凝土构件连接的构造要求，并能承担消能器施加给连接节点的最大作用力。

3. 建筑抗震计算分析要点

1）消能部件的设置应符合罕遇地震作用下对结构预期位移的控制要求，并根据需要沿结构的两个主轴方向分别设置。

2）由于加上消能部件后不改变主体承载结构的基本形式，除消能部件外的结构设计仍应符合《建筑抗震设计规范》相应类型结构的要求。因此，计算消能减震结构的关键是确定结构的总刚度和总阻尼。

3）消能减震结构的计算分析宜采用静力非线性分析方法或非线性时程分析方法。对非线性时程分析法，宜采用消能部件的恢复力模型计算；对静力非线性分析法，可采用消能部件附加给结构的有效阻尼比和有效刚度计算。

4）当主体结构基本处于弹性工作阶段时，可采用线性分析方法作简化估算，并根据结构的变形特征和高度等，分别采用底部剪力法、振型分解反应谱法和时程分析法。

5）消能减震结构的总刚度为结构刚度和消能部件有效刚度的总和。

6）消能减震结构的总阻尼比为结构阻尼比和消能部件附加给结构的有效阻尼比的总和。

7）消能减震结构的层间弹塑性位移角限值，框架结构宜采用1/80。

4. 建筑构造措施

消能部件一般由消能器和斜撑、墙体、梁或节点等支撑构件组成。因此消能部件的连接和构造，包括以下三种情况：第一，消能器支撑构件的连接和构造；第二，消能器和支撑构件及主体结构连接；第三，支撑构件与主体结构的连接和构造。

消能器与支撑构件和主体结构的连接及支撑构件与主体结构的连接一般通过预埋件或连接件来实现。连接的形式和构造因消能器的类型构造及支撑件和主体结构的材料不同而不同。消能器与支撑构件和主体结构的连接一般采用螺栓形式或刚性连接，或采用销栓形式连接。当主体结构为钢筋混凝土结构时，支撑构件与预埋件采用焊缝连接，或者采用螺栓连接；当主体结构为钢结构时，支撑构件与主体结构的连接可直接连接或通过连接板连接，既可采用焊缝连接，也可采用螺栓连接。

消能器与支撑构件和主体结构的连接及支撑构件与主体结构的连接，应符合钢构件连接或钢与钢筋混凝土构件连接的构造要求，对消能器与支撑构件及主体结构的连接应能承担消能器施加给连接节点的最大作用力。对与消能部件相连接的结构构件，应计入消能部件传递的附件内力，并将其传递到基础。

预埋件焊缝、螺栓的计算和构造均需符合相应规范的规定。此外，消能器和连接构件还需根据有关规范进行防火设计。

复习思考题

1. 隔震结构和传统抗震结构有何区别和联系？
2. 隔震和消能减震有何异同？
3. 隔震装置有哪些类型？
4. 隔震结构的布置应满足哪些要求？
5. 隔震结构的主要构造措施有哪些？
6. 消能减震结构的地震能量如何消耗的？
7. 消能减震装置有哪些类型？其性能特点是什么？
8. 消能减震构件有哪些类型？其特点是什么？
9. 消能减震结构的主要构造措施有哪些？

第 9 章　建筑结构风灾及抗风设计

学习的目的和要求：

掌握建筑结构抗风设计的相关知识。

学习内容：

1. 建筑结构抗风基本知识；
2. 高层建筑结构的抗风设计；
3. 高耸结构的抗风设计。

重点与难点：

重点：高层建筑结构的抗风设计。
难点：高耸结构的抗风设计。

9.1　建筑结构风灾及抗风基本知识

9.1.1　风及风灾

1. 风及其产生机理

风是地球表面的空气运动，由于在地球表面不同地区的大气层所吸收的太阳能量不同，造成了同一海拔高度处大气压的不同，空气从气压大的地方向气压小的地方流动，就形成了风。

风是空气的流动，必然就有速度。气流在建筑物前，由于受阻塞，形成高压气幕。速度愈大，对建筑物的压力也愈大。这层高压气幕，对后来的气流起着缓冲作用，使得流速降低，建筑物所受压力因而也随之减小。当流速减小到一定程度时，后面接踵而至的气流又继续加强使建筑物前的流速获得新的较大的速度，从而又在建筑物前形成高压气幕。流速一大一小连续不断地变化，使建筑物的压力即风压也因之发生变化，从而使建筑物产生了较大的偏移，并围绕偏移位置作较大的振动。

工程结构中涉及的风主要有两类：一类是大尺度风（温带及热带气旋）；另一类是小尺度的局部强风（龙卷风、雷暴风、焚风、布拉风及类效应的风等）。所谓的尺度是指一个天气系统的空间大小或者时间上持续的长短。

结构抗风设计中主要考虑的是大气边界层内的气流（风）。大气边界层指在对流层下部靠近地面的 1.2～1.5km 范围内的薄层大气。因为贴近地面，空气运动受到地面摩擦作用影响，又称摩擦层。大气边界层厚度也称梯度风高度。大气边界层内根据空气受下垫面影响不同又可分为：

（1）紧贴地表面小于 1cm 的气层，为黏性副层，此层以分子作用为主。

（2）50～100m 以下气层（包括黏性副层）称为近地面层。这一层大气受下垫面不均匀影响，有明显的湍流特征。

（3）近地面层以上至 1～1.5km 为上部摩擦层。这一层除了下垫面的湍流黏性力外，还有气压梯度力和科里奥利力的作用，三种力的量级相当。

自由大气层在大气边界层以上，地面摩擦影响减小到可以忽略不计，只受气压梯度力和科里奥利力的影响。这个风速叫作梯度风速。

2. 建筑结构风致灾害

建筑结构风致灾害突出表现在以下四类建筑当中：高层建筑、桅杆和输电塔等高耸结构、悬挑结构或大跨度结构的屋盖体系、冷却塔群等薄壁空间结构。其具体形式有：

（1）由于变形过大，隔墙开裂，甚至主体结构遭到损坏；

（2）由于长时间振动，结构因材料疲劳、失稳而破坏；

（3）装饰物和玻璃幕墙因较大的局部风压而破坏；

（4）高楼不停地大幅度摆动，使居住者感到不适或不安。

风灾不仅对以上结构有重大影响，强风对底层建筑也会起到毁灭作用（图 9-1）。

图 9-1　福建某村镇房屋屋顶受风灾破坏现场

9.1.2　风作用及风致响应

当风以一定的速度向前运动遇到结构阻碍时，结构承受了风压。在顺风向，风压常分成平均风压和脉动风压，前者作用相当于静力，后者则引起结构振动。在横风向，由于旋涡规则或不规则脱落等原因，产生了横风向振动，偏心时还产生扭转振动。因此结构的风压和风振理论及计算，是从事结构抗风设计、计算和研究必须掌握的理论之一。

应该指出，风的主要流动方向是水平方向，但也可能按一定的仰角方向流动，从而除水平风力外，还存在竖向风力，由于高层建筑主要荷载是水平侧向荷载，竖向荷载的适当增加并不会对结构有很大的影响，因此对于高层建筑来说，主要考虑水平侧向风力的影响。

9.1.3 风荷载及其计算

风荷载是高层建筑主要侧向荷载之一。结构抗风分析（包括荷载、内力、位移、加速度等）是高层建筑设计计算的重要因素。

9.1.3.1 风荷载的分类

在工程上，荷载有两种类型。一种是确定性荷载，在不同次的作用时，荷载的大小和性质都是相同的；另一种是随机荷载，即使在完全相同条件下，在不同次作用时决不会或很难重现原来的荷载的大小和性质。风荷载并不是确定性的荷载，这次强风规律并不反映过去和将来某次强风的规律，重复性的机会是很小的。因为风荷载是一种随机荷载，所以应该用概率统计法则来分析它的数据，其动力部分应采用随机方法分析。

风压随风速、风向的紊乱变化而不断地变化。从风速记录来看，各次记录值是不重现的，每次出现的波形是随机的，风力可看作为各态历经的平稳随机过程的输入。在风的顺风向风速曲线中，包括两部分：

（1）长周期部分（10min 以上的平均风压）常称稳定风，由于该周期远大于一般建筑物的自振周期，因而其作用性质相当于静力，称为静力作用，该作用将使建筑物发生侧移；

（2）短周期部分（只有几秒钟左右），常称阵风脉动。主要是由于大气的湍流引起的，它的强度随时间按随机规律变化，其作用性质是动力的，它引起结构的振动（位移、速度和加速度），使结构在平均侧移的附近左右摇摆。

另外一种分类方式是按照风的作用方向进行分类：

（1）顺风向力——由与风向一致的风力作用引起；

（2）横风向力——由结构物背后的旋涡引起结构物的横风向力（与风向垂直）；

（3）风力扭矩——由横风向力、顺风向力引起。

9.1.3.2 风荷载计算

风荷载计算中要考虑的主要因素有以下 9 个方面：风压与风速的关系，结构上的平均风荷载，时距取值，重现期，地貌的规定，离地面标准高度，风压高度变化系数，风载体型系数，风振系数。另外还要考虑高层建筑群和围护结构在风荷载计算时的特殊性。

1. 风压与风速的关系

风压是在最大风速时，垂直于风向的平面上所受到的压力，单位是 kN/m^2。为了求得 w 与 v 的关系，设气流每点的物理量不变，略去微小的位势差影响，取流线中任一小段 d_1。设 w_1 为作用于小段左端的压力，则作用于小段右端近高压气幕的压力为 $w_1+\mathrm{d}w_1$。

以顺流向的压力为正，作用于小段 d_1 上的合力为：

$$w_1\mathrm{d}A-(w_1+\mathrm{d}w_1)\mathrm{d}A=-\mathrm{d}w_1\mathrm{d}A$$

它等于小段 d_1 的气流质量 M 与顺流向加速度 $a(x)$ 的乘积，即：

$$-\mathrm{d}w_1A=Ma(x)=\rho\mathrm{d}A\mathrm{d}l\frac{\mathrm{d}v(x)}{\mathrm{d}t}$$

$$-\mathrm{d}w_1=\rho\mathrm{d}l\frac{\mathrm{d}v(x)}{\mathrm{d}t}$$

式中　ρ——空气质量密度，它等于$\frac{\gamma}{g}$，γ为空气重力密度（重度），g为重力加速度。

$$\because \mathrm{d}l = v(x)\mathrm{d}t$$

代入上式得：$\mathrm{d}w_1 = -\rho v(x)\mathrm{d}v(x)$

$$\therefore w_1 = -\frac{1}{2}\rho v^2(x) + c \tag{9-1}$$

式中　c——常数。

式（9-1）称为伯努利方程。伯努利方程是空气动力学的一个基本方程，它的实质是表示气体流动的能量守恒定律，即：

$$\frac{1}{2}\frac{\gamma}{g}v_1^2 + w_1 = \frac{1}{2}\frac{\gamma}{g}v_2^2 + w_2 = c \quad (c\text{ 为常数})$$

从上式可以看出，气流在运动中，其压力随流速变化而变化，流速加快，压力减小；流速减缓，压力增大；流速为零时，压力最大。令 $v_2=0$，$v_1=v$（风来流速度），$w=w_2-w_1$，则建筑物受风气流冲击的净压力为：

$$w = \frac{\gamma}{2g}V^2 \tag{9-2}$$

这即为普遍应用的风速-风压关系公式。

取标准大气压 76cm 水银柱，常温 15℃和在绝对干燥的情况（$\gamma=0.012018\text{kN/m}^3$）下，在纬度 45°处，海平面上的重力加速度为 $g=9.8\text{m/s}^2$ 代入式（9-2），得标准风压公式：

$$w_0 = \frac{0.012018}{2\times 9.8}v^2 \approx \frac{1}{1600}v^2 \quad (\text{kN/m}^2) \tag{9-3}$$

风压系数由于不同地区的地理环境和气候条件不同而有所不同。我国东南沿海地区的风压系数约为 1/1700；内陆地区的风压系数随高度增加而减小，一般地区约为 1/1600；高原和高山地区，风压系数则减至 1/2600。我国《建筑结构荷载规范》GB 50009—2001 中规定为 1/1600。

2. 结构上的平均风荷载

由于大气边界层内地表粗糙元的影响，建筑物的平均风荷载不仅取决于来流速度，而且还与地面粗糙度和高度有关，再考虑到一般建筑物都是钝体（非流线体），当气流绕过该建筑物时会产生分离、汇合等现象，引起建筑物表面压力分布不均匀。为了反映建筑结构上平均风压受多种因素的影响情况，同时又能便于工程结构抗风设计的应用，我国荷载规范把结构上平均风压计算公式规定为：

$$\overline{w} = \mu_s \mu_z w_0 \tag{9-4}$$

式中　μ_s——风荷载体型系数；

μ_z——风压高度变化系数；

w_0——基本风压（kN/m^2）。

在确定风压时，观察场地周围的地形应空旷平坦，且能反映本地区较大范围内的气象特点，从而避免局部地形和环境的影响。

3. 时距取值

计算基本风压的风速，称为标准风速。关于风速的标准值，各个国家规定的时距不尽相同，我国现行的荷载规范规定为：当地比较空旷平坦地面上离地 10m 高，统计所得的

50 年一遇 10min 平均最大风速 v_0（m/s）。

由于大气边界层的风速随高度及地面粗糙度变化而变化，所以我国规范统一选 10m 高处空旷平坦地面作为标准，至于不同高度和不同地貌的影响，则通过其他系数的调整进行修正。

平均风速的数值与统计时的时距取值有很大关系：

（1）时距太短，则易突出风速时距曲线中峰值的影响，把脉动风的成分包括在平均风中；

（2）时距太长，则把候风带的变化也包括进来，这将使风速的变化转为平滑，不能反映强风作用的影响。

我国规范规定以 10min 平均最大风速为取值标准。考虑到有以下两条主要因素：首先是一般建筑物质量比较大，且有阻尼，风压对建筑物产生最大动力影响需要较长时间，因此不能取较短时距甚至极大风速作为标准。其次，一般建筑物总有一定的侧向长度，最大瞬时风速不可能同时作用于全部长度上，由此也可见采用瞬时风速是不合理的。

4. 重现期

我国规范采用了 50 年一遇的年最大平均风速来考虑基本风压的保证率。采用年最大平均风速作为统计量，是因为年是自然界气候有规律周期变化的最基本的时间单位，重现期在概率意义上体现了结构的安全度，称之为不超过该值的保证率。若重现期用 T_0（年）来表示，则不超过基本最大风速的概率为：

$$p=1-\frac{1}{T_0} \tag{9-5}$$

上式对于 50 年的重现期，其保证率为 98.00%。

若实际结构设计时所取的重现期与 50 年不同，则基本风压就要修正。以往规范将基本风压的重现期定为 30 年，2001 新规范改为 50 年，在标准上与国外大部分国家取得一致。经修改后，各地的基本风压值总体上提高了 10%，但有些地区则是根据新的风速观测数据，进行分析后重新确定的。为了能适应不同的设计条件，风荷载也可采用与基本风压不同的重现期，规范给出了全国各台站重现期为 10 年、50 年和 100 年的风压值，其他重现期 R 的相应值可按下式确定：

$$x_{\mathrm{R}}=x_{10}+(x_{100}+x_{10})(\ln R/\ln 10-1) \tag{9-6}$$

对于对风荷载比较敏感的高层建筑和高耸结构，以及自重较轻的钢木主体结构，其基本风压值可由各结构设计规范，根据结构的自身特点，考虑适当提高其重现期。对于围护结构，其重要性比主体结构要低，故可仍取 50 年。

5. 地貌的规定

地表愈粗糙，能量消耗也愈厉害，因而平均风速也就愈低。由于地表的不同，影响风速的取值，因此有必要为平均风速或风压规定一个共同的标准。

目前风速仪大都安装在气象台，它一般离城市中心一段距离，且一般周围为空旷平坦地区居多，因而规范规定标准风速或风压是针对一般空旷平坦地面的，海洋或城市中心等不同地貌除了实测统计外，也可通过空旷地区的值换算求得。

6. 离地面标准高度

风速是随高度变化的，由于地面摩擦和建筑物等的阻挡，离地面愈近而速度愈小，在到达梯度风高度后趋于常值，因而标准高度的规定对平均风速有很大的影响。我国气象台记录风速的风速仪大都安装在 8～12m 之间，而且目前大部分房屋高度在 10m 左右，因而我国规范以 10m 为标准高度。目前世界上以规定 10m 作为标准高度的占大多数，如美国、俄罗斯、加拿大、澳大利亚、丹麦等国，日本为 15m，挪威和巴西为 20m。实际上不同高度的规定在技术上影响是不大的，可以根据风速沿高度的变化规律进行换算。一些资料认为在 100m 以下范围，风速沿高度符合对数变化规律，即：

$$v_{10}=v_{\mathrm{h}}=\frac{\lg 10-\lg z_0}{\lg h-\lg z_0} \tag{9-7}$$

式中 v_{h}——风速仪在高度 h 处的风速；

z_0——风速等于零的高度，其与地面的粗糙度有关，z_0 一般略大于地面有效障碍物高度的 1/10。由于气象台常处于空旷地区，z_0 较小，有文献建议取 0.03m。

应该注意的是，这里所指风速仪高度是指其感应部分的有效高度，如周围有高大树木等障碍物，则有效高度应为风速仪实际高度减去周围障碍物的高度。虽然实际上地貌有所不同，地面粗糙度 z_0 是一变值，但是实用上常取为常数。

我国规范规定，当风速仪高度与标准高度 10m 相差过大时，可按下式换算为标准高度的风速：

$$v=v_{\mathrm{z}}\left(\frac{z}{10}\right)^{\alpha} \tag{9-8}$$

式中 v_{z}——风速仪在高度处的观察风速（m/s）；

z——风速仪实际高度（m）；

α——空旷平坦地区地面粗糙度指数，取 0.16。

7. 风压高度变化系数

平均风速沿高度的变化规律，常称为平均风速梯度，也称为风剖面，它是风的重要特性之一。由于地表摩擦的结果，使接近地表的风速随着离地面高度的减小而降低。只有离地 300～500m 以上的地方，风才不受地表的影响，能够在气压梯度的作用下自由流动，从而达到所谓的梯度风速，出现这种速度的高度叫作梯度风高度。地面粗糙度不同，近地面层风速变化的快慢也不同。开阔场地的风速比城市中心的要更快达到梯度风速，对于同一高度处的风速，在城市中心处远较开阔场地为小。

平均风速沿高度变化的规律可用指数函数来描述，即

$$\frac{\bar{v}}{\bar{v}_{\mathrm{s}}}=\left(\frac{z}{z_{\mathrm{s}}}\right)^{\alpha} \tag{9-9}$$

式中 $\bar{v}$，z——任一点的平均风速和高度；

$\bar{v}_{\mathrm{s}}$，z_{s}——标准高度处的平均风速和高度，大部分国家，标准高度常取 10m；

α——地面的粗糙度系数，地面粗糙程度愈大，α 也愈大。通常采用的系数见表 9-1。

地面粗糙度系数 **表 9-1**

	海面	开阔平原	森林或街道	城市中心
α	0.100	0.125	0.250	0.333

式（9-9）中体现出的指数规律对于地面粗糙度影响减弱的上部摩擦层是较适合的。而对于近地面的下部摩擦层，比较适合于对数规律，由式（9-7）表示。由于对数规律与指数规律差别不是很大，所以目前国内外都倾向于用计算简单的指数曲线来表示风速沿高度的变化规律。

因为风压与风速的平方成正比，因而风压沿高度的变化规律是风速的平方。设任意高度处的风压与 10m 高度处的风压之比为风压高度变化系数，对于任意地貌，前者用 w_a 表示，后者用 w_{0a}表示。对于空旷平坦地区地貌，w_a 改用 w，w_{0a}改用 w_0 表示。则真实的风压高度变化系数应为：

$$\mu_{z0}(z)=\frac{w_a}{w_{0a}}=\frac{w}{w_0}=\left(\frac{v}{v_0}\right)^2=\left(\frac{\bar{v}}{\bar{v}_0}\right)^2=\left(\frac{z}{10}\right)^{2a} \tag{9-10}$$

由上式，可求得任意地貌 z 高度处的风压为：

$$w_a=\mu_{2a}(z)\cdot w_{0a}=\left(\frac{z}{10}\right)^{2a}w_{0a} \tag{9-11}$$

对于空旷平坦的地貌，上式变成：

$$w=\mu_{2a}(z)\cdot w_0=\left(\frac{z}{10}\right)^{2a}w_0 \tag{9-12}$$

为了求出任意地貌下的风压 w_a，必须求得该地区 10m 高处的风压 w_{0a}，该值可根据该地区风的实测资料，按概率统计方法求得。但是由于目前我国除了空旷地区设置气象台站，有较多风实测资料外，其他地貌下风实测的资料甚少，因而一般只能通过该地区附近的气象台站的风速资料换算求得。

设基本风压换算系数为 μ_{wa}，即 $w_{0a}=\mu_{wa}\cdot w_0$，因为梯度风高度以上的风速不受地貌影响，因而可根据梯度风高度来确定 μ_{wa}。中国现行的荷载规范 GB 50009—2001 建议 α 取 0.16，梯度风高度 H_T 取 350m。

在同一大气环流下，不同地区的上空，其梯度风高度处的风速（风压）应相同，按式（9-11）、式（9-12）两式换算，并得到：$\left(\frac{350}{10}\right)^{2\times 0.16}w_0=\left(\frac{H_T}{10}\right)^{2a}w_{0a}$。

则：

$$w_{0a}=35^{0.32}\left(\frac{H_T}{10}\right)^{-2a}w_0=\mu_{w0}w_0 \tag{9-13}$$

即得任意地区 10m 高处的风压 w_{0a}，代入（9-11）式即得任意高度处的风压 w_a 为：

$$w_a=\mu_{2a}(z)\mu_{w0}w_0=35^{0.32}\left(\frac{H_T}{10}\right)^{-2a}w_0 \tag{9-14}$$

如果对于任何地貌情况下的结构物，均以空旷平坦地区的基本风压 w_0 为基础，则此时的风压高度变化系数 $\mu_z(z)$ 可写成：

$$\mu_z(z)=\mu_{za}(z)\mu_{w0}=\left(\frac{z}{10}\right)^{2\alpha}35^{0.32}\left(\frac{H_T}{10}\right)^{-2\alpha}=\left(\frac{z}{H_T}\right)35^{0.32} \tag{9-15}$$

荷载规范建议，地貌按地面粗糙度分为 A、B、C、D 四类：

A 类指近海海面和海岛、海岸、湖岸及沙漠地区，取 α=0.12；

B 类指田野、乡村、丛林、丘陵以及房屋比较稀疏的乡镇和城市郊区，取 α=0.16；

C 类指有密集建筑群的城市市区，取 α=0.22；

D 类指有密集建筑群且房屋较高的城市市区，取 α=0.30。

现将我国三大城市和国外一些城市的实测结果列于表 9-2。

世界部分城市 α 实测值 **表 9-2**

城市地名	α	城市地名	α	城市地名	α
巴黎	0.45	伦敦	0.35	上海	0.29
圣彼得堡	0.41	基辅	0.36	蒙特利尔	0.28
莫斯科	0.37	东京	0.34	圣路易斯	0.25
纽约	0.39	南京	0.22	广州	0.24

可以看出，粗糙度小的地区，梯度风高度 H_T 也小。A、B、C、D 四类地貌梯度风高度各取 300m、350m、400m 和 450m，在该高度以上，风压高度变化系数为常数。由式 (9-15)，得四类地区以空旷平坦地区的基本风压 w_0 为基础的风压高度变化系数：

$$\mu_z^A(z)=\left(\frac{z}{300}\right)^{2\times0.12}35^{0.32}=1.379\left(\frac{z}{10}\right)^{0.24}=0.794z^{0.24} \tag{9-16}$$

$$\mu_z^B(z)=\left(\frac{z}{10}\right)^{0.32}=0.479z^{0.32} \tag{9-17}$$

$$\mu_z^C(z)=\left(\frac{z}{10}\right)^{2\times0.22}35^{0.32}\left(\frac{10}{400}\right)^{2\times0.22}=0.616\left(\frac{z}{10}\right)^{0.44}=0.224z^{0.44} \tag{9-18}$$

$$\mu_z^D(z)=\left(\frac{z}{10}\right)^{2\times0.30}35^{0.32}\left(\frac{10}{400}\right)^{2\times0.30}=0.318\left(\frac{z}{10}\right)^{0.60}=0.0799z^{0.60} \tag{9-19}$$

如式（9-15）所示，风压高度变化系数 $\mu_z(z)$ 是根据原先的风压高度变化系数 $\mu_{za}(z)=\left(\frac{z}{10}\right)^{2\alpha}$乘以基本风压换算系数而得。不同地区的 10m 高处的实际基本风压 w_0 应按式 (9-15) 计算，如表 9-3 所示。

各地貌下 10m 高处的实际基本风压 **表 9-3**

地貌类别	A	B	C	D
α	0.12	0.16	0.22	0.30
H(m)	300	350	400	450
w_{0a}	$1.379w_0$	w_0	$0.616w_0$	$0.318w_0$

表 9-3 中的 w_0 为各类地貌下附近空旷平坦地区的基本风压。对于大城市市区，因距离较小，不予调整。

关于山区风荷载考虑地形影响的问题，较可靠的方法是直接在建设场地进行与邻近气象站的风速对比观测。国外的规范对山区风荷载的规定一般有两种形式：一种是规定建筑物地面的起算点，建筑物上的风荷载直接按规定的风压高度变化系数计算；另一种是按地形条件，对风荷载给出地形系数，或对风压高度变化系数给出修正系数。我国新规范采用后一种形式，并参考加拿大、澳大利亚和英国的相应规范，以及欧洲钢结构协会 ECCS 的规定（房屋与结构的风效应计算建议），对山峰和山坡上的建筑物，给出风压高度变化系数的修正系数。

规范规定，对于山区的建筑物，风压高度变化系数除按平坦地面的粗糙度类别，由表确定外，还应考虑地形条件的修正，修正系数分别按下述规定采用，山顶 B 处：

$$\eta_{B}=\left[1+k\tan\alpha\left(1-\frac{z}{2.5H}\right)\right]^{2} \tag{9-20}$$

式中　$\tan\alpha$——山顶或山坡在迎风面一侧的坡度；当 $\tan\alpha>0.3$ 时，取 $\tan\alpha=0.3$；

k——系数，对山峰取 3.2，对山坡取 1.4；

H——山顶或山坡全高（m）；

z——建筑物计算位置离建筑物地面的高度（m）；当 $z>2.5H$ 时，$z=2.5H$。

对于山峰和山坡的其他部位，可按图 9-2 所示，取 A、C 处的修正系数 $\eta_{A}\eta_{C}$ 为 1，AB 间和 BC 间的修正系数按 η 的线性插值确定。

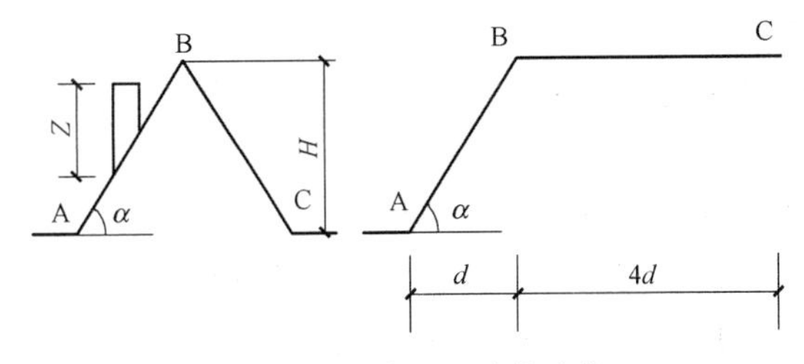

图 9-2　山峰和山坡的示意

山间盆地、谷地等闭塞地形 $\eta=0.75\sim0.85$；

与风向一致的谷口、山口 $\eta=1.20\sim1.50$。

对于远海海面和海岛的建筑物或构筑物，风压高度变化系数除按 A 类粗糙度类别，由表确定外，还应考虑表 9-4 给出的修正系数。

近海海面和海岛的基本风压修正系数　　**表 9-4**

距离海岸距离(km)	η	距离海岸距离(km)	η
<40	1.0	60～100	1.1～1.2
40～60	1.0～1.1		

8. 风载体型系数

不同的建筑物体型，在同样的风速条件下，平均风压在建筑物上的分布是不同的。图 9-3、图 9-4 表示长方形体型建筑表面风压分布系数，从中可以看到：

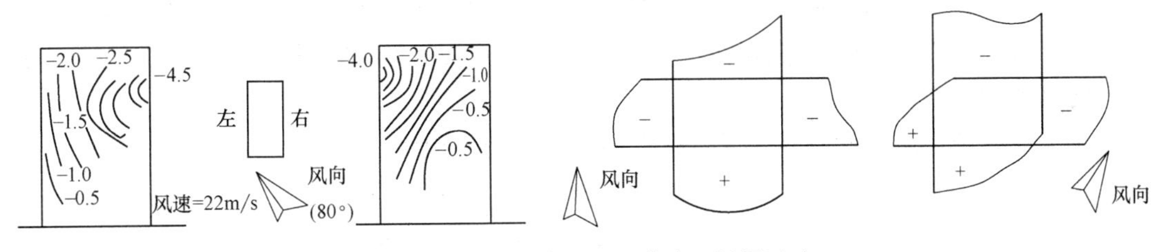

图 9-3　模型上的表面风压分布（风洞试验）

（1）在正风面风力作用下，迎风面一般均受正压力。此正压力在迎风面的中间偏上为最大，两边及底部最小。

（2）建筑物的背风面全部承受负压力（吸力），一般两边略大、中间小，整个背面的负压力分布比较均匀。

（3）当风平行于建筑物侧面时，两侧一般也承受吸力，一般近侧大，远侧小。分布也

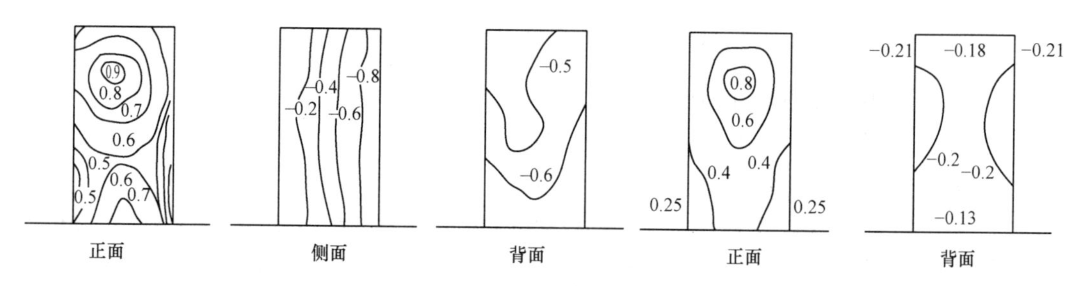

图 9-4　建筑物表面风压分布（现场实测）

极不均匀，前后差别较大。

（4）由于风向风速的随机性，因而迎风面正压、背风面负压以及两侧负压也是随机变化的。

风压除了与建筑物体型直接有关外，它还与建筑物的高度与宽度有关，一些资料指出，随着高宽比的增大，μ_s 也增大。《建筑结构荷载规范》GB 50009—2001 给出的 μ_s 值可供结构设计时选用。其中迎风面的体型系数常为 0.8，背风面的体型系数常为−0.5。

风荷载体型系数表示了风荷载在建筑物上的分布，主要与建筑物的体型有关，并非空气的动力作用。对于外形较复杂的特殊建筑物必要时应进行风洞模型试验。

对于实际工程设计，可按以下要求予以简化：对于方形、矩形平面建筑物，总风压系数 μ_s 取 1.3，但当建筑物的高宽比 $H/d>4$ 而平面长宽比 $l/d=1.0\sim1.5$ 时，μ_s 取 1.4；弧形、V 形、Y 形、十字形、双十字形、井字形、L 形和槽 U 形平面建筑物的总风压系数 μ_s 取 1.4；圆形平面总风压系数 μ_s 取 0.8；正多边形平面的总风压系数 $\mu_s=0.8+\dfrac{1.2}{\sqrt{n}}$，其中 n 为边数。作用于 V 形、槽形平面上正、反方向风力常常是不同的，可以按两个方向大小相等、符号相反、绝对值取较大的数值，以简化计算。

验算围护构件及其连接的强度时，正压区、负压区需注明。

9. 风振系数

在随机脉动风压作用下，结构产生随机振动。结构除了顺风向风振响应外，还有横风向风振响应。对于非圆截面，顺风向风振响应占主要地位。我国荷载规范规定：对于基本自振周期 T_1 大于 0.25s 的工程结构，如房屋、屋盖及各种高耸结构，如塔架、桅杆、烟囱等，以及高度大于 30m 且高宽比大于 1.5 的高柔房屋，均应考虑风压脉动对结构发生顺风向风振的影响。

对于单层和多层结构，其在风荷载作用下的振动方程为：

$$[M]\{\ddot{y}\}+[C]\{\dot{y}\}+[K]\{y\}=\{P(t)\} \tag{9-21}$$

式中　$[M]$——为质量矩阵；

$[C]$——为阻尼矩阵；

$\{P(t)\}$——为水平风力列向量。

对于高层和高耸结构，沿高度每隔一定高度就有一层楼板或其他加劲构件，计算时通常假定其在平面刚度为无限大。通常结构设计都尽可能使结构的刚度中心、重心和风合力作用点重合，以避免结构发生扭转。这样结构在同一楼板或其他加劲构件高度处的水平位移是相同的。考虑到上下楼板或其他加劲构件间的间距比楼房的总高要小得多，故可进一步假定结构在同一高度处的水平位移是相同的。这样，对高层、高耸结构可化为连续化杆件处理，属无限自由度体系。当然，也可以将质量集中在楼层处，看成多自由度结构体系。

由于无限自由度体系方程具有一般性质，又具有简洁的形式，能明确反映各项因素的影响，又便于制成表格，故现从无限自由度体系简单说明风振系数的推导过程。

将结构作为一维弹性悬臂杆件处理，则其振动方程为：

$$m(z)\frac{\partial^2 y}{\partial t^2}+C(z)\frac{\partial y}{\partial t}+\frac{\partial^2}{\partial z^2}\left[EJ(z)\frac{\partial^2 y}{\partial z^2}\right]=p(z,t)=p(z)f(t) \tag{9-22}$$

式中 $m(z)$——在高度 z 处单位高度的质量；

$C(z)$——在高度 z 处单位高度的阻尼系数；

$J(z)$——在高度 z 处单位高度的惯性矩；

$p(z)$——在高度 z 处单位高度的水平风力。

用振型分解法求解，位移按规准化振型函数 $\varphi(z)$ 展开式计算，即

$$y(z,t)=\sum_{i=1}^{\infty}\varphi_i(z)q_i(t) \tag{9-23}$$

式中 $q_i(t)$——i 振型在高度 z 处的规准化振型函数值；

$\varphi(z)$——i 振型的正则坐标。

将式（9-23）代入式（9-22）得

$$m(z)\sum_{i=1}^{\infty}\varphi_i(z)q_i(t)+C(z)\sum_{i=1}^{\infty}\varphi_i(z)\dot{q}_i(t)+\frac{\mathrm{d}^2}{\mathrm{d}z^2}\left[EJ(z)\sum_{i=1}^{\infty}\frac{\mathrm{d}^2\varphi_i(z)}{\mathrm{d}z^2}\right]q_i(t)=p(z)f(t)$$

对上式各项乘以 $\varphi_j(z)$，沿全高积分，并考虑正交条件：

$$\int_0^H m(z)\varphi_i(z)\varphi_j(z)\mathrm{d}z=0 \quad (i\neq j) \tag{9-24}$$

$$\int_0^H \frac{\mathrm{d}^2}{\mathrm{d}z^2}\left[EJ(z)\frac{\mathrm{d}^2\varphi_i}{\mathrm{d}z^2}\right]\varphi_j(z)\mathrm{d}z=0 \quad (i\neq j) \tag{9-25}$$

得：

$$\int_0^H m(z)\varphi_{ij}^2(z)\mathrm{d}z\cdot\dot{q}_j+\sum_{j=1}^{\infty}\dot{q}_j(t)\int_0^H\varphi_i(z)C(z)\varphi_j(z)\mathrm{d}z+\int_0^H\frac{\mathrm{d}^2}{\mathrm{d}z^2}\left[EJ(z)\frac{\mathrm{d}^2}{\mathrm{d}z^2}\right]\varphi_j(z)\mathrm{d}z\cdot q_j(t)$$

$$=\int_0^H\varphi_j(z)p(z)f(t)\mathrm{d}z \tag{9-26}$$

令，

$$\omega_j^2=\frac{\frac{\mathrm{d}^2}{\mathrm{d}z^2}\left[EJ(z)\frac{\mathrm{d}^2\varphi_j(z)}{\mathrm{d}z^2}\right]}{m(z)\varphi_j(z)} \tag{9-27}$$

设阻尼为比例阻尼或不耦联，各振型阻尼系数可用各振型阻尼比 ζ_j 表示，

令

$$\zeta_j=\frac{C(z)}{2m(z)\omega_j} \tag{9-28}$$

则，

$$\ddot{q}_j(t)+2\zeta_j\omega_j\dot{q}_j(t)+\omega_j^2q_j(t)=p_j(t) \tag{9-29}$$

式中：j 振型的 $p_j(t)$ 为

$$p_j(t)=\frac{\int_0^H p(z)\varphi_j(z)\mathrm{d}z\cdot f(t)}{\int_0^H m(z)\varphi_j^2(z)\mathrm{d}z} \tag{9-30}$$

式中　H——结构的总高度；

$p(z)$——高度 z 处单位高度上的水平荷载。设高度 z 处任一水平位置 x 上的面荷载为 $W(x, z)$，水平宽度为 $L_x(z)$，则上式可写成

$$p_j(t)=\frac{\int_0^H\int_0^{L_x(z)}W(x,z)\varphi_j(z)\mathrm{d}x\mathrm{d}z\cdot f(t)}{\int_0^H m(z)\varphi_j^2(z)\mathrm{d}z} \tag{9-31}$$

由于 $p_j(t)$ 中包含的 $f(t)$ 具有随机性，因而需由随机振动理论，求出位移响应的根方差 $\sigma_y(z)$。

每一振型都对风振力及响应有所贡献，但第一振型一般起着决定性的作用。荷载规范规定，对于一般悬臂型结构，例如构架、塔架、烟囱等高耸结构，以及高度大于 30m，高宽比大于 1.5 且可忽略扭转影响的高层建筑，均可仅考虑第一振型的影响。因此在考虑位移响应峰因子（保证系数）为 μ_y 时，高度 z 处的风振力为

$$p_m(z)=m(z)\omega_1^2\mu_y\sigma_y(z)$$

对于主要承重结构，风荷载标准值的表达可由两种形式，其一为平均风压加上由脉动风引起导致结构风振的等效风压；另一种为平均风压乘以风振系数。由于在结构的风振计算中，一般往往是第一振型起主要作用，因而我国与大多数国家相同，采用后一种表达方式，即采用风振系数 β_z，即

$$w_k=\beta_z\mu_s\mu_z w_0 \tag{9-32}$$

式中　w_k——风荷载标准值（kN/m^2）；

β_z——高度 z 处的风振系数。

它综合考虑了结构在风荷载作用下的动力响应，其中包括风速随时间、空间的变异性和结构的阻尼特性等因素。

根据风振系数的定义，考虑空间相关性的风振系数应为：

$$\beta(z)=1+\frac{p_m(z)}{p_c(z)}=1+\frac{m(z)\omega_1^2\mu_y\sigma_y(z)}{p_c(z)} \tag{9-33}$$

式中　$p_c(z)$——平均风的线荷载，等于由式（9-4）求得的平均风压乘以结构 z 高度处的宽度。经简化后可得：

$$\beta_z=1+\frac{\xi\upsilon\varphi_z}{\mu_z} \tag{9-34}$$

式中　ξ——脉动增大系数，按表 9-5 确定；

υ——脉动影响系数；

φ_z——振型系数，按表 9-9 确定；

μ_z——风压高度变化系数，按式（9-16）～式（9-19）确定。

脉动增大系数 ξ　　**表 9-5**

$w_0T_1^2(kNs^2/m^2)$	0.01	0.02	0.04	0.06	0.08	0.10	0.20	0.40	0.60
钢结构	1.47	1.57	1.69	1.77	1.83	1.88	2.04	2.24	2.36
有填充墙的钢结构房屋	1.26	1.32	1.39	1.44	1.47	1.50	1.61	1.73	1.81
混凝土及砌体结构	1.11	1.14	1.17	1.19	1.21	1.23	1.28	1.34	1.38

续表

$w_0T_1^2$(kNs^2/m^2)	0.80	1.00	2.00	4.00	6.00	8.00	10.00	20.00	30.00
钢结构	2.46	2.53	2.80	3.09	3.28	3.42	3.54	3.91	4.14
有填充墙的钢结构房屋	1.88	1.93	2.10	2.30	2.43	2.52	2.60	2.85	3.01
混凝土及砌体结构	1.42	1.44	1.54	1.65	1.72	1.77	1.82	1.96	2.06

注：1. 计算 $w_0T_1^2$ 时，对地面粗糙度 B 类地区可直接代入基本风压，而对 A 类 C 类和 D 类地区应按当地的基本风压分别乘以 1.38、0.62 和 0.32 后代入。

2. T 为结构基本自振周期，框架结构可采用 $T=(0.08\sim0.1)n$；框架-剪力墙和框架-筒体结构可采用 $T=(0.06\sim0.08)n$；剪力墙结构和筒中筒结构可采 $T=0.05n$，n 为结构层数。

对于结构迎风面宽度远小于其高度的情况（如高耸结构等），若外形、质量沿高度比较均匀，脉动影响系数可按表 9-6 确定。对于高耸构筑物的截面沿高度有变化的，应注意如下问题：对于结构进深尺寸比较均匀的构筑物，即使迎风面宽度沿高度有变化，计算结果表明，与按等截面计算的结果也十分接近，故这种情况仍可用公式（9-34）计算风振系数；对于进深尺寸和宽度沿高度按线性或近似线性变化，而重量沿高度按连续规律变化的构筑物，例如截面为正方形或三角形的高耸塔架及圆形截面的烟囱，计算结果表明，必须考虑外形的影响。表 9-6 中的脉动影响系数 v 应再乘以修正系数 θ_B 和 θ_v。θ_B 应为构筑物迎风面在 z 高度处的宽度 B_z 与底部宽度 B_0 的比值；θ_v 可按表 9-7 确定。

结构的脉动影响系数 v 表 9-6

总高度 H(m)		10	20	30	40	50	60	70	80	90
粗糙程度类别	A	0.78	0.83	0.86	0.87	0.88	0.89	0.89	0.89	0.89
	B	0.72	0.79	0.83	0.85	0.87	0.88	0.89	0.89	0.90
	C	0.64	0.73	0.78	0.82	0.85	0.87	0.88	0.90	0.91
	D	0.83	0.65	0.72	0.77	0.81	0.84	0.87	0.89	0.91

总高度 H(m)		150	200	250	300	350	400	450
粗糙程度类别	A	0.87	0.84	0.82	0.79	0.79	0.79	0.79
	B	0.89	0.88	0.86	0.84	0.83	0.83	0.83
	C	0.93	0.93	0.92	0.91	0.90	0.89	0.91
	D	0.97	1.00	1.01	1.01	1.01	1.01	1.00

修正系数 θ_v **表 9-7**

B_h/B_0	1	0.9	0.8	0.7	0.6	0.5	0.4	0.3	0.2	0.1
θ_v	1.00	1.10	1.20	1.32	1.50	1.75	2.08	2.53	3.30	5.60

注：B_h、B_0 分别为构筑物迎风面在顶部和底部的宽度。

结构迎风面宽度较大时，应考虑宽度方向风压空间相关性的情况（如高层建筑等）。若外形、质量沿高度比较均匀，脉动影响系数可根据总高度 H 及其与迎风面宽度 B 的比值，按表 9-8 确定。

振型系数应根据结构动力计算确定。对外形、质量、刚度沿高度按连续规律变化的悬臂型高耸结构及沿高度比较均匀的高层建筑，第一振型系数可根据相对高度按表 9-9 确定。

高层建筑的脉动影响系数v 表 9-8

H/B	粗糙度类别	房屋总高度 H(m)							
		≤30	50	100	150	200	250	300	350
≤0.5	A	0.44	0.42	0.33	0.27	0.24	0.21	0.19	0.17
	B	0.42	0.41	0.33	0.28	0.25	0.22	0.20	0.18
	C	0.40	0.40	0.34	0.29	0.27	0.23	0.22	0.20
	D	0.36	0.37	0.34	0.30	0.27	0.25	0.24	0.22
1.0	A	0.48	0.47	0.41	0.35	0.31	0.27	0.26	0.24
	B	0.46	0.46	0.42	0.36	0.36	0.29	0.27	0.26
	C	0.43	0.44	0.42	0.37	0.34	0.31	0.29	0.28
	D	0.39	0.42	0.42	0.38	0.36	0.33	0.32	0.31
2.0	A	0.50	0.51	0.46	0.42	0.38	0.35	0.33	0.31
	B	0.48	0.50	0.47	0.42	0.40	0.36	0.35	0.33
	C	0.45	0.49	0.48	0.44	0.42	0.38	0.38	0.36
	D	0.41	0.46	0.48	0.46	0.46	0.44	0.42	0.39
3.0	A	0.53	0.51	0.49	0.42	0.41	0.38	0.38	0.36
	B	0.51	0.50	0.49	0.46	0.43	0.40	0.40	0.38
	C	0.48	0.49	0.49	0.48	0.46	0.43	0.43	0.41
	D	0.43	0.46	0.49	0.49	0.48	0.47	0.46	0.45

第一振型系数 φ_z **表 9-9**

相对高度 Z/H	高耸结构					高层建筑
	$B_H/B_0=1$	0.8	0.6	0.4	0.2	
0.1	0.02	0.02	0.01	0.01	0.01	0.02
0.2	0.06	0.06	0.05	0.04	0.03	0.08
0.3	0.14	0.12	0.11	0.09	0.07	0.17
0.4	0.23	0.21	0.19	0.16	0.13	0.27
0.5	0.34	0.32	0.29	0.26	0.21	0.38
0.6	0.46	0.44	0.41	0.37	0.31	0.45
0.7	0.59	0.57	0.55	0.51	0.45	0.67
0.8	0.79	0.71	0.69	0.66	0.61	0.74
0.9	0.86	0.86	0.85	0.83	0.80	0.86
1.0	1.00	1.00	1.00	1.00	1.00	1.00

在一般情况下，对顺风向响应可仅考虑第一振型的影响，对横风向的共振响应，应验算第一至第四振型的频率，高耸结构和高层建筑第二至第四振型的振型系数见《建筑结构荷载规范》GB 50009—2001 附录 F。

表 9-9 中 φ_z 为结构第一振型的振型系数。为了简化，在确定风荷载时，也可采用近似公式。按结构变形特点，对高耸构筑物可按弯曲型考虑，采用下述近似公式：

$$\varphi_z=\frac{6z^2H^2-4z^3H+z^4}{3H^4} \tag{9-35}$$

对高层建筑，当以剪力墙的工作为主时，可按弯剪型考虑，采用下述近似公式：

$$\varphi_z=\tan\left[\frac{\pi}{4}\left(\frac{z}{H}\right)^{0.7}\right] \tag{9-36}$$

风振系数确定后，结构的风振响应可按静荷载作用进行计算。

对于多个建筑物特别是群集的高层建筑，当相互间距较近时，由于旋涡的相互干扰，所受的风力要复杂和不利得多，房屋某些部位的局部风压会显著增大，此时宜考虑风力相互干扰的群体效应。一般可将单独建筑物的体型系数 μ_s 乘以相互干扰增大系数，该系数可参考类似条件的试验资料确定，必要时宜通过风洞试验得出。当与邻近房屋的间距小于3.5倍的迎风面宽度且两栋房屋中心连线与风向成45°时，可取大值；当房屋中心连线与风向一致时，可取小值；当与风向垂直时，不考虑；当间距大于7.5倍的迎风面宽度时，也可不考虑。

对于围护结构，由于其刚性一般较大，在结构效应中可不必考虑其共振分量，此时可仅在平均风压的基础上，近似考虑脉动风瞬间的增大因素，通过阵风系数 β_{gz} 来计算其风荷载。参考了国外规范的取值水平，阵风系数 β_{gz} 按下述公式确定：

$$\beta_{gz}=k(1+2\mu_f) \tag{9-37}$$

式中 k——地面粗糙度调整系数，对A、B、C、D四种类型，分别取0.92、0.89、0.85、0.80；

μ_f——脉动系数，按式（9-38）确定。

$$\mu_f=0.5\times35^{1.8(\alpha-0.16)}\left(\frac{z}{10}\right)^{-\alpha} \tag{9-38}$$

由式（9-37）、式（9-38）可得阵风系数 β_{gz} 的计算用表9-10。

阵风系数 β_{gz} **表9-10**

离地面高度（m）	地面粗糙程度			
	A	B	C	D
5	1.69	1.88	2.30	3.21
10	1.63	1.78	2.10	2.76
15	1.60	1.72	1.99	2.54
20	1.58	1.69	1.92	2.39
30	1.54	1.64	1.83	2.21
40	1.52	1.60	1.77	2.09
50	1.51	1.58	1.73	2.01
60	1.49	1.56	1.69	1.94
70	1.48	1.54	1.66	1.89
80	1.47	1.53	1.64	1.85
90	1.47	1.52	1.62	1.81
100	1.46	1.51	1.60	1.78
150	1.43	1.47	1.54	1.67
200	1.42	1.44	1.50	1.60
250	1.40	1.42	1.46	1.55
300	1.39	1.41	1.44	1.51

9.2 高层结构抗风设计

9.2.1 高层结构抗风设计要点

综合9.1论述结果，本节主要讨论高层建筑结构顺风向静动力风荷载的计算，即按风振随机振动的振型分解法，且一般只考虑第一振型的影响。

1. 高层结构的变形特征

高层建筑的结构形式通常有剪力墙、框架、框剪结构、筒中筒结构等。

剪力墙结构的变形形式一般如图 9-5（a）所示，所以可以归并在弯曲型中。框架结构由于楼面在平面内刚度极强，它的变形一般如图 9-5（b）所示，它类似于剪切型的变形形式。框剪结构的变形形式一般如图 9-5（c）所示，它由于剪力墙的弯曲型和框架的剪切型的协同作用而呈弯剪型的形式。

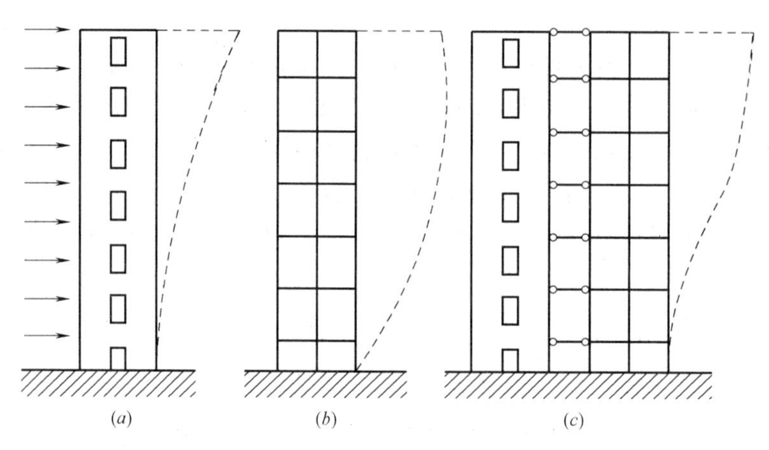

图 9-5　高层建筑结构的变形

2. 按无限自由度体系计算

（1）弯曲型

自由振动平衡方程：

$$[EI(z)y'']''+m(z)\ddot{y}=0$$

设偏微分方程的解为：

$$y=\varphi(z)T(t)$$

代入上式得：

$$\frac{[EI(z)\varphi''(z)]''}{m(z)\varphi(z)}=-\frac{\ddot{T}(t)}{T(t)}=\omega^2$$

展开得：

$$\ddot{T}(t)+\omega^2T(t)=0$$

$$[EI(z)\varphi''(z)]''-m(z)\omega^2\varphi(z)=0$$

第一式的解为

$$T(t)=A\sin(\omega t+\theta)$$

求解第一、二、三阶频率，得到：

$\omega_1=\dfrac{3.515}{H^2}\sqrt{\dfrac{EI}{m}}$；$\omega_2=\dfrac{22.034}{H^2}\sqrt{\dfrac{EI}{m}}$；$\omega_3=\dfrac{61.701}{H^2}\sqrt{\dfrac{EI}{m}}$（参见图 9-6）

（2）剪切型

自由振动平衡方程：

$$\left(\frac{GA(z)}{\mu}y'\right)'-m(z)\ddot{y}=0$$

式中　G——截面剪切形状系数。

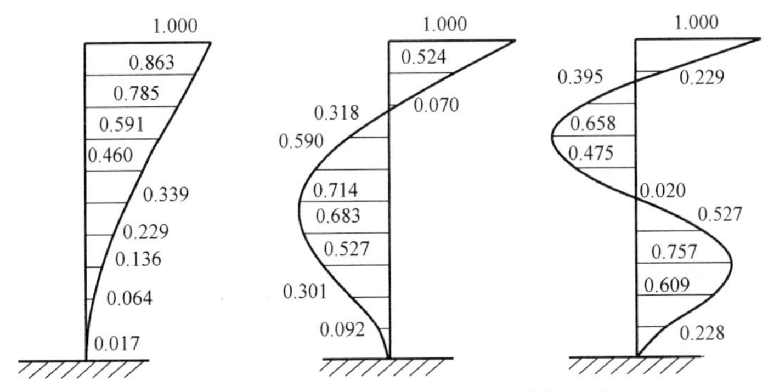

图 9-6　等截面悬臂弯曲型结构前三阶振型和频率

$$\left.\begin{aligned}&\varphi''(z)+k^2\varphi(z)=0\\&k^2=\frac{m\omega^2}{GA/\mu}\end{aligned}\right\}$$

由此得到振型方程的解为：

$$\varphi(z)=C_1\cos kz+C_2\sin kz$$

由悬臂结构边界条件：$z=0$，$\varphi(0=0)$；$z=H$，$\theta(H)=0$，$\varphi'(H)=0$ 代入上式，得到频率方程为：

$$\cos kH=0$$

$$\omega_j=\frac{(2j-1)\pi}{2H}\sqrt{\frac{GA}{\mu m}}\qquad j=1,2,\cdots\cdots$$

$$\varphi(z)=C_2\sin\frac{(2j-1)\pi}{2H}-z$$

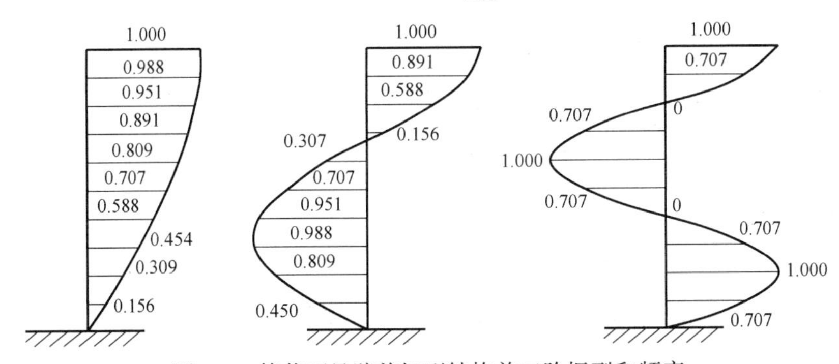

图 9-7　等截面悬臂剪切型结构前三阶振型和频率

$$w_1=\frac{\pi}{2H}\sqrt{\frac{GA}{um}}\qquad w_2=\frac{3\pi}{2H}\sqrt{\frac{GA}{um}}\qquad w_3=\frac{5\pi}{2H}\sqrt{\frac{GA}{um}}\quad（参见图 9-7）$$

（3）弯剪型

剪力墙只考虑弯曲变形，框架作为连续体考虑剪切变形

$$EI_\omega y^{(4)}-Cy''=-m_{ij}$$

令：$y(z,t)=\varphi(z)T(t)$

$$代入前式\begin{cases}\ddot{T}(t)+\omega^2T(t)\\\varphi^{(4)}(z)-2a^2\varphi''-b^4\varphi=0\end{cases}$$

3. 按有限元计算

自由振动方程：

$$[M\{\ddot{y}\}]+[K]\{y\}=0$$

自由振动是简谐振动，故可设：

$$\{y\}=\{\varphi\}\cdot T(t)=\{\varphi\}\sin(\omega t+\theta)$$

代入自由振动方程得：

$$([K]-\omega^2[M])\{\phi\}=\{0\}$$

上述有非零解的条件为：

$$|[K]-\omega^2[M]|=0$$

4. 高层建筑结构的顺风向响应

（1）顺风向平均风作用下的弯曲响应

在平均风作用下，响应（位移和内力）可由高层结构的力学分析求得，但是如求的是位移，采用振型分解法可更为方便：

$$y_{si}=\frac{u_{si}\phi_{ij}\omega_0}{\omega_1^2}$$

（2）顺风向脉动风作用下的弯曲响应

只要求出风振力，即可求出各种响应。风振产生压力一般公式为：

$$p_{d1i}=\xi_1 u_1 \phi_{1i} M_i \omega_0$$

式中

$$\mu_1=\frac{\int_0^H \mu_j(z)\mu_0(z)\mu_2(z)l_2(z)\phi_1(z)\mathrm{d}z}{M_1^*}\eta_{se1}$$

（3）顺风向风力作用下的总弯曲响应——风振系数

如果采用风振系数来计算，则对于等截面结构，荷载风振系数为：

$$\beta_v=1+\xi_1\frac{u_1}{u_{\delta 1}}=1+\xi_1\frac{v_1}{v_{\delta 1}}$$

位移风振系数为：

$$\beta_p(z)=1+\xi_1 u_1\gamma_1(z)$$

$$\beta_p(z)=1+\xi_1 u_1\gamma_1(z)=1+\xi_1 v_1\frac{\mu_\delta l_z}{m}\cdot\frac{m\phi_1(z)}{\mu_\delta\mu_0(z)l_z}=1+\xi_1 v_1\frac{\phi_1(z)}{\mu_0(z)}$$

5. 风力作用下的舒适度分析

在风力作用下，高层结构发生振动。在振动到达某一限值时，人们开始出现某种不舒适的感觉。这种就居住者舒适感而言的振动效应的分析，常称为舒适度分析。

研究表明，单单振幅的大小并不足以反映居住者的舒适度。除了振幅以外，还与频率有关，两者到达某一关系时形成居住者的不舒适感。对舒适度的研究表明，弯曲振动时，起决定作用的是所考虑点的最大加速度值，它与振幅及频率都有关系；扭转振动时，起影响作用的是扭转角速度，它与扭转角幅值及频率都有关系。

（1）弯曲振动

① 顺风向弯曲振动的最大加速度

能引起加速度的是脉动风荷载部分。由于脉动风力下引起的是随机振动，因而应按随机振动理论来分析。

任何干扰过程通过结构频率响应的传递，都将产生窄带过程。在窄带过程中，结构正穿越零的频率和极大值频率是相同的。

② 横风向弯曲振动的最大加速度

在横风向跨临界范围内，横向力是简谐力，属确定性振动。在共振风速下，横向力的频率等于自振频率，因而响应的频率亦等于自振频率。

③ 弯曲振动极限加速度

弯曲振动就舒适感而言的加速度限值由居住者多次实验确定，图 9-8 列出各种情况的加速度限值。

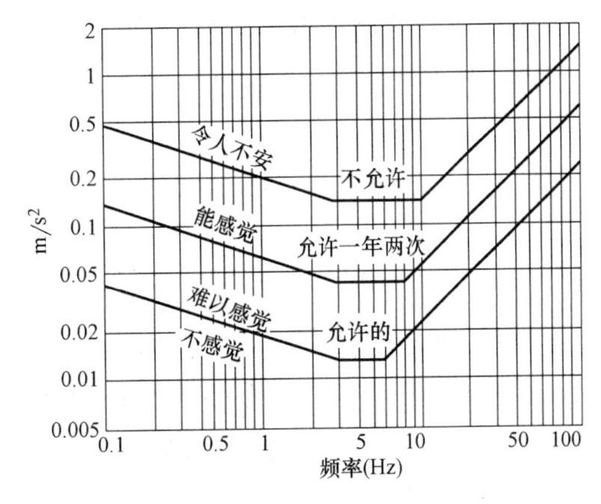

图 9-8　风载作用下结构各种情况的加速度限值

（2）扭转振动

$$\dot{\theta}_{\phi}(z)=\omega_j\theta \qquad \theta \text{为计算转角}$$

极限角速度是根据居住者的实验得出。当建筑物即使有轻微的转动，朝窗外看时，也能被觉察出来。对这种转动的感觉，其极限角速度值为 $\dot{\theta}=0.001\mathrm{rad/s}$。

9.2.2　计算实例

【例题 9-1】 在某大城市市中心有一特重要的钢筋混凝土框架—核心筒结构的大楼（图 9-9）外形和质量沿房屋高度方向均基本呈均匀分布。房屋总高 $H=130\mathrm{m}$，通过动力特性分析，已知 $T_1=2.80s$；房屋的平面 $L\times B=50\mathrm{m}\times30\mathrm{m}$。现已知该市按 50 年一遇的风压为 $0.55\mathrm{kN/m^2}$，100 年一遇的风压为 $0.60\mathrm{kN/m^2}$。求该楼顶点处的风荷载标准值 ω_k。

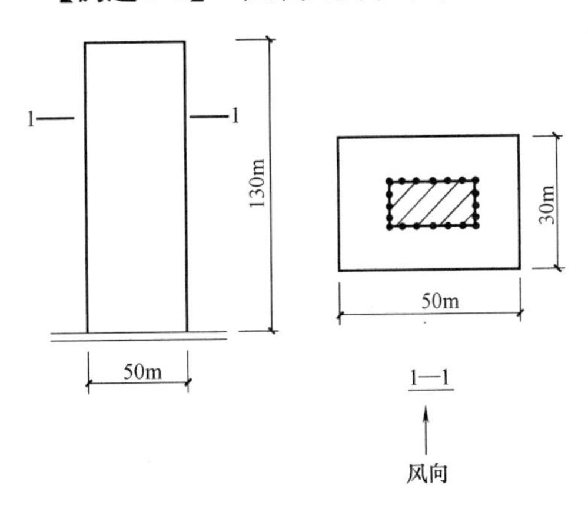

图 9-9　轮廓尺寸

【解】　（1）确定基本风压 ω_0

由于该楼属于特别重要，为高度超过 60m，属于对风荷载较为敏感的大楼，故其基本风压应按 100 年一遇的标准取用。

$$\omega_0=0.06\mathrm{kN/m^2}$$

（2）确定风振系数 β_z 计其风压高度系数 μ_z

风振系数
$$\beta_z=1+\frac{\xi\upsilon\varphi_z}{\mu_z}$$

式中 ξ——脉动增大系数，可按《高层建筑混凝土结构设计规程》表 3.2.6-1 采用（钢结构参见《高层民用建筑钢结构设计规程》）；

υ——脉动影响系数；

ϕ_z——振型系数，一般可由结构动力学计算确定，计算时可仅考虑受力方向基本振型的影响。对质量和刚度沿房屋高度分布较均匀的弯剪型结构，也可近似采用振型计算点距室外地面高度 z 与房屋高度 H 比值；

μ_z——风压高度变化系数，按计算点距室外地面高度 z 和地面粗糙度类别确定。

今已知 $T_1=2.80s$，由 $\omega_0 T_1^2=0.60\times(2.80)^2=4.70kN/m^2$ 及地面粗糙度类别D类，查表得 $\xi=1.491$；

求脉动影响系数 v：根据 $H=130m$ 及 $\frac{H}{B}=2.0$ 时的 $v=0.468$，$H=130m$ 及 $\frac{H}{B}=3.0$ 时的 $v=0.490$，可得 $H=130m$ 及 $\frac{H}{B}=\frac{130}{50}=2.6$ 时的 $v=0.481$。

求风压高度变化系数 μ_z：根据 $H=130m$，D类地面粗糙度，可得 $\mu_z=1.474$；

求振型系数 ϕ_z：令大楼的质量和刚度沿房屋高度分布均较均匀，框架—核心筒结构的动力特性又与框架—剪力墙结构相近，为简便起见，令今大楼顶点处的振型系数 ϕ_z 为，$\phi_z\approx\frac{Z}{H}=\frac{H}{H}=1$。

这样，在房屋顶点处的风振系数 β_z 将为：

$$\beta_z=1+\frac{1.491\times0.481\times1}{1.474}=1.487$$

（1）求风荷载体型系数 μ_s

$$\mu_s=0.8+\left(0.48+0.03\times\frac{130}{50}\right)=1.358$$

（2）求作用于屋顶处（$H=130m$）的风荷载标准值 ω_k

$$\omega_k=\omega_k=\beta_z\mu_s\mu_z\omega_0=1.487\times1.358\times1.474\times0.60=1.786kN/m^2$$

9.3 高耸结构抗风设计

9.3.1 高耸结构受力特点

高耸结构是指其宽度和深度远小于高度的瘦长结构。其中烟囱和电视塔、输电塔、石油化工塔等最为常用。除了顺风向响应必须考虑外，应检查横风向共振和失稳式效应的可能性。

1. 烟囱

检查共振风速是否属于跨临界范围。烟囱属于空心的结构，50m以上的烟囱平均外直径一般在4～12m之间，周期在0.5～2.5s之间，斯脱罗哈数通常可取0.2。由前所述，共振风速在24～40m/s之间，这样的风速在实际工程中是能够出现的。又根据雷诺数的计算式，雷诺数当在 3.5×10^6 以上。所以可以发生横风向旋涡脱落共振。分析时应予以考虑。

横风向风力仅为顺风向风力的0.20～0.25倍，但横风向共振动力系数为 $\frac{1}{2}\xi$，此值对钢结构为50，对钢筋混凝土为10。由此可见，对钢烟囱，横风向共振等效风力作用可相当于顺风向风力的10～12.5倍，而顺风向风力在顺风向放大作用只有一倍或多一些，所以钢烟囱的受力完全由横风向所控制。对于钢筋混凝土烟囱，横风向共振等效风力只相当于顺风向风力的 2～2.51 倍，而顺风向风力在顺风向的放大作用也差不多这个倍数，所以钢筋混凝土烟囱顺风向和横风向的作用都要控制，是双向受力都要分析的一种情况。

圆截面的烟囱最常被采用，而圆截面结构是不可能横向失稳的，因而可以不考虑。

2. 塔架

塔架为桁架式结构，在电视塔类塔架中，塔架中部还有电梯井结构。要发生横风向共振，必须满足两个指标，即共振风速必须在设计风速范围之内，而雷诺数又在跨临界范围。桁架的（斯脱罗哈数）S 在 0.15 上下，但迎风面尺度由于杆件组合而难以确定。作为粗糙分析，如果把迎风面 x 向的尺度集中在一起计算，则其尺度常在 2m 以上，周期常在 0.3s 以上，所以共振风速在 40m/s 以上。这样的风速一般很少出现，所以除了重要的塔架需仔细加以分析外，一般塔架可忽略横风向共振的作用。

单根的圆管不发生失稳式效应。在非圆截面杆件组成塔架时，临界风速一股也在 50m/s 以上，因而发生的可能性比横风向共振更少，除了重要的塔架以外，也可不进行验算。

3. 高耸结构的变形特征

除了烟囱属于沿高度变化而无刚强的横隔结构（图 9-10a）以外，实际上塔架结构也属于这种类型。塔架中由横杆组成的横隔结构很弱，不像高层结构楼层平面那样刚度很大。在计算时，如将各层立柱也可包括斜杆折算成等效弯曲刚度 EI 及等效剪切刚度 GA，（图 9-10b），则它的性能与烟囱等同。在振动时，它们的变形如图 9-10c 所示，因而高耸结构的变形形式属于弯曲型。

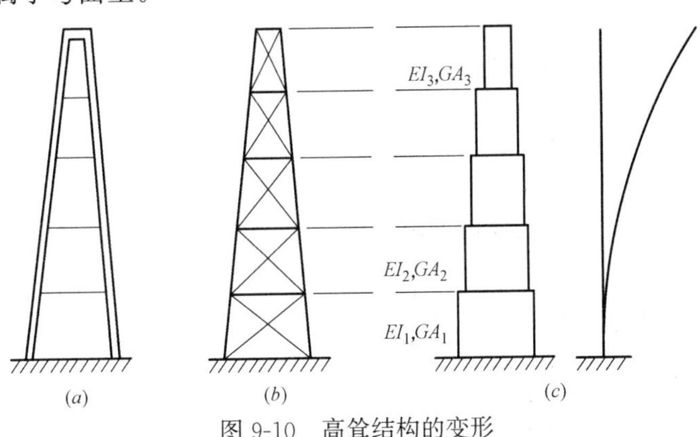

图 9-10　高耸结构的变形

9.3.2　高耸结构抗风设计要点

1. 高耸结构的顺风向弯曲响应及风振系数

(1) 顺风向平均风作用下的弯曲响应

在平均风作用下，响应（位移和内力）可由高耸结构的力学分析求得，但是如求的是位移，采用振型分解法可更为方便

$$y_{si}=\frac{u_{si}\phi_{ij}\omega_0}{\omega_1^2}$$

式中　$u_{s1}=\dfrac{\{\varphi\}_1^{\mathrm{T}}\{p_s\}}{\{\phi\}_1^{\mathrm{T}}[M]\{\phi\}_1 * \omega_0}=\dfrac{\int_0^H p(z)\phi_1(z)\mathrm{d}z}{\int_0^H m(z)\phi_1^2(z)\mathrm{d}z * \omega_0}=\dfrac{\int_0^H \mu_s(t)\mu_z(z)l_l(z)\phi_1(z)\mathrm{d}z}{\int_0^H m(z)\phi_1^2(z)\mathrm{d}z}$。

当高度不变时，$\frac{\mu_s l_s}{m}$为常数，上式可写为：

$$u_{01}=v_{s1}\frac{\mu_s l_v}{m}$$

$$v_{1j}=\frac{\int_0^H \mu_z(z)\phi_1(z)\mathrm{d}z}{\int_0^H \phi_1^2(z)\mathrm{d}z}$$

高耸结构属于弯曲型结构，对于变截面结构，其振型可按前述方法求得，对于等截面结构，可采用均布荷载下挠曲线为近以第1振型，即：

$$\phi_1(z)=2-\frac{z^2}{H^2}-\frac{4}{3}\frac{z^3}{H^3}+\frac{1}{3}\frac{z^4}{H^4}$$

（2）顺风向脉动风作用下的弯曲响应

只要求出风振力，即可求出各种响应。点风振力一般公式为：

$$p_{d1i}=\xi_1 u_1\phi_{1i}M_i\omega_0$$

式中 $u_1=\frac{\int_0^H \mu_j(z)u_0(z)\mu_s(z)l_z(z)\phi_1(z)\mathrm{d}z}{M_1^*}\eta_{le1}$

① 当沿高度不变时：

$$u_1=v_1\frac{\mu_s l_x}{m}$$

式中 $v_1=\frac{\int_0^H \mu_j(z)\mu_z(z)\phi_1(z)\mathrm{d}z}{\int_0^H \phi_1^2(z)\mathrm{d}z}\eta_{z1}$

② 沿高度作规则变化时：

如果采用上面等截面计算的结果加以修正，则可得到简单的结果，这也是荷载规范采用的方法。

（3）顺风向风力作用下的总弯曲响应——风振系数

如果采用风振系数来计算，则：

$$\beta(z)=1+\xi_1 u_1\gamma_1=1+\xi_1 v_1\theta_y\frac{\mu_s l_x(0)}{m(0)}\cdot\frac{m(z)\phi_1(z)}{\mu_s\mu_z(z)l_x(z)}$$

$$=1+\xi_1 v_1\cdot\frac{\phi_1(z)}{\mu_z(z)}\theta_v\theta_B$$

式中 $\theta_B=\frac{l_{x(0)}}{l_{x(z)}}\cdot\frac{m(z)}{m(0)}=\left\{1+\frac{z}{H}\left[\left(\frac{l_x(H)}{l_x(0)}\right)^{\frac{1}{e}}-1\right]\right\}^e$

在几何意义上，此值为高度 z 处迎风面宽度与底部宽度的比值。

（4）高耸结构横风向共振响应

由于高耸结构种类繁多，工程上只对一些简单且在实践中易受风破坏的结构进行分析并作计算上的简化。我国新订的高耸结构设计规范作了以下的简化：

① 只针对圆形截面高耸结构，如烟囱等。

② 只验算跨临界范围，非跨临界范围不需验算，只通过构造措施解决。

③ 只考虑等截面圆柱结构，非等截面圆锥体结构当斜率在2%以下时取2/3高度外径

为准而化为等截面圆柱结构处理。

④ 共振风振理论上是从 H_1 到 H_2 有荷载，考虑到 H_1 以下振型很小，如改为 0 影响不大，而 H_2 一般都超过 H 值，当小于 H 时，取 H 则偏于安全，因此将横向共振的风力分布改为全长分布，且不考虑临界风速沿高度的变化。

⑤ 对于悬臂型结构，只考虑第 1 振型的影响，多层拉绳桅杆，根据情况可考虑的振型数不大于 4。

由以上各项简化，临界风速变成：$v_0=\dfrac{5D}{T_i}$。

第 j 振型的最大位移为：$x_{j\max}(z)=\dfrac{\xi_{Lj}u_{Lj}\phi_j(z)w_0}{\omega_j^2}$

$$\xi_{Lj}=\frac{1}{2\zeta_j}$$

$$u_{Lj}=\frac{v_e^2\mu_L D}{1600\omega_0 m}\cdot\frac{\int_0^H\phi_j(z)\mathrm{d}z}{\int_0^H\phi_j^2(z)\mathrm{d}z}$$

所以有，$x_{i\max}(z)=\dfrac{v_c^3\mu_L D\phi_j(z)}{3200\zeta_j m\omega_j^2}\cdot\dfrac{\int_0^H\phi_i(z)\mathrm{d}z}{\int_0^H\phi_j^2(z)\mathrm{d}z}$

对于第 1 振型，上式积分部分积分值为 1.56，如近似取 1.6，则上式变成：

$$x_{1\max}(z)=\frac{v_c^2\mu_L D\phi_j(z)}{2000\zeta_1 m\omega_1^2}$$

最大风振力为：$p_{Ldj}(z)=\dfrac{v_c^3\mu_L D\phi_j(z)}{3200\zeta_j}\dfrac{\int_0^H\phi_i(z)\mathrm{d}z}{\int_0^H\phi_j^2(z)\mathrm{d}z}$

对于第 1 振型，上式变成

$$p_{Ld1}(z)=\frac{v_c^3\mu_L D\phi_1(z)}{2000\zeta_1}$$

高耸结构设计规范建议取：$\mu_L=0.25$。

复习思考题

1. 试简述风及其产生机理。

2. 试分析风对结构的作用及其破坏现象。

3. 何为梯度风高度？

4. 基本风压重现期是多少？

5. 已知一钢筋混凝土高层建筑，质量和外形等沿高度均匀分布，$H=100\text{m}$，$l_x=30\text{m}$，$m=50\text{t/m}$，基本风压 $w_0=0.65\text{kN/m}^2$，D 类地区，求风振系数、基底弯矩。已求得 $T_1=1.54\text{s}$。

6. 一钢筋混凝土高层建筑，等圆截面，$D=15\text{m}$，$H=50\text{m}$，B 类地区，$w_0=0.50\text{kN/m}^2$。已求得 $T_1=2.5\text{s}$，试验算横风向第一振型共振。

第10章　建筑结构抗火设计

学习的目的和要求：

掌握建筑结构抗火的相关知识。

学习内容：

1. 火灾及其成因；
2. 结构抗火设计的一般原则和方法；
3. 建筑材料的高温性能与结构构件的耐火性能；
4. 钢筋混凝土构件抗火计算与设计；
5. 钢结构构件抗火计算与设计。

重点与难点：

重点：结构抗火设计的一般原则和方法、建筑材料的高温性能与结构构件的耐火性能。

难点：结构抗火计算与设计。

10.1　火灾及其成因

10.1.1　火灾的危害

在人类文明和社会发展过程中，火产生过巨大的推动作用。但是，火失控造成的火灾给人类的生命财产亦带来了巨大的危害。火灾每年要夺走成千上万人的生命和健康，造成数以亿计的经济损失。据统计，全世界每年火灾经济损失可达整个社会生产总值的0.2%。

1978年，美国共发生火灾307万起，经济损失约为44亿美元。日本1980年发生火灾6万起，经济损失约1460亿日元。我国的火灾次数和经济损失也相当惊人。统计表明，我国火灾每年直接经济损失为：20世纪50年代平均为0.5亿元，60年代平均为1.5亿元，70年代为2.5亿元，80年代为3.2亿元，90年代为12.5亿元。火灾除造成直接损失外，其引发的间接损失亦非常巨大。根据国外统计，火灾间接损失是直接损失的3倍左右。

常见的火灾有建筑火灾、露天生产装置火灾、可燃材料堆场火灾、森林火灾、交通工具火灾等，其中建筑火灾发生次数最多，损失最大，约占全部火灾的80%。

10.1.2 建筑火灾

1. 建筑火灾对结构的破坏

对于木结构，由于其组成材料为可燃材料，故发生火灾时，结构本身发生燃烧并不断削弱结构构件的截面，势必造成结构倒塌。对于钢筋混凝土结构和钢结构，虽然其材料本身并不燃烧，但火灾的高温作用将对结构产生以下不利影响：

（1）在高温下强度和弹性模量降低，造成截面破坏或变形较大而失效、倒塌。

（2）钢筋混凝土结构中的钢筋虽有混凝土保护，但在高温下其强度仍然有所降低，以致在初应力下屈服而引起截面破坏；混凝土强度和弹性模量随温度升高而降低；构件内温度梯度的存在，造成构件开裂，弯曲变形；构件热膨胀，能使相邻构件产生过大位移。

2. 火灾的发生和发展

建筑物起火的原因是多种多样和复杂的，在生产和生活中，有因为使用明火不慎引起的，有因为化学或生物化学的作用造成的，有因为用电电线短路引起的，也有因为恶意纵火破坏引起的。

火灾是火失去控制而蔓延的一种灾害燃烧现象。火灾的发生必须具备以下 3 个条件：

（1）存在能燃烧的物质。

（2）能持续地提供助燃的空气、氧气或其他氧化剂。

（3）有能使可燃物质燃烧的着火源。

如上述 3 个条件同时出现，就可能引发火灾。建筑物之所以容易发生火灾，就是因为上述 3 个条件同时出现的概率较大。

绝大部分的建筑火灾都是室内火灾。建筑室内火灾的发展可分为 3 个阶段，即初期增长阶段、全盛阶段及衰退阶段，如图 10-1 所示。在初期增长阶段和全盛阶段之间有一个标志着火灾发生质的转变的现象——轰燃现象出现，由于该现象持续时间很短，因此一般不把它作为一个独立的阶段来考虑。轰燃现象是室内火灾过程中一个非常重要的现象。

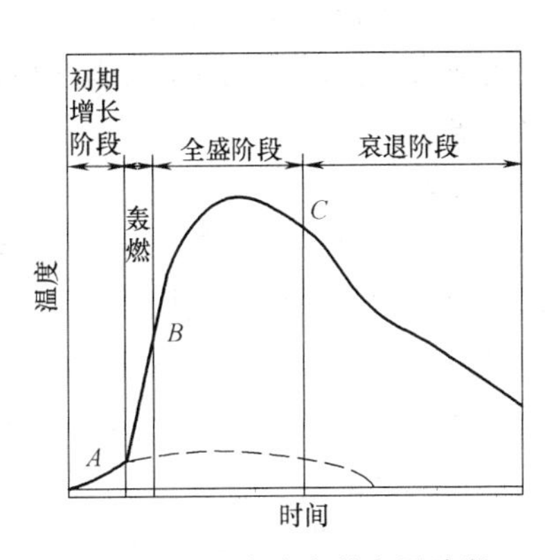

图 10-1　室内火灾的发展阶段

（1）初期增长阶段

这个阶段的燃烧面积很小而室内温度不高，烟少且流动相当慢。这一阶段的持续时间取决厂着火源的类型、物质的燃烧性能和布置方式，以及室内的通风情况等。例如，由明火引燃家具所需要的时间较短，而烟头引燃被褥，由于需经历阴燃，则需要较长的时间。这一阶段是扑灭火灾的最有效的时机。

此时，如果室内通风条件很差，火灾将因缺氧而自动熄灭。如果室内通风条件较好，随着可燃气体充满整个空间，室内可燃装修、家具或织物等将几乎同时开始燃烧，即产生轰燃现象相当于图 10-1 中 A 点。由于轰燃时间很短（AB 段），火灾随即进入全盛阶段。

（2）全盛阶段

这一阶段室内进入全面而猛烈的燃烧状态，室内温度达到最高。热辐射和热对流加剧，火焰可能从通风窗口窜出室外。该阶段持续时间的长短及最高温度主要取决于可燃物的质量、门窗部位及其大小、室内墙体热工特性等。当室内大多数可燃物烧尽，室内温度下降至最高温度的80%（图10-1中C点）以下时，即认为火势进入衰退阶段。

（3）衰退阶段

室内温度逐渐降低，室内可燃物仅剩暗红色余烬及局部微小火苗，温度在较长的200～300℃。当燃烧物全部燃烧光后，火势趋于熄灭。

10.1.3 影响火灾严重性的主要因素

建筑火灾的严重性是指建筑中发生火灾的大小及危害程度。火灾严重性取决于火灾达到的最大温度和最大温度燃烧持续的时间，反映火灾对建筑及结构造成损坏和对建筑中生命财产造成危害的趋势。建筑物一旦失火成灾，就受两个条件影响：一是燃料；二是通风情况。当考虑室内火灾升温时，房间的热损失也是一个重要因素。影响火灾严重性的主要因素有可燃材料的燃烧性能、数量、分布，房屋的通风状况，房间的大小、形状和热工特性等。

10.1.4 防火、耐火与抗火

防火、耐火与抗火，这3个名词既有联系，又有区别。

1. 防火

当防火指防止火灾时，主要用于建筑防火措施，如防火分区、消防设施布置等。当防火指防火保护时，用于建筑防护的有防护墙、防火门等，用于结构防护的有防火涂料、防火板等。

2. 耐火

耐火主要是指建筑在某一区域发生火灾时能忍耐多长时间而不造成火灾蔓延，以及结构在火灾中能忍耐多久而不破坏。一般根据建筑与结构构件的重要性及危险性来确定建筑物的耐火等级，并以此为基础，同时考虑消防灭火的时间需要，确定建筑部件（如防火墙、柱、楼板、承重墙）的耐火时间。

3. 抗火

火作为一种环境作用，结构同样需要抵抗。结构抗火一般通过对结构构件采取防火措施，其在火灾中承载力降低不多而满足受力要求来实现。

可见，抗火主要用于结构，即结构抗火。结构耐火与结构抗火的区别在于：结构耐火强调的是结构耐火时间，该时间只有在结构的荷载和约束状况确定的条件下才有意义；而结构抗火强调的是结构抵御火灾影响（包括温度应力、高温材性变化等），需要考虑荷载与约束条件。结构抗火设计，可归结为设计结构防火保护措施，使其在承受确定外载条件下，满足结构耐火时间要求。此也即防火、耐火、抗火的联系。

10.2 结构抗火设计的一般原则和方法

10.2.1 结构抗火设计的意义与发展

进行建筑防火设计的目的是减小火灾发生的概率，减小火灾的直接经济损失，避免或减小人员的伤亡。而进行结构抗火设计的意义则为：

（1）减轻结构在火灾中的破坏，避免结构在火灾中局部倒塌而造成灭火及人员疏散困难。

（2）避免结构在火灾中整体倒榻而造成人员伤亡。

（3）减小火灾后结构的修复费用，缩短火灾后结构功能恢复周期，减小间接损失。

随着人们对结构抗火认识的不断深化和结构抗火计算与设计理论研究的不断深入，结构抗火设计的方法也在不断发展。抗火设计方法主要包括：

1. 基于试验的构件抗火设计方法

该方法以试验为设计依据，通过进行不同类型构件（梁和柱）在规定荷载分布与标准升温条件下的耐火试验，确定在采取不同防火措施（如防火涂料）后构件的耐火时间。通过进行一系列的试验可确定各种防护措施（包括各种防火措施不同防护程度）相应的构件耐火时间。进行结构抗火设计时，可根据构件的耐火时间要求，直接选取对应的防火措施。目前我国现行《建筑设计防火规范》GB 50016—2014 正是基于这种方法。

然而，该方法难以对下列因素的影响加以考虑：

（1）荷载分布与大小的影响。例如，在荷载大小相同的条件下，无偏心轴压柱的耐火时间将比偏心受压柱的耐火时间长；而在荷载分布相同的条件下，显然荷载越大，构件耐火时间越短。由于实际结构构件所受的荷载分布与大小千变万化，结构各构件的实际受载状态与试验的标准受载状态很难完全一致。

（2）构件的端部约束状态的影响。构件在结构中受到相邻其他构件的约束，构件的端部约束状态不同，构件的承载力及火灾升温所产生的构件温度内力将不同，而这两方面对构件的耐火时间均有重要的影响。结构中构件的端部约束状态同样千变万化，试验很难准确、全面地加以模拟。

2. 基于计算的构件抗火设计方法

为考虑荷载的分布与大小及构件的端部约束状态对构件耐火时间的影响，可按所设计结构的实际情况进行一系列构件的耐火试验，但这样做的费用非常昂贵。为解决基于试验的构件抗火设计方法存在的问题，结构构件抗火计算理论研究引起了很多研究者的重视，开展了大量的研究。理论研究以有限元为主，也有的采用经典解析分析方法，基本建立了能考虑任意荷载形式和端部约束状态影响的构件抗火设计方法。目前这种方法已被英国、澳大利亚、欧盟等国家（组织）的结构设计规范采用。我国上海市标准《钢结构防火技术规程》也采用这种方法。

3. 基于计算的结构抗火设计方法

结构的主要功能是作为整体承受荷载。火灾下结构单个构件的破坏，并不一定意味着整体结构的破坏。特别是对于钢结构，一般情况下结构局部少数构件发生破坏，将引起结构内力重分布，结构仍具有一定继续承载的能力。当结构抗火设计以防止整体结构倒塌为目标时，则基于整体结构的承载能力极限状态进行抗火设计更为合理。目前结构火灾下的整体反应分析尚是热门研究课题，还没有提出适用于工程实用的方法被有关规范采纳。

4. 基于火灾随机性的结构抗火设计方法

现代结构设计以概率可靠度为目标，因火灾的发生具有随机性，且火灾发生后空气升温的变异性很大，要实现结构抗火的概率可靠度设计，必须考虑火灾及空气升温的随机性。考虑火灾随机性的结构抗火设计方法尚属有待研究的课题，但它将是结构抗火设计的发展方向。

10.2.2 基于概率可靠度的极限状态设计方法

目前，国际上结构设计都趋于采用基于概率可靠度的极限状态设计方法，即结构设计以满足各种功能的结构极限状态设计要求为目标。

建筑发生火灾虽然是一偶然事件，但建筑发生火灾后对结构来说应考虑承载力功能，因此，对于结构承载力功能，还应考虑建筑发生火灾的各种荷载作用工况。若结构功能要求相同，则无论是发生火灾还是非火灾条件下的正常情况，结构的设计可靠度（或失效概率=1.0−可靠度）应是一致的。

设正常情况和火灾下，结构承载力功能设计失效概率分别为 P_N、P_I，结构设计基准期内火灾发生的概率为 $P(F)$，火灾发生条件下结构承载力功能失效的概率为 $P(f/F)$，则

$$P_F=P(F)\cdot P(f/F) \tag{10-1}$$

因 $P(F)<1$，如要求 $P_F=P_N$，则 $P(f/F)>P_N$。这说明，对于结构的承载力极限状态，受火条件下结构的设计要求（可靠度或失效概率的大小）与建筑发生火灾的概率有关，建筑如有较好的防火措施（包括防火分隔、自动灭火装置等），则受火条件下结构的设计要求可降低。

10.2.3 火灾下结构的极限状态

结构的基本功能是承受荷载。火灾下，随着结构内部温度的升高，结构的承载能力将下降，当结构的承载能力下降到与外荷载（包括温度作用）产生的组合效应相等时，则结构达到受火承载力极限状态。

火灾下，结构的承载力极限状态可分为构件和结构两个层次，分别对应局部构件破坏和整体结构倒塌。

火灾下，结构构件承载力极限状态的判别标准为：

（1）构件丧失稳定承载力。

（2）构件的变形速率为无限大。试验表明，对于钢结构，当钢构件的特征变形速率超过下式确定的数值后，构件将迅速破坏。

$$\frac{d\delta}{dt}\geqslant\frac{l^2}{15h_x} \tag{10-2}$$

式中 δ——构件的最大挠度（mm）；

l——构件的长度（mm）；

h_x——构件的截面高度（mm）；

t——时间（h）。

（3）构件达到不适于继续承载的变形。对于钢结构，具体采用的特征变形可表达为

$$\delta\geqslant\frac{l}{800h_x} \tag{10-3}$$

火灾下，结构整体承载力极限状态的判别标准为：

（1）结构丧失整体稳定。

（2）结构达到不适于继续承载的整体变形。其界限值可取为

$$\frac{\delta}{h}\geqslant\frac{1}{30} \tag{10-4}$$

10.2.4 火灾下结构的最不利荷载、荷载效应组合

1. 火灾下结构的最不利荷载

框架结构是多层、高层建筑结构常用的结构形式，由于框架结构为超静定结构，在火灾中将产生较大的温度内力。分析表明，框架结构的温度内力在其构件的抗火计算应力中占相当大的比重，因此，框架结构（特别是钢框架结构）构件抗火设计需特别注意温度内力的影响。

框架结构构件较多，如对每一个构件均进行抗火验算或设计，则工作量很大，故进行实际工程设计时并无必要，可只取最不利的构件进行抗火设计。

事实上，常温下框架结构设计时，相同跨度梁，无论在何位置何楼层，一般均按受力最不利的梁归并，设计成相同的截面。而对于受力相近、位置不同的柱，一般也取几个楼层，统一归并为受力最不利的柱所确定的截面。基于上述事实，相同（或比较相近）长度及截面的梁和柱可采用相同的防护措施，可仅选取其中最不利的构件进行抗火设计，选取原则如下：

（1）常温下相对受力（荷载组合作用与承载力之比）最大的构件；

（2）火灾下温度内力最大的构件。对于梁，中跨梁较边跨梁温度内力大；对于柱，下层柱较上层柱温度内力大。

建筑中火灾发生的位置和范围有一定的随机件，为便于工程应用，进行框架结构构件抗火设计时，其最不利火灾位置一般可偏于保守地按如下方式确定：进行哪个构件抗火设计，仅考虑哪个构件受火升温。

2. 火灾下结构的荷载效应组合

目前国外结构抗火设计规范都采用荷载效应线性组合表达式，根据我国荷载代表值及有关参数的具体情况，进行结构抗火设计时，可采用如下荷载效应组合公式：

$$s=\gamma_{G}C_{G}G_{K}+\sum_{i}\gamma_{Qi}C_{Qi}Q_{iK}+\gamma_{W}C_{W}W_{K}+\gamma_{F}C_{F}(\Delta T) \tag{10-5}$$

式中 S——荷载组合效应；

G_K——永久荷载代表值；

Q_{iK}——楼面或屋面活荷载（不考虑屋面雪荷载）标准值；

W_K——风荷载标准值；

ΔT——构件或结构的温度变化（考虑温度效应）；

γ_G——永久荷载分项系数，取 1.05；

γ_{Qi}——楼面或屋面活荷载分项系数，取 0.7；

γ_W——风荷载分项系数，取 0 或 0.3，选不利情况；

γ_F——温度效应的分项系数，取 1.0；

C_G、C_{Qi}、C_W、C_F——永久荷载、楼面或屋面活荷载、风荷载和温度影响的效应系数。

当屋面可用作暂时避难，或专门设计的避难层、避难间以及人员疏散时可滞留地带，

楼面或屋面活载分项系数 γ_{Qi} 取 1.0。由于火灾是偶然的短期作用，其安全度可适当降低。所以恒载取其标准值的 $\gamma_G=1.05$ 倍，其他偶然作用如地震、撞击等不考虑。

10.2.5 结构抗火设计方法与要求

1. 标准升温曲线与等效爆火时间

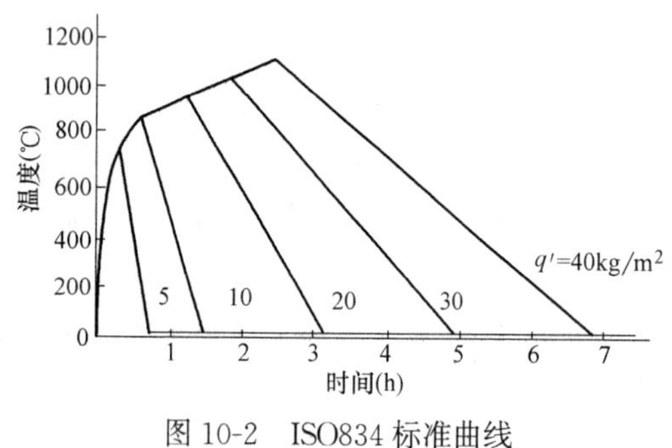

图 10-2 ISO834 标准曲线

（1）标准升温曲线

最早人们都是通过抗火试验来确定构件的抗火性能。为了对试验所测得的构件抗火性能能够相互比较，试验必须在相同的升温条件下进行，许多国家和组织都制定了标准的室内火灾升温曲线，供抗火试验和抗火设计使用。我国采用最多的是国际标准组织制定的 ISO834 标准升温曲线（图 10-2），其表达式如下：

升温段（$t\leqslant t_h$）

$$T_g-T_{g(0)}=345\log(8t+1) \tag{10-6}$$

降温段（$t>t_h$）

$$\frac{dT_g}{dt}=-10.417℃/\min(t_h\leqslant 30\min) \tag{10-7a}$$

$$\frac{dT_g}{dt}=-4.167(3-t_h/60)℃/\min(30\min\leqslant t_h\leqslant 120\min) \tag{10-7b}$$

$$\frac{dT_g}{dt}=-4.167℃/\min(t_h\geqslant 120\min) \tag{10-7c}$$

式中 t_h——升温持续时间，当 $0.02\leqslant\eta\leqslant 0.2$，$1000\leqslant\sqrt{\lambda\rho c}\leqslant 2000$ 且 $50\leqslant\frac{A_{f1}}{A_1}\cdot q\leqslant 1000$ 时，可按下式计算：

$$l_h=7.8\times 10^{-3}\cdot\left(\frac{A_{f1}}{A_1}\cdot q\right)/\eta \tag{10-8}$$

（2）等效爆火时间

采用标准升温曲线可以给结构抗火设计带来很大方便，但标准升温曲线有时与真实火灾下的升温曲线相差太远，为了更好地反映真实火灾对构件的破坏程度，又保持标准升温曲线的实用性，提出了等效爆火时间的概念，通过等效爆火时间将真实火灾与标准火联系起来。等效爆火时间的确定原则为，真实火灾对构件的破坏程度可等效为相同建筑在标准火作用“等效爆火时间”后对该构件的破坏程度。构件的破坏程度一般用构件在火灾下的温度来衡量。

2. 结构抗火计算模型

结构抗火计算模型与火灾升温模型和结构分析模型有关。火灾升温模型可采用标准升温模型（H_1）、等效标准升温模型（H_2）和模拟分析模型（H_3），如图 10-3 所示。标准升温模型简单，但与实际火灾升温有时差别较大。而等效标准升温模型则利用标准升温模型，通过等效爆火时间概念，近似考虑室内火灾荷载、通风参数、建筑热工参数等对火灾升温的影响。模拟分析升温模型可考虑很多影响火灾实际升温的因素，但计算复杂，工作量大，目前在工程中还难以推广应用。

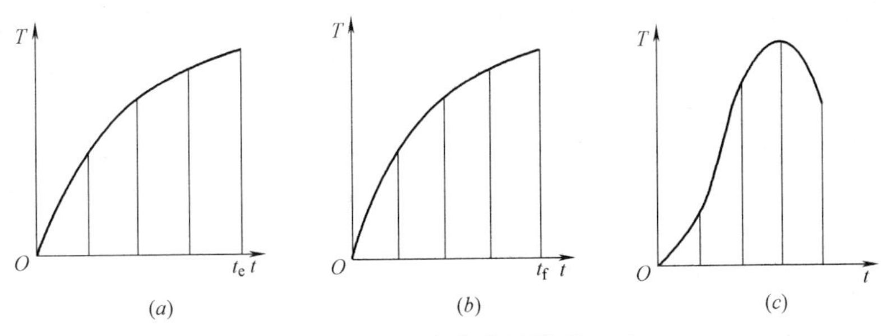

图 10-3　火灾升温模型

(a) 标准升温模型 (H_1); (b) 等效标准升温模型 (H_2); (c) 模拟分析升温模型 (H_3)

结构分析模型可采用构件模型 (S_1)、子结构模型 (S_2) 和整体结构模型 (S_3)，如图 10-4 所示。构件模型简单，但准确模拟构件边界约束较难；而子结构模型则可解决这一问题，但计算比构件模型要复杂。构件模型和子结构模型均可应用于火灾下构件层次的结构承载力极限状态分析；而整体结构模型主要用于火灾下整体结构层次的结构承载力极限状态分析，但计算工作量非常大。

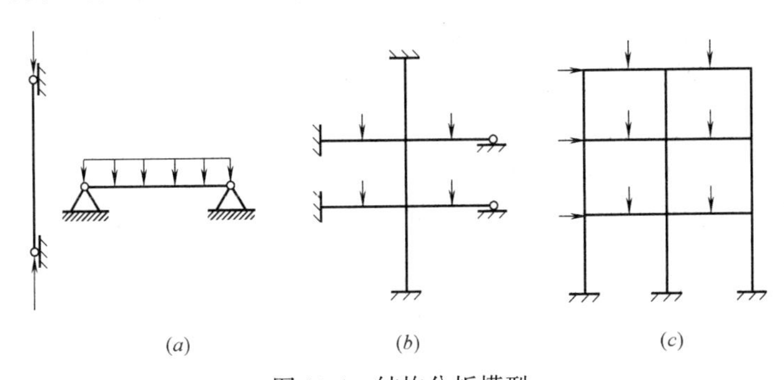

图 10-4　结构分析模型

(a) 构件模型 (S_1); (b) 子结构模型 (S_2); (c) 整体结构模型 (S_3)

3. 结构抗火设计要求

对任何结构，无论是构件还是整体结构的抗火设计，均应满足下列要求：

(1) 在规定的结构耐火极限的时间内，结构的承载力 R_d 应不小于各种作用所产生的组合效应 S_m，即

$$R_d \geqslant S_m \tag{10-9}$$

(2) 在各种荷载效应组合下，结构的耐火时间 t_d 应不小于规定的结构耐火极限 t_m 即

$$t_d \geqslant t_m \tag{10-10}$$

(3) 火灾下，当结构内部温度均匀时，若记结构达到承载力极限状态时的内部温度为临界温度 t_d，则 t_d 应不小于规定的耐火极限时间内结构的最高温度 T_m，即

$$t_d \geqslant T_m \tag{10-11}$$

上述 3 个要求实际上是等效的，进行结构抗火设计时，满足其一即可。此外，对于耐火等级为一级的建筑，除应进行结构构件层次的抗火设计外，还宜进行整体结构层次的抗火计算与设计。而对其他耐火等级的建筑，则可只进行结构构件层次的抗火设计。

10.2.6 结构抗火设计的一般步骤

结构构件抗火设计的目标是，确定适当的构件防火被覆，使其在规定的耐火时间范围内，满足承载能力的要求。如果抗火设计方法定位于直接求取防火被覆厚度，则需先求出构件临界温度，然后再根据临界温度与防火被覆厚度和耐火时间关系，确定防火被覆厚度。然而，确定构件的临界温度一般需要求解非线性方程，实际应用不方便。为便于工程应用，进行构件抗火设计时，可采用初定防火被覆厚度的方式，验算其在规定的耐火时间极限范围内，是否满足承载能力要求。

对于钢结构来说，一般步骤为：

(1) 确定一定的防火被覆厚度。

(2) 计算构件在耐火时间条件下的内部温度。

(3) 采用高温下的材料参数，计算结构构件在外荷载和温度作用下的内力。

(4) 进行荷载效应组合。

(5) 根据构件和受载的类型，进行构件耐火承载力极限状态验算。

(6) 当设定的防火被覆厚度不合适时（过小或过大），可调整防火被覆厚度，重复上述 (1)～(5) 步骤。

对于钢筋混凝土结构，如按常温条件件设计的构件不满足耐火稳定性条件时，应进行补充设计，重新验算。补充设计可采用下列方法：

(1) 原设计无面层的构件，增加耐火面层，如对梁、板、柱的受火面抹灰，屋架等其他构件喷涂防火材料等。

(2) 加大钢筋净保护层以降低其温度。

(3) 改变配筋方式，如双层布筋，把粗钢筋布置在里层或中部，细钢筋布置在下层或角部。

(4) 轴心受压和小偏心受压构件可提高混凝土强度等级。

(5) 加大截面宽度或配筋量。

(6) 加大建筑物房间开口面积，以减小当量标准升温时间。

10.3 建筑材料的高温性能

10.3.1 钢筋混凝土的高温性能

试验表明，在短期高温作用下，钢筋和混凝土随温度升高，其力学性能均发生变化。测定钢筋或混凝土短期高温力学性能的试验方法有两种：一种方法是将材料加热到指定温度，并恒温一定时间，使材料内外温度达到一致，然后在此热态下测定其力学性能，此种方法测定的力学性能称为材料高温时的力学性能，用于结构在火灾时的承载力计算；另一种方法是把材料加热到指定温度，然后冷却到室温，在冷态下测定其力学性能，此种方法测定的力学性能称为材料高温后的力学性能，用于结构遭受火灾后的修复补强计算。

1. 混凝土的高温性能

(1) 混凝土的强度

混凝土受到高温作用时，其本身发生脱水，结果导致水泥石收缩，骨料则随温度升高而产生膨胀，两者变形不协调使混凝土产生裂缝，强度降低。此外，由于脱水，混凝土的空隙率增大，密实度降低。温度越高，这种作用就越剧烈。当温度达到 40℃以上，混凝土中 $Ca(OH)_2$ 脱水，生成游离氧化钙，混凝土严重开裂。当温度达到 573℃时，骨料中的石英组分体积发生突变，混凝土强度急剧下降。所以，随着温度的升高，混凝土强度呈下降趋势。

① 混凝土高温时的强度影响混凝土高温时抗压强度的因素很多，尤其是加热速度、试件负荷状态、水泥含量、骨料性质等。多年来，世界各国进行了大量的试验研究，图 10-5 给出了已发表的试验结果。图中阴影区为试验值变化范围。

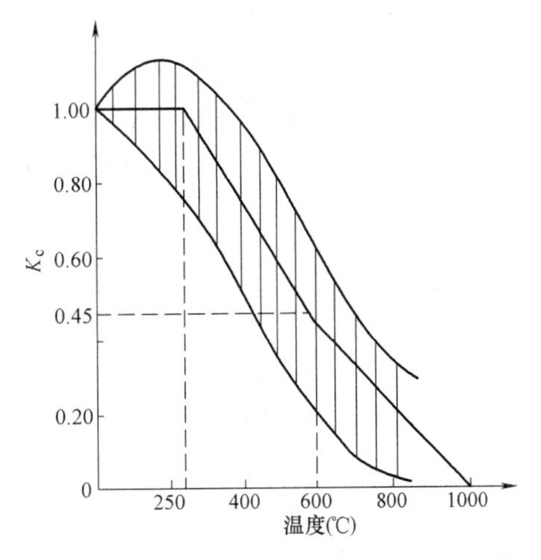

图 10-5　混凝土高温时强度折减系数变化

定义混凝土在温度 T 时的抗压强度 f_{cuT} 与常温下的抗压强度 f_{cu} 之比为混凝土的抗压强度折减系数，用 K_c 表示，即

$$K_c = f_{cuT}/f_{cu} \tag{10-12}$$

由图 10-5 可见，混凝土抗压强度折减系数值分散较大。欧洲混凝土协会总结归纳各国的试验结果，推荐下式计算混凝土抗压强度折减系数：

$$K_c = \begin{cases} 1.0 & (T \leqslant 250) \\ 1.0 - 0.00157(T-250) & (250 < T \leqslant 600) \\ 0.45 - 0.00112(T-600) & (T > 600) \end{cases} \tag{10-13}$$

式中　T——混凝土的受热温度。

式（10-13）所表示的曲线即图 10-5 中实折线所示。

② 混凝土高温后的强度

试验表明，混凝土受到高温作用然后冷却到室温时，其抗压强度比热态时要低。其混凝土强度折减系数参见表 10-1。

混凝土高温后强度折减系数　　**表 10-1**

温度(℃)	100	200	300	400	500	600	700	800
K_c	0.94	0.87	0.76	0.62	0.50	0.38	0.28	0.17

（2）混凝土的弹性模量

由于随温度升高混凝土出现裂缝，组织松弛，空隙失水而失去吸附力，造成变形增大，弹性模性降低。

① 混凝土高温时的弹性模量

定义混凝土在热态状态下的弹性模量与常温下的弹性模量之比为混凝土的弹性模量折减系数，用 K_{cE} 表示，其值随温度的变化情况列于表 10-2。

混凝土高温时弹性模量折减系数　　**表 10-2**

温度(℃)	100	200	300	400	500	600	700
K_{cE}	1.00	0.80	0.70	0.60	0.50	0.40	0.30

② 混凝土在高温后的弹性模量

试验表明，混凝土加热并冷却到室温时测定的弹性模量比热态时弹性模量要小。其高温后的弹性模量折减系数参见表 10-3。

混凝土高温后的弹性模量折减系数　　表 10-3

温度(℃)	100	200	300	400	500	600	700	800
K_C	0.75	0.53	0.40	0.30	0.20	0.10	0.05	0.05

注：光滑钢筋面为轻微者取下限值，严重者取上限值。

（3）混凝土的应力-应变曲线

混凝土在高温作用后，其一次加荷下的应力-应变曲线与常温下相似。由于混凝土弹性模量和强度的降低，只是曲线应力峰值降低，曲线更为平缓。对于受热冷却后的混凝土，这种现象更为明显，如图 10-6 所示。其中图 10-6（*a*）为热态时的曲线，图 10-6（*b*）为冷态时的曲线。

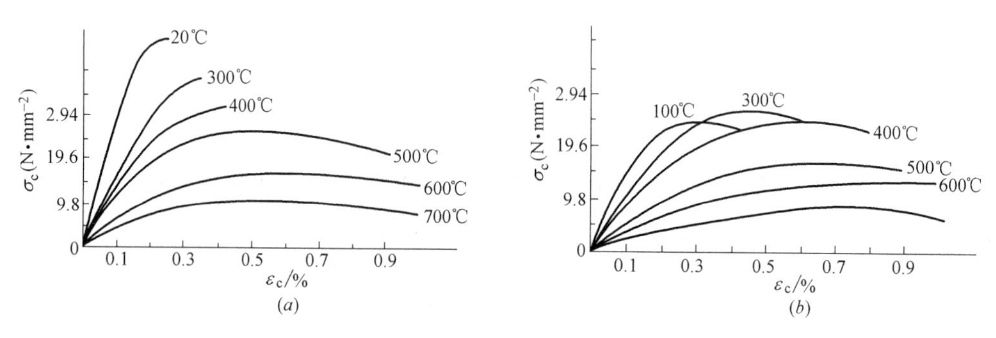

图 10-6　混凝土的应力-应变曲线

2. 钢筋的高温性能

（1）钢筋的强度

钢筋混凝土结构在火灾温度作用下，其承载力与钢筋强度关系极大。因此，国内外对各类钢筋、钢丝、钢绞线都进行了较为系统的试验研究。结果表明，钢材在热态时的强度大大低于先加温后冷却到室温时测定的强度。所以，构件在火灾时的承载力计算和火灾后修复补强计算时钢筋强度的取用并不一致。

① 钢筋高温时的强度

普通低碳钢筋，随温度升高，屈服台阶逐渐减小。到 300℃时，屈服台阶消失，其屈服强度取决于条件屈服强度。在 300℃以下时，其强度高温时略高，但塑性降低。超过 400℃时，其强度降低而塑性提高。

定义钢筋在热态状态下的强度与常温时强度之比为钢筋的设计强度折减系数，用 K_s 表示。普通低碳钢筋的 K_s 取值可按表 10-4 采用。

普通低台金钢在 300℃以下时，其强度略有提高但塑性降低；超过 300℃时，其强度降低而塑性增加。低合金钢强度降低幅度比低碳钢稍小。

冷加工钢筋（冷拔、冷拉）在冷加工过程中所提高的强度随温度升高而逐渐减小和消失，但冷加工所减小的塑性可得到恢复。

高强钢丝属硬钢，没有明显的屈服强度，在火灾高温作用下，其极限抗拉强度值降低要比其他钢材更快。普通低合金钢筋、冷加工钢筋、高强钢丝的设计强度折减系数可按表

10-4 采用。

K_s 值 **表 10-4**

温度(℃)	100	200	300	400	500	600	700
普通低碳钢筋	1.00	1.00	1.00	0.67	0.52	0.30	0.05
普通低合金钢筋	1.00	1.00	0.85	0.75	0.60	0.40	0.20
冷加工钢筋	1.00	0.84	0.67	0.52	0.36	0.20	0.05
高强钢丝	1.00	0.80	0.60	0.40	0.20	—	—

② 钢筋高温后的强度

试验表明，钢筋受高温作用后冷却到室温时强度有较大幅度恢复。图 10-7 是根据 $CIBW_{14}$（国际建筑科研与文献委员会第十四分委员会）得出的结论，计算时可直接查用。

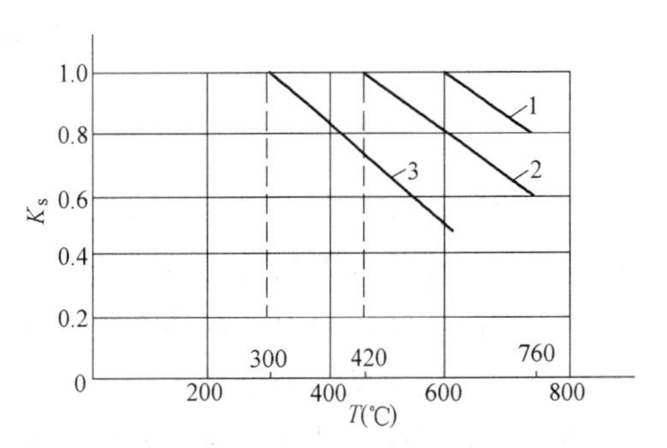

图 10-7 钢筋冷却后强度折减系数

1—热轧钢筋屈服强度；2—冷加工钢筋的屈服强度；3—预应力钢筋的屈服强度

由图 10-7 可知，普通热轧钢筋在 600℃以前，屈服强度没有降低；600℃以后，呈线性降低。预应力钢筋在 300℃以后，强度降低较快，600℃时降低 50%。冷加工钢筋在 420℃以前，屈服强度没有降低；400℃以后线性降低。根据四川消防科研所研究，也得出同样结论，并且证明，钢筋混凝土结构所用 HPB235 级、HRB335 级钢筋，在 600℃以前冷却后各项机械指标均满足工程要求。

最后应该说明，无论是火灾时还是火灾后，钢筋的抗压强度折减系数均可取相应的抗拉强度折减系数相同值。

（2）钢筋的弹性模量

试验表明，钢筋在火灾时热态弹性模量随温度升高而降低，但同钢筋种类和级别关系不大。其弹性模量折减系数 K_{sE} 可按表 10-5 采用。

K_{sE} 值 **表 10-5**

温度(℃)	100	200	300	400	500	600	700
K_{sE}	1.00	0.95	0.90	0.85	0.80	0.75	0.70

四川消防科研所研究表明，钢筋在火灾后即冷态时弹性模量无明显变化，可取常温时的值。

（3）钢筋的变形

钢筋在热态下的应力-应变曲线如图 10-8 所示，其中图 10-8（*a*）为软钢的应力-应变曲线，图 10-8（*b*）为硬钢的变形曲线。

当钢筋受热温度 $T \leqslant 500$℃时，冷却后其应力-应变曲线和常温相同；当受热温度 $T \geqslant 500$℃时，屈服平台消失，如图 10-8（*a*）所示。

3. 钢筋和混凝土之间的粘结力

由于混凝土在高温时和高温后其强度下降，必然引起钢筋和混凝土间粘结强度的

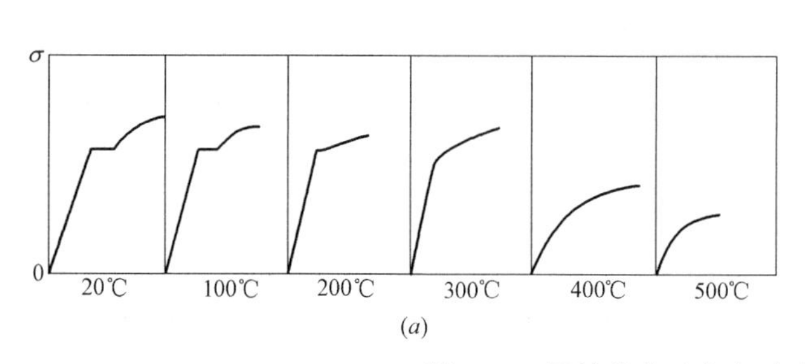

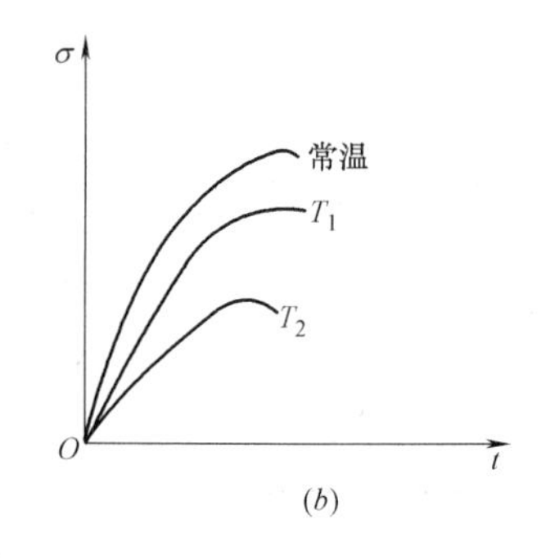

图 10-8　钢筋热态时应力-应变曲线

（a）软钢；（b）硬钢

降低。

（1）高温作用下和高温作用冷却后，钢筋和混凝土之间的粘结强度会受到损伤。随着温度的增高，粘结强度呈连续下降趋势。

（2）混凝土抗压强度的损伤系数和变形钢筋粘结强度的损伤系数是同一数量级，冷却后的抗压强度仅比粘结强度稍大。

（3）变形钢筋的粘结强度比光面钢筋的粘结强度大得多，严重锈蚀的光面钢筋的粘结强度好于新轧光面钢筋的粘结强度。

（4）影响粘结强度的因素很多。强度、试验程序、钢筋形状和混凝土性能等，因而各个试验得出的损伤系数有一定差异，但总的变化趋势是一致的。

（5）高温下的粘结性能比冷却后的粘结性能稍好一些。四川消防科研所根据这些普遍结论，同时参考美国和 CIBW14 工作组的研究成果，推荐冷却后的残余粘结强度的损伤系数 k_τ 如表 10-6 所示。

k_τ 值　　　　**表 10-6**

温度(℃)		100	200	300	400	500	600	700
k_τ	变形钢筋	0.93	0.84	0.75	0.58	0.40	0.22	0.05
	光面钢筋	0.84～0.89	0.62～0.75	0.40～0.60	0.20～0.35	0～0.10	—	—

10.3.2　高温下结构钢的材料特性

1. 高温下结构钢的热物理特性

（1）热膨胀系数 α_s

当温度升高时，钢结构要发生膨胀 c 对截面温度均匀分布的静定结构而言，热膨胀只对变形有影响，不会产生附加内力。但当结构和构件的膨胀受到约束时，就会产生附加内力，在进行结构反应分析时，必须考虑这种影响。钢的膨胀系数（这里的膨胀系数特指线膨胀系数）实际随温度的升高会发生变化，但变化幅度不大。

试验结果的分析指出，钢的热膨胀系数随温度的变化而变化，但变化规律不完全是随着温度的升高而升高。试验结果表明，在 0～700℃（钢的温度），钢的平均热膨胀系数随温度的升高而增大；在温度达到 800℃左右时，构件在原有伸长的基础上出现缩短现象；当温度达到 900℃左右时，又开始膨胀，平均热膨胀系数开始回升。钢的平均热膨胀系数与温度的关系见表10-7。这种现象称作相位变换现象。

钢的平均热膨胀系数与温度的关系 **表10-7**

钢类	在下列温度范围内的平均热膨胀系数($\times 10^{-6}$/℃)											
含碳(%)	0～100	0～200	0～300	0～400	0～500	0～600	0～700	0～800	0～900	0～1000	0～1100	0～1200
0.06	12.62	13.08	13.46	13.83	14.25	14.65	15.00	14.72	12.89	13.79	14.65	15.37
0.23	12.18	12.66	13.08	13.47	13.92	14.41	14.85	12.64	12.41	13.37	14.16	14.81
0.415	11.21	12.14	13.00	13.58	14.05	14.58	14.85	12.65	12.65	13.59	14.36	15.00

由于一般钢结构的临界温度都在700℃以下，相位变换现象对结构反应分析没有什么影响。但有些工字梁，火灾时下翼缘的温度比上翼缘的温度高得多，这时下翼缘就有可能进入相位变换的温度范围，有必要考虑其影响。

我国《钢结构规范》规定的常温下钢的膨胀系数为常数：$a_s=1.2\times10^{-5}$m/(m·℃)；国内在进行钢结构抗火分析时，钢的热膨胀系数一般取常数：$a_s=1.4\times10^{-5}$m/(m·℃)；

(2) 钢的比热 C_s

钢的比热随温度的变化较大，近似可用下式表示：

$$C_s=38\times10^{-5}T_s^2+0.20T_s+470 \tag{10-14}$$

但当取钢的比热为常数时．可采用 $C_s=600$J/(kg·℃)

(3) 钢的导热系数 λ_s

钢的导热系数随温度的升高而减小。日本采用

$$\lambda_s=52.08-5.05\times10^{-5}T_s^2 \tag{10-15}$$

英国规范取常数

$$\lambda_s=37.5 \tag{10-16}$$

欧洲规范提出的随温度变化的导热系数为

$$\lambda_s=54-3.3310^{-2}T_s^2 \qquad (20℃\leqslant T_s<800℃) \tag{10-17a}$$

$$\lambda_s=27.3 \qquad (T_s\geqslant800℃) \tag{10-17b}$$

欧洲规范EUROCODE3提出的不随温度变化的导热系数为

$$\lambda_s=45 \tag{10-18}$$

(4) 钢的密度 ρ_s

钢的密度随温度的变化很小，可取常数：$\rho_s=7850$kg/m^3。

2. 高温下结构钢的力学性能

(1) 结构钢高温力学性能试验方法

进行高温下结构钢力学性能试验的试验机是在常规试验机基础上，增加升温设备（一般用电炉）和温度测量、控制设备。测定高温下结构钢的力学性能的试验方法主要有两种：恒载升温试验和恒温加载试验。

① 恒荷载升温试验

进行这种试验时，先在常温下给试件加载到一定的应力水平，然后按一定的升温速率给试件升温，直到试件破坏。

② 恒温加载试验

恒温加载试验是在加载前将试件温度升高到一定值，保持一段时间到构件温度均匀、

稳定后，开始给构件进行加载试验。加载过程中始终保持温度恒定，这样可测得试件在该温度时的应力-应变曲线。通过对同一种钢材在不同温度时的恒温加载试验即可得到该钢材在各温度的一组应力-应变关系曲线。目前，绝大多数高温材料试验都是采用恒温加载试验。

（2）应力-应变关系

试验结果表明，当钢的温度在 250℃以下时，钢的弹性模量和强度变化不大；当温度超过 250℃时，即发生所谓的塑性流动；超过 300℃后，应力-应变关系曲线就没有明显的屈服极限和屈服平台，强度和弹性模量明显减小。

高温下钢构件的总应变 ε 包括三部分：由应力产生的瞬时应变 ε_{σ}、蛹变 ε_{cr} 及由热膨胀生的应变 ε_{th}。

$$\varepsilon=\varepsilon_{\sigma}+\varepsilon_{cr}+\varepsilon_{th} \tag{10-19}$$

$$\varepsilon_{th}=\Delta T_{s}\cdot\alpha_{s} \tag{10-20}$$

总应变与应力过程和升温过程有关。当构件的升温速度在 5～50℃/min 范围且构件的温度不超过 600℃时，蠕变较小，一般将蠕变包括在 ε_{σ} 中一起考虑，而不另外考虑蠕变的影响，因而也不考虑应力过程和升温过程对总应变的影响，否则，蠕变的影响要单独考虑。钢的应力-应变关系模型很多，最简单的是分段直线模型。

（3）高温下结构钢的蠕变

由蠕变试验所得到的蠕变曲线（应变与时间关系曲线）如图 10-9 所示。可以看出，蠕变曲线有如下特点：在加载时产生瞬时应变（应力应变），瞬时应变由弹性应变和时间无关的塑性应变之和构成。在蠕变初期，有一个应变速度随时间而减小的过渡蠕变（瞬时蠕变）阶段，接着出现应变速度大致恒定的稳态蠕变阶段，这个阶段也称为最小蠕变速度阶段，此后是应变速度加快的加速蠕变阶段，最后构件截面失稳断裂。有时，也把上述过渡、稳态、加速蠕变分别称为第一阶段蠕变、第二阶段蠕变、第三阶段蠕变。对应图 10-9 中的Ⅰ、Ⅱ、Ⅲ部分，这 3 个阶段蠕变在整个蠕变中所占比例的大小与试件的应力大小和温度的高低有关。在温度相同的条件下，应力较大时，几乎不会出现稳态蠕变阶段，试件就直接加速蠕变，然后断裂，如图 10-9 的曲线 a；而当应力很小时，稳态蠕变阶段的持续时间就会特别长，如图 10-9 曲线 c。在应力相同的条件下，温度越高，稳态蠕变阶段持续的时间就越短。但总的来说，稳态蠕变的大小在总蠕变中所占的比例较小。

因为火灾的持续时间都比较短，一般都不超过几个小时，因此钢构件在火灾下的蠕变是以过渡蠕变（瞬时蠕变）为主，加之稳态蠕变的大小在总蠕变中所占的比例很小，因此一般可不考虑稳态蠕变的影响。

（4）高温下结构钢的松弛

在一定的温度下，受拉或者受压的金属构件，若使用过程中总变形保持不变，则应力会自发下降，这种现象称为松弛。典型的松弛曲线一般可分为两个阶段，如图 10-10 所示。对于火灾中的松弛问题，松弛的第一阶段起主要作用，一般考虑第一阶段松弛即可。高温下金属材料的松弛起因于蠕变现象，所以可以把它看作是变动应力下的蠕变问题之一。

钢结构中采用的摩擦型高强度螺栓连接是依靠螺栓的预拉力产生挤压后，通过摩擦力来传递荷载。当发生火灾，连接节点温度升高时，由于螺栓产生松弛，螺栓的预拉力就会大大降低，从而严重影响螺栓的连接性能。目前国内外还缺少对火灾下高强度螺栓连接性能的详细研究，国外规范仅通过提高连接的耐火时间要求来防止火灾下连接过早地破坏。

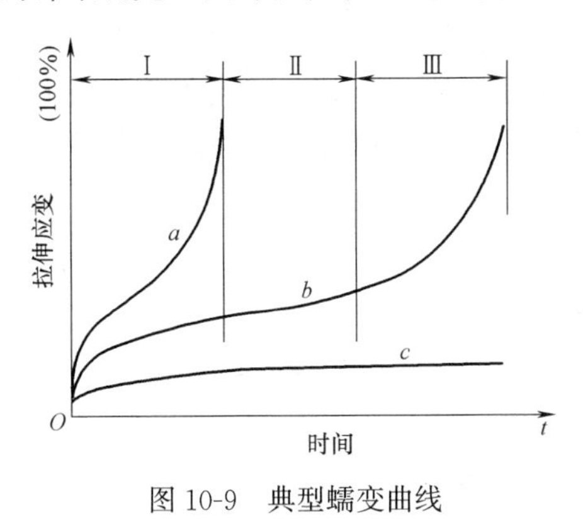

图 10-9　典型蠕变曲线

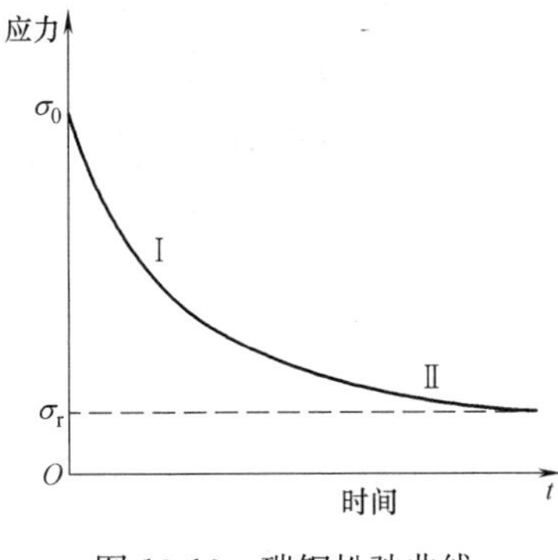

图 10-10　碳钢松弛曲线

（5）高温下结构钢的力学参数

① 泊松比 ν_s

结构钢的泊松比受温度的影响较小，高温下结构钢的泊松比可取与常温下相同，即

$$\nu_s=0.3 \tag{10-21}$$

② 等效屈服强度

高温下钢的应力-应变关系曲线没有明显的屈服极限和屈服平台。ECCS（European Convention for Constructional Steelwork）采用应变为 0.5%时的应力为屈服应力，而英国规范则分别给出了应变为 0.5%、1.5%、2.0%时的应力，根据保护层对结构变形的要求分别采用。EUROCODE3 是以应变为 2.0%时的应力作为屈服应力。ECCS 给出的高温下结构钢的屈服强度公式为

$$\frac{f_{yT}}{f_y}=1+\frac{T_s}{767\ln\frac{T_s}{1750}} \qquad (0\leqslant T_s\leqslant 600) \tag{10-22a}$$

$$\frac{f_{yT}}{f_y}=\frac{108\left(1-\frac{T_s}{1000}\right)}{T_s-440} \qquad (600\leqslant T_s\leqslant 1000) \tag{10-22b}$$

③ 初始弹性模量置 E_T

根据试验研究，很多国家给出了钢材弹性模量与温度关系的计算方案，当温度超过 500℃时，各方案的弹性模量相差较大。在进行抗火分析时，这种差别会给高温下结构的变形和极限状态计算结果带来较大的差异。目前国内多采用 ECCS 建议的方案：

$$\frac{E_T}{E}=-17.2\times10^{-12}T_s^4+11.8\times10^{-9}T_s^3-34.5\times10^{-7}T_s^2+15.9\times10^{-5}T_s+1$$

$$(0\leqslant T_s\leqslant 600) \tag{10-23}$$

式中　E——常温下的弹性模量（N/mm^2）；

E_T——温度为 T_s 时的初始弹性模量（N/mm^2）。

3. 高温冷却后结构钢的材料特性

（1）结构钢在高温冷却后的表观特征

对高温冷却后结构钢的损伤试验研究发现，冷却后钢材试件表面颜色随曾经经历的最高温度的增加而逐步加深。

（2）高温冷却后结构钢的力学性能

关于受热后又冷却到常温状态后结构钢的强度及弹性模量，一般认为与受热前的强度和弹性模量相同或降低很少。试验研究表明，经历高温（600℃以内）自然冷却后的结构钢试件在接近破坏时有与常温下一样明显的颈缩现象。自然冷却后结构钢的弹性模量与常温下的相同，屈服强度可用下式表示：

$$\frac{f_{yTm}}{f_y}=1.0 \qquad (T_m\leqslant 400) \tag{10-24a}$$

$$\frac{f_{yTm}}{f_y}=1+2.23\times10^{-4}(T-20)-5.88\times10^{-7}(T-20)^2 \quad (400<T_m\leqslant 600) \tag{10-24b}$$

式中　T_m——钢材所经历的最高温度；

f_{yTm}——经历最高温度 T_m 自然冷却后钢材的屈服强度。

10.4 结构构件的耐火性能

10.4.1 建筑物耐火等级

各类建筑由于使用性质、重要程度、规模、层数、火灾危险性或火灾扑救难易程度存在差异，所要求的耐火能力可有所不同。根据建筑物不同的耐火能力要求，可将建筑物分成若干耐火等级。我国《建筑设计防火规范》将建筑物耐火等级分成 4 级。

1. 一般民用建筑的耐火等级

消防上，一般民用建筑是指 9 层及 9 层以下的住宅（包括底层设置商业服务网点的住宅）和建筑高度不超过 24m 的其他民用建筑，以及建筑高度不超过 24m 的单层公共建筑。上述定义主要是根据我国目前消防设备水平和各地建筑现状做出的。

一般民用建筑的耐火等级与建筑物层数、长度和每层面积的关系见文献 [3]。其中重要的公共建筑应采用一、二级耐火等级的建筑。商店、学校、食堂、菜市场如采用一、二级耐火等级的建筑有困难，可采用三级耐火等级的建筑。

2. 高层民用建筑的耐火等级

根据高层建筑的使用性质、火灾危险性、疏散和扑救难易程度及建筑楼层总数可将其分为两类，如表 10-8 所示。

高层民用建筑分类　　表 10-8

名称	一类	二类
居住建筑	19 层及 19 层以上的普通住宅	10～18 层的普通住宅
公共建筑	(1)医院； (2)高级旅馆； (3)建筑高度超过 50m 或每层面积超过 1000m² 的商业楼、财贸金融楼； (4)建筑高度超过 50m 或每层面积超过 1500m² 的商住楼； (5)中央级和省级(含计划单列市)广播电视楼； (6)网局级和省级(含计划单列市)电力调度楼； (7)省级(含计划单列市)邮政楼防灾指挥楼； (8)藏书超过 100 万册的图书馆、书库； (9)重要的办公楼、科研楼、档案楼； (10)建筑高度超过 50m 的教学楼和普通旅馆、办公楼、科研楼、档案楼等	(1)一类建筑以外的商业楼、展览馆、综合楼、电信楼、财贸金融楼、商住楼、图书馆、书库； (2)省级以下的邮政楼、防灾指挥调度楼、广播电视楼、电力调度楼； (3)建筑高度不超过 50m 的教学楼和普通旅馆、办公楼、科研楼、档案楼等

我国《高层民用建筑设计防火规范》GB 50045—2014 规定：对于一类建筑及一、二类建筑的地下室，其耐火等级不应低于一级；对于二类建筑及附属于高层建筑的裙房，其耐火等级不应低于二级。

3. 厂房建筑的耐火等级

厂房建筑的耐火等级与生产的火灾危险性密切相关。我国根据在厂房建筑内使用或生产物质的起火及燃烧性能，将这些建筑的火灾危险性分成 5 类。各类厂房的耐火等级除与火灾危险性有关外，还与厂房层数、防火分区等有关。

4. 仓库建筑的耐火等级

仓库建筑的耐火等级与储备物品的类别（火灾危险性）及建筑层数、建筑面积等有关。储存物品的火灾危险性可分为 5 类。高层库房、高架仓库和筒仓的耐火等级不应低于二级；二级耐火等级的筒仓可采用钢板仓。储存特殊贵重物品的库房，其耐火等级宜为一级。

10.4.2 建筑结构构件耐火极限

建筑结构构件的耐火极限是指构件受标准升温火灾条件下，从受到火的作用起，到失去为稳定性或完整性或绝热性时止，抵抗火作用所持续的时间，一般以小时计。

失去稳定性是指结构构件在火灾中丧失承载力，或达到不适宜继续承载的变形。对于梁和板，不适于继续承载的变形定义为最大挠度超过$\frac{l}{20}$，其中 l 为试件的计算跨度。对于柱，不适于继续承载的变形可定义为柱的轴向压缩变形速度超过 $3h$（mm/min），其中 h 为柱的受火高度，单位以 m 计。

失去完整性是指分隔构件（如楼板、门窗、隔墙等）一面受火时，构件出现穿透裂缝或穿火孔隙，使火焰能穿过构件，造成背火面可燃物起火燃烧。

失去绝热性是指分隔构件一面受火时，背火面温度达到 220℃，可造成背火面可燃物（如纸张、纺织品等）起火燃烧。

当进行结构抗火设计时，可将结构构件分为两类：一类为兼作分隔构件的结构构件（如承重墙、楼板），这类构件的耐火极限应由构件失去稳定性或失去完整性或失去绝热性 3 个条件之一的最小时间确定；另一类为纯结构构件（如梁、柱、屋架），该类构件的耐火极限则由失去稳定性单一条件确定。

确定结构构件的耐火极限要求时，应考虑下列因素：

（1）建筑的耐火等级。由于建筑的耐火等级是建筑防火性能的综合评价或要求，显然耐火等级越高，结构构件的耐火极限要求就越高。

（2）构件的重要性。越重要的构件，其耐火极限要求应越高。由于建筑结构在一般情况下楼板支撑在梁上，而梁又支撑在柱上，因此梁比楼板更重要，而柱又比梁更重要。

（3）构件在建筑中的部位。如在高层建筑中，建筑下部的构件比上部的构件更重要。

我国现行有关规范，仅考虑了上述（1）、（2）两个因素，对建筑结构构件的耐火极限作了明确规定，见表 10-9。表 10-9 中非燃烧体、难燃烧体和燃烧体是指构件材料的燃烧性能，其定义如下：

① 非燃烧体。指受到火烧或高温作用时不起火、不燃烧、不炭化的材料。用于结构

构件的这类材料有钢材、混凝土、砖、石等。

② 难燃烧体。指在空气中受到火烧或高温作用时难起火，当火源移走后，燃烧立即停止的材料。用于结构构件的这类材料有经过阻燃、难燃处理后的木材、塑料等。

③ 燃烧体。指在明火或高温下起火，在火源移走后能继续燃烧的材料。可用于结构构件的这类材料主要有天然木材、竹子等。

我国目前结构构件耐火极限的划分是以楼板为基准的（参见表 10-9）。耐火等级为一级建筑的楼板的耐火极限定为 1.5h，二级定为 1.0h，三级定为 0.5h，四级定为 0.25h。确定梁的耐火极限时，考虑梁比楼板耐火极限相应提高，一般提高 0.5h。而柱和承重墙比楼板更重要，则将它们的耐火极限在梁的基础上进一步提高。

建筑结构构件的燃烧性能和耐火极限 **表 10-9**

燃烧性能(h) \ 耐火等级		一级	二级	三级	四级
墙	防火墙	非燃烧体 4.00	非燃烧体 4.00	非燃烧体 4.00	非燃烧体
	承重墙、楼梯间、电梯井的墙	非燃烧体 3.00	非燃烧体 2.50	非燃烧体 2.50	非燃烧体 0.5
柱	支撑多层的柱	非燃烧体 3.00	非燃烧体 2.50	非燃烧体 2.50	非燃烧体
	支撑单层的柱	非燃烧体 2.50	非燃烧体 2.00	难燃烧体 2.00	燃烧体
梁		非燃烧体 2.00	非燃烧体 1.50	非燃烧体 1.00	难燃烧体
楼板		非燃烧体 1.50	非燃烧体 1.00	非燃烧体 0.50	难燃烧体
屋顶承重构件		非燃烧体 1.50	非燃烧体 0.50	燃烧体	燃烧体
疏散楼梯		非燃烧体	非燃烧体	非燃烧体	燃烧体

建筑构件抵抗火烧时间的长短，与构件的厚度或截面尺寸或保护层厚度等有着密切关系。一般来说，相同条件下的受压构件，其厚度或截面尺寸愈大（钢柱与保护层厚度有关），则耐火极限也愈高。同样，相同条件下的钢筋混凝土或型钢受弯构件，其防火保护层愈厚，则耐火极限也愈高。现分别举例说明如下。

1. 墙

墙是建筑物不可缺少的重要组成部分，它可以起承重作用和围护作用。建筑物广泛采用的有钢筋混凝土墙、普通黏土砖墙、硅酸盐砖墙、加气混凝土砌块墙板、石膏墙板、石膏珍珠岩空心隔墙、石棉水泥蜂窝板隔墙等。

(1) 普通黏土砖墙、钢筋混凝土墙

试验证明，普通黏土砖墙、硅酸盐砖墙、混凝土墙、钢筋混凝土墙等，当它们的厚度相同时，其耐火极限也基本是相同的。比如，厚度分别为 12cm、18cm、24cm、37cm 的墙，则其耐火基本极限分别为 2.50h、3.50h、5.50h、10.50h。从这些数值可以明显看出，墙的厚度与耐火极限是成比例增加的直线关系。

试验还指出，砖墙在火灾温度作用下产生龟裂现象，主要是由于冷热不均匀而形成的内部热应力造成的。特别是扑救火灾射水时，墙的表面骤然冷却，受火表面层的砖出现片状脱落现象，墙体横截面减少，也相应地降低了墙的承载能力。

(2) 加气混凝土墙

加气混凝土制品，具有重度轻、保温效果好、吸声能力强和耐火性较高等优点，它可以方便地制成墙板、砌块、屋面板等。它主要是由水泥、矿渣、砂以及发气剂（如铝粉）、气泡稳剂（油酸、三乙醇胺）、调节剂（纯碱、硼砂、水玻璃、菱苦土）、钢筋等原材料经加工而成。它的耐火极限与其厚度也基本上是成比例增加的。比如，厚度分别为7.5cm、10cm、15cm、20cm的加气混凝土砌块等制品，试验表明，其耐火极限分别为2.50h、3.75h、5.75h、8.00h。

加气混凝土非承重垂直墙板，试验表明，板的背火面温度未达到220℃时，则因接缝处蹿火而失去隔火作用，或板与板之间相互变形，致使其较快地失去了支持能力，这就是它的耐火极限比水平墙板低的缘故。如厚度均为15cm的非承重水平墙板的耐火极限为6.00h，而非承重垂直墙板的耐火极限为3.00h。

（3）轻质隔墙

轻质隔墙被广泛用作建筑的隔墙，耐火能力较好。如轻钢龙骨，内填矿棉或玻璃棉两面粘贴1cm厚的纤维石膏板隔墙，耐火极限为1h；又如石膏珍珠岩空心条板，当其厚度为6cm时，耐火极限为1.50h，当其厚度为9cm时，耐火极限为2.50h；再如木龙骨，板条抹2cm厚、1∶4水泥石棉隔热菱苦土灰浆，耐火极限为1.25h；等等。

（4）金属墙板

金属墙板一般采用铝、钢、铝合金钢、镀锌、防锈钢、不锈钢等金属薄板制成，其中以铝和钢两种最为普遍。为了延长板的使用寿命，一般对金属墙板还要进行保护处理。其处理方法主要有：一是镀锌、镀铝或镀铝台金；二是涂各种釉质材料或环氧树脂等；三是综合处理，即以镀锌或涂料作底层，另做装饰面层等。为了加强金属墙板的刚性和具有美观的外形，它的外表还压成V形、山形、波形、曲线形、箱形、肋形等多种形状。

金属隔墙内填8～10cm的矿棉或玻璃棉，两面钉金属板，或一面为金属板（外墙面），另一面（内墙面）为石膏板、矿棉板，其耐火极限为1.5～2.0h。

2. 柱

柱是垂直受压构件（中心或偏心受压）。它承受着梁、板或无梁楼板传来的荷载。因此，柱抵抗火烧时间（耐火极限）的长短，对于建筑物在火灾时的破坏和修复补强工作起着十分重要的作用。柱主要有钢筋混凝土柱和钢柱等。

（1）钢筋混凝土柱

钢筋混凝土栓，按截面形状分，有方形、矩形、异形和圆形等。火灾时，一般是周围受火烧，所以，其耐火极限主要是以失去支持能力这个条件来确定。试验证明，这种柱失去支持能力的原因比较复杂，但归纳起来有以下3个方面：

① 混凝土在火烧或高温作用下的强度变化。普通混凝土的强度从常温到200℃范围内，一般是随着温度上升而略有提高，而水泥在200℃以后，含水硅酸钙的脱水作用加剧，在一定程度上减少了强度；当温度达到500℃以后，由于含水硅酸钙的脱水，水泥砂石结构被破坏，加之混凝土内各种材料的热应力变化，使混凝土强度很快降低；当温度达到800～900℃时，其内部游离水、结晶水等基本上消失，强度几乎全部丧失。

② 受压钢筋在火烧或高温作用下的强度变化。由于火烧时温度不断升高，混凝土保护层的热量逐步传递给内部的钢筋，使钢筋因受热膨胀。由于钢筋和混凝土的膨胀系数不同，使两者的粘着力逐步破坏，造成了互相脱离，降低了整个构件的强度。研究表明，当普通混凝土温度达到300～400℃时，钢筋和混凝土间的粘着力基本丧失。同时，随着温

度的提高，钢筋的抗拉强度显著下降，直至全部失去支持能力。

③ 在火灾温度作用下，柱体内温度是由表及里递减的，其强度下降的大小也是从表到里，由大到小的。当火灾温度不断上升，随着时间的延续，则柱体将由表到里逐渐丧失强度，直到完全失去支持能力而破坏。

钢筋混凝土柱的耐火极限，在通常情况下，是随着截面增大而增大的。例如，20cm×20cm 的柱，耐火极限为 1.40h；30cm×30cm 的柱，耐火极限为 3.00h；30cm×50cm 的柱，耐火极限为 3.50h；37cm×37cm 的柱，耐火极限为 5.00h；等等。

（2）钢柱

试验和火灾实例都证明，无防火保护层的钢柱，耐火极限一般在 0.25h。因此，采用钢结构的高层建筑，必须根据建筑物使用性质，选用较高耐火极限的防火保护层钢柱。由于保护层的材料、厚度不同，其耐火极限也不同，一般可达到 1～4h。

3. 梁

（1）钢筋混凝土梁

钢筋混凝土梁的耐火极限主要取决于保护层厚度和梁所承受的荷载。试验证明，当钢筋混凝土梁按照常温下设计的荷载加荷时，在火灾高温作用下，梁的耐火极限与主钢筋下的保护层厚度成正比关系。一般来说，保护层愈薄，则钢筋的受热温度就愈高。由于梁内主筋的物理和机械特性、混凝土强度以及钢筋与混凝土的粘着力等发生变化，梁的挠度增大而失去支承能力。

（2）钢梁

无保护层的钢梁，在常温下的受拉性能很好，但它的耐火极限却很低，远不如钢筋混凝土构件。试验证明，在火灾温度作用下，当温度达到 700℃左右，梁的挠度增加迅速，并且很快失去了支持能力。这说明钢梁如不加防火保护层等保护措施，在火灾温度作用下，耐火时间仅为 15min 左右。钢梁耐火极限低的主要原因，是钢材高温作用下逐渐软化，其强度和刚度大幅度下降的缘故。为了提高钢梁等构件的耐火极限，可采取有效的防火保护措施。

4. 楼板

楼板是直接承载人和物的水平承重构件，起分隔楼层（垂直防火分隔物）和传递荷载的作用。不同建筑根据不同要求，广泛采用各种类型的钢筋混凝土楼板。楼板的耐火极限一般取决于板的保护层厚度。例如，简支的钢筋混凝土板，保护层厚度为 1cm 时，耐火极限为 1.15h；保护层厚度为 2cm 时，耐火极限为 1.75h；保护层厚度为 3cm 时，耐火极限为 2.30h；等等。楼板的耐火极限除了取决于上述因素外，还受板的支承情况及制作等因素的影响。试验证明，在同样设计荷载及相同保护层的情况下，四面简支现浇钢筋混凝土楼板的耐火极限大于非预应力钢筋混凝土预制板的耐火极限，非预应力钢筋混凝土楼板的耐火极限大于预应力钢筋混凝土楼板的耐火极限。预应力楼板耐火极限偏低的主要原因：一是由于钢筋经冷拔、冷拉后产生的高强度，在火灾温度作用下下降很快；二是在火灾温度作用下，钢筋的蠕变要比非预应力丧失快几倍，因而挠度变化快，导致很快失去支持能力。为了实际耐火的需要，可以对预应力楼板采取提高耐火极限的措施。

5. 吊顶

吊顶在建筑中起隔热、隔声以及平整屋顶或楼板的作用。应采用具有一定耐火能力的非燃烧体或难燃烧体做吊顶，以便为人员安全疏散创造有利条件。常用的吊顶材料和构造种类包括木吊顶搁栅钢丝网抹灰、板条抹灰、钢丝网抹 1∶4 水泥石棉灰浆、板条抹 1∶4 水泥石棉灰浆，钢吊顶搁栅钉石棉板、钉石棉水泥板、石膏板以及钢丝网抹灰等。这些吊顶均为非燃烧材料或难燃烧材料，具有较好的耐火能力。如木吊顶搁栅钢丝网抹灰或板条抹 1∶4 水泥石棉灰浆，当厚度为 2cm 时，耐火极限均可达 0.50h，木吊顶搁栅钢丝抹灰，当厚度为 1.5cm 时，耐火极限可达 0.25h；钢吊顶搁栅钉 1m 厚的石棉板，耐火极限可达 0.8h。

6. 屋顶构件

屋顶构件包括屋架、屋面板等构件。现代建筑采用的屋架主要有钢屋架、钢筋混凝土屋架。屋面板主要有空心、槽形、波形等钢筋混凝土屋面板。

火灾实例说明，木屋架以及无保护层的钢屋架，其耐火极限很差，在火灾高温作用下，一般 15min 左右就塌落。除此，某些大跨度、大空间的建筑（加大餐厅、礼堂、影剧院等），必须采用钢屋架时，应喷涂防火保护层，提高耐火能力。

钢筋混凝土屋架的耐火极限取决于主钢筋保护层的厚度，一般情况下，其钢筋保护层厚度为 2.5～3.0cm 时，耐火极限可达到 1.5～1.7h。但预应力钢筋混凝土屋架的耐火极限比普通钢筋混凝土梁低。

型钢和钢筋混凝土的组合屋架，其耐火极限一般为 0.25h，因此应按无保护层的金属屋架来考虑。

10.4.3 影响建筑结构构件耐火极限的其他因素

1. 火灾荷载

建筑物内火灾荷载越大（燃烧物越多），火灾的持续时间就越长；反之，火灾荷载越小，火灾的持续时间就越短。建筑构件的耐火极限应考虑火灾荷载大小的影响，火灾荷载很小时，因火灾持续时间不长，构件的耐火极限可降低，而当火灾荷载过大时，构件可能经受不住长时间大火而破坏，此时耐火极限应提高。因此建议，对于耐火等级为二级或二级以下建筑物内当火灾荷载密度超过 200kg/m^2 的房间，其相关结构构件的耐火极限可按提高一级建筑物的耐火等级确定；而对于耐火等级为三级或三级以上建筑物内当火灾荷载密度小于 50kg/m^2 的房间其相关结构构件的耐火极限可按降低一级建筑物的耐火等级确定。

2. 自动灭火设备

自前世界上应用较普遍的建筑自动灭火设备为自动喷水灭火系统，该系统由水源、加压送水设备、报警阀、管网、喷头以及火灾探测系统组成，一般安装在建筑物的顶棚或安装在构筑物、设备的上部，发生火灾时，能自动喷水灭火、控火并发出报警信号。

建筑物安装自动灭火设备，可减小火灾发生的危险性，即自动灭火设备可提高建筑构件的耐火时间。因此建议，如建筑的耐火等级按没有安装自动灭火设备确定时，如安装了自动灭火设备，则三级及三级以上建筑结构构件的耐火时间可按耐火等级降低一级确定。

3. 建筑物的重要性

建筑物的重要性一般可分为三类。目前，我国有关建筑设计防火规范仅对Ⅰ类建筑和

Ⅱ类建筑的耐火等级作了规定，而无Ⅲ类建筑耐火等级的规定。显然，Ⅲ类建筑的耐火等级可降低。

10.4.4 建筑结构的耐火极限

建筑结构整体的耐火极限定义为：建筑某区域发生火灾，受火灾影响的有关结构构件在标准升温条件下，使整体结构失去稳定性所用的时间，以小时（h）计。

我国现行的《建筑防火设计规范》尚未对建筑结构整体的耐火极限做出规定，但根据结构抗火设计的目的，建筑结构整体的耐火极限可按该建筑中所有构件耐火极限的最大值确定。

10.5 钢筋混凝土构件抗火计算与设计

10.5.1 钢筋混凝土构件截面温度场计算

1. 温度场

为了计算火灾时钢筋混凝土构件的承载力，必须了解构件内温度的分布。在某一瞬时，空间各点温度分布的总体称为温度场，它是以某一时刻在一定时间内所有点上的温度值来描述的，可以表示成空间和时间坐标的函数。在直角坐标系中，温度场可描述为

$$T=f(x,y,z,t) \tag{10-25}$$

若温度场各点的值均不随时间而变化，则温度场为稳定温度场；否则，称为不稳定温度场。

2. 结构构件温度场实用计算

对于给定的钢筋混凝土梁、板、柱，根据其边界条件和初始条件，由热传导微分方程，可求出构件的温度场。

对于钢筋混凝土构件表面带有抹灰或其他饰面材料，如果饰面材料是非燃的，则对构件起到保护作用。此时，计算饰面层下构件温度场时应考虑面层的影响。建议把面层厚度换算成混凝土的折算厚度，然后按增大后的截面确定温度场。

10.5.2 轴心受力钢筋混凝土构件抗火计算

1. 轴心受拉构件正截面承载力计算

轴心受拉构件主要用作屋架下弦杆及柱间支撑，其受火条件可按四面受火情况考虑。在高温条件下，当截面达到其承载力极限状态时，混凝土已经产生贯通裂缝，荷载仅由钢筋抵抗，其承载力应考虑钢筋抗拉设计强度的折减，其折减系数可由处于温度场中钢筋的温度通过查表确定。

如某屋架下弦杆，$b\times h=200\text{mm}\times 140\text{mm}$。C25 混凝土，配 4$\phi$16 钢筋，$A_s=804\text{mm}^2$。在标准火灾持续 1.0h 后，钢筋温度 $T=579$℃，查表得 $K_s=0.406$，$N_{UT}=\sum K_{si}A_{si}f_y=0.406\times 804\times 310=101.2\text{kN}$，此时，构件承载力仅为常温时的 40.6%。

2. 轴心受压构件正截面承载力计算

轴心受压构件的外荷载由钢筋和混凝土共同承担。对于钢筋，只要求得钢筋的温度，

可通过钢筋强度折减系数求出钢筋所承担的外力。对于混凝土，由于截面上各处温度不同，故把截面分成网格，分别求出每一网格的中点温度，进而求出单元的混凝土强度折减系数和该单元所能抵抗的外力，然后通过求各单元混凝土承载力之和确定整个截面混凝土所承担的外力。同时，对于轴压构件，纵向弯曲所引起的承载力降低可通过纵向弯曲稳定系数予以考虑。

10.5.3 受弯构件抗火计算

对于单筋矩形梁，耐火试验表明，火灾时其正截面有两种破坏形式：受拉破坏和受压破坏：

（1）受拉破坏

受弯构件当承受给定荷载后，受拉钢筋中产生初始拉应力，受压区混凝土产生初始压应力。当构件遭受火后，其温度不断升高，钢筋的屈服强度和混凝土的抗压强度不断降低；当受拉区受火时，钢筋强度降低快于混凝土。如果钢筋的屈服强度高于初应力，则截面的初始应力状态基本保持不变，内力臂也不变。此时即使混凝土的应力图形改变，也将维持合力和形心位置不变。当钢筋的屈服强度进一步下降到初始拉应力时，钢筋屈服，变形加大，中和轴上移，混凝土受压区高度减小，压应变进一步发展，最终使受压边缘处混凝土的压应变达到极限压应变，混凝土被压碎而截面破坏。当受压区受火时，随混凝土温度升高而强度降低，应变发展，受压高度增加，内力臂变小。为维持平衡，所以钢筋应力必然要增大。如果梁的配筋率不是太高，在混凝土的最大压应变达到极限压应变前，钢筋应力将达到屈服强度。此后梁的破坏过程和受拉区受火时相同。这种钢筋先屈服混凝土后压碎的破坏形式称为受拉破坏。此时，截面承载力主要取决于受拉钢筋。跨中截面即受拉区受火时肯定发生受拉破坏，支座截面即受压区受火时既可能发生受拉破坏又可能发生受压破坏。受拉破坏当钢筋屈服时构件尚可延长支持时间，但已经非常接近最终破坏。

（2）受压破坏

受压破坏是受拉钢筋屈服前由于受压区混凝土被压碎而引起的破坏，这种破坏形式只发生在支座截面。当受压边缘处的混凝土的抗压强度随温度升高而降低到该处混凝土的初始压应力时，该处混凝土就会向其内侧混凝土纤维卸荷，本身进入应力-应变曲线下降段。混凝土的应力图形开始改变。随着混凝土强度的降低，应变发展，受压区高度增加，内力臂变小，所以钢筋应力必然增大。当配筋率较高或钢筋得到较好保护时（如花篮形或十字形截面），钢筋温度降低不大，而混凝土应变在不断发展，最终必然会使受压边缘处的混凝土应变达到极限压应变，混凝土被压碎而截面破坏，但此时钢筋应力尚没达到屈服强度，截面承载力由受压区混凝土控制。

此外，在受弯构件耐火试验中，除上述两种破坏形式外，尚未发现因钢筋和混凝土的粘结力破坏引起的破坏形式。

分析梁在火灾作用下的正截面承载力时，可采用如下假定：

（1）高温下钢筋的应力-应变曲线如图 10-11 所示。钢筋的高温设计强度取为 $K_s f_y$。

（2）混凝土在高温时应力应变如图 10-12 所示，并取 $\varepsilon_0=0.002$，$\varepsilon_u=0.0033$。

（3）截面应变为线性分布。即在温度和弯矩共同作用下，截面仍保持平面。

（4）截曲受拉区拉力全部由钢筋承担。

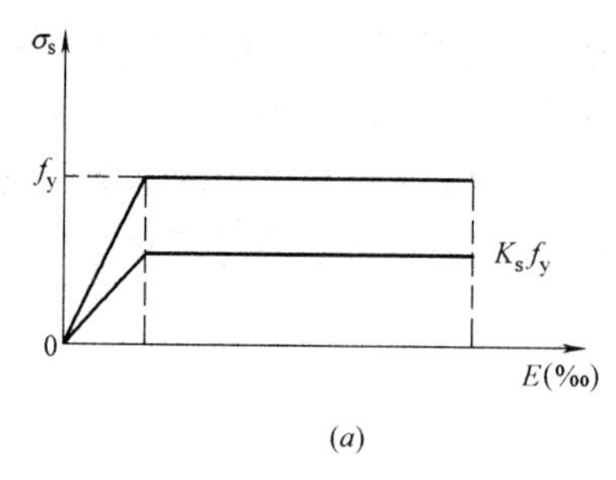

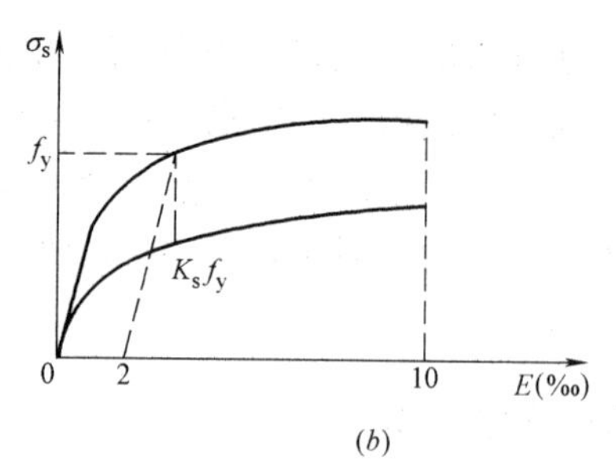

图 10-11 钢筋的应力-应变曲线

（a）软钢；（b）硬钢

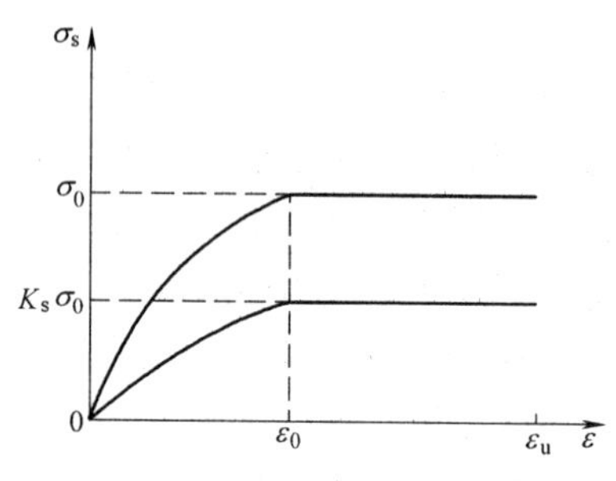

图 10-12 混凝土的应力-应变曲线

（5）用截面宽度折减系数，把受压区折算成阶梯形（受压区受火时）和矩形（受拉区受火时），如图 10-13 所示。

上述假定和常温下受弯构件正截面承载力计算时所采用的假定相同或相似，仅支座截面的受压区简化为阶梯形，故在常温下的正截面承载力计算原理同样适用于高温下正截面承载力的计算。

对于双筋矩形梁，其在高温下的正截面承载力计算与单筋梁相同，但需考虑受压钢筋的作用。

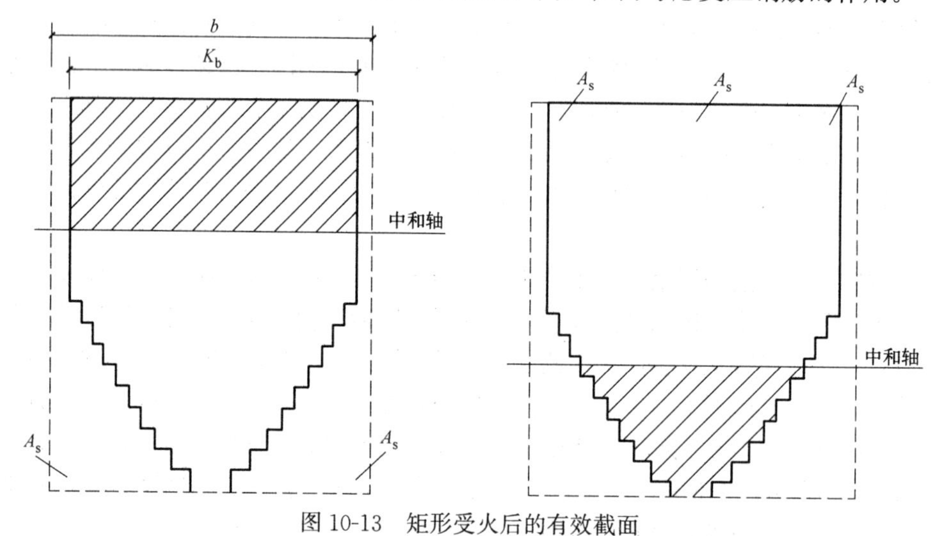

图 10-13 矩形受火后的有效截面

10.6 钢结构构件抗火计算与设计

10.6.1 钢结构构件升温计算

根据钢构件本身的截面特性，可将其分为轻型钢构件和重型钢构件。因为钢是一种导热性非常好的材料，轻型钢构件可假定其截面温度均匀分布（截面上各点温度相同），而重型钢构件因为其截面比较大，截面上各点温度还是不完全相同的。据此可分为截面温度均匀分布钢构件和截面温度非均匀分布钢构件。一般根据单位长度构件表面积与体积之比 F/V 来划分钢构件是轻型钢构件还是重型钢构件。

在实际工程中，按钢构件表面有无隔热层，又可将钢构件分成有保护层钢构件和无保护层钢构件。

对于无保护层的构件，ISO834 标准升温条件下钢构件的温度与 F/V（称为构件的截面形状系数）有关，可查阅参考文献［1］进行确定。

10.6.2 轴心受压钢结构构件抗火计算和设计

1. 基本假定

（1）火灾下钢构件周围环境的升温时间过程按国际标准组织（ISO）推荐的标准升温曲线采用即

$$T_g = 20 + 345\log_{10}(8t+1) \tag{10-26}$$

式中 T_g——环境温度（℃）；

t——升温时间（min）。

（2）钢构件内部的温度在各瞬时都是均匀的。

（3）钢构件为等截面构件，且防火被覆均匀分布。

2. 高温下轴心受压钢构件临界应力的计算

我国《钢结构规范》，按 1/1000 杆长的初始弯曲，同时考虑残余应力的影响计算常温下轴压杆的极限承载力，并且按截面形式的不同，将轴压稳定系数 φ 归类为 a、b、c 类 3 条曲线。计算高温下轴心受压钢构件的极限承载力（或临界应力）时，可采用与常温下同样的假定和计算方法。

杆件两端在轴心压力作用下，当杆件中点截面边缘屈服时，塑性变形迅速发展，而在杆中点形成塑性铰，杆件丧失稳定，因此可将杆件中点截面边缘屈服时平均应力状态作为杆件得极限承载应力状态（临界应力）。根据常温下轴压构件临界应力计算公式的推导过程，可建立高温下轴压杆件临界应力的计算公式如下：

$$\sigma_{crT} = \frac{(1+e_0)\sigma_{ET} + f_{yT} - \sqrt{[(1+e_0)\sigma_{ET} + f_{yT}]^2 - 4f_{yT}\sigma_{ET}}}{2} \tag{10-27}$$

式中 e_0——考虑残余应力影响的等效初偏心率；

f_{yT}——高温下钢材的屈服强度；

σ_{ET}——$\sigma_{ET} = \pi^2 E_T/\lambda^2$，$E_T$ 为杆件在高温下的弹性模量，λ 为杆件的长细比。

为便于应用，可将 σ_{crT} 表示为

$$\sigma_{crT} = \varphi_T f_{yT} \tag{10-28}$$

式中 φ_T——高温下轴压钢杆的稳定系数。

可计算出高温下各类截面杆件的 φ_T/φ（φ 为常温下轴压钢杆的稳定系数）与长细比 λ 的关系曲线。φ_T/φ 随温度 T_S 的变化可分为 3 个阶段。第一阶段是 $0 \leqslant T_S \leqslant 400$℃。这一阶段 φ_T/φ 随 T_S 的上升而增大，原因是这一阶段钢材弹性模量降低的速度小于屈服强度降低的速度。第二阶段是 400℃$\leqslant T_S \leqslant$500℃。这一阶段 φ_T/φ 基本保持不变，原因是这一阶段钢材弹性模量降低的速度接近屈服强度降低的速度。第三阶段是 500℃$\leqslant T_S \leqslant$600℃。这一阶段 φ_T/φ 随 T_S 的上升而减小，原因是这一阶段钢材弹性模量降低的速度大于屈服强度降低的速度。特别是当约为 575℃时，钢材弹性模量相对降低量与屈服强度相

对降低量相等，此时 $\varphi_T/\varphi=1$。而当 T_S 继续上升时，φ_T/φ 变为小于 1。

求得轴心受压构件的整体稳定系数后，可按下式对其进行抗火验算

$$\frac{N}{\varphi_T A}\leqslant f_{yT} \tag{10-29}$$

式中 f_{yT}——高温下钢的屈服强度，与钢的设计强度有如下关系：

$$f_{yT}=\gamma_R f_T \tag{10-30}$$

式中 γ_R——钢的抗力系数，$\gamma_R=1.1$；

f_T——高温下钢的设计强度。

10.6.3 钢梁抗火计算和设计方法

当截面无削弱时，钢梁的承载力由整体稳定控制。根据弹性理论，可建立常温下和高温下常用的绕强轴受弯的单轴（或双轴）对称截面钢梁的临界弯矩 M_{cr}、M_{crT}。

为简化计算，梁的临界弯矩又可写成

$$M_{cr}=\varphi_b W f_y \tag{10-31}$$

$$M_{crT}=\varphi_{bT} W f_{yT} \tag{10-32}$$

式中 W——梁的截面抵抗矩；

M_{cr}、M_{crT}——常温和高温下梁的临界弯矩；

φ_b、φ_{bT}——常温和高温下梁的整体稳定系数；

f_y、f_{yT}——常温和高温下梁的屈服强度。

常温和高温下可取同样的抗力分项系数，则由式（10-31）、式（10-32）可得

$$\partial=\frac{\varphi_{bT}}{\varphi_b}=\frac{M_{crT} f_y}{M_{cr} f_{yT}} \tag{10-33}$$

可进一步化简为

$$\partial=\frac{E_T}{E}\cdot\frac{f_y}{f_{yT}} \tag{10-34}$$

式中 f_{yT}/f_y、E_T/E 的取值可参见文献［39］。

由 ∂ 则可方便地通过常温下梁的整体会定系数求出高温下梁的整体稳定系数，即

$$\varphi_{bT}=\partial\varphi_b \tag{10-35}$$

则高温下梁的承载力验算公式：

$$\frac{M}{W\varphi_{bT}}\leqslant f_{yT} \tag{10-36}$$

式中 M——梁所受的最大弯矩。

上述关于 φ_{bT} 的计算是以梁处于弹性状态工作为条件的。当梁处于弹塑性状态时，需考虑对 φ_{bT} 的修正。

10.6.4 偏心受压钢柱抗火计算和设计

偏心受压钢柱的承载力一般由整体稳定控制。我国现行的《钢结构设计规范》将常温下钢柱的整体稳定分为平面内和平面外两种状态分别验算。

考虑与现行设计规范协调，高温下钢柱的整体稳定验算公式采用与常温下相似的形式，即平面内

$$\frac{N}{\varphi_{xT}A}+\frac{\beta_m M_x}{\gamma W_x\left(1-\frac{0.8N}{N_{EXT}}\right)}\leqslant\gamma_R f_T \tag{10-37}$$

平面外

$$\frac{N}{\varphi_{xT}A}+\frac{\beta_L M_x}{W_x\varphi_{bT}}\leqslant\gamma_R f_T \tag{10-38}$$

式中　f_T——常温下柱强度设计值；

N——轴力；

M_x——轴各截面的最大弯矩；

A——轴截面积；

W_x——弯矩作用平面内柱截面抵抗矩；

φ_{xT}、φ_{yT}——高温下弯矩作用平面内、平面外轴压构件整体稳定系数；

φ_{bT}——高温下均匀受弯构件整体系数；

γ——塑性发展系数；

β_m、β_t——等效弯矩系数，见规范规定；

N_{EXT}——高温下弯矩作用平面欧拉临界力。

$$N_{EXT}=\sigma_{EXT}A \tag{10-39}$$

σ_{EXT}——高温下弯矩作用平面内欧拉临界力

$$\sigma_{EXT}=\frac{\pi^2 E_T}{\lambda_x^2} \tag{10-40}$$

λ_x——弯矩作用平面内柱长细比；

E_T——高温下钢材弹性模量。

φ_{bT}可按式（10-35）计算，但应注意到此时式中的 φ_b 应按均匀受弯情况确定。对于工字形截面绕强轴弯曲柱

$$\varphi_b=\frac{4320Ah}{\lambda_y^2 W_x}\sqrt{1+\left[\frac{\lambda_y t_f}{4.4h}\right]^2} \tag{10-41}$$

式中　h——柱截面高度；

t_f——柱翼缘宽度；

λ_y——弯矩作用平面外柱长细比。

当 $\varphi_{bT}>0.6$ 时，需用 $\varphi'_{bT}=1.1-\frac{0.4646}{\varphi_{bT}}+\left(\frac{0.1269}{\varphi_{bT}}\right)^{1.5}$ 代替 φ_{bT} 值。对于箱形截面柱，一般可取 $\varphi'_{bT}=1.0$。

偏心受压钢柱临界温度（即柱达极限承载力时的温度）可按式（10-37）、式（10-38）所建立的方程确定。实际工程中，可采用查表法分别计算平面内和平面外稳定的临界温度，其较小值即为偏心受压钢柱的临界温度。

参考文献

[1]　李国强，蒋首超，林桂祥．钢结构抗火计算与设计．北京：中国建筑工业出版社，1999.

[2]　路春森，屈立军，薛武平等．建筑结构耐火设计．北京：中国建材工业出版社，1995.

[3]　李爱群等．工程结构抗震设计与防灾．南京：东南大学出版社，2003.

参考文献

［1］ 中华人民共和国国家标准. 建筑抗震设计规范 GB 50011—2010（2016 年版）. 北京：中国建筑工业出版社，2016.
［2］ 胡聿贤著. 地震工程学（第二版）. 北京：地震出版社，2006.
［3］ 钱培风编. 结构抗震分析. 北京：地震出版社，1983.
［4］ 周福霖. 工程结构减震控制. 北京：地震出版社，1997.
［5］ 沈聚敏，周锡元等. 抗震工程学. 北京：中国建筑工业出版社，2000.
［6］ 欧进萍. 结构振动控制-主动、半主动和智能控制. 北京：科学出版社，2003.
［7］ 李爱群，高振世. 工程结构抗震与防灾. 南京：东南大学出版社，2003.
［8］ 周云，宗兰，张文芳等. 土木工程抗震设计. 北京：科学出版社，2009.
［9］ 高小旺，龚思礼. 苏经宇等. 建筑抗震设计规范理解与应用. 北京：中国建筑工业出版社，2002.
［10］ 丰定国，王清敏等. 工程结构抗震. 北京：地震出版社，1994.
［11］ 刘大海，杨翠如. 高层结构抗震设计. 北京：中国建筑工业出版社，1998.
［12］ 张相庭编著. 高层建筑抗风抗震设计计算. 上海：同济大学出版社，1997.
［13］ 王松涛，曹资等. 现代抗震设计方法. 北京：中国建筑工业出版社，1997.
［14］ 郭继武编. 建筑抗震设计. 北京：中国建筑工业出版社，2002.
［15］ 唐家祥，刘再华. 建筑结构基础隔震. 武汉：华中理工大学出版社，1993.
［16］ 高振世，朱续澄等. 建筑结构抗震设计. 北京：中国建筑工业出版社，1997.
［17］ 柳炳康，沈小璞主编. 工程结构抗震设计. 武汉：武汉理工大学出版社，2005.
［18］ 尚守平主编. 结构抗震设计. 北京：高等教育出版社，2006.
［19］ 李国强，蒋首超，林桂祥. 钢结构抗火计算与设计. 北京：中国建筑工业出版社，1999.
［20］ 路春森，屈立军，薛武平等. 建筑结构耐火设计. 北京：中国建材工业出版社，1995.
［21］ 刘海卿. 建筑结构抗震与防灾. 北京：高等教育出版社，2010.